重点大学信息安全专业规划系列教材

信息安全概论

郝玉洁　吴立军　赵洋　刘瑶　编著

清华大学出版社

北京

内 容 简 介

本书全面介绍信息安全的基本概念、原理、知识体系与应用,涵盖了当前信息安全领域的主要研究内容,是信息安全专业的入门教材。本书主要涉及密码学基础与应用、网络安全技术、环境与系统安全技术、操作系统安全技术、数据库安全技术等信息安全领域的基础知识。

本书条理清晰、语言通俗、知识体系结构完整,既可作为信息安全或计算机专业的本科生、研究生教材或参考书,也可供从事网络与信息安全相关的科研人员、工程技术人员和技术管理人员参考。

图书在版编目(CIP)数据

信息安全概论/郝玉洁等编著. —北京:清华大学出版社,2013(2019.8重印)
(重点大学信息安全专业规划系列教材)
ISBN 978-7-302-32641-0

Ⅰ. ①信… Ⅱ. ①郝… Ⅲ. ①信息系统—安全技术 Ⅳ. ①TP309

中国版本图书馆 CIP 数据核字(2013)第 122461 号

责任编辑:付弘宇 赵晓宁
封面设计:常雪影
责任校对:李建庄
责任印制:李红英

出版发行:清华大学出版社
　　　　网　　　址:http://www.tup.com.cn,http://www.wqbook.com
　　　　地　　　址:北京清华大学学研大厦 A 座　　　　邮　　编:100084
　　　　社 总 机:010-62770175　　　　邮　　购:010-62786544
　　　　投稿与读者服务:010-62776969,c-service@tup.tsinghua.edu.cn
　　　　质量反馈:010-62772015,zhiliang@tup.tsinghua.edu.cn
　　　　课件下载:http://www.tup.com.cn,010-62795954
印　刷　者:北京富博印刷有限公司
装　订　者:北京市密云县京文制本装订厂
经　　　销:全国新华书店
开　　　本:185mm×260mm　　　印　张:23　　　字　　数:571 千字
版　　　次:2013 年 11 月第 1 版　　　印　　次:2019 年 8 月第 7 次印刷
印　　　数:7501~9000
定　　　价:49.00 元

产品编号:037102-02

丛书编委会

主　任：秦志光

副主任：周世杰　郝玉洁

委　员：徐春香　鲁　力　秦　科　张小松　蒋绍全

　　　　刘　明　吴立军　赵　洋　刘　瑶　李发根

　　　　禹　勇　廖永健　曾金全　林昌露　汪小芬

　　　　程红蓉　聂旭云　龚海刚

顾　问：张焕国　杨义先　郭　莉

出版说明

　　随着国家信息化步伐的加快和高等教育规模的扩大,社会对计算机专业人才的需求不仅体现在数量的增加上,而且体现在质量要求的提高上,培养具有研究和实践能力的高层次的计算机专业人才已成为许多重点大学计算机专业教育的主要目标。目前,我国共有 16 个国家重点学科、20 个博士点一级学科、28 个博士点二级学科集中在教育部部属重点大学,这些高校在计算机教学和科研方面具有一定优势,并且大多以国际著名大学计算机教育为参照系,具有系统完善的教学课程体系、教学实验体系、教学质量保证体系和人才培养评估体系等综合体系,形成了培养一流人才的教学和科研环境。

　　重点大学计算机学科的教学与科研氛围是培养一流计算机人才的基础,其中专业教材的使用和建设则是这种氛围的重要组成部分,一批具有学科方向特色优势的计算机专业教材作为各重点大学的重点建设项目成果得到肯定。为了展示和发扬各重点大学在计算机专业教育上的优势,特别是专业教材建设上的优势,同时配合各重点大学的计算机学科建设和专业课程教学需要,在教育部相关教学指导委员会专家的建议和各重点大学的大力支持下,清华大学出版社规划并出版本系列教材。本系列教材的建设旨在"汇聚学科精英、引领学科建设、培育专业英才",同时以教材示范各重点大学的优秀教学理念、教学方法、教学手段和教学内容等。

　　本系列教材在规划过程中体现了如下一些基本组织原则和特点。

　　1. 面向学科发展的前沿,适应当前社会对信息安全专业高级人才的培养需求。教材内容以基本理论为基础,反映基本理论和原理的综合应用,重视实践和应用环节。

　　2. 反映教学需要,促进教学发展。教材要能适应多样化的教学需要,正确把握教学内容和课程体系的改革方向。在选择教材内容和编写体系时注意体现素质教育、创新能力与实践能力的培养,为学生知识、能力、素质协调发展创造条件。

　　3. 实施精品战略,突出重点,保证质量。规划教材建设的重点依然是专业基础课和专业主干课;特别注意选择并安排了一部分原来基础比较好的优秀教材或讲义修订再版,逐步形成精品教材;提倡并鼓励编写体现重点大学信息安全专业教学内容和课程体系改革成果的教材。

4. 主张一纲多本,合理配套。专业基础课和专业主干课教材要配套,同一门课程可以有多本具有不同内容特点的教材。处理好教材统一性与多样化的关系;基本教材与辅助教材以及教学参考书的关系;文字教材与软件教材的关系,实现教材系列资源配套。

5. 依靠专家,择优落实。在制订教材规划时要依靠各课程专家在调查研究本课程教材建设现状的基础上提出规划选题。在落实主编人选时,要引入竞争机制,通过申报、评审确定主编。书稿完成后要认真实行审稿程序,确保出书质量。

繁荣教材出版事业,提高教材质量的关键是教师。建立一支高水平的以老带新的教材编写队伍才能保证教材的编写质量,希望有志于教材建设的教师能够加入到我们的编写队伍中来。

教材编委会

丛书序

随着信息技术与产业的快速发展,信息和信息系统已经成为现代社会中最为重要的基础资源之一。人们在享受信息技术带来的便利的同时,诸如黑客攻击、计算机病毒泛滥等信息安全事件也层出不穷,信息安全的形势是严峻的。党的十八大明确指出要"高度关注海洋、太空、网络空间安全"。加快国家信息安全保障体系建设,确保我国的信息安全,已经成为我国的国家战略。而发展我国信息安全技术与产业对于确保我国信息安全具有重要意义。

信息安全作为信息技术领域的朝阳产业,亟须大量的高素质人才。但与此相悖的是,目前我国信息安全技术人才的数量和质量远不能满足社会的实际需求。因此,培养大量的高素质、高技术信息安全专业人才已成为我国本科高等工程教育领域的重要任务。

信息安全是一门集计算机、通信、电子、数学、物理、生物、法律、管理和教育等学科知识为一体的交叉型新学科。探索该学科的培养模式和课程设置是信息安全人才培养的首要问题。为此,电子科技大学计算机科学与工程学院信息安全专业的专家学者和工作在教学一线的老师们,以我国本科高等工程教育人才培养目标为宗旨,组织了一系列信息安全的研讨活动,认真研讨了国内外高等院校信息安全专业的教学体系和课程设置,在进行了大量前瞻性研究的基础上,启动了"重点大学信息安全专业系列教材"的编写工作。该套系列教材由《信息安全概论》、《计算机系统与网络防御技术》、《PKI原理与技术》、《网络安全协议》、《信息安全数学基础》、《密码学基础》等构成。全方位、多角度地阐述信息安全技术的原理,反映当代信息安全研究发展的趋势,突出实践在高等工程教育人才培养中的重要性,为该套丛书的最大特点。

感谢电子科技大学信息安全专业的老师们为促进我国高等院校信息安全专业建设所付出的辛勤劳动,相信这套教材一定会成为我国高等院校信息安全人才培养的优秀教材。同时希望电子科技大学的教师们继续努力,培养出更多、更优秀的信息安全人才,编写出更多、更好的信息安全教材,为推动我国信息安全事业的发展做出更大的贡献。

武汉大学计算机学院
空天信息安全与可信计算教育部重点实验室

前言

　　随着计算机技术和通信技术为代表的信息技术的发展,人类社会已经步入了信息化时代。在享受信息社会带来的巨大便利的同时,我们也不得不面对信息安全这一严峻的问题。由于信息系统自身的脆弱性和信息系统所处环境的复杂性,导致信息系统在使用过程中始终面临着层出不穷的安全风险。目前信息安全已经成为了广受关注的问题,其影响范围不仅涉及个人隐私,在国家的政治、军事、经济、文化、意识形态中信息安全的地位也日趋重要,信息安全业已成为现代社会生活中不可或缺的基础设施。在这样的背景之下,各行业对信息安全专业人士的社会需求量也逐年增加,本教材的撰写正是为了满足培养信息安全专业人才的需要。本教材全面介绍了信息安全的基本概念、原理和知识体系,主要内容包括密码学基础与应用、网络安全技术、环境与系统安全技术、操作系统安全技术、数据库安全技术等内容,是信息安全或计算机专业学生学习信息安全理论与技术的入门教材。

　　本书内容全面,不仅包含了信息安全理论知识,同时也对信息安全的实用技术进行了介绍。全书共 13 章。第 1 章概述,介绍信息安全目前的研究内容、典型的信息安全模型和信息安全体系结构,介绍国内外信息安全的标准化发展情况;第 2 章密码学概论,介绍信息安全中实用的密码学基础理论和技术;第 3 章介绍信息安全中常见的两种技术手段——数字签名和身份认证;第 4 章 PKI 技术,主要介绍与数字证书相关的公共密钥基础设施;第 5~第 7 章主要介绍防火墙、入侵检测、虚拟专用网这三种应用最广泛的网络安全技术;第 8~第 13 章分别对访问控制、网络攻击技术以及信息系统应用安全中的环境与系统安全、操作系统安全、软件安全、数据及数据库安全等专题进行介绍。本书的教学需要大约 40 学时,每章均有习题,以配合课程的学习。

　　本书由郝玉洁、吴立军、赵洋、刘瑶共同编著完成,其中吴立军编写第 2 和第 4 章,赵洋编写第 5~第 7 和第 9 章,刘瑶编写第 8、第 10~第 12 章,郝玉洁编写第 1 章并负责全书的统稿。在编写过程中,编者力求以通俗的语言将自己在教学一线的多年积累展示给读者,使读者了解信息安全的思想和设计技术,以指导今后的工作。

本书配有完备的教学课件,读者可以从清华大学出版社网站 http://www.tup.com.cn 下载。在本书和课件的下载或使用中有任何问题,请联系 fuhy@ tup.tsinghua.edu.cn。

由于作者水平有限,书中难免有疏漏和错误之处,恳请读者谅解,也希望专家和读者批评指正。

编 者

2013 年 8 月

CONTENTS

目录

概　　述

第 1 章

　　信息安全技术是一门综合交叉学科，要综合利用数学、物理、通信和计算机诸多学科的长期知识积累和最新发展成果，进行自主创新研究，加强顶层设计，提出系统的、完整的、协同的解决方案。涉及信息论、计算机科学和密码学等多方面知识，其主要任务是研究计算机系统和通信网络内信息的保护方法，以实现系统内信息的安全、保密、真实和完整。随着信息技术的发展与应用，信息安全的内涵在不断地延伸，从最初的信息保密性发展到信息的完整性、可用性、可控性和不可否认性，进而又发展为"攻（攻击）、防（防范）、测（检测）、控（控制）、管（管理）、评（评估）"等多方面的基础理论和实施技术。

　　21 世纪是信息时代，信息的传递在人们日常生活中变得非常重要，如电子商务、电子邮件、电子政务、银行证券等，无时无刻不在影响着人们的生活。这样信息安全问题也就成了最重要的问题之一。

　　信息系统的脆弱性主要体现在以下几个方面。

　　（1）物理因素：信息系统中物理设备的自然、人为破坏所带来的安全上的威胁。

　　（2）网络因素：网络自身的缺陷和开放性。

　　（3）系统因素：信息系统软件复杂度越来越高。

　　（4）应用因素：不正确的操作和人为的蓄意破坏。

　　（5）管理因素：管理制度、法规不健全。

　　在信息交换中，"安全"是相对的，而"不安全"是绝对的，随着社会的发展和技术的进步，信息安全标准不断提升，因此信息安全问题永远是一个全新的问题。"发展"和"变化"是信息安全的最主要特征，只有紧紧抓住这个特征才能正确地对待和处理信息安全问题，以新的防御技术来阻止新的攻击方法。

　　信息安全系统的保障能力是 21 世纪综合国力、经济竞争实力和民族生存能力的重要组成部分。因此，必须努力构建一个建立在自主研究开发基础之上的技术先进、管理高效、安全可靠的国家信息安全体系，以有效地保障国家的安全、社会的稳定和经济的发展。

1.1 信息安全的目标

信息安全是指信息网络的硬件、软件及其系统中的数据受到保护，不受偶然的或恶意的因素影响而遭到破坏、更改、泄露，系统连续可靠正常地运行，使信息服务不中断。也可以说，所谓信息安全，一般是指在信息采集、存储、处理、传播和运用过程中，信息的自由性、秘密性、完整性、共享性等都能得到良好保护的一种状态。这两种对信息安全的定义，目标是一致的，但侧重点不同，前者注重动态的特性，后者注重静态的特性。国际标准化组织（International Organization for Standardization，ISO）定义信息安全（Information Security）为："为数据处理系统建立和采取的技术和管理的安全保护，保护计算机硬件、软件和数据不因偶然和恶意的原因而遭到破坏、更改和泄漏"。

早期计算机网络的作用是共享数据并促进大学、政府研究和开发机构、军事部门的科学研究工作。那时制定的网络协议，几乎没有注意到安全性问题。在人们眼里，网络是十分安全可靠的，没有人会受到任何伤害，因为许可进入网络的单位都被认定是可靠的和可以信赖的，并且已经参与研究和共享数据，大家在网络中都得到各种服务。然而，当 1991 年美国国家科学基金会（National Science Foundation，NSF）取消了互联网上不允许商业活动的限制后，越来越多的公司、企业、商业机构、银行和个人进入互联网络，利用其资源和服务进行商业活动，网络安全问题越发突显出来。每个厂商都有一些不能为外人或竞争者知道的信息和数据，如特定的单据、交易金额、销售计划、客户名单等，他们不希望外部用户访问这些信息和数据。但是，计算机窃贼或破坏者却千方百计闯入互联网络和主计算机，盗用数据、破坏资源、制造事端。有时，善意的用户也可能会在网络中不恰当地获取信息和数据，尤其是在计算机系统缺乏安全保障措施时，后果不堪设想。在这种情况下，计算机网络安全技术应运而生，以满足这种发展中的需要，使得网络用户在获取同全球网络连接的同时，保证其专用信息及资产的安全。

在因特网大规模普及之后，特别是在电子商务活动逐渐进入实用阶段之后，网络信息安全更是引起人们的高度重视。网络交易需要大量的信息，包括商品生产和供应信息（商品的产地、产量、质量、品种、规格、价格等）、商品需求信息（消费者的个人情况、购买倾向、购买力的增减、消费水平和结构的变化等）、商品竞争信息（同行业竞购和竞销能力、新产品开发、价格策略、促销策略、销售渠道等）、财务信息（价格撮合、收支款项、支付方式等）、市场环境信息（政治状况、经济状况、自然条件特别是自然灾害的变化等）。这些信息通过合同、货单、文件、财务核算、凭证、标准、条例等形式在买卖双方以及有关各方之间不断传递。为保证整个交易过程的顺利完成，必须保证上述信息的完整性、准确性和不可修改性。由于网络交易信息是在因特网上传递的，因此，相对于传统交易来说，网络交易对信息安全提出了更高、更苛刻的要求。

危及网络信息安全的因素主要来自两个方面：一是网络设计和网络管理方面存在纰漏的原因，无意间造成机密数据暴露；二是攻击者采用不正当的手段通过网络（包括截取用户正在传输的数据和远程进入用户的系统）获得数据。对于前者，应当结合整个网络系统的设计，进一步提高系统的可靠性；对于后者，则应从数据安全的角度着手，采取相应的安全措施，达到保护数据安全的目的。

一个良好的网络安全系统,不仅应当能够防范恶意的无关人员,而且应当能够防止专有数据和服务程序的偶然泄露,同时不需要内部用户都成为安全专家。设置这样一个系统,用户才能够在其内部资源得到保护的安全环境下,享受访问公用网络的好处。

1.2　信息安全的研究内容

从广义来说,凡是涉及网络上信息的保密性、完整性、可用性、真实性、可控性和占有性的相关技术和理论都属于信息安全的研究领域。这些内容的具体要求如下。

(1) 保密性:确保信息不暴露给未授权的实体或进程。保证机密信息不被窃听,或窃听者不能了解信息的真实含义。

(2) 完整性:是指信息在存储或传输时不被修改、破坏,不出现信息包的丢失、错位等,即不能被未授权的第三方修改。完整性要求只有得到授权的人才能修改数据,并且能够辨别数据是否已被修改,它是信息安全的基本要求。破坏信息的完整性是影响信息安全的常用手段,因此,要保证数据的一致性,就必须防止数据被非法用户篡改。

(3) 可用性:包括对静态信息的可得到和可操作性及对动态信息内容的可见性。可用性要求得到授权的实体在需要时可以方便地访问数据,而使攻击者不能占用所有资源去阻碍授权者的工作。能够保证合法用户对信息和资源的使用不会被不正当地拒绝,需要的服务可以满足。

(4) 真实性:是指信息的可信度,主要是指对信息所有者或发送者的身份进行确认,对信息的来源进行判断,对伪造来源的信息予以鉴别。

(5) 实用性:是指信息加密的密钥不可丢失(不是泄密)。因为丢失了密钥的信息也就丢失了信息的实用性,成为垃圾。

(6) 占有性:是指存储信息的节点、磁盘等信息载体被盗用,导致对信息的占用权丧失。

(7) 可控性:可以控制授权范围内信息的流向及行为方式,对信息的传播及内容具有控制能力。

(8) 可审查性:对出现的网络安全问题提供调查的依据和手段。

目前,在信息安全领域人们关注的焦点主要集中在以下几个方面。

(1) 密码理论与技术。

(2) 安全协议理论与技术。

(3) 安全体系结构理论与技术。

(4) 信息对抗理论与技术。

(5) 网络安全与安全产品。

1.2.1　密码理论与技术

密码技术是信息安全的核心技术。如今,计算机网络环境下信息的保密性、完整性、可用性和抗抵赖性,都需要采用密码技术来解决和保证。密码体制大体分为对称密码(又称为私钥密码)和非对称密码(又称为公钥密码)两种。公钥密码体制在信息安全中担负起密钥协商、数字签名、消息认证等重要角色,已成为最核心的密码体制。

当前,公钥密码的安全性概念已经被大大扩展了。像著名的 RSA 公钥密码算法、Rabin

公钥密码算法和 ElGamal 公钥密码算法都已经得到了广泛应用。但是,有些公钥密码算法在理论上是安全的,可是在具体的实际应用中并非安全。因为在实际应用中不仅需要算法本身在数学证明上是安全的,同时也需要算法在实际应用中也是安全的。比如,公钥加密算法根据不同的应用,需要考虑选择明文安全、非适应性选择密文安全和适应性选择密文安全三类。数字签名根据需要也要求考虑抵抗非消息攻击和选择消息攻击等。因此,近年来,公钥密码学研究中的一个重要内容是可证安全密码学。

目前密码的核心课题主要是在结合具体的网络环境、提高运算效率的基础上,针对各种主动攻击行为,研究各种可证安全体制。其中引人注目的是基于身份(ID)密码体制和密码体制的可证安全模型研究,目前已经取得了重要成果。这些成果对网络安全、信息安全的影响非常巨大,例如公钥基础设施(Public Key Infrastructure,PKI)将会更趋于合理。在密码分析和攻击手段不断进步、计算机运算速度不断提高以及密码应用需求不断增长的情况下,迫切需要发展密码理论和创新密码算法。

当前,密码学发展面临着挑战和机遇。计算机网络通信技术的发展和信息时代的到来,给密码学提供了前所未有的发展机遇。在密码理论、密码技术、密码保障、密码管理等方面进行创造性变革,去开辟密码学发展的新纪元才是我们的追求。

1.2.2　安全协议理论与技术

安全协议的建立和完善是安全保密系统走上规范化、标准化道路的基本因素。一个较为完善的内部网和安全保密系统,至少要实现加密机制、验证机制和保护机制。

安全协议的研究主要包括两方面内容,即安全协议的安全性分析方法研究和各种实用安全协议的设计与分析研究。安全协议的安全性分析方法主要有两类,一类是攻击检验方法,一类是形式化分析方法,其中安全协议的形式化分析方法是安全协议研究中最关键的研究问题之一,它的研究始于 20 世纪 80 年代初,目前正处于百花齐放,充满活力的状态之中。许多一流大学和公司的介入,使这一领域成为研究热点。随着各种有效方法及思想的不断涌现,这一领域在理论上正在走向成熟。

从大的方面讲,在协议形式化分析方面比较成功的研究思路可以分为三种:第一种是基于推理知识和信念的模态逻辑;第二种是基于状态搜索工具和定理证明技术;第三种是基于新的协议模型发展证明正确性理论。目前,已经提出了大量的实用安全协议,具有代表性的有电子商务协议、IPSec(Internet Protocol Security)协议、TLS(Transport Layer Security)协议、简单网络管理协议(Simple Network Management Protocol,SNMP)、PGP (Pretty Good Privacy)协议、PEM(Privacy Enhanced Email)协议、S-HTTP(Secure Hypertext Transfer Protocol)协议、S/MIME(Secure Multipurpose Internet Mail Extension)协议等。实用安全协议的安全性分析特别是电子商务协议、IPSec 协议、TLS 协议是当前协议研究中的另一个热点。

典型的电子商务协议有 SET(Secure Electronic Transaction)协议、IKP(Internet Keyed Payment Protocols)协议等。另外,值得注意的是 Kailar 逻辑,它是目前分析电子商务协议的最有效的一种形式化方法。

为了实现安全 IP,Internet 工程任务组 IETF 于 1994 年开始了一项 IP 安全工程,专门成立了 IP 安全协议工作组 IPSec,来制定和推动一套称为 IPSec 的 IP 安全协议标准。其目标就是把安全集成到 IP 层,以便对 Internet 的安全业务提供底层的支持。IETF 于 1995 年 8 月公布了一系列关于 IPSec 的建议标准。IPSec 适用于 IPv4 和下一代 IP 协议 IPv6,并且是 IPv6 自身必备的安全机制。但 IPSec 还比较新,正处于研究发展和完善阶段。

在安全协议的研究中,除理论研究外,实用安全协议研究的总趋势是走向标准化。我国学者虽然在理论研究方面和国际上已有协议的分析方面做了一些工作,但在实际应用方面与国际先进水平还有一定的差距。

1.2.3　安全体系结构理论与技术

安全体系结构理论与技术主要包括安全体系模型的建立及其形式化描述与分析、安全策略和机制的研究、检验和评估系统安全性的科学方法和准则的建立以及符合这些模型、策略和准则的系统的研制(如安全操作系统、安全数据库系统等)。

20 世纪 80 年代中期,美国国防部为适应军事计算机的保密需要,在 20 世纪 70 年代的基础理论研究成果计算机保密模型(Bell&La Padula 模型)的基础上,制定了“可信计算机系统安全评价准则”(Trusted Computer System Evaluation Criteria,TCSEC),其后又对网络系统、数据库等方面做出了系列安全解释,形成了安全信息系统体系结构的最早原则。至今美国已研制出达到 TCSEC 要求的安全系统(包括安全操作系统、安全数据库、安全网络部件)多达 100 多种,但这些系统仍有局限性,还没有真正达到形式化描述和证明的最高级安全系统。20 世纪 90 年代初,英、法、德、荷四国针对 TCSEC 准则只考虑了保密性的局限,联合提出了包括保密性、完整性、可用性概念的“信息技术安全评价准则”(Information Technology Security Evaluation Criteria,ITSEC),但是该准则中并没有给出综合解决以上问题的理论模型和方案。近年来六国七方(美国国家安全局和国家技术标准研究所、加、英、法、德、荷)共同提出“信息技术安全评价通用准则”(CC for ITSEC)。CC 综合了国际上已有的评测准则和技术标准的精华,给出了框架和原则要求,但它仍然缺少综合解决信息的多种安全属性的理论模型依据。CC 标准于 1999 年 7 月通过国际标准化组织认可,确立为国际标准,编号为 ISO/IEC 15408。ISO/IEC 15408 标准对安全的内容和级别给予了更完整的规范,为用户对安全需求的选取提供了充分的灵活性。然而,国外研制的高安全级别的产品对我国是封锁禁售的,即使出售给我们,其安全性也难以令人放心,我们只能自主研究和开发。

我国在系统安全的研究与应用方面与先进国家和地区存在很大差距。近几年来,在我国进行了安全操作系统、安全数据库、多级安全机制的研究,但由于自主安全内核受控于人,难以保证没有漏洞。而且大部分有关的工作都以美国 1985 年的 TCSEC 标准为主要参照系。开发的防火墙、安全路由器、安全网关、黑客入侵检测系统等产品和技术,主要集中在系统应用环境的较高层次上,在完善性、规范性和实用性上还存在许多不足,特别是在多平台的兼容性、多协议的适应性、多接口的满足性方面存在很大距离,其理论基础和自主的技术手段也有待于发展和强化。然而,我国的系统安全的研究与应用毕竟已经起步,具备了一定的基础和条件。1999 年 10 月发布了《计算机信息系统安全保护等级划分准则》,该准则为安全产品的研制提供了技术支持,也为安全系统的建设和管理提供了技术指导。

Linux 开放源代码为我国自主研制安全操作系统提供了前所未有的机遇。作为信息系统赖以支持的基础系统软件——操作系统,其安全性是个关键。长期以来,我国广泛使用的主流操作系统都是从国外引进的。从国外引进的操作系统,其安全性难以令人放心。具有我国自主版权的安全操作系统产品在我国各行各业都迫切需要。我国的政府、国防、金融等机构对操作系统的安全都有各自的要求,都迫切需要找到一个既满足功能和性能要求,又具备足够的安全可信度的操作系统。Linux 的发展及其应用在国际上的广泛兴起,在我国也产生了广泛的影响,只要其安全问题得到妥善解决,将会得到我国各行各业的普遍认可。

1.2.4 信息对抗理论与技术

信息对抗理论与技术主要包括黑客防范体系、信息伪装理论与技术、信息分析与监控、入侵检测原理与技术、反击方法、应急响应系统、计算机病毒、人工免疫系统在反病毒和抗入侵系统中的应用等。

由于在广泛应用的国际互联网上,黑客入侵事件不断发生,不良信息大量传播,网络安全监控管理理论和机制的研究因此受到重视。黑客入侵手段的研究分析、系统脆弱性检测技术、入侵报警技术、信息内容分级标识机制、智能化信息内容分析等研究成果已经成为众多安全工具软件的组成部分。大量的安全事件和研究成果揭示出系统中存在许多设计缺陷,存在情报机构有意埋伏的安全陷阱的可能。例如在 CPU 芯片中,在发达国家现有技术条件下,可以植入无线发射接收功能;在操作系统、数据库管理系统或应用程序中能够预先设置情报收集、受控激发破坏程序的功能。通过这些功能,可以接收特殊病毒、接收来自网络或空间的指令来触发 CPU 的自杀功能、搜集和发送敏感信息;通过特殊指令在加密操作中将部分明文隐藏在网络协议层中传输等。而且,通过唯一识别 CPU 个体的序列号,可以主动、准确地识别、跟踪或攻击一个使用该芯片的计算机系统,根据预先设定收集敏感信息或进行定向破坏。

1988 年著名的“Internet 蠕虫事件”和计算机系统 Y2k 问题(计算机系统的时间表示的范围不够而引起的问题)足以让人们高度重视信息系统的安全。最近黑客利用分布式拒绝服务方法攻击大型网站,导致网络服务瘫痪,更是令人震惊。由于信息系统安全的独特性,人们已将其用于军事对抗领域。计算机病毒和网络黑客攻击技术必将成为新一代的军事武器。信息对抗技术的发展将会改变以往的竞争形式,包括战争。

信息对抗这一领域正处于发展阶段,理论和技术都很不成熟,也比较零散。但它的确是一个研究热点。目前的成果主要是一些产品(比如(Intrusion Detection Systems,入侵检测系统)、防范软件、杀病毒软件等)、攻击程序和黑客攻击成功的事件。当前在该领域最引人注目的问题是网络攻击,美国在网络攻击方面处于国际领先地位,有多个官方和民间组织在做攻击方法的研究。其中联邦调查局的下属组织 NIPC(National Infrastructure Protection Center,国家基础设施保护中心)维护了一个黑客攻击方法的数据库,列入国家机密,不对外提供服务。该组织每两周公布一次最新的黑客活动报道及其攻击手段与源码。美国最著名的研究黑客攻击方法的组织有 CIAC(计算机事故咨询功能组)、CERT(计算机紧急响应小组)和 COAST(计算机操作、审计和安全技术组)。他们跟踪研究最新的网络攻击手段,对外及时发布信息,并提供安全咨询。此外,国际上每年举行一次 FIRST(安全性事故与响应小组论坛)会议,探讨黑客攻击方法的最新进展。

该领域的另一个比较热门的课题是入侵检测与防范。这方面的研究相对比较成熟,也形成了系列产品,典型代表是 IDS 产品。国内在这方面也做了很好的工作,并形成了相应的产品。

信息对抗使得信息安全技术有了更大的用场,极大地刺激了信息安全的研究与发展。信息对抗的能力不仅体现了一个国家的综合实力,而且体现了一个国家信息安全实际应用的水平。

1.2.5　网络安全与安全产品

推动国内信息安全产业的主要因素有三个。

其一是企业的信息化乃至整个社会的信息化。客户端对于安全保障的要求会越来越高,对信息安全的需求会越来越大。

其二是政府的引领和推进作用。政府的有关政策和文件的发布,必然会直接推动一些国家关键信息化点和行业的安全建设进程。

其三是安全技术和产品的日益成熟。2003 年以前,国外的安全产品技术相对先进,但由于人力成本高,难以做到贴身为客户服务,且往往需要固化在企业 IT 信息系统内,很难升级。相比之下,国内产品虽然与之存在一定的技术差距,但服务优势却很明显;而在 2004 年以后,国内信息安全产品的技术改进明显,稳定性、可靠性有了极大的提升,再加上国内产品往往能提供贴身定制化的服务,这无疑会激发客户的采购热情。

目前,在市场上比较流行而又能够代表未来发展方向的安全产品大致有以下几类。

(1) 防火墙:防火墙在某种意义上可以说是一种访问控制产品。它在内部网络与不安全的外部网络之间设置障碍,阻止外界对内部资源的非法访问,防止内部对外部的不安全访问。主要技术有包过滤技术、应用网关技术和代理服务技术。防火墙能够较为有效地防止黑客利用不安全的服务对内部网络的攻击,并且能够实现数据流的监控、过滤、记录和报告功能,较好地隔断内部网络与外部网络的连接。但它本身可能存在安全问题,也可能会是一个潜在的瓶颈。

(2) 安全路由器:由于 WAN 连接需要专用的路由器设备,因而可通过路由器来控制网络传输。通常采用访问控制列表技术来控制网络信息流。

(3) 虚拟专用网(VPN):虚拟专用网(VPN)是在公共数据网络上,通过采用数据加密技术和访问控制技术,实现两个或多个可信内部网之间的互联。VPN 的构筑通常都要求采用具有加密功能的路由器或防火墙,以实现数据在公共信道上的可信传递。

(4) 安全服务器:安全服务器主要针对一个局域网内部信息存储、传输的安全保密问题,其实现功能包括对局域网资源的管理和控制、对局域网内用户的管理,以及局域网中所有安全相关事件的审计和跟踪。

(5) 电子签证机构和 PKI 产品:电子签证机构(CA)作为通信的第三方,为各种服务提供可信任的认证服务。CA 可向用户发行电子签证证书,为用户提供成员身份验证和密钥管理等功能。PKI 产品可以提供更多的功能和更好的服务,将成为所有应用的计算基础结构的核心部件。

(6) 用户认证产品:由于 IC 卡技术的日益成熟和完善,IC 卡被更为广泛地用于用户认证产品中,用来存储用户的个人私钥,并与其他技术如动态口令相结合,对用户身份进行有效的识别。同时,还可利用 IC 卡上的个人私钥与数字签名技术结合,实现数字签名机制。随着模式识别技术的发展,诸如指纹、视网膜、脸部特征等高级的身份识别技术也将投入应用,并与数字签名等现有技术结合,必将使得对于用户身份的认证和识别更趋完善。

(7) 安全管理中心:由于网上的安全产品较多,且分布在不同的位置,这就需要建立一套集中管理的机制和设备,即安全管理中心。它用来给各网络安全设备分发密钥,监控网络安全设备的运行状态,负责收集网络安全设备的审计信息等。

(8) 入侵检测系统(IDS):入侵检测,作为传统保护机制(比如访问控制、身份识别等)的有效补充,形成了信息系统中不可或缺的反馈链。

(9) 安全数据库:由于大量的信息存储在计算机数据库内,有些信息是有价值的,也是敏感的,需要保护。安全数据库可以确保数据库的完整性、可靠性、有效性、机密性、可审计性及存取控制与用户身份识别等。

(10) 安全操作系统:给系统中的关键服务器提供安全运行平台,构成安全 WWW 服务、安全 FTP(File Transfer Protocol,文件传输协议)服务、安全 SMTP(Simple Mail Transfer Protocol,简单邮件传输协议)服务等,并作为各类网络安全产品的坚实底座,确保这些安全产品的自身安全。

网络安全的解决是一个综合性问题,涉及诸多因素,包括技术、产品和管理等。目前国际上已有众多的网络安全解决方案和产品,但由于出口政策和自主性等问题,不能直接用于解决我国的网络安全,因此我国的网络安全只能借鉴这些先进技术和产品,自行解决。可幸的是,目前国内已有一些网络安全解决方案和产品,不过,这些解决方案和产品与国外同类产品相比尚有一定的差距。

1.3　信息安全的现状和发展

互联网络(Internet)起源于美国,在 20 世纪 90 年代之前一直是一个为军事、科研服务的网络,是由美国科学基金会提供赞助使其成为连接全美各大院校、科研机构的学术性计算机网络。进入 90 年代,随着计算机和通信技术的高速发展,它已发展成为全球性网络,极大地促进了世界各国的信息交流和科学进步。到目前为止,互联网已经覆盖了 175 个国家和地区的数千万台计算机,用户数量超过 1 亿。随着计算机网络的普及,计算机网络的应用向深度和广度不断发展。企业上网、政府上网、网上学校、网上购物等,一个网络化社会的雏形已经展现在我们面前。在网络给人们带来巨大的便利的同时,也带来了一些不容忽视的问题,网络信息的安全保密问题就是其中之一。

1.3.1　互联网的特点

互联网作为开放网,不提供保密服务,这一点使互联网具有许多新特点。

(1) 互联网是无中心网,再生能力很强。一个局部的破坏,不影响整个系统的运行。因此,互联网特别能适应战争环境。这也许是美国军方重新重视互联网的原因之一。

(2) 互联网可实现移动通信、多媒体通信等多种服务。互联网提供电子邮件(E-mail)、文件传输(FTP)、全球浏览(WWW),以及多媒体、移动通信等服务,正在实现一次通信(信息)革命,在社会生活中起着非常重要的作用。尽管国际互联网存在一些问题,但仍受到各国政府的高度重视,发展异常迅猛。

(3) 互联网一般分为外部网和内部网。从安全保密的角度来看,互联网的安全主要指内部网(Intranet)的安全,因此其安全保密系统要靠内部网的安全保密技术来实现,并在内部网与外部网的连接处用防火墙(firewall)技术隔离,以确保内部网的安全。

(4)互联网的用户主体是个人。个人化通信是通信技术发展的方向,推动着信息高速公路的发展。但从我国目前的情况看,在今后相当长的时间里,计算机网和互联网会并存发展,在保留大量终端间通信计算机网的特点的同时,会不断加大个人化通信的互联网的特点。

网络与信息安全已成为我国信息产业健康发展必须面对的严重问题。目前,各种网络安全漏洞大量存在和不断被发现;漏洞公布到利用漏洞的攻击代码出现时间缩短至几天甚至一天,使开发、安装相关补丁及采取防范措施的时间压力增加;网络攻击行为日趋复杂,防火墙、入侵监测系统等网络安全设备不能完全阻挡网络安全攻击;黑客攻击目标从单纯追求"荣耀感"向获取实际利益方向转移;针对手机等无线终端的网络攻击正进一步发展;随着网络共享软件、群组交互通信、地址转移、加密代理、信件自收发、无界浏览器、动态网络等新型技术的不断开发和应用,传统的网络安全监管手段和技术实施措施难以有效发挥。

1.3.2　信息网络安全现状

从 1998 年起,中国互联网络信息中心决定于每年 1 月和 7 月发布《中国互联网络发展状况统计报告》。

2012 年 1 月 16 日,中国互联网络信息中心(CNNIC)发布的《第 29 次中国互联网络发展状况统计报告》公布了中国网民人数、网民分布、上网计算机数、信息流量分布、域名注册等方面情况的统计信息。

截至 2011 年 12 月 30 日,我国网民规模突破 5 亿大关,达到 5.13 亿,相比 2010 年底增加 5580 万人;互联网普及率攀升至 38.3%,较 2010 年提高 4 个百分点。我国手机网民规模达 3.56 亿,同比增长 17.6%。手机网民较传统互联网网民增幅更大,构成拉动中国总体网民规模攀升的主要动力。

可以毫不夸张地说,中国是一个名副其实的互联网大国。但是,中国的网络环境和世界一样,面临着各种各样的威胁,必须采取严格的安全防护措施。

中国国家计算机网络应急技术处理协调中心(CNCERT)在其官方网站上,针对我国的互联网现状,定期发布我国信息网络安全呈现出的一些新威胁和态势分析。

(1)基础网络防护能力明显提升,但安全隐患不容忽视。据国家信息安全漏洞共享平台(CNVD)收录的漏洞统计,2011 年发现涉及电信运营企业网络设备(如路由器、交换机等)的漏洞 203 个。据 CNCERT 监测,2011 年每天发生的分布式拒绝服务攻击(DDoS)事件中平均约有 7% 的事件涉及基础电信运营企业的域名系统或服务。

(2)政府网站篡改类安全事件显著减少,网站用户信息泄漏引发社会高度关注。从整体来看,2011 年网站安全情况有一定恶化趋势。在 CNCERT 接收的网络安全事件(不含漏洞)中,网站安全类事件占到 61.7%;CNVD 接收的漏洞中,涉及网站相关的漏洞占 22.7%。网站安全问题进一步引发网站用户信息和数据的安全问题。根据调查和研究发现,我国部分网站的用户信息仍采用明文的方式存储,相关漏洞修补不及时,安全防护水平较低。

（3）我国遭受境外的网络攻击持续增多。2011 年，CNCERT 抽样监测发现，境外有近 4.7 万个 IP 地址作为木马或僵尸网络控制服务器参与控制我国境内主机。其中位于日本（22.8%）、美国（20.4%）和韩国（7.1%）的控制服务器 IP 数量居前三位，美国继 2009 年和 2010 年两度位居榜首后，2011 年其控制服务器 IP 数量下降至第二，以 9528 个 IP 控制着我国境内近 885 万台主机，控制我国境内主机数仍然高居榜首。总体来看，2011 年位于美国、日本和韩国的恶意 IP 地址对我国的威胁最为严重。另据工业和信息化部互联网网络安全信息通报成员单位报送的数据，2011 年在我国实施网页挂马、网络钓鱼等不法行为所利用的恶意域名约有 65% 在境外注册。此外，CNCERT 在 2011 年还监测并处理多起境外 IP 对我国网站和系统的拒绝服务攻击事件。这些情况表明我国面临的境外网络攻击和安全威胁越来越严重。

（4）网上银行面临的钓鱼威胁愈演愈烈。随着我国网上银行的蓬勃发展，广大网银用户成为黑客实施网络攻击的主要目标。2011 年初，全国范围大面积爆发了假冒中国银行网银口令卡升级的骗局，据报道此次事件中有客户损失超过百万元。

（5）工业控制系统安全事件呈现增长态势。2011 年 CNVD 收录了 100 余个对我国影响广泛的工业控制系统软件安全漏洞，较 2010 年大幅增长近 10 倍，涉及西门子、北京亚控和北京三维力控等国内外知名工业控制系统制造商的产品。

（6）手机恶意程序呈现多发态势。2011 年 CNCERT 捕获移动互联网恶意程序 6249 个，较 2010 年增加超过两倍。其中，恶意扣费类程序数量最多，为 1317 个，占 21.08%，其次是恶意传播类、信息窃取类、流氓行为类和远程控制类。从手机平台来看，约有 60.7% 的恶意程序针对 Symbian 平台，针对 Android 平台的恶意程序较 2010 年大幅增加，有望迅速超过 Symbian 平台。2011 年境内约 712 万个上网的智能手机曾感染手机恶意程序，严重威胁和损害手机用户的权益。

（7）木马和僵尸网络活动越发猖獗。2011 年，CNCERT 全年共发现近 890 万个境内主机 IP 地址感染了木马或僵尸程序，较 2010 年大幅增加 78.5%。其中，感染窃密类木马的境内主机 IP 地址为 5.6 万余个，国家、企业以及网民的信息安全面临严重威胁。

（8）应用软件漏洞呈现迅猛增长趋势。2011 年，CNVD 共收集整理并公开发布信息安全漏洞 5547 个，较 2010 年大幅增加 60.9%。其中，高危漏洞有 2164 个，较 2010 年增加约 2.3 倍。在所有漏洞中，涉及各种应用程序的最多，占 62.6%，涉及各类网站系统的漏洞位居第二，占 22.7%，而涉及各种操作系统的漏洞则排到第三位，占 8.8%。

（9）DDoS 攻击仍然呈现频率高、规模大和转嫁攻击的特点。2011 年，DDoS 仍然是影响互联网安全的主要因素之一，表现出三个特点。一是 DDoS 攻击事件发生频率高，且多采用虚假源 IP 地址。据 CNCERT 抽样监测发现，我国境内日均发生攻击总流量超过 1GB 的较大规模的 DDoS 攻击事件 365 起。其中，TCP SYN FLOOD 和 UDP FLOOD 等常见虚假源 IP 地址攻击事件约占 70%，对其溯源和处理难度较大。二是在经济利益驱使下，有组织的 DDoS 攻击规模十分巨大，难以防范。三是受攻击方恶意将流量转嫁给无辜者的情况屡见不鲜。2011 年多家省部级政府网站都遭受过流量转嫁攻击，且这些流量转嫁事件多数是由游戏私服网站争斗引起的。

1.3.3　网络信息安全的发展趋势

随着我国互联网新技术、新应用的快速发展,2012 年的网络安全形势将更加复杂,尤其需要重点关注如下几方面问题。

(1) 网站安全面临的形势可能更加严峻,网站中集中存储的用户信息将成为黑客窃取的重点。由于很多社交网站、论坛等网站的安全性差,其中存储的用户信息极易被窃取,黑客在得手之后会进一步研究利用所窃取的个人信息,结合社会工程学攻击网上交易等重要系统,可能导致更严重的财产损失。

(2) 随着移动互联网应用的丰富和 3G、WiFi 网络的快速发展,针对移动互联网智能终端的恶意程序也将继续增加,智能终端将成为黑客攻击的重点目标。

(3) 随着我国电子商务的普及,网民的理财习惯正逐步向网上交易转移,针对网上银行、证券机构和第三方支付的攻击将急剧增加。针对金融机构的恶意程序将更加专业化、复杂化,可能集网络钓鱼、网银恶意程序和信息窃取等多种攻击方式为一体,实施更具威胁的攻击。

(4) APT[①] 攻击将更加盛行,网络窃密风险加大。APT 攻击具有极强的隐蔽能力和针对性,传统的安全防护系统很难防御。美国等西方发达国家已将 APT 攻击列入国家网络安全防御战略的重要环节,2012 年 APT 攻击将更加系统化和成熟化,针对重要和敏感信息的窃取,有可能成为我国政府、企业等重要部门的严重威胁。

(5) 随着 2012 年互联网名称与数字地址分配机构 ICANN(The Internet Corporation for Assigned Names and Numbers)正式启动新通用顶级域名(gTLD)业务,新增的大量 gTLD 及其多语言域名资源,将给域名滥用者或欺诈者带来更大的操作空间。

(6) 随着宽带中国战略开始实施,国家下一代互联网启动商用试点,以及无线城市的大规模推进和云计算大范围投入应用,IPv6 网络安全、无线网安全和云计算系统及数据安全等方面的问题将会越来越多地呈现出来。

因此,现在不管是企业还是个人用户在使用信息产品和服务的时候,都开始对安全问题表现出了不同程度的担忧,安全性及安全功能已经成为关心的重点。在未来的几年中,安全将成为信息网络的必要组成部分。网络与信息安全将呈现以下发展趋势。

1. 安全需求多样化

随着我国信息化建设的推进,用户对于安全保障的要求会越来越高,对网络与信息安全的需求会越来越大。安全需求将会从单一安全产品发展到综合防御体系,从某一点的安全建设过渡到整个安全体系的建设。网络与信息安全部署的重点开始由网络安全向应用安全转变,应用安全和安全管理会逐渐热起来。

2. 技术发展两极分化:专一和融合

诸如防火墙、IDS、内容管理等产品方案会越做越专,这是因为在安全需求较高的电信

---

① APT 即高级可持续威胁(Advanced Persistent Threat),也称为定向威胁,指某组织对某一特定对象展开的持续有效的攻击活动和威胁。这种攻击活动具有极强的隐蔽性和针对性,通常会运用受感染的各种介质、供应链和社会工程学等多种手段实施先进的、持久的且有效的威胁和攻击。黑客个人的行为一般不能构成 APT 攻击,因为通常情况下没有足够的资源来开展这种先进且复杂的攻击活动。

行业须应对复杂多变的安全威胁。同时,融合也是一种趋势,基本的防火墙功能也被集成到了越来越多的网络设备当中。路由器和交换机设备越来越多地开始整合防火墙过滤功能。在新出现的一些 64 位 PC 主板上,也在芯片组中提供了防火墙功能。除了防火墙功能之外,还有很多安全功能被整合进了各种产品之中。在软件领域,安全功能除了在软件系统中被越来越多地考虑之外,大量进行网络管理的软件都增加了防范恶意程序及行为的机制。

3. 安全管理体系化

"三分技术,七分管理",管理作为网络与信息安全保障的重要基础,一直备受重视。在国家宏观管理方面,我国将在"积极防御、综合防范"的管理方针指导下,逐步建立并完善国家信息安全管理保障体系:进一步完善国家互联网应急响应管理体系的建设,加快网络与信息安全标准化的制定和实施工作,加强电信安全监管和信息安全等级保护工作,对电信设备的安全性和信息安全专用产品实行强制性认证等。在网络信息系统微观管理方面,网络与信息安全管理正逐渐成为企业管理越来越关键的一部分,越来越多的企业将在今后几年内逐步建立自身的信息安全管理体系。

1.4 安全模型

随着互联网络的快速扩张,信息的交流和共享成为现代科技进步和经济发展的重要前提。各行各业都在进行大规模的信息化建设,信息安全已成为非常重要的研究课题。信息安全的目的是保护在信息系统中存储和处理信息的安全,要求做到保密性、完整性、可用性,即保密性:防止信息的泄露;完整性:防止信息的篡改;可用性:保证信息的可用。自 20 世纪 70 年代起,Denning、Bell、Lapudula 和 Biba 等人对信息安全进行了大量的基础研究,特别是美国提出可信计算机评估标准《TCSEC》以来,系统安全模型得到了广泛的研究,并在各种系统中实现了多种安全模型。

1.4.1 P^2DR 模型

P^2DR 模型是可适应网络安全理论或动态信息安全理论的主要模型。P^2DR 模型是 TCSEC 模型的发展,也是目前被普遍采用的安全模型。P^2DR 模型包含四个主要部分——Policy(安全策略)、Protection(防护)、Detection(检测)和 Response(响应)。防护、检测和响应组成了一个所谓的"完整的、动态的"安全循环,在安全策略的整体指导下保证信息系统的安全。

网络安全防范体系应该是动态变化的。安全防护是一个动态的过程,P^2DR 是安氏推崇的基于时间的动态安全体系。

1. Policy(安全策略)

由于安全策略是安全管理的核心,所以要想实施动态网络安全循环过程,必须首先制定企业的安全策略,所有的防护、检测、响应都是依据安全策略实施的,企业安全策略为安全管理提供管理方向和支持手段。对于一个策略体系的建立包括安全策略的制定、安全策略的评估、安全策略的执行等。

2. Protection(防护)

防护通常是通过采用一些传统的静态安全技术及方法来实现的,主要有防火墙、加密、认证等方法。通过防火墙监视并限制进出网络的数据包,可以防范外对内及内对外的非法访问,提高了网络的防护能力,当然需要根据安全策略制定合理的防火墙策略;也可以利用 SecureID 这种一次性口令的方法来增加系统的安全性;等等。

3. Detection(检测)

在网络安全循环过程中,检测是非常重要的一个环节,检测是动态响应的依据,也是强制落实安全策略的有力工具,通过不断地检测和监控网络和系统,来发现新的威胁和弱点,通过循环反馈来及时做出有效的响应。

4. Response(响应)

紧急响应在安全系统中占有最重要的地位,是解决安全潜在性最有效的办法。从某种意义上讲,安全问题就是要解决紧急响应和异常处理问题。要解决好紧急响应问题,就要制定好紧急响应的方案,做好紧急响应方案中的一切准备工作。

1.4.2　PDRR 网络安全模型

PDRR 模型就是 4 个英文单词——Protection(防御)、Detection(检测)、Response(响应)、Recovery(恢复)的头字符。这四个部分构成了一个动态的信息安全周期,如图 1-1,安全策略的每一部分包括一组相应的安全措施来实施一定的安全功能。安全策略的第一部分就是防御。根据系统已知的所有安全问题做出防御的措施,如打补丁、访问控制、数据加密等。防御作为安全策略的第一道防线。安全策略的第二道防线就是检测。攻击者如果穿过了防御系统,检测系统就会检测出来。这个安全战线的功能就是检测出入侵者的身份,包括攻击源、系统损失等。一旦检测出入侵,响应系统开始响应,包括事件处理和其他业务。安全策略的最后一道防线就是系统恢复。在入侵事件发生后,把系统恢复到原来的状态。每次发生入侵事件,防御系统都要更新,保证相同类型的入侵事件不再发生,所以整个安全策略包括防御、检测、响应和恢复,这四个方面组成了一个信息安全周期。

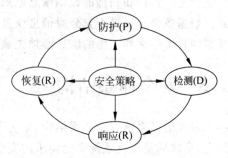

图 1-1　PDRR 安全模型

1. 防御

网络安全策略 PDRR 模型的最重要的部分是防护(P)。防护是预先阻止可能发生攻击的条件的产生,让攻击者无法顺利地入侵,防护可以减少大多数的入侵事件。

2. 检测

PDRR 模型的第二个环节是检测(D)。上面提到防护系统除掉入侵事件发生的条件,可以阻止大多数的入侵事件的发生,但是它不能阻止所有的入侵。特别是那些利用新的系统缺陷、新的攻击手段的入侵。因此安全策略的第二个安全屏障就是检测,即如果入侵发生就检测出来,这个工具是入侵检测系统(IDS)。

3. 响应

PDRR 模型中的第三个环节是响应(R)。响应是已知一个攻击(入侵)事件发生之后,进行处理。在一个大规模的网络中,响应这项工作都是由一个特殊部门负责,那就是计算机响应小组。世界上第一个计算机响应小组 CERT,位于美国 CMU 大学的软件研究所(SEI),于 1989 年建立,是世界上最著名的计算机响应小组。从 CERT 建立之后,世界各国以及各机构也纷纷建立自己的计算机响应小组。我国第一个计算机紧急响应小组CCERT,于 1999 年建立,主要服务于中国教育和科研网。

入侵事件的报警可以是入侵检测系统的报警,也可以是通过其他方式的报警。响应的主要工作可以分为两种。第一种是紧急响应;第二种是其他事件处理。紧急响应是当安全事件发生时采取应对措施,其他事件主要包括咨询、培训和技术支持。

4. 恢复

恢复是 PDRR 模型中的最后一个环节。恢复是事件发生后,把系统恢复到原来的状态,或者比原来更安全的状态。恢复也可以分为两个方面:系统恢复和信息恢复。系统恢复指的是修补该事件所利用的系统缺陷,不让黑客再次利用这样的缺陷入侵。一般系统恢复包括系统升级、软件升级和打补丁等。系统恢复的另一个重要工作是除去后门。一般来说,黑客在第一次入侵的时候都是利用系统的缺陷。在第一次入侵成功之后,黑客就在系统打开一些后门,如安装一个特洛伊木马。

所以,尽管系统缺陷已经打补丁,黑客下一次还可以通过后门入侵系统。系统恢复都是根据检测和响应环节提供有关事件的资料进行的。信息恢复指的是恢复丢失的数据。数据丢失的原因可能是由黑客入侵造成的,也可以是由系统故障、自然灾害等原因造成的。信息恢复就是从备份和归档的数据恢复原来的数据。信息恢复过程与数据备份过程有很大的关系。数据备份做得是否充分对信息恢复有很大的影响。信息恢复过程是有优先级别的。直接影响日常生活和工作的信息必须先恢复,这样可以提高信息恢复的效率。

1.5　安全体系结构

研究信息系统安全体系结构,是为了将普遍性安全体系原理与自身信息系统的实际相结合,形成满足信息系统安全需求的安全体系结构。

1.5.1　ISO 开放系统互连安全体系

在安全体系结构方面,ISO 制定了国际标准 ISO 7498—2—1989《信息处理系统开放系统互连基本参考模型第 2 部分:安全体系结构》。该标准为开放系统互连(OSI)描述了基本参考模型,为协调开发现有的与未来的系统互连标准建立起了一个框架。其任务是提供安全服务与有关机制的一般描述,确定在参考模型内部可以提供这些服务与机制的位置。

为了保证异构计算机进程与进程之间远距离交换信息的安全,基于 OSI 参考模型的七层协议,ISO 开放系统互连安全体系结构为开放系统互连定义了五大类安全服务,同时提供这些服务的八类安全机制。图 1-2 所示的三维安全空间解释了这一体系结构。

在 ISO 开放系统互连安全体系结构中,一种安全服务可以通过某种安全机制单独提供,也可以通过多种安全机制联合提供;一种安全机制可用于提供一种或多种安全服务。在 OSI 七层(物理层、数据链路层、网络层、传输层、会话层、表示层、应用层)协议中除第五层(会话层)外,每一层均能提供相应的安全服务。

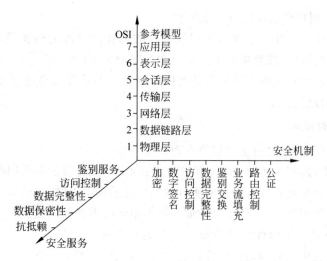

图 1-2　ISO 开放系统互连安全体系结构

1.5.2　ISO 开放系统互连安全体系的五类安全服务

1. 鉴别服务

鉴别服务提供对通信中的对等实体和数据来源的鉴别。包括对等实体鉴别和数据原发鉴别。

对等实体鉴别：当由第 N 层提供这种服务时，将使第 $N+1$ 层实体确信与之打交道的对等实体正是它所需的 $N+1$ 实体。

这种服务在连接建立或在数据传送阶段的某些时刻提供使用，用以证实一个或多个连接实体的身份。使用这种服务可以（仅在使用时间内）确信：一个实体此时没有试图冒充别的实体，或没有试图将先前的连接作非授权地重放；实施单向或双向对等实体鉴别也是可能的，可以带有效期检验，也可以不带。这种服务能够提供各种不同程度的鉴别保护。

数据原发鉴别：当由第 N 层提供这种服务时，将使 $N+1$ 实体确信数据来源正是所要求的对等 $N+1$ 实体。数据原发鉴别服务对数据单元的来源提供识别。这种服务对数据单元的重复或篡改不提供鉴别保护。

2. 访问控制服务

访问控制服务主要是以资源使用的等级划分资源使用者的授权范围，来对抗开放系统互连可访问资源的非授权使用。这些资源可以是经开放互连协议可访问到的 OSI 资源或非 OSI 资源。这种保护服务可应用于对各种不同类型的资源的访问（例如，使用通信资源，读、写或删除信息资源，处理资源的操作），或应用于对某种资源的所有访问。

3. 数据机密性服务

数据机密性服务对数据提供保护，使之不被非授权地泄露，包括 4 种。

第一，连接机密性。这种服务为一次 N 连接上的所有 N 用户数据保证其机密性。但对于某些使用中的数据，或在某些层次上，将所有数据都保护起来反而是不适宜的，例如加速数据或连接请求中的数据。

第二，无连接机密性。这种服务为单个无连接的 N SDU（Service Data Unit，服务数据单元)中的全部 N 用户数据提供机密性保护。

第三,选择字段机密性。这种服务保证那些被选择的字段的机密性,这些字段或处于 N 连接的 N 用户数据中,或为单个无连接的 N SDU 中的字段。

第四,通信业务流机密性。这种服务提供的保护使得通过观察通信业务流是不可能推断出其中的机密信息的。

4. 数据完整性服务

数据完整性服务用于对付主动威胁方面。

在一次连接上,连接开始时使用对某实体鉴别服务,在连接的存活期使用数据完整性服务,两种服务的联合为此连接上传送的所有数据单元的来源提供保证,为这些数据单元的完整性提供保证,如使用顺序号,还可以附加为数据单元的重复提供检测。

(1) 带恢复的连接完整性。这种服务为 N 连接上的所有 N 用户数据保证其完整性,并检测整个 SDU 序列中的数据遭到的任何篡改、插入、删除,同时进行补救/恢复。

(2) 不带恢复的连接完整性。与上款的服务相同,只是不作补救恢复。

(3) 选择字段的连接完整性。这种服务为在一次连接上传送的 N SDU 的 N 用户数据中的选择字段保证其完整性,所取形式是确定这些被选字段是否遭受了篡改、插入、删除。

(4) 无连接完整性。当由 N 层提供这种服务时,对发出请求的那个 $N+1$ 层实体提供了完整保护。

这种服务为单个无连接上的 SDU 保证其完整性,所取形式可以是一个接收到的 SDU 是否遭受了篡改。此外,在一定程度上也能提供对连接重放的检测。

(5) 选择字段无连接完整性。这种服务为单个无连接上的 SDU 中的被选字段保证其完整性,所取形式是被选字段是否遭受了篡改。

5. 抗抵赖

抗抵赖这种服务可取以下两种形式,或两者之一。

其一是有数据原发证明的抗抵赖。为数据的接收者提供数据的原发证明,这将使发送者否认发送过这些数据或否认其内容的企图不能得逞。

其二是有交付证明的抗抵赖。为数据的发送者提供数据交付证明,这将使接收者否认收到过这些数据或否认其内容的企图不能得逞。

1.5.3 ISO 开放系统互连安全体系的安全机制

下列 6 种安全机制可以设置在适当的 N 层上,以提供前面所述的某些安全服务。

1. 加密

(1) 加密既能为数据提供机密性,也能为通信业务流信息提供机密性,并且还成为其他安全机制中的一部分或起补充作用。

大多数应用将不要求在多个层上加密,加密层的选取主要取决于下述几个因素。

第一,如果要求整个通信业务流机密性,那么将选取物理层加密或传输安全手段(例如,适当的扩频技术)。足够的物理安全、可信任的路由选择以及在中继上的类似功能可以满足所有的机密性要求。

第二,如果要求细粒度保护(即对每个应用可能提供不同的密钥)和抗抵赖或选择字段保护,那么将选取表示层加密。由于加密算法耗费大量的处理能力,所以选择字段保护可能是重要的。在表示层中的加密能提供不带恢复的完整性、抗抵赖性以及所有的机密性。

第三,如果希望的是所有端系统到端系统通信的简单块保护,或希望有一个外部的加密设备(例如为了给算法和密钥以物理保护,或防止错误软件),那么将选取网络层加密。这能够提供机密性与不带恢复的完整性。虽然在网络层不提供恢复,但运输层的正常的恢复机制能够用来恢复网络层检测到的攻击。

第四,如果要求带恢复的完整性,同时又具有细粒度保护,那么将选取运输层加密。这能提供机密性、带恢复的完整性或不带恢复的完整性。

第五,对于今后的实施,不推荐在数据链路层上加密。

当关系到这些主要因素中的两项或多项时,加密可能需要在多个层上提供。

(2) 加密算法可以是可逆的,也可以是不可逆的。可逆加密算法有两大类。

第一类是对称(即秘密密钥)加密。对于这种加密,知道了加密密钥也就意味着知道了解密密钥,反之亦然。

第二类是非对称(例如公开密钥)加密。对于这种加密,知道了加密密钥并不意味着也知道解密密钥,反之亦然。这种系统的这样两个密钥分别称为“公钥”与“私钥”。

不可逆加密算法可以使用密钥,也可以不使用。若使用密钥,这密钥可以是公开的,也可以是秘密的。

(3) 除了某些不可逆加密算法外,加密机制的存在便意味着要使用密钥管理机制。

2. 数字签名机制

数字签名机制确定两个过程——对数据单元签名和验证签过名的数据单元。

第一个过程使用签名者所私有的(即独有的和机密的)信息。第二个过程所用的信息是公之于众的,但不能够从它们推断出该签名者的私有信息。

(1) 签名过程涉及使用签名者的私有信息作为私钥,或对数据单元进行加密,或产生出该数据单元的一个密码校验值。

(2) 验证过程涉及使用公开的规程与信息来决定该签名是不是用签名者的私有信息产生的。

(3) 签名机制的本质特征为该签名只有使用签名者的私有信息才能产生出来。因而,当该签名得到验证后,它能在事后的任何时候向第三者(例如法官或仲裁人)证明:只有那个私有信息的唯一拥有者才能产生这个签名。

3. 访问控制机制

(1) 为了决定和实施一个实体的访问权,访问控制机制可以使用该实体已鉴别的身份,或使用有关该实体的信息(例如它与一个已知的实体集的从属关系),或使用该实体的权力。如果这个实体试图使用非授权的资源,或者以不正当方式使用授权资源,那么访问控制功能将拒绝这一企图,还可能产生一个报警信号或把它作为安全审计跟踪的一个部分记录下来或报告这一事件。对于无连接数据传输,发给发送者的拒绝访问的通知只能作为强加于原发的访问控制结果被提供。

(2) 访问控制机制可以建立在使用下列一种或多种手段之上。

① 访问控制信息库:在这里保存有对等实体的访问权限。这些信息可以由授权中心

保存,或由正被访问的那个实体保存。该信息的形式可以是一个访问控制表,也可以是等级结构的矩阵。还要预先假定对等实体的鉴别已得到保证。

② 鉴别信息:例如口令,对这一信息的占有和出示便证明正在进行访问的实体已被授权。

③ 权力:对它的占有和出示便证明有权访问由该权力所规定的实体或资源,权力应是不可伪造的并以可信赖的方式进行传送。

④ 安全标记:当与一个实体相关联时,这种安全标记可用来表示同意或拒绝访问,通常根据安全策略而定。

⑤ 试图访问的时间。

⑥ 试图访问的路由。

⑦ 访问持续期。

(3) 访问控制机制可应用于通信联系中的一个端点,也可以应用于任一中间点。

涉及原发点或任一中间点的访问控制,是用来决定发送者是否被授权与指定的接收者进行通信,或是否被授权使用所要求的通信资源。

在无连接数据传输目的端上的对等级访问控制机制的要求在原发点必须事先知道,并必须记录在安全管理信息库中。

4. 数据完整性机制

(1) 数据完整性有单个数据单元或字段的完整性以及数据单元流或字段流的完整性两种类型。一般来说,用来提供这两种类型完整性服务的机制是不相同的,没有第一类完整性服务,第二类服务是无法提供的。

(2) 决定单个数据单元的完整性涉及两个过程,一个在发送实体上,一个在接收实体上。发送实体给数据单元附加一个量,这个量为该数据的函数。这个量可以是像分组校验码那样的补充信息,也可以是一个密码校验值,而且它本身可以被加密。接收实体产生一个相应的量,并把它与接收到的那个量进行比较以决定该数据是否在传送中被篡改过。单靠这种机制不能防止单个数据单元的重放。在网络体系结构的适当层上,操作检测可能在本层或较高层上导致恢复(例如经重传或纠错)作用。

(3) 对于连接方式数据传送,保护数据单元序列的完整性(即防止乱序、数据的丢失、重放、插入和篡改)还需要某种明显的排序形式,例如顺序号、时间标记或密码链。

(4) 对于无连接数据传送,时间标记可以用来在一定程度上提供保护作用,防止个别数据单元的重放。

5. 鉴别交换机制

(1) 可用于鉴别交换的一些技术是:使用鉴别信息,如口令,由发送实体提供而由接收实体验证;密码技术;使用该实体的特征或占有物。

(2) 这种机制可设置在 N 层以便提供对等实体鉴别。如果在鉴别实体时这一机制得到否定的结果,就会拒绝或终止连接,也可能在安全审计跟踪中增加一个记录,或给安全管理中心一个报告。

(3) 当采用密码技术时,这些技术可以与"握手"协议结合起来以防止重放(即确保存活期)。

(4) 鉴别交换技术的选用取决于使用它们的环境。在许多场合,它们将必须与下列各项结合使用：时间标记与同步时钟；两方握手和三方握手（分别对应于单方鉴别与相互鉴别）；由数字签名和公证机制实现的抗抵赖服务。

6. 通信业务填充机制

通信业务填充机制能用来提供各种不同级别的保护，对抗通信业务分析。这种机制只有在通信业务填充受到机密服务保护时才是有效的。

1.6　计算机安全的规范与标准

信息安全标准是确保信息安全的产品和系统在设计、研发、生产、建设、使用、测评中解决其一致性、可靠性、可控性、先进性和符合性的技术规范和技术依据。

信息安全标准化工作对于解决信息安全问题具有重要的技术支撑作用。信息安全标准化不仅关系到国家安全，同时也是保护国家利益、促进产业发展的一种重要手段。在互联网飞速发展的今天，网络和信息安全问题不容忽视，积极推动信息安全标准化，牢牢掌握在信息时代全球化竞争中的主动权是非常重要的。由此可以看出，信息安全标准化工作是一项艰巨、长期的基础性工作。

1.6.1　国际信息安全标准化工作的情况

国际上，信息安全标准化工作，兴起于 20 世纪 70 年代中期，在 20 世纪 80 年代有了较快的发展，在 20 世纪 90 年代引起了世界各国的普遍关注。目前世界上有近 300 个国际和区域性组织，制定标准或技术规则，与信息安全标准化有关的主要的组织有国际标准化组织（ISO）、国际电工委员会（IEC）、国际电信联盟（ITU）和 Internet 工程任务组（IETF）等。

国际标准化组织（ISO）于 1947 年 2 月 23 日正式开始工作，ISO/IEC JTC1（信息技术标准化委员会）所属 SC27（安全技术分委员会）其前身是 SC20（数据加密分技术委员会），主要从事信息技术安全的一般方法和技术的标准化工作。而 ISO/TC68 负责银行业务应用范围内有关信息安全标准的制定，它主要制定行业应用标准，在组织上和标准之间与 SC27 有着密切的联系。ISO/IEC JTC1 负责制定标准主要是开放系统互连、密钥管理、数字签名、安全的评估等方面的内容。

国际电工委员会（IEC）正式成立于 1906 年 10 月，是世界上成立最早的专门国际标准化机构。在信息安全标准化方面，主要与 ISO 联合成立了 JTC1（第一联合技术委员会）下分委员会外，还在电信、电子系统、信息技术和电磁兼容等方面成立技术委员会，如 TC56 可靠性、TC74 IT 设备安全和功效、TC77 电磁兼容、TC 108 音频/视频、信息技术和通信技术电子设备的安全等，并制定相关国际标准，如信息技术设备安全（IEC 60950）等。

国际电信联盟（ITU）成立于 1865 年 5 月 17 日，所属的 SG17 组，主要负责研究通信系统安全标准。SG17 组主要研究通信安全项目、安全架构和框架、计算安全、安全管理、用于安全的生物测定和安全通信服务。此外 SG16 和下一代网络核心组也在通信安全、H323 网络安全、下一代网络安全等标准方面进行了研究。目前 ITU-T 建议书中有 40 多个标准都是与通信安全有关的。

Internet 工程任务组（IETF）始创于 1986 年，其主要任务是负责互联网相关技术规范的研发和制定。目前，IETF 已成为全球互联网界最具权威的大型技术研究组织。IETF 标准

信息安全概论

制定的具体工作由各个工作组承担,工作组分成八个领域,分别是 Internet 路由、传输、应用领域等,著名的 IKE 和 IPSec 都在 RFC 系列之中,还有电子邮件、网络认证和密码标准,也包括了 TLS 标准和其他安全协议标准。

1.6.2　我国信息安全标准化的现状

信息安全标准是我国信息安全保障体系的重要组成部分,是政府进行宏观管理的重要依据。虽然国际上有很多标准化组织在信息安全方面制定了许多的标准,但是信息安全标准事关国家安全利益,任何国家都不会轻易相信和过分依赖别人,总要通过自己国家的组织和专家制定出自己可以信任的标准来保护民族的利益。因此,各个国家在充分借鉴国际标准的前提下,制定和扩展自己国家对信息安全的管理领域,这样,就出现许多国家建立自己的信息安全标准化组织和制定本国的信息安全标准。

目前,我国按照国务院授权,在国家质量监督检验检疫总局管理下,由国家标准化管理委员会统一管理全国标准化工作,下设有 255 个专业技术委员会。中国标准化工作实行统一管理与分工负责相结合的管理体制,有 88 个相关行政主管部门和国务院授权的有关行业协会分工管理本部门、本行业的标准化工作,有 31 个省、自治区、直辖市政府有关行政主管部门分工管理本行政区域内本部门、本行业的标准化工作。成立于 1984 年的全国信息技术安全标准化技术委员会(CITS),在国家标准化管理委员会和信息产业部的共同领导下负责全国信息技术领域以及与 ISO/IEC JTC1 相对应的标准化工作,目前下设 24 个分技术委员会和特别工作组,是目前国内最大的标准化技术委员会。它是一个具有广泛代表性、权威性和军民结合的信息安全标准化组织。全国信息技术安全标准化技术委员会的工作范围是负责信息和通信安全的通用框架、方法、技术和机制的标准化,其技术安全包括开放式安全体系结构、各种安全信息交换的语义规则、有关的应用程序接口和协议引用安全功能的接口等。

我国信息安全标准化工作,虽然起步较晚,但是近年来发展较快,入世后标准化工作在公开性、透明度等方面更是取得了实质性进展。我国从 20 世纪 80 年代开始,本着积极采用国际标准的原则,转化了一批国际信息安全基础技术标准,制定了一批符合中国国情的信息安全标准,同时一些重点行业还颁布了一批信息安全的行业标准,为我国信息安全技术的发展做出了很大的贡献。据统计,我国从 1985 年发布了第一个有关信息安全方面的标准以来,到 2004 年底共制定、报批和发布有关信息安全技术、产品、测评和管理的国家标准 76 个,正在制定中的标准 51 个,为信息安全的开展奠定了基础。

习题 1

1. P^2DR 模型主要内容是什么?

2. PDRR 模型主要内容是什么?

3. ISO 开放系统互连安全体系定义了五大类安全服务,同时提供这些服务的八类安全机制,它们的内容是什么?

4. 为什么要制定计算机安全的规范与标准?

密码学概论　第 2 章

密码学（Cryptography）的历史非常悠久。在几千年前的古希腊战争中，人们就常常通过密码来传递各种信息。在 20 世纪的两次世界大战中，密码学更是得到了广泛的应用和长足的发展，英国对德国所使用的 ENIGMA 密码的破译，是直接改变二战战争形势的因素之一。现代的信息战，更是离不开密码学。在我们的生活中，密码学的运用也是举不胜举：在取款机上取现金，需要输入密码；访问电子邮箱，需要输入密码；打开即时通信工具，也需要提供密码……总之，密码无处不在！

那么究竟密码学研究什么呢？密码学是主要研究密码编码和解码的一种学科，其主要目标是提供不安全的信道上的安全通信机制。

在网络中，一个通信系统是由在同一信道上进行通信的双方组成的。通信双方需要交换信息，而他们都不希望这样的信息被其他人窃听。密码学正是一种能够有效防止信息在传输过程中被窃听的安全机制。

密码学的研究需要数论、群论、概率论、信息论、复杂性理论等很多学科的知识。为了使本书通俗易懂，我们省略了复杂的数学知识。本章首先简单地介绍密码学的主要概念和主要目标，接着论述相关的加解密技术，包括经典密码体制和现代密码体制。最后作了一个简单的总结。

2.1　密码学基本概念

密码学主要包含两个分支：密码编码学和密码分析学。密码编码学主要研究如何将明文转换为密文。与此相反，密码分析学主要研究如何破译密文得到相应的明文。

2.1.1　加密与解密

消息（Message）被称为**明文**（Plain-text）。明文的取值范围称为**明文空间**。明文可以是一个二进制序列，一个文本，一张图片，一段声音或是一段录像。隐藏消息内容的过程称为**加密**，隐藏消息的方法称为**加密算法**，所使用的密钥称为**加密密钥**。加密后的消息被称为**密文**(Cipher-text)。密文的取值范围称为**密文空间**。相应地,根据密文恢复消息内容的过程称为**解密**,恢复消息的方法称为**解密算法**,所使用的密钥称为**解密密钥**。加密算法和解密算法统称为**密码算法**。

将明文变换为密文,有两种方法:**替换法**(substitution)和**变换法**(transposition)。所谓替换法,就是将明文消息的每个字母(单词)替换成其他的字母(单词)。而变换法是将明文消息的字母重新排列组合而得到密文。

图 2-1 说明了加密和解密的过程。

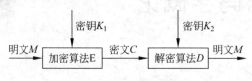

图 2-1 加密和解密过程

输入明文 M 在密钥 K_1 和加密算法 E 的作用下变为密文 C。密文 C 在密钥 K_2 和解密算法 D 的作用下变为明文 M。(注意:根据 K_1 和 K_2 是否相同,可以将密码算法分为两类,见 3.3 节),用数学公式表示如下。

加密:$C = E(K_1, M)$

解密:$M = D(K_2, C)$

为了使加密后再解密可以恢复出明文,下述等式应当成立:

$$M = D(K_2, E(K_1, M))$$

这里需要强调的是:密码算法的保密性必须是基于保持密钥的秘密,而不是基于保持加解密算法的秘密。如果一个密码算法的保密性是基于保持加解密算法的秘密,那么该算法称为**受限制的算法**,如换位密码。这种算法在历史上曾经大显身手,但很难适应当今的应用需求。特别是在一个大的团体组织中,如果一个人泄漏了该算法,那么所有人都不得不改用另外的算法。尽管这样,在低密级的应用中,受限制的算法还是得到了广泛的应用,因为实施简单。

现代密码学所使用的算法都是基于保持密钥的秘密。密钥是一个随机值,用 K 表示,密钥的取值范围称为**密钥空间**。由于只需要保持密钥的安全性,这就使得密码算法可以公开,当然也可以被分析和攻击。

密码算法、明文空间、密文空间以及密钥,一同构成了**密码系统**。

2.1.2 密码分析

对于不同的密码算法,有不同的密码分析方法。这在一些专门论述密码分析学的书中得到了详尽的阐述。

密码编码学的主要目的是防止明文被窃听者窃取并阅读。这里假设窃听者完全能够截获通信双方之间的通信内容。而密码分析学的主要目的是研究在不知道密钥的情况下如何尽快恢复出明文。成功的密码分析能恢复出明文或密钥。密码分析也可以发现密码体制的弱点。因此,在密码学中,"只有密码分析家才能评判密码体制的安全性"是亘古不变的真理。

对密码系统进行分析的活动称为攻击(attack)。本节遵从荷兰人 A. Kerckhoffs 最早在 19 世纪阐明的密码分析的一个基本假设:秘密必须基于密钥的安全性。Kerckhoffs 假设密码分析者能够获得所有的密码算法及其实现的全部详细资料。在实际的密码分析中，攻击者并不是总有这些详细信息，但决不应该低估攻击者的实力。

常用的密码分析方法有四类。

(1) 唯密文攻击(ciphertext-only attack)。密码分析者拥有一些消息的密文，这些消息都是用同样的加密算法来加密的。密码分析者的任务是尽可能多地恢复出明文。当然，最好能够得到加密消息所使用的密钥，以便利用该密钥尽可能多地去解读其他的密文。

(2) 已知明文攻击(known-plaintext attack)。密码分析者不仅拥有一些消息的密文，而且还拥有其中一些密文对应的明文。密码分析者的任务就是根据这些明文和密文的对应关系来推出加密密钥或者推导出一个算法，使得该算法可以对用同一密钥加密的任何消息进行解密。

(3) 选择明文攻击(chosen-plaintext attack)。分析者不仅拥有一些消息的密文和相应的明文，而且还可以有选择地加密明文。密码分析者可以选择特定的明文块，这些明文块可能会产生更多关于密钥的信息。分析者的任务就是推导用于加密的密钥或者产生一个算法，使得该算法可以对用同一密钥加密得到的任何密文进行解密。

(4) 选择密文攻击(chosen-ciphertext attack)。密码分析者能够选择不同的密文，而且能够得到与之对应的明文。有时我们将选择明文攻击和选择密文攻击一起称为选择文本攻击(chosen-text attack)。

上述四种攻击的目的是推导出加解密所使用的密钥。这四种攻击类型的强度依次递增，唯密文攻击是最弱的一种攻击，选择密文攻击是最强的一种攻击。如果一个密码系统能够抵抗选择密文攻击，那么它当然能够抵抗其余三种攻击。

攻击者被动地截获密文并进行分析的这类攻击称为**被动攻击**。密码系统还可能遭受到的另一类攻击是**主动攻击**：攻击者主动向系统窜扰，采用删除、更改、增添、重放、伪造等手段向系统注入假消息。防止这种攻击的一种有效方法是使发送的消息具有可被认证(authentication)的能力，使接收者或第三者能够识别和确认消息的真伪。实现这类功能的密码系统被称做认证系统，第 4 章将着重论述。消息的认证性和消息的保密性不同，保密是为了使窃听者在不知道密钥的条件下不能解读密文的内容，而认证是使任何不知道密钥的人不能构造出一个消息，使意定的接收者将之解密成一个可理解的消息(合法的消息)。

衡量密码攻击的复杂度有两个方面：数据复杂度和处理复杂度。数据复杂度是指为了实施攻击所需输入的数据量；而处理复杂度是指处理这些数据所需的计算量。例如，在穷尽密钥搜索攻击中，所需要的数据量与计算量相比是微不足道的，因此，穷尽密钥搜索攻击的复杂度由处理复杂度决定。在 Biham 和 Shamir 的差分密码分析中，实施攻击所需的计算量相对于所需的明密文对的数量来说是比较小的，因此，**差分密码分析**的复杂度由数据复杂度决定。所谓差分密码分析(differential cryptanalysis)，是指寻找明文具有特定差分的密文对，分析在加密明文过程中这些差分的进展。目的是选择具有固定差别的明文对。可以随机选择两个明文，只要满足特定差分条件(可以是简单异或)即可。然后在得到的密文中使用差别，对不同密钥指定不同相似性。分析越来越多的密文对之后，就可以得到正确的密钥。与差分密码分析相对应的是 Mitsuru Matsui 发明的**线性密码分析**(linear cryptanalysis)。线性密码分析采用线性近似法，如果把一些明文位进行异或操作，把一些密文位进行异或，然后把结果进行异或，则会得到一个位，该位是一些密钥位的异或。

除了以上各种密码分析方法之外,对古典密码有更简单的分析方法。简单的代换密码,如移位密码,破译起来极其容易。仅仅统计出最高频度字母(见表 2-1),再与明文字母表对应决定出位移量,就差不多可以得到正确的破译结果了。移位密码也可以用穷举密钥搜索法轻松破译,因为密钥量仅仅为 N。由此可见,密码系统是安全的一个必要条件是密钥空间必须足够大,使得穷举密钥搜索破译是计算不可行的。但这并不是一个密码系统安全的充分条件。

表 2-1　英文字母频度统计表

A	0.082	J	0.002	S	0.063
B	0.015	K	0.008	T	0.091
C	0.028	L	0.040	U	0.028
D	0.043	M	0.024	V	0.010
E	0.127	N	0.067	W	0.023
F	0.022	O	0.075	X	0.001
G	0.020	P	0.019	Y	0.020
H	0.061	Q	0.001	Z	0.001
I	0.070	R	0.060		

2.2　古典密码体制

本节介绍几种古典密码体制,在一些密级不高的场合,这些密码体制仍然得到了广泛的应用。

2.2.1　凯撒加密法

凯撒加密法(Caesar cipher)的名称来源于古罗马的凯撒大帝。当年凯撒大帝行军打仗时用这种方法来传递重要军事情报。

凯撒加密法是一种古典替换密码。为描述方便,我们假设明文仅含有英文字母。在使用凯撒加密法之前,先将字母按 0~25 编号:

A	B	C	D	E	F	G	H	I	J	K	L	M
0	1	2	3	4	5	6	7	8	9	10	11	12
N	O	P	Q	R	S	T	U	V	W	X	Y	Z
13	14	15	16	17	18	19	20	21	22	23	24	25

假设明文字母表示为 α,密文字母表示为 β,则加解密方法如下。

加密: $\beta = \alpha + n \pmod{26}$

解密: $\alpha = \beta - n \pmod{26}$

其中,n 表示密钥。显然,n 的有效取值为 0~25。如果 $n=0$,那么相当于没有对明文进行加密操作。

例如,假设明文为 this is caesar cipher。如果密钥 n 取 2 的话,那么得到密文: vjku ku ecguct ekrjgt。即依次将每个字母换成它之后的第二个字母。

　　显而易见,在计算机的帮助下破解凯撒加密法是一件不费吹灰之力的事情。因为密钥的可能取值只有 26 个,只需要尝试遍 26 个密钥,就轻而易举得到明文。

2.2.2　维吉尼亚加密法

　　维吉尼亚加密法(Vigenere cipher)是一种以移位代换为基础的周期代换密码,由 1858 年法国密码学家维吉尼亚提出。要使用维吉尼亚加密法,首先要构造一个维吉尼亚方阵(见表 2-2):维吉尼亚方阵是一个 26×26 的矩阵。矩阵的第一行是按正常顺序排列的字母表,第二行是第一行左移循环 1 位得到的,依此类推,得到其余各行。然后在基本方阵的最上方附加一行,最左侧附加一列,分别依序写上 A 到 Z 26 个字母,表的第一行与附加列上的字母 A 相对应,表的第二行与附加列上的字母 B 相对应……最后一行与附加列上的字母 Z 相对应。如果把上面的附加行看作明文序列,则下面的 26 行就分别构成了左移 0 位、1 位、2 位……,25 位的 26 个单表代换加同余密码的密文序列。加密时,按照密钥信息来决定采用哪一个单表。

表 2-2　维吉尼亚矩阵

A	A	B	C	D	E	F	G	H	I	J	K	L	M	N	O	P	Q	R	S	T	U	V	W	X	Y	Z
B	B	C	D	E	F	G	H	I	J	K	L	M	N	O	P	Q	R	S	T	U	V	W	X	Y	Z	A
C	C	D	E	F	G	H	I	J	K	L	M	N	O	P	Q	R	S	T	U	V	W	X	Y	Z	A	B
D	D	E	F	G	H	I	J	K	L	M	N	O	P	Q	R	S	T	U	V	W	X	Y	Z	A	B	C
E	E	F	G	H	I	J	K	L	M	N	O	P	Q	R	S	T	U	V	W	X	Y	Z	A	B	C	D
F	F	G	H	I	J	K	L	M	N	O	P	Q	R	S	T	U	V	W	X	Y	Z	A	B	C	D	E
G	G	H	I	J	K	L	M	N	O	P	Q	R	S	T	U	V	W	X	Y	Z	A	B	C	D	E	F
H	H	I	J	K	L	M	N	O	P	Q	R	S	T	U	V	W	X	Y	Z	A	B	C	D	E	F	G
I	I	J	K	L	M	N	O	P	Q	R	S	T	U	V	W	X	Y	Z	A	B	C	D	E	F	G	H
J	J	K	L	M	N	O	P	Q	R	S	T	U	V	W	X	Y	Z	A	B	C	D	E	F	G	H	I
K	K	L	M	N	O	P	Q	R	S	T	U	V	W	X	Y	Z	A	B	C	D	E	F	G	H	I	J
L	L	M	N	O	P	Q	R	S	T	U	V	W	X	Y	Z	A	B	C	D	E	F	G	H	I	J	K
M	M	N	O	P	Q	R	S	T	U	V	W	X	Y	Z	A	B	C	D	E	F	G	H	I	J	K	L
N	N	O	P	Q	R	S	T	U	V	W	X	Y	Z	A	B	C	D	E	F	G	H	I	J	K	L	M
O	O	P	Q	R	S	T	U	V	W	X	Y	Z	A	B	C	D	E	F	G	H	I	J	K	L	M	N
P	P	Q	R	S	T	U	V	W	X	Y	Z	A	B	C	D	E	F	G	H	I	J	K	L	M	N	O
Q	Q	R	S	T	U	V	W	X	Y	Z	A	B	C	D	E	F	G	H	I	J	K	L	M	N	O	P
R	R	S	T	U	V	W	X	Y	Z	A	B	C	D	E	F	G	H	I	J	K	L	M	N	O	P	Q
S	S	T	U	V	W	X	Y	Z	A	B	C	D	E	F	G	H	I	J	K	L	M	N	O	P	Q	R
T	T	U	V	W	X	Y	Z	A	B	C	D	E	F	G	H	I	J	K	L	M	N	O	P	Q	R	S
U	U	V	W	X	Y	Z	A	B	C	D	E	F	G	H	I	J	K	L	M	N	O	P	Q	R	S	T
V	V	W	X	Y	Z	A	B	C	D	E	F	G	H	I	J	K	L	M	N	O	P	Q	R	S	T	U
W	W	X	Y	Z	A	B	C	D	E	F	G	H	I	J	K	L	M	N	O	P	Q	R	S	T	U	V
X	X	Y	Z	A	B	C	D	E	F	G	H	I	J	K	L	M	N	O	P	Q	R	S	T	U	V	W
Y	Y	Z	A	B	C	D	E	F	G	H	I	J	K	L	M	N	O	P	Q	R	S	T	U	V	W	X
Z	Z	A	B	C	D	E	F	G	H	I	J	K	L	M	N	O	P	Q	R	S	T	U	V	W	X	Y

　　由于密钥可能比明文短,所以要连续书写密钥,以得到与明文等长的密钥序列。例如,需要加密的明文信息为 VIGENERE CIPHER,密钥采用 ENCRYPTION。那么加密方法

信息安全概论

如下：

密钥	E	N	C	R	Y	P	T	I	O	N	E	N	C	R
明文	V	I	G	E	N	E	R	E	C	I	P	H	E	R
密文	Z	V	I	V	L	T	K	M	Q	V	T	U	G	I

从而得到密文信息：ZVIVLTKMQVTUGI。

从以上叙述可以看出，维吉尼亚加密法相比凯撒加密法要复杂一些。但是，破解维吉尼亚加密法依然不是太难的事。因为这种加密法依然保留了一些字母频率的统计信息。此外，重码分析法也可以破译维吉尼亚加密法。这可以参见相关论著。

2.2.3　栅栏加密法

同凯撒加密法和维吉尼亚加密法相比，栅栏加密法（rail fence cipher）属于另一种加密方式：变换加密。栅栏加密法非常简单：依次将明文按锯齿形写在不同行然后重新排列就得到了密文。例如，待加密的信息如下：this is an example of rail fence cipher。将该明文按照锯齿形方式重新书写：

t i i a e a p e f a l e c c p e

h s s n x m l o r i f n e i h r

然后重新排列得到密文：tiiaeapefaleccpehssnxmlorifneihr。

破译栅栏加密法没有复杂之处。同栅栏加密法相似的技术还有圆柱加密法。所谓圆柱加密法，就是将一根纸条缠绕在圆柱形物体上，然后一排一排地书写明文，然后将纸条取下，纸条上的字母就是看似随机的密文，如图 2-2 所示。

图 2-2　圆柱加密法

古典变换加密法还有很多，诸如分栏式加密法、多轮分栏式加密法等。此类密码算法的保密性建立在对算法本身的保密基础之上。一旦攻击者获得了加密方法，他就能够解读密文。如果用计算机程序实现这些古典变换加密法，那么密码分析员只需要简单的反汇编加密程序就能了解加密过程，从而破解此类密码算法。所以，这类加密算法在今天已经基本废弃不用。

2.2.4　ENIGMA 加密机

1918 年，德国发明家亚瑟·谢尔比乌斯（Arthur Scherbius）和他的朋友理查德·里特（Richard Ritter）创办了谢尔比乌斯和里特公司。谢尔比乌斯负责研究和开发方面，他曾在汉诺威和慕尼黑研究过电气应用，他的一个想法就是要用 20 世纪的电气技术来取代那种过时的铅笔和纸的加密方法。

谢尔比乌斯发明的加密电子机械名叫 ENIGMA（见图 2-3），在当时，它被认为是有史以来最为可靠的加密系统之一。德军对 ENIGMA 加密机的过分信赖，也是德国战败的重要因素之一。

　　ENIGMA 加密机看起来是一个装满了复杂而精致元件的黑匣子。要是我们把它打开，就可以看到它可以被分解成相当简单的几部分：键盘、转子和显示器。图 2-4 和图 2-5 是其最基本部分的示意图。

图 2-3　ENIGMA 密码机的外观

图 2-4　ENIGMA 密码机的转子及转子的分解

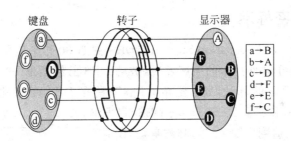

图 2-5　ENIGMA 密码机的结构示意

　　ENIGMA 加密机不是一种简单替换密码。同一个字母在明文的不同位置时可以被不同的字母替换，而密文中不同位置的同一个字母，可以代表明文中的不同字母。因此频率分析法在这里就失效了。

　　为了避免出现循环的状态，谢尔比乌斯在机器上另外增加了一个转子。当第一个转子转动整整一圈以后，它可以拨动第二个转子，使得它转动一个字母的位置。这样，要 $26 \times 26 = 676$ 个字母后才会重复原来的编码。而事实上 ENIGMA 里有三个转子(二战后期德国海军用 ENIGMA 甚至有四个转子)，不重复的方向个数达到 $26 \times 26 \times 26 = 17\,576$ 个。在此基础上，谢尔比乌斯十分巧妙地在三个转子的一端加上了一个反射器，而把键盘和显示器中的相同字母用电线连在一起。反射器和转子一样，把某个字母连在另一字母上，但是它并不转动。它有什么用呢？原来，反射器虽然没有像转子那样增加可能的不重复的方向，但是它可以使译码的过程和编码的过程完全一样。

　　在接下来的 10 年中，德国军队大约装备了 3 万台 ENIGMA。谢尔比乌斯的发明使德国具有当时最可靠的加密系统。在二战初期，德军通信的保密性在世界上无与伦比。但后来在英国密码学家的努力下，ENIGMA 被破译，同盟国获取了德军的军事机密，加速了德军的灭亡。

2.3 对称密码体制

在介绍现代密码体制之前,要首先了解现代密码的一些基本概念。根据不同的分类标准,可以将密码体制分为很多种。按照加解密使用的密钥是否相同,可以将密码体制分为对称密码体制(symmetric cryptography)和非对称密码体制(asymmetric cryptography)。如果加密密钥和解密密钥相同,则称为对称密码体制;否则称为非对称密码体制。按照每次加密的数据量大小,可以将密码体制分为流加密法(stream ciphers)和块加密法(block ciphers)。流加密法是一次加密明文中的一个位。而块加密法是先将明文分成很多块,一次加密一块。本章所介绍的所有密码体制,都是属于块加密法。关于流加密法,可以参考相关的专著。

现代密码学的开山鼻祖克劳德·香农(Shannon)于 1945 年撰写了一篇秘密报告《保密系统的通信理论》(Communication Theory of Secrecy Systems)。在这篇报告中,香农首次引入了混淆(Confusion)和扩散(Diffusion)的概念。混淆是为了保证密文中不会反映出明文线索,防止密码分析者从密文中找到规律或模式从而推导出相应的明文;扩散是为了增加明文的冗余度。所有现代密码体制的设计都是在这两个概念的指导下进行的。

2.3.1 数据加密标准

数据加密标准(Data Encryption Standard,DES)是近 30 年来应用得最广泛的加密算法之一。虽然近年来由于硬件技术的飞速发展,破解 DES 已经不是一件难事,但学者们似乎不甘心让这样一个优秀的算法从此废弃不用,于是在 DES 的基础上开发了双重 DES (Double DES,DDES)和三重 DES(Triple DES,TDES)。

DES 的产生可以追溯到 1972 年,其前身是 IBM 公司的 Lucifer 算法。后来美国联邦采用了这个算法并将其更名为数据加密标准。不久之后,其他组织和研究机构也认可了该算法,从此,DES 得到了大规模的应用。

DES 是一个块加密算法,每块长 64 比特。DES 的密钥长度也是 64 比特,但由于其中的第 8、16、24、32、40、48、56、64 位用做奇偶校验位,所以实际的密钥长度只有 56 比特。DES 利用了香农提出混淆和扩散的概念。DES 迭代轮数共有 16 轮,每一轮都进行混淆和扩散。

DES 主要有三个步骤(见图 2-6)。

(1)利用初始置换函数 IP 对 64 比特明文块按照表 2-3 进行初始置换。将初始置换的输出分为两半,分别表示为左半部分 L_0 和右半部分 R_0。

(2)进行 16 次迭代,迭代规则如下:$L_i = R_i$,

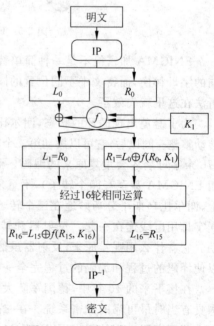

图 2-6 DES 加密算法步骤示意

$R_i = L_{i-1} \oplus f(R_{i-1}, K_i)$。其中 L_i, R_i 分别表示第 i 轮的左半部和右半部。$f(\cdot)$ 是运算函数，K_i 是长为 48 位的子密钥。子密钥 K_1, K_2, $\cdots$, K_{16} 是根据 56 比特的密钥 K 计算而来的。

（3）对比特串 $R_{16}L_{16}$ 使用逆置换 IP^{-1} 得到密文 Y。

下面详细论述 DES 的加密过程。

1. 初始置换

置换规则如下：按照初始置换表（见表 2-3），用 64 位明文块的第 58 位代替第 1 位，用第 50 位代替第 2 位，依此类推。置换完成以后，将 64 位置换结果分为左 32 位和右 32 位两部分。

表 2-3 初始置换表

58	50	42	34	26	18	10	2	60	52	44	36	28	20	12	4
62	54	46	38	30	22	14	6	64	56	48	40	32	24	16	8
57	49	41	33	25	17	9	1	59	51	43	35	27	19	11	3
61	53	45	37	29	21	13	5	63	55	47	39	31	23	15	7

2. 进行 16 轮的迭代运算

每一轮的迭代运算都包含以下五步：密钥变换、扩展置换、S 盒替换、P 盒替换以及异或和交换。

第一步：密钥变换

输入算法的 56 比特密钥首先经过一个置换运算，置换规则由置换表（见表 2-4(a)）给出，然后将置换后的 56 比特分为各为 28 比特的左、右两半，分别记为 C_0 和 D_0。在第 i 轮分别对 C_{i-1} 和 D_{i-1} 进行左循环移位，移位数规则由左循环移位位数表（见表 2-4(b)）给出。移位后的结果作为求下一轮子密钥的输入，同时也作为压缩变换的输入。规则由压缩变换表（见表 2-4(c)）给出，产生的 48 比特的 K_i，即为本轮的子密钥，作为函数 $f(R_{i-1}, K_i)$ 的输入。

表 2-4(a) 置换表

57	49	41	33	25	17	9	1
58	50	42	34	26	18	10	2
59	51	43	35	27	19	11	3
60	52	44	36	63	55	47	39
31	23	15	7	62	54	46	38
30	22	14	6	61	53	45	37
29	21	13	5	28	20	12	4

表 2-4(b) 左循环移位位数表

轮数	1	2	3	4	5	6	7	8	9	10	11	12	13	14	15	16
位数	1	1	2	2	2	2	2	2	1	2	2	2	2	2	2	1

表 2-4(c)　压缩变换表

14	17	11	24	1	5	3	28	15	6	21	10
23	19	12	4	26	8	16	7	27	20	13	2
41	52	31	37	47	55	30	40	51	45	33	48
44	49	39	56	34	53	46	42	50	36	29	32

第二步：扩展置换

由于子密钥为 48 位，但是初始置换的输出为各 32 位的左右两部分。所以需要将 32 位的右明文(半部分)按照扩展置换表(见表 2-5)扩展为 48 位。48 位的子密钥和 48 位的右明文进行异或运算，将结果送入下一步，即 S 盒替换。

表 2-5　扩展置换表

32	1	2	3	4	5	4	5	6	7	8	9
8	9	10	11	12	13	12	13	14	15	16	17
16	17	18	19	20	21	20	21	22	23	24	25
24	25	26	27	28	29	28	29	30	31	32	1

第三步：S 盒替换

S 盒替换是 DES 的核心内容。共有 8 个 S 盒，每个 S 盒具有 6 位输入和 4 位输出。将第二步的 48 位运算结果分成 8 个子块，每块 6 位。S 盒替换将 6 位输入变成 4 位输出。那么，S 盒是如何将 6 位输入变成 4 位输出的呢？假设 S 盒的 6 位输入分别为 $b_1b_2b_3b_4b_5b_6$，取 $b_1b_6(0\sim3)$[①]作为行数，$b_2b_3b_4b_5(0\sim15)$作为列数，取行列的交叉处的数字为 S 盒的输出如表 2-6～表 2-13。例如在 S_1 盒中(表 2-6)，若输入为 101001，那么输出应该是第三行第四列的数字 8，用二进制表示为 1000。

表 2-6　S_1 盒

14	4	13	1	2	15	11	8	3	10	6	12	5	9	0	7
0	15	7	4	14	2	13	1	10	6	12	11	9	5	3	8
4	1	14	8	13	6	2	11	15	12	9	7	3	10	5	0
15	12	8	2	4	9	1	7	5	11	3	14	10	0	6	13

表 2-7　S_2 盒

15	1	8	14	6	11	3	4	9	7	2	13	12	0	5	10
3	13	4	7	15	2	8	14	12	0	1	10	6	9	11	5
0	14	7	11	10	4	13	1	5	8	12	6	9	3	2	15
13	8	10	1	3	15	4	2	11	6	7	12	0	5	14	9

---

① 两比特数 b_1b_6 能表示四个二进制数，即 00,01,10,11

表 2-8　S_3 盒

10	0	9	14	6	3	15	5	1	13	12	7	11	4	2	8
13	7	0	9	3	4	6	10	2	8	5	14	12	11	15	1
13	6	4	9	8	15	3	0	11	1	2	12	5	10	14	7
1	10	13	0	6	9	8	7	4	15	14	3	11	5	2	12

表 2-9　S_4 盒

7	13	14	3	0	6	9	10	1	2	8	5	11	12	4	15
13	8	11	5	6	15	0	3	4	7	2	12	1	10	14	9
10	6	9	0	12	11	7	13	15	1	3	14	5	2	8	4
3	15	0	6	10	1	13	8	9	4	5	11	12	7	2	14

表 2-10　S_5 盒

1	12	4	1	7	10	11	6	8	5	3	15	13	0	14	9
14	11	2	12	4	7	13	1	5	0	15	10	3	9	8	6
4	2	1	11	10	13	7	8	15	9	12	5	6	3	0	14
11	8	12	7	1	14	2	13	6	15	0	9	10	4	5	3

表 2-11　S_6 盒

12	1	10	15	9	2	6	8	0	13	3	4	14	7	5	11
10	15	4	2	7	12	9	5	6	1	13	14	0	11	3	8
9	14	15	5	2	8	12	3	7	0	4	10	1	13	11	6
4	3	2	12	9	5	15	10	11	14	1	7	6	0	8	13

表 2-12　S_7 盒

4	11	2	14	15	0	8	13	3	12	9	7	5	10	6	1
13	0	11	7	4	9	1	10	14	3	5	12	2	15	8	6
1	4	11	13	12	3	7	14	10	15	6	8	0	5	9	2
6	11	13	8	1	4	10	7	9	5	0	15	14	2	3	12

表 2-13　S_8 盒

13	2	8	4	6	15	11	1	10	9	3	14	5	0	12	7
1	15	13	8	10	3	7	4	12	5	6	11	0	14	9	2
7	11	4	1	9	12	14	2	0	6	10	13	15	3	5	8
2	1	14	7	4	10	8	13	15	12	9	0	3	5	6	11

第四步：P 盒替换

对 8 个 S 盒的 32 位输出按照表 2-14 进行 P 盒替换。

表 2-14　P 盒替换

16	7	20	21	29	12	28	17	1	15	23	26	5	18	31	10
2	8	24	14	32	27	3	9	19	13	30	6	22	11	4	25

第五步：异或和交换

上述操作都是对右明文的处理。那么左明文如何处理呢？将左明文 L_0 同第四步运算的结果进行异或形成新的右半部分 R_1，将 R_0 作为下一轮的左半部分 L_1。

如此反复，进行 16 轮的迭代。

3. 逆置换 IP^{-1}

在 16 轮迭代完成以后，再按照表 2-15 进行一次逆置换以得到最终的密文。

表 2-15　逆置换

40	8	48	16	56	24	64	32	39	7	47	15	55	23	63	31
38	6	46	14	54	22	62	30	37	5	45	13	53	21	61	29
36	4	44	12	52	20	60	28	35	3	43	11	51	19	59	27
34	2	42	10	50	18	58	26	33	1	41	9	49	17	57	25

以上是 DES 的加密过程，解密过程和加密过程使用同一算法。唯一不同的是子密钥的使用顺序不同。在加密过程中子密钥的使用顺序是 $K_1,K_2,\cdots,K_{16}$，而在解密过程中子密钥的使用顺序是 $K_{16},K_{15},\cdots,K_1$。

2.3.2　国际数据加密算法

DES 自诞生以来就得到了广泛的应用。但是，人们对 DES 的怀疑也从来没有停止过。最初，人们最担心的是：S 盒有后门吗？设计 DES 算法的人有没有可能在不知道密钥的情况下破解他人用 DES 加密的数据呢？现在看来，这是不可能做到的。不过国际上很多其他研究机构都在致力于设计能够替代 DES 的加密算法，而且从来没有停止过。国际数据加密算法(International Data Encryption Algorithm，IDEA)正是这种努力的结果。

IDEA 最初于 1990 年由瑞士联邦技术学院提出，它也是最强大的加密算法之一。不过 IDEA 并不如 DES 使用得那么广泛。其中最主要的原因是 IDEA 受专利保护。任何要使用 IDEA 算法的机构都必须在获得价格不菲的许可证之后才能在商业中应用。而 DES 是完全免费的。

同 DES 一样，IDEA 也是属于块加密算法，并且也是处理 64 位的明文块。但是 IDEA 的密钥长度是 128 位。IDEA 也使用了混淆和扩散原则进行加密。下面论述了 IDEA 的加密过程。

(1) 将 64 位明文块分成 4 个部分，每个部分 16 位，分别表示为 P_1,P_2,P_3,P_4。

(2) IDEA 加密共有 8 轮，每一轮中，由最初的 128 位密钥生成 8 个子密钥，密钥长度为 16 位。生成方法是：首先将初始密钥 K 从左到右一次划分为 8 个 16 位的子密钥 K_{11}，K_{12}，K_{13}，K_{14}，K_{15}，K_{16}，K_{21}，K_{22}。然后将 K 循环左移 25 位形成新的密钥 K'，按照上面的方法再生成 8 个 16 位的子密钥 K_{23}，K_{24}，K_{25}，K_{26}，K_{31}，K_{32}，K_{33}，K_{34}。一直重复，直到生成 52 个 16 位的子密钥。其中，最后 4 个子密钥用于最后的输出变换。

(3) 对 6 个子密钥和 4 个数据块 P_1,P_2,P_3,P_4 进行操作。这些操作包括模乘、模加(模数为 2^{16})和异或(见图 2-7)，其中，$K_{i_1},K_{i_2},\cdots,K_{i_6}$ 表示第 i 轮中使用的 6 个子密钥。每一轮的输出 Y_1,Y_2,Y_3,Y_4 将作为下一轮的输入 X_1,X_2,X_3,X_4。

(4) 8 轮迭代完成以后，进行输出变换，输出变换的方法如图 2-8 所示。

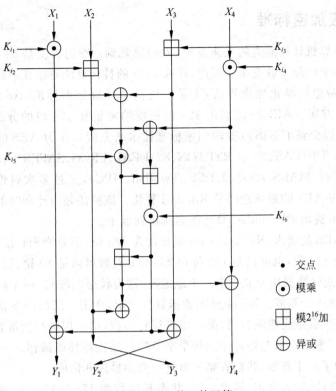

图 2-7　IDEA 的一轮运算

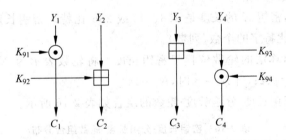

图 2-8　IDEA 的输出变换

以上是 IDEA 的加密算法过程,那么,IDEA 的解密算法过程又如何呢?

IDEA 的解密过程和加密过程实质上是完全相同的。也是将输入的 64 位密文分成 4 块,每块 16 位。经过 8 轮运算,得到密文。所不同的是:解密密钥是加密密钥的逆。加密密钥和解密密钥的关系是:

(1) $(z_{i_1}, z_{i_2}, z_{i_3}, z_{i_4}) = (K_{(10-i)1}^{-1}, -K_{(10-i)3}, -K_{(10-i)2}, K_{(10-i)4}^{-1})$, 　$2 \leqslant i \leqslant 8$

(2) $(z_{i_1}, z_{i_2}, z_{i_3}, z_{i_4}) = (K_{(10-i)1}^{-1}, -K_{(10-i)2}, -K_{(10-i)3}, K_{(10-i)4}^{-1})$, 　$i = 1, 2, \cdots, 9$

(3) $(z_{i_5}, z_{i_6}) = (K_{(9-i)5}, K_{(9-i)6})$, 　$1 \leqslant i \leqslant 8$

其中,z_{i1} 表示第 i 轮中的第一个密钥,其余依次类推;$K_{(10-i)1}^{-1}$ 是 $K_{(10-i)}$ 的乘法逆,满足 $K_{(10-i)1}^{-1} \times K_{(10-i)1} \equiv 1 \bmod (2^{16}+1)$;$-K_{(10-i)2}$ 是 $K_{(10-i)2}$ 的加法逆,满足 $(-K_{(10-i)2}) + K_{(10-i)2} \equiv 0 \bmod 2^{16}$。

2.3.3 高级加密标准

随着现代计算机计算能力的飞速发展,人们感觉到:密钥长度是 56 位的 DES 在强大的计算能力攻势下已经不够安全。因此,寻求 DES 的替代算法是迫在眉睫的大事。正在这时,美国政府也希望标准化加密法,于是广泛征求高级加密标准(Advanced Encryption Standard,AES)方案。AES 决定采用 128 位长度的密钥和 128 位的分组长度。1998 年,Rijndael 算法被提交到了 NIST(美国国家标准技术研究所),作为 AES 的候选算法。在十多个提交的算法当中(CAST256、CRYPTON、E2、DEAL、FROG、SAFER+、RC6、MAGENTA、LOKI97、SERPENT、MARS、Rijndael、DFC、Twofish、HPC),经过多次讨论和筛选,2000 年10 月,NIST 宣布 AES 的最终选择是 Rijndael 算法。该算法是由比利时的 Joan Daemen 和 Vincent Rijnmen 提出的,Rijndael 算法的名称由此而来。

为了满足 AES 的要求,Rijndael 的分组长度为 128 位,但是密钥长度和轮数是可变的。密钥长度可以是 128 位,也可以是 192 位和 256 位;轮数可以是 10 轮、12 轮或 14 轮。

Rijndael 算法将数据块分成一个一个地矩阵(称为状态矩阵)。每个矩阵大小是一个字节,每次加密处理一个矩阵。Rijndeal 的轮函数分 4 层,在第一层使用 S 盒技术进行字节替代;第二层和第三层是线性混合层,第二层进行行移位,第三层进行列混合;在第四层进行轮密钥加法,对子密钥字节与矩阵中的每个字节进行逐比特异或操作。下面详细论述 AES 算法的过程。为了便于理解,我们省略了繁复的数学描述和证明。

对于 AES 算法,输入分组、输出分组、状态长度均为 128 比特。$N_b = 4$,该值反应了状态中 32 比特字的个数(列数)。

对于 AES 算法,密钥 K 的长度是 128、192 或 256 比特。密钥长度表示为 $N_k = 4$、6 或8,反应了密钥中 32 比特字的个数(列数)。

对于 AES 算法,算法的轮数依赖于密钥长度。将轮数表示为 N_r,当 $N_k = 4$ 时,$N_r = 10$;当 $N_k = 6$ 时,$N_r = 12$;当 $N_k = 8$ 时,$N_r = 14$。

符合该标准的密钥长度-分组长度-轮数的组合如表 2-16 所示。

表 2-16 密钥长度-分组长度-轮数组合分布

	密钥长度(N_k words)	分组长度(N_b words)	轮数(N_r)
AES-128	4	4	10
AES-192	6	4	12
AES-256	8	4	14

加密开始时,将输入复制到状态矩阵中。经过初始轮子密钥加后,执行 N_r 次($N_r = 10$、12 或 14,具体依赖于密钥长度)轮函数来变换状态矩阵,最后一轮与前 $N_r - 1$ 轮略有不同。

轮函数通过密钥扩展算法进行参数化,密钥编排由密钥扩展程序得到的一维 4B 字数组组成。

第一步:字节变换

字节变换是一个非线性的字节替代,它独立地将状态中的每个字节利用 S 盒进行替代。如图 2-9 和表 2-17 所示。例如,如果 $S_{2,1} = (25)$,那

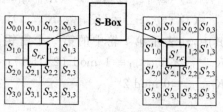

图 2-9 字节代换示意

么在 S 替代盒中寻找第二行第五列得到 3f,所以替换后 $S'_{2,1}=(3f)$。

表 2-17 AES 的 S 替代盒十六进制形式

		0	1	2	3	4	5	6	7	8	9	a	b	c	d	e	f
									y								
	0	63	7c	77	7b	f2	6b	6f	c5	30	01	67	2b	fe	d7	ab	76
	1	ca	82	c9	7d	fa	59	47	f0	ad	d4	a2	af	9c	a4	72	c0
	2	b7	fd	93	26	36	3f	f7	cc	34	a5	e5	f1	71	d8	31	15
	3	04	c7	23	c3	18	96	05	9a	07	12	80	e2	eb	27	b2	75
	4	09	83	2c	1a	1b	6e	5a	a0	52	3b	d6	b3	29	e3	2f	84
	5	53	d1	00	ed	20	fc	b1	5b	6a	cb	be	39	4a	4c	58	cf
	6	d0	ef	aa	fb	43	4d	33	85	45	f9	02	7f	50	3c	9f	a8
x	7	51	a3	40	8f	92	9d	38	f5	bc	b6	da	21	10	ff	f3	d2
	8	cd	0c	13	ec	5f	97	44	17	c4	a7	7e	3d	64	5d	19	73
	9	60	81	4f	dc	22	2a	90	88	46	ee	b8	14	de	5e	0b	db
	a	e0	32	3a	0a	49	06	24	5c	c2	d3	ac	62	91	95	e4	79
	b	e7	c8	37	6d	8d	d5	4e	a9	6c	56	f4	ea	65	7a	ae	08
	c	ba	78	25	2e	1c	a6	b4	c6	e8	dd	74	1f	4b	bd	8b	8a
	d	70	3e	b5	66	48	03	f6	0e	61	35	57	b9	86	c1	1d	9e
	e	e1	f8	98	11	69	d9	8e	94	9b	1e	87	e9	ce	55	28	df
	f	8c	a1	89	0d	bf	e6	42	68	41	99	2d	0f	b0	54	bb	16

第二步:行移位变换

在行移位(ShiftRows())变换中,状态的最后 3 行循环移位不同的位移量 r。位移量 r 取决于行号。图 2-10 描述了行移位变换。

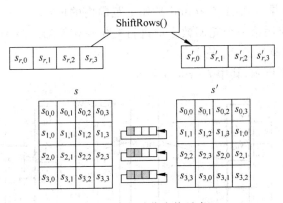

图 2-10 行移位变换示意

第三步:列混合变换

列混合(MixColumns())变换在状态上按照每一列进行运算,并将每一列看作 4 次多项式,即将状态的列看作 $GF(2^8)$ 上的多项式且被一个固定的多项式 $a(x)$ 模 x^4+1 乘,$a(x)$ 为

$$a(x) = \{03\}x^3 + \{01\}x^2 + \{01\}x + \{02\}$$

写成矩阵乘法形式,令 $s'(x)=a(x)s(x)$

$$\begin{bmatrix} s'_{0,c} \\ s'_{1,c} \\ s'_{2,c} \\ s'_{3,c} \end{bmatrix} = \begin{bmatrix} 02 & 03 & 01 & 01 \\ 01 & 02 & 03 & 01 \\ 01 & 01 & 02 & 03 \\ 03 & 01 & 01 & 02 \end{bmatrix} \begin{bmatrix} s_{0,c} \\ s_{1,c} \\ s_{2,c} \\ s_{3,c} \end{bmatrix}, \quad 0 \leqslant c \leqslant N_b$$

经过该乘法计算后,一列中的 4 个字节将由下述结果取代:

$$s'_{0,c} = (\{02\} \cdot s_{0,c}) \oplus (\{03\} \cdot s_{1,c}) \oplus s_{2,c} \oplus s_{3,c}$$
$$s'_{1,c} = s_{0,c} \oplus (\{02\} \cdot s_{1,c}) \oplus (\{03\} \cdot s_{2,c}) \oplus s_{3,c}$$
$$s'_{2,c} = s_{0,c} \oplus s_{1,c} \oplus (\{02\} \cdot s_{2,c}) \oplus (\{03\} \cdot s_{3,c})$$
$$s'_{3,c} = (\{03\} \cdot s_{0,c}) \oplus s_{1,c} \oplus s_{2,c} \oplus (\{02\} \cdot s_{3,c})$$

图 2-11 描述了列混合变换。

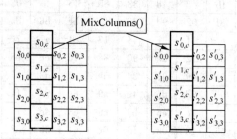

图 2-11　列混合变换在状态的列上运算

第四步:轮密钥加变换

在轮密钥加(AddRoundKey())变换中,用简单的比特异或将一个轮密钥作用在状态上。每一个轮密钥由通过密钥编排得到的 N_b 个字组成。将这 N_b 个字异或到状态的列上,即

$$[s'_{0,c}, s'_{1,c}, s'_{2,c}, s'_{3,c}] = [s_{0,c}, s_{1,c}, s_{2,c}, s_{3,c}] \oplus [w_{round \times N_b + c}], \quad 0 \leqslant c < N_b$$

其中的 $[w_i]$ 是密钥编排得到的字,round 是如下范围内的值:$0 \leqslant round \leqslant N_r$。在加密算法中,当 round=0,在应用第一个轮函数之前进行初始轮密钥加。当 $1 \leqslant round \leqslant N_r$ 时,轮密钥加变换应用到加密算法的 N_r 轮上。

该运算如图 2-12 所示,其中 $l = round \times N_b$。

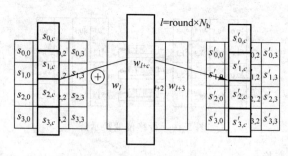

图 2-12　轮密钥加变换将密钥编排得到的字异或到状态的每一列上

将上述过程逆转,然后以逆序执行即可直接得到解密算法。

第一步:逆行移位变换

逆行移位(InvShiftRows())变换是行移位变换的逆变换。状态最后三行中的字节循环移位不同的位移量。该位移量也取决于行号。

图 2-13 描述了逆行移位变换。

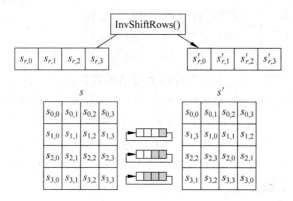

图 2-13　InvShiftRows()在状态的后三行上循环移位

第二步：逆字节替代变换

逆字节替代(InvSubBytes())变换是字节替代(SubBytes())变换的逆变换，在状态的每个字节上应用 S 盒的逆。逆字节替代变换中使用的 S 盒的逆如表 2-18 所示。

表 2-18　S 盒的逆

		y															
		0	1	2	3	4	5	6	7	8	9	a	b	c	d	e	f
x	0	52	09	6a	d5	30	36	a5	38	bf	40	a3	9e	81	f3	d7	fb
	1	7c	e3	39	82	9b	2f	ff	87	34	8e	43	44	c4	de	e9	cb
	2	54	7b	94	32	a6	c2	23	3d	ee	4c	95	0b	42	fa	c3	4e
	3	08	2e	a1	66	28	d9	24	b2	76	5b	a2	49	6d	8b	d1	25
	4	72	f8	f6	64	86	68	98	16	d4	a4	5c	cc	5d	65	b6	92
	5	6c	70	48	50	fd	ed	b9	da	5e	15	46	57	a7	8d	9d	84
	6	90	d8	ab	00	8c	bc	d3	0a	f7	e4	58	05	b8	b3	45	06
	7	d0	2c	1e	8f	ca	3f	0f	02	c1	af	bd	03	01	13	8a	6b
	8	3a	91	11	41	4f	67	dc	ea	97	f2	cf	ce	f0	b4	e6	73
	9	96	ac	74	22	e7	ad	35	85	e2	f9	37	e8	1c	75	df	6e
	a	47	f1	1a	71	1d	29	c5	89	6f	b7	62	0e	aa	18	be	1b
	b	fc	56	3e	4b	c6	d2	79	20	9a	db	c0	fe	78	cd	5a	f4
	c	1f	dd	a8	33	88	07	c7	31	b1	12	10	59	27	80	ec	5f
	d	60	51	7f	a9	19	b5	4a	0d	2d	e5	7a	9f	93	c9	9c	ef
	e	a0	e0	3b	4d	ae	2a	f5	b0	c8	eb	bb	3c	83	53	99	61
	f	17	2b	04	7e	ba	77	d6	26	e1	69	14	63	55	21	0c	7d

第三步：逆列混合变换

逆列混合(InvMixColumns())变换是列混合变换的逆变换。逆列混合变换在状态上对每一列进行运算，将每一列看作 4 次多项式。将状态的列看作有限域 GF(2^8)上的多项式且被一个固定的多项式 $a^{-1}(x)$ 模 x^4+1 乘，$a^{-1}(x)$ 为

$$a^{-1}(x) = \{0b\}x^3 + \{0d\}x^2 + \{09\}x + \{0e\}$$

这可以写成矩阵乘法。令 $s'(x) = a^{-1}(x) \otimes s(x)$：

$$
\begin{bmatrix} s'_{0,c} \\ s'_{1,c} \\ s'_{2,c} \\ s'_{3,c} \end{bmatrix} = \begin{bmatrix} 0e & 0b & 0d & 09 \\ 09 & 0e & 0b & 0d \\ 0d & 09 & 0e & 0b \\ 0b & 0d & 09 & 0e \end{bmatrix} \begin{bmatrix} s_{0,c} \\ s_{1,c} \\ s_{2,c} \\ s_{3,c} \end{bmatrix}, \quad 0 \leqslant c < N_{b}
$$

经过该乘法计算后,一列中的 4 个字节将由下述结果取代:

$$s'_{0,c} = (\{0e\} \cdot s_{0,c}) \oplus (\{0b\} \cdot s_{1,c}) \oplus (\{0d\} \cdot s_{2,c}) \oplus (\{09\} \cdot s_{3,c})$$

$$s'_{1,c} = (\{09\} \cdot s_{0,c}) \oplus (\{0e\} \cdot s_{1,c}) \oplus (\{0b\} \cdot s_{2,c}) \oplus (\{0d\} \cdot s_{3,c})$$

$$s'_{2,c} = (\{0d\} \cdot s_{0,c}) \oplus (\{09\} \cdot s_{1,c}) \oplus (\{0e\} \cdot s_{2,c}) \oplus (\{0b\} \cdot s_{3,c})$$

$$s'_{3,c} = (\{0b\} \cdot s_{0,c}) \oplus (\{0d\} \cdot s_{1,c}) \oplus (\{09\} \cdot s_{2,c}) \oplus (\{0e\} \cdot s_{3,c})$$

第四步:逆轮密钥加变换

轮密钥加(InvMixColumns())变换的逆变换就是它本身。

AES 具有很多优良的特性,它非常灵活,能够抵御密码分析攻击;能够适合现代处理器并且对存储空间要求不高,这使得它也非常适合智能卡。AES 的数学原理是非常复杂的,要透彻地了解 AES 需要抽象代数的知识,这需要继续深入学习。

2.3.4　其他密码算法

除了上述密码算法之外,还有很多优秀的密码算法,诸如 RC5、Blowfish 等。基于 DES 算法,人们还提出了很多 DES 的变形,诸如双重 DES(DDES)、三重 DES(TDES)等。

RC5 是 Ron Rivest 开发的对称密钥分组密码算法。它的主要优点就是运算很快,只使用基本的加、异或、移位操作等。同 AES 一样,RC5 算法轮数和密钥长度是可变的。同时,RC5 占用的内存空间很小,适合在智能卡等小内存设备中使用。

Blowfish 是由密码学家 Bruce Schneier 开发的。同 RC5 一样,它也具有快速和占用内存小的特点。同时,Blowfish 密钥长度也是可变的,最大长度可达 448 位。

DDES 和 TDES 是 DES 的变形算法。简单地说,DDES 就是将 DES 的工作重复做两遍。DDES 采用两个密钥 $K_1,K_2(K_1,K_2$ 不相同)。加密时,先使用 K_2 进行加密,然后再用 K_1 加密一次;解密时,先使用 K_1 解密,然后再使用 K_2 解密就得到最初的明文,如图 2-14 所示。

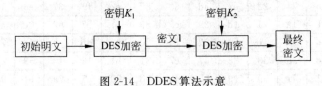

图 2-14　DDES算法示意

同 DDES 类似,TDES 就是将 DES 的工作重复做三次,如图 2-15 所示。

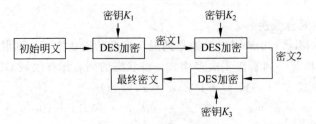

图 2-15　TDES算法示意

由于篇幅限制,关于 RC5、Blowfish、DDES、TDES 的详细论述请参考相关专著。

2.4 非对称密码体制

跟对称密码体制相对应的是非对称密码体制,也称为公钥密码体制。20 世纪 70 年代,Diffie 和 Hellman 发表了一篇关于非对称密钥加密的论文,开创了非对称密钥加密的时代,这是密码学历史上的一次革命。但是,也有人提出,早在 60 年代,英国通信电子安全小组(Communications-Electronics Security Group,CESG)就提出了非对称密钥加密的思想。但由于 CESG 是个秘密机构,所以他们的成果并不为人所知。1978 年,麻省理工学院的 Ron Rivest、Adi Shamir、Len Adleman 联合发表了他们的成果——第一个非对称密码体制,称为 RSA 算法。这个算法也是当今使用最广泛的非对称加密算法。

在对称密码体制中,通信双方要首先协商用于加解密的密钥,然后才能进行秘密通信。协商的办法是多种多样的:可以是面对面的协商,也可以是通过机要信函进行协商。而在非对称密码体制中是不需要进行密钥协商的。非对称密码体制采用两个密钥,构成一对。这种密码体制的精妙之处在于:只要一个通信实体 A 产生一对密钥,其中一个密钥公开发布(称为公钥),另外一个由自己秘密保存(称为私钥)。然后所有希望同 A 通信的其他通信实体都可以用 A 的公钥加密通信数据,密文只能由 A 来解密。相比传统的方法,由于获得公钥的代价远远小于通信双方协商密钥的代价,所以非对称密码体制得到了非常广泛的应用。

既然非对称密码体制具有这么多的优良性质,那么是不是对称密码体制就没有存在的必要了呢?答案是否定的。虽然非对称密码体制不需要进行密钥协商,但是从后面的内容可以看到:非对称密码体制的加密速度是相当慢的,仅仅是对称密码体制的加密速度的 1%。非对称密码体制主要用于密钥交换、数字签名以及加密少量数据等。非对称密码体制并不能取代对称密码体制,对称密码体制也不能取代非对称密码体制。它们各有优缺点,分别在不同的场合发挥着巨大作用。

2.4.1 RSA 算法

在介绍 RSA 算法之前,首先需要了解 RSA 算法的基础——因子分解问题。整数 $p(p>1)$ 是素数,如果 p 的因子只有 $\pm 1, \pm p$。任一整数 $a\ (a>1)$ 都能唯一地分解为以下形式:$a=p_1^{a_1}\,p_2^{a_2}\cdots p_t^{a_t}$,其中 $p_1>p_2>\cdots>p_t$ 是素数,$a_i>0,i=1,2,\cdots,t$。但是,当 a 很大时,对 a 的分解是相当困难的。RSA 算法的安全性正是建立在大数分解为素因子的困难性的基础上。

RSA 算法的原理如下。

(1) 通信实体 Bob 首先选择两个大的素数 p,q。

(2) 计算 $n=pq$,$\phi(n)=(p-1)(q-1)$,$\phi(n)$ 是 n 的欧拉函数值。

(3) 选择 e,使得 e 远小于 $\phi(n)$,并且 $\gcd(e,\phi(n))=1$,即 e 和 $\phi(n)$ 的最大公约数为 1。

(4) 求 d,使得 $ed\equiv 1 \bmod \phi(n)$。

(5) 发布 (n,e),即公钥为 (n,e);自己秘密保存私钥 d 并销毁 p 和 q。

假设 Alice 要使用 RSA 算法加密消息并通过网络发送给 Bob,那么 Alice 应当按照以下步骤进行。

(1) Alice 从权威机构获得 Bob 的公钥 (n,e)。

(2) 将明文比特串分组，使得每个分组对应的十进制数小于 n，即分组长度小于 $\log_2 n$。

(3) 对每个明文分组 m，作加密运算：$c \equiv m^e \bmod n$，c 即为密文。

(4) 通过网络将密文 c 发送给 Bob。

当 Bob 收到密文 c 以后只需一步计算就可以进行解密：$m = c^d \bmod n$。解密过程的正确性可以利用欧拉定理得到证明：

$$c^d \bmod n = (m^e \bmod n)^d = (m^e)^d \bmod n = m^{ed} \bmod n$$
$$= m^{k\varphi(n)+1} \bmod n = (m^{k\varphi(n)} \bmod n)(m \bmod n)$$
$$= 1 \times m = m$$

在 RSA 算法中，最重要的是 Alice 对 p 和 q 的选择。若选择不恰当，将会极大地降低 RSA 算法的安全性。一般来说，p 和 q 在数值上不能太接近，并且 $p-1$ 和 $q-1$ 都有大的素因子。$\gcd(p-1,q-1)$ 应该很小。通常选择 p 使得 p 和 $(p-1)/2$ 都是素数。除此之外，使用 RSA 算法的用户应该遵守一条规则：用户之间不能共享 n。如果多个用户使用同一个 n，那么就有可能对 n 进行因数分解，进而有可能计算出用户的私钥。

当今，计算机的计算能力日益强大，计算机能够分解的数也逐渐增大。通常认为 512 位长度的密钥已经不够安全，专家推荐采用 1024 位。相比之下，密钥长度为 128 位的 AES 在当今是相对安全的。另一方面，RSA 算法采用的模幂运算比 AES 的操作要慢得多。由此可见，对称密码算法的加密速度是非对称密码算法的速度的 100 倍以上也就不足为奇了。

RSA 算法的描述看似简单，但如果要深入理解 RSA 的实质，需要高深的数论的知识。有兴趣的读者可以参考相关的专著和文献。

2.4.2 Elgamal 算法

Elgamal 算法是在 1984 年由 T. Elgamal 提出的。Elgamal 算法的安全性是建立在有限域[①]上的离散对数很难计算这一数学难题的基础上。

数论中的离散对数指的是：设 p 为素数，g 是 z_p 的原根[②]，p 不能整除整数 y，则存在整数 k，$0 \le k < p-1$，使得 $y \equiv g^k \bmod p$。其中 k 称为 y 对模数 p 的离散对数。(y,g,p) 作为公开密钥，k 作为秘密密钥。

在基本弄清离散对数概念之后，本节将介绍如何利用离散对数来构造非对称密码体制。

假设 Alice 希望用 Elgamal 算法加密消息，那么，Alice 首先选取一个很大的素数 p 和 p 的一个原根 g。然后，Alice 选择一个秘密密钥 a，$0 < a < p-1$，a 与 $p-1$ 互素。计算 $b \equiv g^a \bmod p$，公钥 $k = (g,b,p)$，如果 Bob 希望向 Alice 发送消息 m，那么加密方法如下。

(1) Bob 首先从权威机构或 Alice 处获得其公钥 k。

(2) Bob 随机选一与 $p-1$ 互素的整数 t，$1 < t < p-1$。

(3) Bob 计算 $y_1 \equiv g^t \bmod p$ 和 $y_2 \equiv m b^t \bmod p$，然后向 Alice 发送密文 (y_1,y_2)。

Alice 收到密文之后，计算 $y_2(y_1)^{-a} \bmod p$ 就可以得到正确的解密结果。其中，y_1^{-1} 的

---

① 参见抽象代数。

② 参见数论讲义。

定义是 $y_1 y_1^{-1} \equiv 1 \bmod p$。解密过程的正确性证明如下：

$$y_2 (y_1)^{-a} \bmod p \equiv (mb^t \bmod p)(g^t \bmod p)^{-a} \bmod p \equiv mb^t (g^t)^{-a} \bmod p$$

$$\equiv mb^t (g^a)^{-t} \bmod p \equiv mb^t b^{-t} \bmod p \equiv m$$

需要注意的是，为了确保 Elgamal 算法的安全性，通常 p 至少应该是 150 位以上的十进制数字，大约为 512 位的二进制数。而且，$p-1$ 至少有一个大的素因子。在满足上述条件的情况下，根据 p、g、b 来计算离散对数是相当困难的。

Elgamal 公钥密码体制可以在计算离散对数困难的任何群[①]中实现。但是通常使用的是有限域，但不局限于有限域，比如，还可以在圆锥曲线群或椭圆曲线群上实现。特别地，人们还发现，椭圆曲线在密码学中大有用武之地，例如下面将要介绍的基于椭圆曲线的非对称密码算法。

2.4.3　椭圆曲线密码算法

椭圆曲线应用到密码学上最早是由 Neal Koblitz 和 Victor Miller 在 1985 年分别独立提出的。椭圆曲线密码算法来源于人们对椭圆曲线的研究。所谓椭圆曲线，它并不是一条真正的椭圆曲线，而是指由韦尔斯特拉斯（Weierstrass）方程 $y^2 + a_1 xy + a_3 y = x^3 + a_2 x^2 + a_4 x + a_6$ 所确定的平面曲线。其中系数 $a_i, i = 1, 2, \cdots, 6$ 可以是定义在有理数域、复数域、有限域上。椭圆曲线密码算法中 a_i 都是定义在有限域上的。

为了方便描述椭圆曲线密码算法，需要首先了解在椭圆曲线上的特定运算。

(1) 定义无穷远点 O 点为 0 点，$P + O = O + P = P$。

(2) 对于任意椭圆曲线，例如由 $y^2 = x^3 - x$ 描述的椭圆曲线如图 2-16 所示，任取曲线上两点 P, Q。P, Q 连接的直线（当 $P = Q$ 时，取通过 P 的切线）与曲线交于第三点 R'，R' 关于 x 轴的对称点是 R。我们定义 $P + Q = R$，$R' = -R$，$R' + R = O$。

(3) 对于任意整数 a, b 和椭圆曲线上任意点，下面两式成立：$(a + b)P = aP + bP$，$a(bP) = (ab)P$。

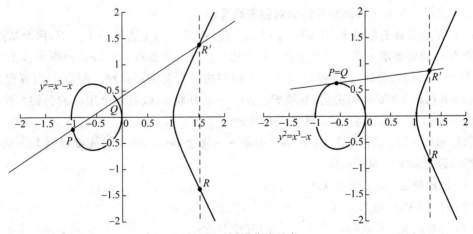

图 2-16　椭圆曲线示意

---

① 群的定义及性质参见抽象代数。

当然，在密码学中用到的椭圆曲线并不是如图 2-16 所示的连续曲线，而只是定义在有限域上的孤立点对。

有限域 F_{23} 上的一条椭圆曲线 $y^2 = x^3 + x + 1 \pmod{23}$ 的点如下，其图形如图 2-17 所示。

(0,0) (1,5) (1,18) (9,5) (9,18) (11,10) (11,13) (13,5) (13,18) (15,3) (15,20)
(16,8) (16,15) (17,10) (17,13) (18,10) (18,13) (19,1) (19,22) (20,4) (20,19) (21,6)
(21,17)

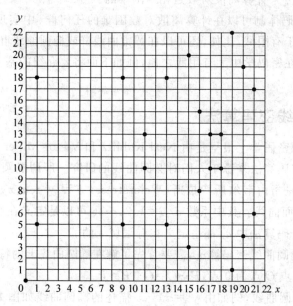

图 2-17　有限域上的椭圆曲线

椭圆曲线能够在密码学中得到应用，是基于这样一个难题：已知 m 和 P 的情况下，求解 $mP = P + P + \cdots + P = Q$ 很简单，但相反地，若已知 P 和 Q，求解 m 是相当困难的。这个问题称为椭圆曲线上点群的离散对数问题。

下面简单介绍基于椭圆曲线的非对称密码算法。

设 E 是定义在有限域 F_p 上的一条椭圆曲线，在 $E(F_p)$ 上选取一个点 P，称为基点，记 P 的阶为 n，通常要求 n 是一个大素数。每个用户选取一个整数 $e(1 < e < n)$ 作为其私钥，而以点 $D = eP$ 作为其公钥，这样就形成了一个椭圆曲线公钥密码体制。假设 E 由方程 $y^2 = x^3 + ax + b \ (4a^3 + 27b^2 \neq 0)$ 决定，基域 F_p、基点 P 及其阶 n，以及每个用户的公钥都作为该系统的公开参数。每个用户的私钥都是保密的。

假设用户 Alice 欲将明文 $m(0 < m < q)$ 加密后发给 Bob，Alice 首先要得到 Bob 的公钥 P_B，然后进行如下的加密运算：

(1) 取随机数 $k \in Z$，计算 $kP = (x_1, y_1)$；

(2) 计算 $kP_B = (x_2, y_2)$；

(3) 计算密文 $c = m \oplus x_2$，将 (c, x_1, y_1) 发给 Bob。

用户 Bob 收到 Alice 发来的信息后，进行下述的运算：

(1) 计算 $e_B(x_1, y_1) = (x_2, y_2)$，其中 e_B 为 Bob 的私钥；

(2) 计算 $m = c \oplus x_2$，得到明文 m。

解密结果的正确性证明如下：$e_B(x_1,y_1)=e_BkP=kP_B=(x_2,y_2)$

目前很多国家和地区都在从事椭圆曲线密码的研究。很多厂商也已经或正在开发基于椭圆曲线的产品。椭圆曲线密码算法与 RSA 的相比，其优点是速度较快和密钥较短。密钥长度为 160 位的椭圆曲线密码算法的安全强度和密钥长度为 1024 位的 RSA 算法的安全强度相当；其缺点是椭圆曲线密码算法的数学理论非常深奥和复杂，在工程应用中比较难于实现。而 RSA 算法的优点是数学原理简单，在工程应用中比较易于实现。但在密钥长度相同的情况下，RSA 的安全性相对较低。

基于有限域的密码算法都可以在椭圆曲线上实现。比如 2.4.2 节所论述的 Elgamal 算法，就可以在椭圆曲线上得到很好的实施。

2.4.4　其他非对称密钥算法

除了本书介绍的 RSA、Elgamal 和椭圆曲线密码算法之外，还有很多优秀的其他非对称密码算法，诸如 Rabin 公钥密码系统、背包公钥密码系统、概率公钥密码系统等。

现有的非对称密码系统，大部分都是基于数论知识，比如 RSA 算法、椭圆曲线算法、背包公钥密码算法以及在下一节介绍的 Diffie-Hellman 密钥交换算法等。那么有没有不基于数论知识的非对称密码算法呢？答案是肯定的。还有一些密码算法是建立在图论、混沌以及其他学科如生物学之上。只要同学们在学习中不断地发现和探索，就会发现很多知识可以用来构建密码学的大厦。

2.5　密钥管理

密码算法、明文空间、密文空间以及密钥，一同构成了密码系统。密钥是密码系统中非常重要的元素。无论密码算法有多安全，只要发生密钥泄漏，任何加密就变得毫无意义。更糟糕的是：攻击者可以利用泄漏的密钥冒充通信的其中一方来加密任何文件或者进行数字签名[①]，而对方却浑然不知。因此，对于电子商务、电子政务等应用，如果密钥泄漏，将会发生无可估量的损失。密钥管理是一件意义重大的事！

密钥管理包含了密钥自产生到最终销毁的整个过程中的各种安全问题，例如密钥的产生、存储、装入、分配、保护、遗忘、丢失和销毁等，包含了密钥生成、密钥存储、秘密共享、密钥托管、密钥传输与分发、密钥更新、密钥备份和密钥销毁等技术。

本节将简单讨论密钥的生成、密钥控制以及密钥托管的问题。其他方面的密钥管理比如密钥更新、密钥备份以及密钥销毁等请参见本书第 7 章。

2.5.1　密钥生成

密钥生成协议是为两方或多方提供共享的密钥以便在以后的安全通信中进行加密解密、消息认证或身份认证。

密钥建立大体分成两类：密钥传送（Key Transport）和密钥协商（Key Agreement）。密钥传送是由一方建立密钥，然后安全地传送给其他方。密钥协商是由双方或多方共同参与

---

① 数字签名的概念见 3.2 节。

到密钥形成过程当中,任何一方都不能事先预测或决定密钥的生成结果。

1. 密钥传送

密钥传送的模式大致有两种:点对点模式和通过密钥服务器的模式。

1) 点对点模式需要共享密钥的双方直接通信,传递密钥。这种传递可以是面对面的,即采用人工分发的形式,也可以通过数字信封,用一个双方预先共享的密钥来加密新密钥,然后通过 Internet 传送。

2) 密钥服务器模式需要密钥服务器(Key Server,KS)的参与。分为两种情况:其一,密钥服务器生成密钥,然后通过安全信道分别传送给通信的各方;其二,密钥服务器只负责密钥的传递,不负责密钥的生成,密钥的生成由通信各方中的一方生成。

2. 密钥协商

现在用得最广泛的密钥协商协议是 DH 密钥交换协议。1976 年,Diffie 和 Hellman 联合设计了一个密钥交换协议,我们称之为 DH 密钥交换协议。通过这个协议,通信双方能够在不安全的通信信道上公开传递信息,继而各自计算出共享密钥。

DH 密钥交换算法的安全性是基于有限域中离散对数计算的困难性。下面将阐述这个算法的详细步骤。

(1) Alice 和 Bob 共同选取一个很大的素数 p 和 p 的一个原根 g 作为公开参数。

(2) Alice 选取一个秘密随机数 X_a 并计算 $Y_a \equiv g^{X_a} \bmod p$,将计算结果传送给 Bob。

(3) Bob 选取一个秘密的随机数 X_b 并计算 $Y_b \equiv g^{X_b} \bmod p$,将计算结果传送给 Alice。

(4) Alice 收到 Bob 传送的计算结果后计算 $K \equiv Y_b^{X_a} \bmod p$。

(5) Bob 收到 Alice 传送的计算结果后计算 $K \equiv Y_a^{X_b} \bmod p$。

这是因为:$K \equiv Y_b^{X_a} \bmod p = (g^{X_b})^{X_a} \bmod p = (g^{X_a})^{X_b} \bmod p = Y_a^{X_b} \bmod p$

DH 密钥交换协议的安全性等同于 Elgamal 密码算法的安全性。但是它的最大缺点是不能抵御中间人攻击(Middle-man Attack)。中间人攻击是如何实施的呢?请看下面的过程。

(1) 假定 Tom 是个攻击者,为了实施中间人攻击,他首先获取 Alice 和 Bob 的公开参数 p,g。

(2) 当 Alice 向 Bob 传送计算结果时,Tom 将这个数值截获并保存下来,同时,他选择一个秘密参数 X_t 并计算 $Y_t \equiv g^{X_t} \bmod p$,然后将这个值传递给 Bob。而 Bob 以为这个值是 Alice 传递过来的。

(3) 当 Bob 向 Alice 传送计算结果时,Tom 仍然将这个数值截获并保存下来,同时,他选择另一个秘密参数 X_{tt} 并计算 $Y_{tt} \equiv g^{X_{tt}} \bmod p$,然后将这个值传递给 Alice。同样,Alice 以为这个值是 Bob 传递过来的。

(4) Alice、Bob、Tom 同时计算密钥。分别计算的结果如下。

Alice:$K_{at} \equiv Y_{tt}^{X_a} \bmod p$

Bob:$K_{bt} \equiv Y_t^{X_b} \bmod p$

Tom:$K_{bt} \equiv Y_b^{X_t} \bmod p, K_{at} \equiv Y_a^{X_{tt}} \bmod p$

Alice 会以为 K_{at} 是她和 Bob 的共享密钥,同样,Bob 会以为 K_{bt} 是他和 Alice 的共享密钥。然而不幸的是:Tom 同时知道这两个密钥,可以用之来解密 Alice 和 Bob 的所有通信内容。

为了避免中间人攻击,必须对 DH 进行改进,比如使用身份认证机制。

2.5.2 秘密分割

在很多场合,为了避免权力过于集中,必须将秘密分割开来让多人掌管。只有达到一定数量的人同时合作,才能恢复这个秘密。这就是密码学中的门限方案。

门限方案:秘密 s 被分割成 n 个部分信息,每一部分信息称为一个子密钥,每个子密钥都由不同的参与者掌握,使得只有 k 个或 k 个以上的参与者共同努力才能重构信息 s;否则无法重构消息 s。这种方案就称为 (k,n) 门限方案,k 称为方案的门限值。

Shamir 门限方案是典型的秘密分割门限方案,它是基于拉格朗日插值公式的。下面详细论述该方案的原理。

设 $\{(x_1,y_1),(x_2,y_2),\cdots,(x_k,y_k)\}$ 是平面上的 k 个点构成的点集。其中 $x_i,i=1,2,\cdots,k$ 均不相同。那么在平面上存在一个唯一的 $k-1$ 次多项式 $f(x)$ 通过这 k 个点。若把密钥 s 取作 $f(0)$,k 个子密钥取作 $f(x_i),i=1,2,\cdots,k$,设 n 个参与者共同协商了一个大素数 p,则密钥分发者构造有限域 z_p 中的一个 $k-1$ 次多项式:

$$f(x) = a_0 + a_1 x + \cdots + a_{k-1} x^{k-1}$$

并令

$$a_0 = s, \quad a_i \in z_p, \quad i = 1,2,\cdots,k-1$$

密钥分发者分别计算该多项式在 n 个不同点处的 x_i 对应的 y_i 值。并将点对 (x_i,y_i) 分发给 n 个参与者。多项式 $f(x)$ 保密,x_i 可以公开,也可以保密。(x_i,y_i) 就是分割出的子密钥。

如果有 k 个参与者会合,要计算密钥 s,不妨假设他们的子密钥是 $(x_i,y_i),i=1,2,\cdots,k$。将 (x_i,y_i) 代入秘密多项式 $f(x)$ 得到 k 个方程:

$$\begin{cases} y_1 = a_0 + a_1 x_1 + a_2 x_1^2 + \cdots + a_{k-1} x_1^{k-1} \\ y_2 = a_0 + a_1 x_2 + a_2 x_2^2 + \cdots + a_{k-1} x_2^{k-1} \\ \quad\vdots \\ y_k = a_0 + a_1 x_k + a_2 x_k^2 + \cdots + a_{k-1} x_k^{k-1} \end{cases}$$

这是一个含有 k 个未知数 $(a_0,a_1,a_2,\cdots,a_{k-1})$ k 个方程的方程组,当 $x_1,x_2,\cdots,x_k$ 互不相同时,可以得出方程组的唯一解。当然,不必求出所有的 a_i 值,只需要求出 a_0,即 s 就可以了。

由初等代数知识可得

$$a_0 = \frac{\begin{vmatrix} 1 & x_1 & x_1^2 & \cdots & x_1^{k-1} \\ 1 & x_2 & x_2^2 & \cdots & x_2^{k-1} \\ \vdots & \vdots & \vdots & & \vdots \\ 1 & x_k & x_k^2 & \cdots & x_k^{k-1} \end{vmatrix}}{\begin{vmatrix} y_1 & x_1 & x_1^2 & \cdots & x_1^{k-1} \\ y_2 & x_2 & x_2^2 & \cdots & x_2^{k-1} \\ \vdots & \vdots & \vdots & & \vdots \\ y_k & x_k & x_k^2 & \cdots & x_k^{k-1} \end{vmatrix}}$$

当然,采用拉格朗日插值法,也可以恢复出密钥 a_0,其算法参见相关著作。

信息安全概论

2.5.3　密钥控制

密钥更换的频率对系统的安全性也有很大影响。频繁地更换密钥大大降低了攻击者成功的概率,这样即便一个攻击者获得了某个密钥,他也只能解读很小量的密文。如果我们每次加密都是用不同的密钥(一次一密[①]),那么攻击者获得的密钥更是没有使用价值。但是,如果密钥更新太频繁,又将加大用户间信息交换的延迟,也会造成网络负担。因此,我们要综合考虑这些因素来决定密钥更新的频率。两次密钥更新之间的时间间隔就称为密钥生存周期。

密钥按照其用途分,可以分为两类:数据加密密钥(Data Encryption Key,DEK)和密钥加密密钥(Key Encryption Key,KEK)。数据加密密钥直接用于加密数据,因此有些书上也将数据加密密钥称为会话密钥或流量加密密钥(Traffic Encryption Key,TEK)。密钥加密密钥用于加密 DEK。为了便于管理,一般来说,DEK 的生命周期较短,而 KEK 的生命周期较长。由此可见,一旦 KEK 泄漏将导致 DEK 泄漏,那么整个会话就毫无安全性可言。

密钥通常由密钥服务器来控制,密钥服务器负责密钥的生成和安全分发等工作。但如果网络中用户数目非常多而且分布的地域非常复杂,那么一个密钥服务器就无法承担为所有用户分配密钥的重任。其中的一个解决办法是使用多个密钥服务器的分层结构。在每个小范围都建立一个本地密钥服务器。同一范围的用户在进行保密通信时,由本地密钥服务器为他们分配密钥。如果两个不同范围的用户想获得共享密钥,则可通过各自的本地密钥服务器,而两个本地密钥服务器又通过一个全局密钥服务器来得到共享密钥。这样就建立了两层密钥服务器结构。类似地,根据网络中用户的数目及分布的地域,可建立三层或多层分层结构。

2.5.4　密钥托管

密钥托管也称为托管加密,其目的是保证对个人没有绝对的隐私和绝对不可跟踪的匿名性,即在强加密中结合对突发事件的解密能力。其实现手段是把已加密的数据和数据恢复密钥联系起来,数据恢复密钥不必是直接解密的密钥,但由它可得解密密钥。数据恢复密钥由所信任的委托人持有,委托人可以是政府机构、法院或有契约的私人组织。一个密钥可能是在数个这样的委托人中分拆。调查机构或情报机构通过适当的程序,如获得法院证书,然后再从委托人处获得数据恢复密钥。

密钥托管加密技术提供了一个备用的解密途径,政府机构在需要时,可通过密钥托管技术解密用户的信息,而用户的密钥若丢失或损坏,也可通过密钥托管技术恢复自己的密钥。所以这个备用的手段不仅对政府有用,而且对用户自己也有用。

密钥托管技术提出后,到目前为止,已经有很多种密钥托管体制,有软件实现的,有硬件实现的。密钥托管密码体制从逻辑上可以分为三个主要部分:用户安全成分、密钥托管成分以及数据恢复成分。用户安全成分用密钥加密明文数据,并且在传送密文时还传送一个

[①]　严格地说,满足以下三个条件的密码算法才是真正的一次一密:密钥是随机产生的,并且必须是真随机数,而不是伪随机数;密钥不能重复使用;密钥的有效长度不小于密文的长度。一次一密是最安全的加密算法,双方一旦安全地共享了密钥,他们之间交换信息的过程就是绝对安全的。这种算法在一些要求高度机密的场合下使用。

数据恢复域(Data Recovery Field,DRF)。数据恢复成分使用包含在 DRF 中的信息以及由密钥托管成分提供的信息恢复明文。三部分之间的关系如图 2-18 所示。

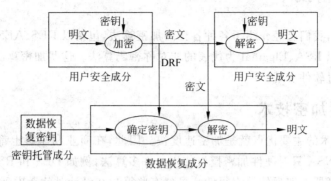

图 2-18　密钥托管体制的组成部分

用户安全成分是提供数据加解密功能和支持密钥托管功能的硬件设备或软件程序；密钥托管成分用于存储所有的数据恢复密钥,通过向数据恢复成分提供所需的数据和服务以支持数据恢复成分；数据恢复成分是由密钥托管成分提供的用于通过密文及 DRF 中的信息获得明文的算法、协议或仪器。

自从密钥托管技术出现以来,许多人对此颇有争议,他们认为密钥托管技术侵犯个人隐私。尽管如此,由于这种密钥备用与恢复手段不仅对政府机关有用,也对用户自己有用,许多国家都制定了相关的法律法规。美国政府 1993 年 4 月颁布了 EES(Escrow Encryption Standard,托管加密标准),该标准体现了一种新的思想,即对密钥实行法定托管代理的机制。该标准使用的托管加密技术不仅提供了加密功能,同时也使政府可以在法律许可下监听一些犯罪嫌疑行为。该标准的加密算法使用的是 Skipjack。后来美国政府进一步改进并提出了 KES(Key Escrow Standard,密钥托管标准)政策,希望用这种办法加强政府对密码使用的调控管理。目前,在美国有许多组织都参加了 KES 和 EES 的开发工作。

2.5.5　密钥管理基础设施

美国国家安全系统委员会于 1997 年着手建立一个完善的密钥管理体制,包括公钥基础设施(Public Key Infrastructure, PKI)[①]、证书管理设施(Certificate Management Infrastructure,CMI)和密钥管理设施(Key Management Infrastructure,KMI)。KMI 的功能包括密钥生成、导出、注册、证书建立、证书安装、密钥和证书的存储和分配、证书状态的维护、注册注销、密钥档案、密钥销毁以及审计功能等。

KMI 为传统的对称密钥、非对称密钥提供安全的建立、分发、管理服务和框架。KMI 和 PKI 一起通过自动管理密钥(对称密钥或非对称密钥)和证书,为用户建立起一个安全的网络环境,使用户可以在多种应用环境下方便地使用加密和数字签名技术,从而保证网上数据的机密性、完整性和有效性。

---

① PKI 技术参见第 4 章。

2.6　加解密技术

到目前为止,我们已经介绍了各种各样的加密算法,包括以 DES、AES 为代表的对称密码算法,也包括以 RSA、Elgamal 为代表的非对称密码算法。这些加密算法既可以通过硬件实现,也可以通过软件实现。

2.6.1　硬件加密技术

硬件加密技术的主要优点就是加密速度快。因此,在商业和军事上都广泛地采取硬件加密技术,例如 NSA 只对硬件加密授权使用。许多算法,例如 DES 和 RSA,大都是比串操作,它们在微处理器上实现的效率很低。虽然有些算法在设计时就考虑到用软件来实现,但相比专门为加解密设计的硬件来说,速度还是慢了不少。

其次,硬件加密技术的安全性较好。可以将硬件加密设备封装成一个"黑匣子"并安装上自毁装置。一旦发现有任何企图拆开"黑匣子"的动作,就立即启动自毁装置销毁存储的数据。例如,IBM 的密钥管理系统中的硬件模块就有类似的装置。相比之下,软件加密技术就没有这样的保护。攻击者可以在我们毫无觉察的情况下偷偷修改算法。此外,将硬件加密设备封装成一个"黑匣子"还可以防止电磁辐射泄露。

最后,硬件加密机易于安装,多数硬件机是可以独立使用的,如果对电话、传真、数据线路等加密,只需要在发送端放置一个专用硬件加密机用于加密,在接收端放置一个加密机用于解密就可以了。

目前,加密硬件主要有三类:自带加密模块、用于通信链路的专用加密盒以及可插入个人计算机的插卡。

当然,硬件加密技术缺点是兼容性不好。用户在购买时应当首先明确使用环境和目的,要综合考虑自己使用的操作系统、应用软件、网络等方面因素,避免选购的加密设备不能满足要求。

2.6.2　软件加密技术

任何加密算法都可用软件实现,软件实现加密的优点是可移植性较好、易使用、价格低、一个加密软件很容易在多台计算机上使用。与此相反,若要在多台计算机上使用加密硬件,则需要多台硬件加密设备。

软件加密技术的最大缺点就是速度慢。软件加密的另一个缺点就是安全性较差。这是因为:首先,密钥的存储不安全。只要密钥存储在磁盘上,那么就可以通过一定的技术将密钥读出来。因此,一旦加密完成,密钥都应当被销毁。但不幸的是,很多软件都没有考虑到这一点。其次,攻击者可以秘密地修改、破坏加密软件。或者通过恶意程序如窃听软件、木马等盗取用户的密钥或其他信息。

尽管如此,软件加密程序很大众化,使用相当广泛。在所有主要的操作系统上都有加密软件可利用。大多人使用的加密技术都是软件加密。

硬件加密和软件加密各有优缺点,它们分别在不同的场合发挥着巨大的作用。

习题 2

1. 将明文变换为密文,有哪两种方法?

2. 密码系统由哪几部分构成?

3. 密码分析方法有几类? 请对这几类分析方法作简要说明。

4. 什么是主动攻击? 什么是被动攻击?

5. 请用你擅长的语言(C/C++、Java 等)实现维吉尼亚加密法。

6. 请解释:什么是对称密码体制? 什么是非对称密码体制? 什么是分组密码? 什么是流密码? 什么是混淆? 什么是扩散?

7. 请描述 DES 加密算法的流程。

8. 假设 Alice 要向 Bob 传送数字 10,并且 Alice 采用 RSA 算法加密,Alice 选取的素数为 $p=19,q=23$ 以及私钥 $e=13$。

(1) 请根据以上信息计算 Alice 的公钥。

(2) 利用你所得到的公钥和私钥,阐述 RSA 的加解密过程。

9. 请结合实际例子阐述: 软件加密和硬件加密各有什么优缺点?

第 3 章　　数字签名与身份认证

计算机安全有四大安全原则：机密性、完整性、可认证性和不可抵赖。机密性是指保护消息内容不泄漏给非授权拥有此消息的人，即使是攻击者观测到了消息的格式，也无法从中提取消息的内容或得到任何有用的信息。实现机密性的最重要手段就是采用加密算法对消息进行加密，这是本书上一章的内容。完整性是指保证消息的内容没有受到任何非法修改、删除或替代。最常用的方法完整性保护是采用封装和签名，即用加密的方法或 Hash 函数产生一个明文的摘要附在传送消息上，作为验证消息完整性的依据，也称为完整性校验值。可认证性是最重要的安全性质之一，所有其他安全性质都依赖于此性质的实现，认证是对主体进行身份识别的过程。不可抵赖也称不可否认性，即用户不可否认敏感的消息或文件。不可否认性包含的内容很多，如接收方不可否认、发送方不可否认等。

3.1　安全协议

互联网已给经济、生活、军事等领域带来了巨大变革。互联网的出现和发展与 TCP/IP 协议族密切相关。与互联网迅速发展相随的是逐年增加的网络入侵事件，网络安全问题日益成为我们需要关注的焦点。影响网络安全的因素是多方面的，这里先从网络协议的设计引入进行探讨。

3.1.1　安全协议的定义

安全协议，有时也称为密码协议，是以密码学为基础的消息交换协议，此定义包含以下两层含义：①安全协议以密码学为基础，体现了安全协议与普通协议之间的差异；②安全协议也是通信协议，其目的是在网络环境中提供各种安全服务。密码学是网络安全的基础，但网络安全不能单纯依靠安全的密码算法。安全协议是网络安全的一个重要组成部分，需要通过安全协议进行实体之间的认证、在实体之间安全地分配密钥或其他各种秘密、确认发送和接收的消息的不可否认性等。

总之,安全协议是建立在密码体制基础上的一种交互通信协议,它运用密码算法和协议逻辑来实现认证和密钥分配等目标。

全面掌握安全协议定义,还需了解安全协议在运行环境中的角色。①协议参与者,即协议执行过程中的双方或多方,也就是发送方与接收方。协议的参与者可能是完全信任的人,也可能是攻击者,例如,认证协议:发起者/响应者;签名协议:签名申请者/签署人/验证人;零知识证明:证明者/验证者;电子商务协议:商家/银行/用户。②攻击者(或称敌手),即协议过程中企图破坏协议安全性的人。如被动攻击者主要是试图获取信息,主动攻击者则是为了达到欺骗、获取敏感信息、破坏协议完整性的目的。攻击者可能是合法的参与者,或是外部实体,也可能是协议的参与者。③可信第三方,即在完成协议的过程中,能帮助可信任的双方完成协议的值得信任的第三方。如仲裁者(用于解决协议过程中出现的纠纷)和密钥分发中心等。

3.1.2　安全协议的分类

按照协议完成的功能进行划分,最常用的安全协议主要有以下四类。

1. 密钥生成协议

密钥生成协议的目的是在通信的实体中建立共享的会话密钥,会话密钥通常使用对称密码算法对每一次单独的会话加密。密钥生成协议可采用对称密码体制或非对称密码体制建立会话密钥,可借助于一个可信的服务器为用户分发密钥,即密钥分发协议,可通过两个用户协商建立会话密钥。

2. 认证协议

认证是对数据、实体标识的认证。数据完整性可由数据来源认证保证。实体认证是确认某个实体的真实性的过程。认证协议主要用于防止假冒攻击。

3. 电子商务协议

电子商务就是利用电子信息技术进行各种商务活动。电子商务协议中主体往往代表交易的双方目标利益不太一致。因此电子商务协议最关注公平性,即协议应保证交易双方都不能通过损害对方利益得到不应该得到的利益。常见的电子商务协议有拍卖协议、SET 协议等。

4. 安全多方计算协议

安全多方计算协议的目的是保证分布式环境中各参与者以安全的方式来共同执行分布式的计算任务。分布式计算环境中不妨假定在执行过程中总会受到一个实体的攻击。安全多方计算协议的两个最基本的安全要求是保证协议的正确性和参与方私有输入的秘密性,即协议执行完后每个参与方都应得到正确的输出,并且除此之外不能获知其他任何信息(如数据库访问、联合签名等)。

根据参与者以及密码算法的使用情况进行分类,可以分为七类:无可信第三方的对称密钥协议、应用密码校验函数的认证协议、具有可信第三方的对称密钥协议、使用对称密钥的签名协议、使用对称密钥的重复认证协议、无可信第三方的公钥协议和有可信第三方的公钥协议。

3.2　数字签名

什么是数字签名呢？这是初学者首先需要明确的概念。需要声明的是：将手写的签名经过扫描仪扫描后再输入电脑中，这不是数字签名。数字签名基于非对称密码算法。我国于 2004 年 8 月 28 日第十届全国人民代表大会常务委员会第十一次会议通过了《中华人民共和国电子签名法》（简称《电子签名法》），法律中对电子签名①的定义是：数据电文中以电子形式所含、所附用于识别签名人身份并表明签名人认可其中内容的数据。简言之，电子签名就是一串数据，该数据仅能由签名人生成，并且该数据能够表明签名人的身份。《电子签名法》明确规定：数据电文不得仅因为其是以电子、光学、磁或者类似手段生成、发送、接收或者储存的而被拒绝作为证据使用。现在，电子签名和传统文件中的手写签名具有同等的法律效应。

数字签名在网络安全、提供身份认证和不可否认性等方面有着重要意义。《电子签名法》的颁布对我国的电子商务进行规范和整顿具有重要推动作用。

1991 年，美国国家标准和技术学会（NIST）发布了数字签名标准（Digital Signature Standard,DSS）并于 1993 年和 1996 年作了修订。在数字签名标准中采用的是数字签名算法（Digital Signature Algorithm,DSA）。虽然 RSA 同样具有数字签名的能力，但 RSA 的使用不是免费的。所以，NIST 决定开发一个免费的数字签名算法（DSA）。DSA 提出之后，受到了很多公司的抵制，原因是多方面的。首先，这些公司曾经在 RSA 上投入了大量人力和资金。其次，他们质疑 DSA 的安全性。虽然现在很多质疑都已得到回击，但并没有解决所有问题。

为什么要使用数字签名呢？可不可以用消息验证码来代替数字签名呢？答案是否定的。为了说明这个问题，我们考虑下面的情况：假设 Alice 和 Bob 正通过网络完成一笔交易，那么可能出现两种欺骗。

（1）Bob 伪造一个消息并使用与 Alice 共享的密钥 K 产生该消息的认证码，然后声称该消息来自 A。但实际上 Alice 并未发送任何消息。

（2）既然 Bob 有可能伪造 Alice 发来的消息，那么 Alice 就可以对自己发过的消息予以否认。

这两种欺骗在实际应用中都有可能发生。双方争执不下而对簿公堂，但如果没有更有效的机制避免这种争端，法庭根本无法做出仲裁。

为了能够有效地解决这种冲突，数字签名必须具有以下特点。

（1）发送方必须用自己独有的信息来签名以防止伪造和否认。

（2）这种签名很容易产生。

（3）对于接收方，应该很容易验证签名的真伪。

（4）对于给定的 x，找出 $y(y \neq x)$ 使得签名 $S(y) = S(x)$ 在计算上是不可行的。

（5）找出任意两个不同的输入 x, y，使得 $S(y) = S(x)$ 在计算上是不可行的。

数字签名体制一般由两个部分组成：签名算法和验证算法。签名算法的密钥由签名方秘密保存，验证算法的密钥通常是公开的，以便他人验证签名的有效性。

---

① 电子签名在本书中同数字签名具有相同的概念。

数字签名可以分为两大类：直接数字签名和基于仲裁的数字签名。直接数字签名的实现很简单，仅仅涉及发送方和接收方两个通信实体。接收方需要了解发送方的公开密钥 K_{pub}。发送方使用其私钥 K_{pri} 对整个消息报文进行加密来生成数字签名。接收方收到整个报文之后用 K_{pub} 来解密。基于仲裁的数字签名需要可信第三方的参与。所谓可信第三方，是指所有通信方都可以信赖的一个通信实体。当需要数字签名时，发送方 Alice 发往接收方 Bob 的所有签名报文都首先送给仲裁。仲裁检验该报文及其签名的出处、内容，然后标注报文日期，并附加上一个仲裁的签名，最后由仲裁发给 Bob。

在特殊场合下，对签名算法有特殊的要求。比如 3.2.2 节所介绍的多重数字签名、3.2.3 节介绍的不可抵赖数字签名以及 3.2.4 节描述的盲签名等。

下面对一些常用的数字签名算法加以介绍。

3.2.1　数字签名算法

1. DSA 签名算法

DSA 签名算法利用单向 Hash 函数产生消息的一个 Hash 值，Hash 值连同一个随机数 r 一起作为签名函数的输入，签名函数还需使用发送方的秘密密钥和供所有用户使用的公开密钥。签名函数的两个输出 s 和 t 就构成了消息的签名 (s,t)。接收方收到消息后再产生消息的 Hash 值，将 Hash 值与收到的签名一起输入验证函数，验证函数还需输入发送方的公开密钥。如果验证函数的输出与收到的签名成分 t 相等，则验证了签名是有效的。

下面简单介绍 DSA 签名算法的过程。在介绍 DSA 签名算法过程之前，必须交代 DSA 签名算法将会使用的参数。

全局公开密钥 p：p 是满足 $2^{L-1}<p<2^{L}$ 的大素数，其中 $512 \leqslant L \leqslant 1024$ 且 L 是 64 的倍数。

q：q 是 $p-1$ 的素因子，满足 $2^{159}<p<2^{160}$，即 q 长为 160 比特。

g：$g=h^{(p-1)/q}\bmod p$，其中 h 是满足 $1<h<p-1$ 且使得 $g>1$ 的任一整数。

用户秘密密钥 x：x 是满足 $0<x<q$ 的随机数。

用户的公开密钥 y：$y \equiv g^{x}\bmod p$。

秘密随机数 r：r 满足 $0<r<q$。

DSA 签名算法过程如图 3-1 所示，具体计算如下。

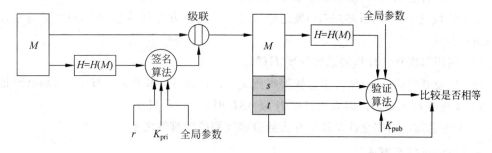

图 3-1　DSA 签名算法过程

（1）签名方首先计算 $t \equiv (g^{r}\bmod p)\bmod q$。

（2）利用 SHA 算法计算消息 M 的 Hash 值 $H(M)$。

信息安全概论

（3）计算 $s\equiv r^{-1}(H(M)+xt)\bmod q$。

签名方完成以上过程后将三元组 (M,s,t) 作为自己的签名发送给接收方。接收方收到了签名 (M_1,s,t)，为了验证这个签名，所做计算如下。

（1）计算 $w=s^{-1}\bmod q$。

（2）计算 $u_1=[H(M_1)\cdot w]\bmod q,u_2=tw\bmod q$。

（3）计算 $v=[(g^{u_1}y^{u_2})\bmod p]\bmod q$，验证 v 是否和 t 相等。若相等，验证成功，若不等，则接收方有理由认为消息 M_1 是伪造的，拒绝接收该签名。

证明如下。

当且仅当 $M=M_1$ 时，下式成立：

$$v\equiv[(g^{H(M_1)w}g^{xtw})\bmod p]\bmod q\equiv[g^{(H(M_1)+xt)s^{-1}}\bmod p]\bmod q$$

$$\equiv(g^{r\cdot s\cdot s^{-1}}\bmod p)\bmod q\equiv(g^r\bmod p)\bmod q=t$$

DSA 签名算法的安全性是基于求解离散对数的困难性。

2. RSA 签名算法

在理解了上一章非对称密码算法（RSA）的基础上，来学习 RSA 签名算法就非常简单了。签名方产生了一对公开密钥 (n,e) 和私有密钥 (n,d) 之后，就可以对消息进行签名。RSA 算法的签名过程如图 3-2 所示。

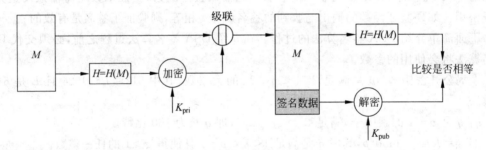

图 3-2　RSA 签名算法过程

签名过程如下。

（1）利用摘要算法计算消息的摘要 $H(M)$。

（2）用私有密钥 (n,d) 加密消息摘要得到 $s=H(M)^d\bmod n$。

签名完成之后，签名方将 (M,s) 发送给接收方。接收方收到签名 (M_1,s) 之后通过以下步骤进行验证。

（1）利用摘要算法计算消息的摘要 $H(M_1)$。

（2）用公开密钥 (n,e) 加密消息摘要得到 $s_1=s^e\bmod n$。如果 $s_1=H(M_1)$，那么验证通过，否则拒绝接收该签名。因为当且仅当 $M=M_1$ 时，$s_1=H(M_1)$。

RSA 签名算法的安全性是建立在大数分解问题的困难性之上。

3. Elgamal 签名算法

在上一章曾经介绍 Elgamal 非对称密码算法，这里将介绍 Elgamal 签名算法。Elgamal 签名算法由 T. Elgamal 于 1985 年提出。它的安全性基于求解离散对数的困难性。Elgamal 签名算法的修正版已被美国 NIST 作为数字签名的标准，即前面我们所介绍的

DSA 算法。

设 p 是一个大素数；g 是 z_p^* 的一个生成元；x 是签名方的秘密密钥，$x \in z_p^*$；y 是用户 A 的公开密钥，$y = g^x \bmod p$。则 Elgamal 签名算法的过程如下。

对于待签名的消息 M，签名方执行以下步骤。

(1) 计算 M 的 Hash 值 $H(M)$。

(2) 选择随机数 $r \in z_p^*$，计算 $t = g^r \bmod p$。

(3) 计算 $s = [H(M) - xt]r^{-1} \bmod (p-1)$。

然后签名方将以 (M, s, t) 作为产生的数字签名发送给接收方。接收方在收到消息 M_1 和数字签名 (s, t) 后，先计算 $H(M_1)$，并按下式验证：$y^t t^s \equiv g^{H(M_1)} (\bmod \ p)$。

如果 $y^t t^s$ 与 $g^{H(M_1)} (\bmod \ p)$ 相等，则验证通过，否则拒绝接收该签名。验证的正确性可以通过下式证明。当且仅当 $M = M_1$ 时，

$$y^t t^s \equiv g^{tx} g^{rs} \equiv g^{tx + H(M) - xt} \equiv g^{H(M)} (\bmod \ p) \equiv g^{H(M_1)} (\bmod \ p)$$

4. 其他数字签名方案

除了以上介绍的三种最常见的数字签名方案以外，还有很多其他的数字签名算法，比如 Rabin 签名算法、Schnorr 签名算法、GOST 签名算法、ESIGN 签名算法、Okamoto 签名算法、OSS 签名算法等。其中，Rabin 签名算法的安全性是建立在大数分解这一难题之上；而 Elgamal、Schnorr、DSA、GOST、ESIGN、Okamoto 等签名算法的安全性是基于有限域上求解离散对数的困难性。它们统称为离散对数签名体制。GOST 签名算法是俄罗斯采用的数字签名标准，ESIGN 签名算法、Okamoto 签名算法是由日本 NTT 的 T. Okamoto 等设计的。OSS 签名算法于 1984 年由 Ong、Schnorr、Shamir 等联合发表。

关于这些数字签名方案，读者可以阅读其他参考书。

3.2.2　多重数字签名

在很多情况下，需要两个或多个人同时对一份文件进行签名，例如共同签署协议的 Alice、Bob、Carlos 甚至更多人。为描述方便起见，不妨假设 Alice 和 Bob 需要同时对文件进行签名。那么，签名方案有三种。

(1) Alice 和 Bob 分别对文件的副本签名，如图 3-3(a)所示。

(2) Alice 首先对文件进行签名，然后 Bob 对 Alice 的签名再进行签名，如图 3-3(b)所示。

(3) 利用单向 Hash 函数实现多重签名，如图 3-3(c)所示。

前两种多重签名方案有明显的缺陷：如果 Alice 和 Bob 分别对文件的副本进行签名，那么签名的消息是原文的两倍；第二种方案使得验证签名出现困难。在不验证外层 Bob 签名的情况下验证内层 Alice 的签名是不可能的。

但如果采用单向散列函数，实现多重签名则很简单。具体步骤如下。

(1) Alice 对文件的 Hash 值签名。

(2) Bob 对文件的 Hash 值签名。

(3) Bob 将他的签名交给 Alice。

(4) Alice 把文件、她的签名和 Bob 的签名一起发送给 Carlos。

(5) Carlos 分别验证 Alice 和 Bob 的签名。

信息安全概论

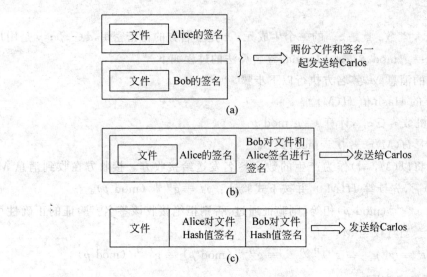

图 3-3   多重签名方案

在采用单向 Hash 函数的多重签名方案中,Alice 和 Bob 能同时或顺序地完成第(1)、(2)步的签名。而 Carlos 可以只验证其中一人的签名而不用验证另一人的签名。

以上例子说明的是两重签名的情况,很容易将之推广得到多重签名方案。

3.2.3   不可抵赖数字签名

到目前为止,我们所介绍的数字签名都有这样一个共同点:签名方用自己的私钥进行数字签名,验证方用签名方的公钥进行验证,而签名方的公钥是公开的,因此,任何人都可以对这份文件的真实性进行验证。这在一些场合下是非常有用的,比如发布信息公告。但有些时候人们又想尽量避免这种情况,比如在私人信件中:不怀好意的朋友总是可以把你的私人信件公布于众,并且任何人都可以验证。于是签名方希望有这样一种数字签名方案:在没有签名方的同意下,接收方不能把签名给第三者看。不可抵赖数字签名正是这样一种方案。

不可抵赖数字签名的思想非常简单,大致过程如下所述。

(1) Alice 向 Bob 出示一个签名。

(2) Bob 产生一个随机数并送给 Alice。

(3) Alice 利用随机数和其私人密钥进行计算,并将计算结果发送给 Bob。Alice 只能计算该签名是否有效。

(4) Bob 确认这个结果。

Bob 不能让第三者 Carlos 确信 Alice 的签名是有效的,因为 Carlos 不知道 Bob 的随机数。Carlos 只有在他与 Alice 本人完成这个协议后才能确信 Alice 的签名是有效的。

最先由 David Chaum 提出了不可抵赖数字签名的具体算法。算法原理如下:首先公布一个大素数 p 和它的原根 g。Alice 拥有私钥 x 并公布公钥 y,其中 $y = g^x \bmod p$。当需要签名时,Alice 计算 $z = m^x \bmod p$。

Bob 对数字签名的验证过程如下。

(1) Bob 选择两个小于 p 的随机数 a 和 b,计算 $c = z^a (g^x)^b \bmod p$,并发送给 Alice。

（2）Alice 计算 $t=x^{-1} \bmod q, d=c^t \bmod p$，并把 d 发送给 Bob。

（3）Bob 进一步确认：$d \equiv m^a g^b (\bmod p)$。如果该式成立，则 Bob 就认为签名是真实的，否则拒绝该签名。

正确性证明：

$$d=c^t \bmod p=(z^a g^{xb} \bmod p)^t \bmod p=(z^{at} g^{btx}) \bmod p=(m^{axt} g^{btx}) \bmod p$$

由于 $t=x^{-1} \bmod (p-1)$，所以 $tx=1 \bmod (p-1)$，即 $tx=k\varphi(p)+1$，其中，$\varphi(p)$ 为欧拉函数，因为 p 是素数，所以 $\varphi(p)=p-1$。

根据欧拉定理得到

$$d=(m^{axt} g^{btx}) \bmod p=(m^{a[k\varphi(p)+1]} g^{b[k\varphi(p)+1]}) \bmod p$$
$$=[(m^a g^b) \bmod p][m^{ak\varphi(p)} g^{bk\varphi(p)} \bmod p]$$
$$=[(m^a g^b) \bmod p][(m^{ak} g^{bk})^{\varphi(p)} \bmod p]$$
$$=[(m^a g^b) \bmod p] \cdot 1$$
$$=(m^a g^b) \bmod p$$

如果 Bob 将 Alice 的签名给 Carlos 看，希望 Carlos 相信这是 Alice 的签名。但同时，如果 David 打算使 Carlos 相信这是 Eva 的签名，那么他可以伪造该协议的副本，首先伪造第（1）步的消息，然后作第（3）步的计算产生 d，再伪造第（2）步的消息，称这个 d 来自 Eva。对于 Carlos 来说，Bob 和 David 给他的副本是相同的，他不能相信签名的有效性，除非他亲自和 Alice 完成这个协议。

3.2.4　盲签名

通常情况下，签名方需要了解他所要签署的文件的内容，否则他不会轻易签名。但在一些特殊的场合，Alice 可能需要这样一种机制：希望 Bob 对一份文件签名，但又不想他知道文件的内容。这就是将要讨论的盲签名，盲签名的应用并不广泛，只是在特定的领域有着重要的用途，比如在新型电子商务中。

完全盲签名并不真正实用，因为 Alice 可以让 Bob 签署任意一份对她有利的文件，比如"Bob 欠 Alice 100 万美元"……

实际应用中都采用"分割-选择"技术，可使 Bob 知道他所签署文件的大体内容，但是并不准确。

利用 RSA 算法，D. Chaum 最初于 1985 年提出了第一个盲签名算法。该算法原理如下。

假设签名方 Bob 的公钥为 (n, e)，私钥为 (n, d)：

（1）若 Alice 需要 Bob 对消息 m 进行盲签名，她首先选取 $1<k<m$，并计算 $t \equiv mk^e \bmod n$，将计算结果发送给 Bob。

（2）Bob 对 t 进行盲签名，计算 $t^d \equiv (mk^e)^d \bmod n$，并将计算结果发送给 Alice。

（3）Alice 计算 $S \equiv t^d / k \bmod n$，得到 $S \equiv m^d \bmod n$。这就是 Bob 对 m 的盲签名。

正确性证明：

因为

$$t^d \equiv (mk^e)^d \bmod n \equiv m^d k \bmod n$$

所以

$$\frac{t^d}{k} \bmod n \equiv \frac{m^d k}{k} \bmod n = m^d \bmod n$$

有关盲签名的更深入探讨,请查阅相关书籍。

3.2.5　群签名

群签名,即群数字签名。群签名是在 1991 年由 Chaum 和 van Heyst 提出的一个签名概念。Camenish、Stadler、Tsudik 等对这个概念进行了修改和完善。群签名在管理、军事、政治及经济等多个方面有着广泛的应用。

所谓群签名就是满足这样要求的签名:在一个群签名方案中,一个群体中的任意一个成员可以以匿名的方式代表整个群体对消息进行签名。与其他数字签名一样,群签名是可以公开验证的,而且可以只用单个群公钥来验证。

一个群签名是一个包含下面过程的数字签名方案。

(1) 设置:一个用以产生群公钥和群管理者私钥的概率多项式时间算法。

(2) 加入:一个用户和群管理员之间的使用户成为群管理员的交互式协议。执行该协议可以产生群成员的私钥和成员证书,并使群管理员得到群成员的私有密钥。

(3) 签名:一个概率算法,当输入一个消息和一个群成员的私钥后,输出对消息的签名。

(4) 验证:输入为(消息,对消息的签名,群公钥)一个算法,在群公钥的作用下,确定签名的有效性。

(5) 打开:一个在给定一个签名及群私钥的条件下确认签名人的合法身份的算法。

一个好的群签名方案一般具有以下特点。

(1) 正确性:合法成员发出的签名能通过验证。

(2) 匿名性:给定一个群签名后,除了群管理员之外,确定签名人的身份在计算上是不可行的。

(3) 不可伪造性:只有获得群成员证书和签名密钥的群成员才能够生成合法的群签名。

(4) 不可关联性:在不打开群签名的情况下,确定两个不同的签名是否为同一个成员签署在计算上不可行。

(5) 可跟踪性:群管理员在必要的时候可以打开一个签名,确认签名者的身份。

(6) 抗合谋攻击型:即使一些群成员串通在一起也不能产生其他人的合法签名或不可跟踪的合法签名。

(7) 防陷害攻击:包括群管理员在内的任何人都无法以其他成员身份产生合法的群签名。

如群管理者计算通常的签名方案的密钥对 $(\mathrm{sig_m}, \mathrm{ver_m})$,计算概率公开密钥密钥加密方案的密钥对 $(\mathrm{encr_m}, \mathrm{decr_m})$,公布两个公开密钥作为群公开密钥。Alice 以如下方式加入该群:选择一个秘密的随机密钥 x 并计算成员密钥 $z = f(x)$,f 是单向函数。Alice 发送 z 给管理者,管理者返回一个成员证书 $v = \mathrm{sig_m}(z)$。Alice 的群私钥是元组 (x, z, v)。

为了代表群对消息 m 签名,Alice 使用群管理者的加密密钥 $\mathrm{encr_m}$ 对 (m, z) 加密,即 $d = \mathrm{encr_m}(r, (m, z))$,$r$ 是充分大的随机串。Alice 计算一个非交互最小泄露证明 p,证明她知道 x_1,v_1 和 r_1 满足如下方程:$d = \mathrm{encr_m}(r_1, (m, f(x_1)))$ 和 $\mathrm{ver_m}(v_1, f(x_1)) = \mathrm{correct}$。

Alice 对消息 m 的签名是 (d, p),签名可通过检查证明 p 进行验证。若要打开此签名,群管理者解密密文 d 得到成员密钥 z,从而揭示 Alice 的身份。

3.3　消息认证和身份认证

　　认证分为两种,一是对消息的认证,二是对身份的认证。在本节中,将集中阐述如何对消息进行认证。在下一章将集中说明如何对身份进行认证。

　　所谓消息认证,是指接收方对收到的消息进行检验,检验内容包括消息的源地址、目的地址,消息的内容是否受到篡改以及消息的有效生存时间等。消息认证可以是实时的,也可以是非实时的。例如,网上银行对消息的认证属于实时认证,而电子邮件中对消息的认证属于非实时认证。

　　所谓身份认证,是指系统对网络主体进行验证的过程,用户必须向系统证明其身份。系统验证通信实体的一个或多个参数的真实性和有效性,以判断他的身份是否和他所声称的身份一致。相当于现实生活中通过检验身份证来识别身份。

3.3.1　消息认证的概念

　　消息认证离不开 Hash 函数,因此本部分首先介绍 Hash 函数。

　　在密码学书籍中经常可以见到单向函数、Hash 函数、单向 Hash 函数以及单向陷门函数等概念。这些概念是消息认证、身份认证、非对称密码算法以及数字签名的基石。

1. 单向函数

　　顾名思义,单向函数的计算是不可逆的。即已知 x 要计算 y 使得 $y=f(x)$ 很容易;但若已知 y 要计算 x,使得 $x=f^{-1}(y)$ 就很困难。在这里,“困难”的程度定义为:即便使用世界上所有的计算机一起计算 x 值,都需要花数百万年甚至更长的时间。

　　生活中类似单向函数的例子很多,比如拼图。要把一个完整的拼图拆开并打乱是一件很简单的事情,但是如果要把这些混乱的小图案拼成一张完整的图却需要很长的时间。

2. Hash 函数

　　在计算机科学领域中,Hash 函数是使用得最广泛的概念之一。它把可变长度的输入字符串映射为固定长度的输出字符串。输出字符串被称为“Hash 值”。如果对于不同的输入经过 Hash 映射后却得到了相同的 Hash 值,我们就称该 Hash 函数产生了冲突。一个好的 Hash 函数应该是无冲突的。Hash 函数是公开的,任何人都可以看到它的处理过程。Hash 函数不一定是单向函数,对于那些既是 Hash 函数,也是单向函数的映射,我们称为单向 Hash 函数,用 $H(\cdot)$ 表示。

　　单向 Hash 函数既有单向函数的特点,也有 Hash 函数的特点。对于信息 M,要计算 $H(M)=m$ 很简单,但若给定 Hash 值 m,要找出其相对应的原文 M 是相当困难的。

3. 单向陷门函数

　　单向陷门函数是一类特殊的单向函数,它包含一个秘密陷门。在不知道该秘密陷门的情况下,计算函数的逆是非常困难的。但若知道该秘密陷门,那么计算函数的逆就非常简单。数学上对单向陷门函数的严格定义是:把数论函数 $f(n)$ 称为单向陷门函数,如果它满足下面三个条件:

　　(1) 对 $f(n)$ 的定义域中的每一个 n,均存在函数 $f^{-1}(n)$,使得

$$f^{-1}(f(n)) = f(f^{-1}(n)) = n$$

（2）$f(n)$ 与 $f^{-1}(n)$ 都很容易计算；

（3）仅根据已知的计算 $f(n)$ 的算法，去找出计算 $f^{-1}(n)$ 的容易算法是非常困难的。

仍以拼图为例，如果不知道拼图各个碎片的编号，要将混乱的碎片拼成完整的图是困难的；但如果知道碎片的编号，要完成整个工作就相当简单。

单向陷门函数是非对称密码学的基础。非对称密码算法如 RSA、ECC 等利用了单向陷门函数的性质。而单向函数和单向 Hash 函数却不能用做加密，为什么呢？因为计算单向函数的逆是非常困难的，如果利用单向函数加密，任何人都不可能进行解密。单向 Hash 函数的作用在于消息认证。

接下来看一下消息认证系统的概念。消息认证的基本方法有两种，一是采用 Hash 函数，二是采用消息认证码（Message Authentication Code，MAC）。这两种方法的区别在于是否需要密钥的参与。消息认证码是指消息被一密钥控制的公开函数作用后产生的固定长度的、用做认证符的数值。为了能够对消息进行认证，通信双方 Alice 和 Bob 需要共享一密钥 K。设 Alice 欲发送给 Bob 的消息是 M，Alice 首先计算 $MAC = f(K, M)$，其中函数 $f(\cdot)$ 是有密钥控制的公开函数，然后将原消息和 MAC 值级联在一起，再向 Bob 发送出去。Bob 收到消息后做与 Alice 相同的计算，求得一新 MAC，并与收到的 MAC 做比较。由于除了 Alice 和 Bob 之外，没有其他人知道密钥 K。因此，如果比较结果相等，则 Bob 有理由认为该消息确由 Alice 所发，而且传输过程中没有经过任何修改；如果比较结果不相等，那么 Bob 拒绝接收该消息。Bob 可以认为要么该消息是伪造的，要么该消息在传输过程中出了差错。MAC 的认证方式如图 3-4 所示。

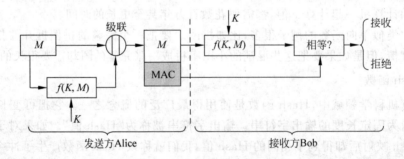

图 3-4　MAC 认证方式示意

细心的读者不难发现，Alice 和 Bob 的通信内容在网上是以明文形式传输的。因此攻击者也能够看到完整的消息内容。在一些情况下，Alice 和 Bob 不希望第三者能够解读消息，因此 Alice 需要对消息 M 进行加密。加密的方式有两种：其一，Alice 首先将 M 进行加密得到密文 C，然后再计算密文 C 的 MAC，最后将 C 和 MAC 级联在一起发送给 Bob，如图 3-5 所示；其二，Alice 计算出 M 的 MAC 值之后，将 M 和 MAC 级联，对整个消息进行加密，然后发送给 Bob，如图 3-6 所示。一般情况下，Bob 更希望对接收到的整个消息进行认证，因此，第二种方式更为常用。

用 Hash 函数进行消息认证则不需要密钥的参与。Hash 函数是一个公开的函数，它可以将任意长的消息 M 映射为一个较小固定长度值 $H(M)$，我们称函数值 $H(M)$ 为 Hash 值（散列值）、Hash 码（散列码）或 Hash 摘要。Hash 码是消息中所有比特的函数，任意一个比

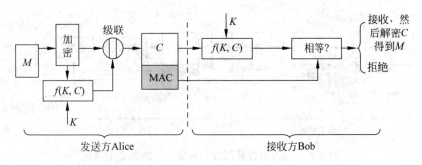

图 3-5 MAC 认证方式示意——只加密 M

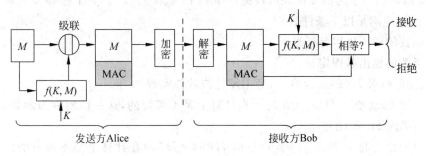

图 3-6 MAC 认证方式示意——加密整个消息

特的改变都将会使 Hash 码发生巨大改变。因此,利用 Hash 函数可以检测消息传播过程中是否遭受篡改。因此,单从这一点上看,Hash 函数的功能类似于循环冗余校验码(CRC)和奇偶校验码。

跟消息认证码一样,Hash 函数也有多种使用方式:可以只进行 Hash 摘要,也可以配合加密算法一起使用。参照图 3-4、图 3-5 和图 3-6,可以得到图 3-7～图 3-9 所示的 Hash 函数使用方式。除此之外,Hash 函数如果配合非对称密钥加密算法一起使用,就提供了数字签名的功能。

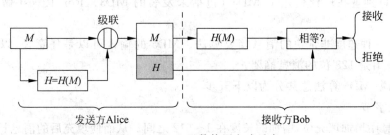

图 3-7 Hash 函数使用方式示意

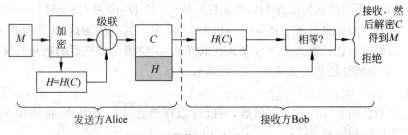

图 3-8 Hash 函数使用方式示意——只加密 M

信息安全概论

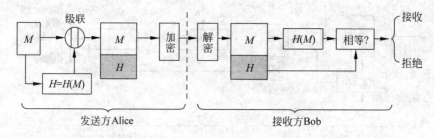

图 3-9 Hash 函数使用方式示意——加密整个消息

Hash 函数相当于为需要认证的数据产生一个"数字指纹"。为了能够实现对数据的认证,Hash 函数应满足以下条件。

（1）函数的输入可以是任意长。

（2）函数的输出是固定长。

（3）已知 x,求 $H(x)$ 较为容易,可用硬件或软件实现。

（4）已知 h,求使得 $H(x)=h$ 的 x 在计算上是不可行的,这一性质称为函数的单向性,称 $H(x)$ 为单向 Hash 函数。

（5）对于给定的 x,找出 $y(y\neq x)$ 使得 $H(y)=H(x)$ 在计算上是不可行的。如果单向 Hash 函数满足这一性质,则称其为弱无碰撞。

（6）找出任意两个不同的输入 x,y,使得 $H(y)=H(x)$ 在计算上是不可行的。如果单向 Hash 函数满足这一性质,则称其为强无碰撞。

了解了消息认证的两种基本方法,下面介绍具体的消息认证算法。

3.3.2 消息认证算法

1. MD5 算法

MD5 是密码学家 Ron Rivest 提出来的算法,MD5 根源于一系列消息摘要算法,从最初很脆弱的 MD 到现在广泛使用的 MD5（包括未发表的 MD3）,Ron Rivest 做出了卓越的贡献。

MD5 是一种速度非常快的消息摘要算法。MD5 的输入可以是任意长,以 512 位为单位分成块,输出是 128 位的消息摘要。

大体上说,MD5 算法总共分为以下五步。

1) 填充字节

在原消息中增加填充位,增加的长度在 $1\sim512$ 之间。从而使填充后的消息长度等于一个值,该值比 512 的倍数少 64。例如,原消息长度为 100 位,那么应该填充 348 位,因为 $100+348=512-64$;如果原消息长度为 448,那么应该填充 512 位,因为 $448+512=1024-64$。

为什么填充后的消息长度要比 512 的倍数少 64 呢? 这是因为这 64 位是用来记录原消息长度的。如果原消息长度大于 2^{64},那么就取其低 64 位值。填充后的消息长度加上 64 位长度值,使得整个消息的长度变成了 512 的倍数。

2) 分块

由于整个消息的长度为 512 的倍数,所以可以将消息分成很多块,每块长 512 位,每一块由 16 个 32 比特的字构成。

3) 初始化寄存器

MD5 缓冲区初始化算法要使用 128 比特长的缓冲区以存储中间结果和最终 Hash 值, 缓冲区用 4 个 32 比特长的寄存器 A,B,C,D 构成。每个寄存器的初始十六进制值分别为 A=0x01234567,B=0x89ABCDEF,C=0xFEDCBA98,D=0x76543210。

4) 处理每一个分块

每一个分块都由压缩函数 $H(\cdot)$ 处理,压缩函数是算法的核心,它又有 4 轮处理,每一轮 16 步,总共 64 步。

5) 输出结果

每一个分块都被处理之后,最后压缩函数的输出即为产生的消息摘要。

MD5 算法的整个过程如图 3-10 所示。

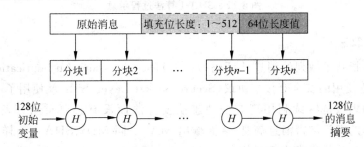

图 3-10　MD5 算法过程示意

2. SHA 算法

SHA(Secure Hash Algorithm,安全 Hash 算法)算法最初是 1993 年由美国国家标准与技术学会 NIST 和 NSA 联合发布的。1995 年作了一些修订,后来正式更名为 SHA-1。

SHA 的输入长度没有下限,但上限是 2^{64}。这和 MD5 算法不一样,MD5 算法没有规定输入消息长度上限。SHA 算法的输出为 160 位的消息摘要,比 MD5 的输出长 32 位。

同 MD5 一样,SHA 是在 MD4 的基础上修改而成的。因此,SHA 和 MD5 有很多的相同点。SHA 大体也是由五步构成。

1) 填充

填充的方法和 MD5 一样,使得填充后的消息长度比 512 的倍数少 64。

2) 分块

将整个消息分成 512 位的块,这些块就是消息摘要处理的逻辑输入。

3) 初始化寄存器

SHA 缓冲区初始化算法要使用 160 比特长的缓冲区以存储中间结果和最终 Hash 值,缓冲区用 5 个 32 比特长的寄存器 A,B,C,D,E 构成。每个寄存器的初始十六进制值分别为 A=0x01234567,B=0x89ABCDEF,C=0xFEDCBA98,D=0x76543210,E=0xF0E1D2C3。

4) 处理每一个分块

处理的过程和 MD5 算法类似,不同的是,每轮的压缩函数有 20 步迭代,因此总共 80 步迭代。

5）输出结果

每一个分块都被处理之后,最后压缩函数的输出即为产生的消息摘要。

SHA-1 算法的整个过程如图 3-11 所示。

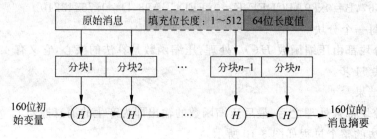

图 3-11　SHA-1 算法过程示意

3. HMAC 算法

HMAC 是指基于散列的消息认证码(Hash-based Message Authentication Code)。在 Internet 上广泛使用的安全套接层协议(Secure Socket Layer,SSL)就使用了 HMAC 算法。

HMAC 的思想是继续利用现有的消息摘要算法而没有必要重新开发一个新算法。HMAC 用共享的密钥加密消息摘要,从而输出 MAC。同 MD5、SHA-1 一样,HMAC 也是一个分块算法,每块长通常为 512 位。

下面详细说明 HMAC 的 7 步操作过程。

1）密钥变换

密钥变换的目的是使密钥 k 的长度和消息块的长度 l 相等。如果 $k<l$,那么在 k 的左端添加 0,使得 k 和 l 的总长度相等;若 $k>l$,则通过相应的消息摘要算法得到密钥 k',然后使得 k' 和 l 的长度相等。

2）异或

将第一步的输出 k 作为输入,与 ipad 异或得到输出 S_1。其中 ipad 是十六进制字符串 36 的重复,即 ipad=0x363636…,其长度与 l 的长度相等。

3）消息级联

将 S_1 与原消息 M 级联,S_1 在前,M 在后。

4）计算消息摘要

采用一定的消息摘要算法,如 MD5 或 SHA-1,计算上一步输出的消息摘要 H。

5）异或

将第一步的输出 k 作为输入,与 opad 异或得到输出 S_2。其中 opad 是十六进制数 5A 的重复,即 opad=0x5A5A5A…,其长度与 l 的长度相等。

6）消息级联

将 S_2 与第四步计算出来的消息摘要 H 级联,S_2 在前,H 在后。

7）输出最终结果

对步骤 6)的输出采用相应的消息摘要算法,得到最终的输出结果。

HMAC 的完整过程如图 3-12 所示。

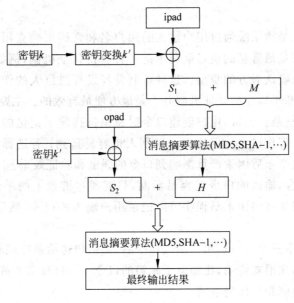

图 3-12　HMAC 完整过程

3.3.3　身份认证的概念

　　身份认证的目的是在不可信的网络上建立通信实体之间的信任关系。在网络安全中，身份认证的地位非常重要，它是最基本的安全服务之一，也是信息安全的第一道防线。在具有安全机制的系统中，任何一个想要访问系统资源的人都必须首先向系统证实自己的合法身份，然后才能得到相应的权限。这好比生活中我们要进入工作大楼，必须首先向大楼保安人员出示工作证，否则将会被拦截在外。

　　实际网络攻击中，黑客往往首先瞄准的就是身份认证：试图通过冒名顶替的手段来获取一些非法财物或信息。这类似于生活中的不法分子经常伪造身份证来获得检查人员的信任。

　　目前，计算机系统采取的身份认证方法有很多，比如口令认证、智能卡认证、基于生物特征的认证、双因素认证、基于源地址的认证、数字证书和安全协议等。

　　一个成熟的身份认证系统应该具有以下特征。

　　(1) 验证者正确识别对方的概率极大。

　　(2) 攻击者伪装以骗取信任的成功率极小。

　　(3) 通过重放攻击进行欺骗和伪装的成功率极小。

　　(4) 实现身份认证的算法计算量足够小。

　　(5) 实现身份认证所需的通信量足够小。

　　(6) 秘密参数能够安全存储。

　　(7) 对可信第三方的无条件信任。

　　(8) 可证明安全性。

　　身份认证的方法有以下几种。

1. 口令的认证

基于口令的认证是指系统通过用户输入的用户名和密码来确立用户身份的一种机制。基于口令的身份认证是最常见的也是最简单的一种身份认证机制,例如,电子邮箱、论坛账号等都是通过口令来确认对方的身份。这种机制曾经发挥过巨大的作用,但是随着时间的推移,在企业环境中基于口令的认证机制并不是最方便最有效的。主要原因有以下几点。

首先,口令要多复杂? 通常,用户创建口令时总是选择便于记忆的简单口令,比如以电话号码、生日、门牌号等作口令。但这样一来别人也容易猜到;若选择复杂的口令,则用户自己也可能忘记。这个矛盾因素严重影响到口令的强度和验证效率。

其次,在许多场合,输入的口令很容易泄漏,只需通过键盘上的手势就大致能猜出来。甚至一些恶意程序诸如特洛伊木马程序可以记录用户输入的口令,然后秘密地通过网络发送出去。

再次,口令传输不安全。一旦用户输入口令后,如何传送给系统或验证服务器? 很多口令在网络上都是以明文形式传输,比如电子邮箱的口令。一旦攻击者截获该口令,他就可以肆无忌惮地对用户的邮箱做任何事情。

最后,口令存储也不安全。口令在系统中是怎样被存储的? 在过去许多软件工具采用简单的加密存储,但它们一般采用强度不高的加密或允许从系统外获得文件。一些简单的强行破解程序很容易解密。许多口令破解程序已经被开发出来。在这些软件的帮助下,可以很方便地破解 UNIX、Windows NT、Windows XP 的用户口令和缓存口令。其他一些程序也可以很轻松地从浏览器或应用中获取口令。

为了提高口令的安全性,人们提出了口令生命周期的概念,用以强迫用户经常更换口令。但是强度不高的口令仍然强度不高,而且某些用户经常使用以前用过的口令。也有些用户经常加一些数字到同一个口令之前或之后。

如何提高口令的安全性呢? 专家给出了以下几点建议:提高口令长度;禁止用户名和其他可能的选择;强迫用户经常更换口令;对安全系统中的用户进行培训;审计口令更换情况和用户的登录情况;建立定期检查审计日志的习惯;在用户 N(N 值是系统预先设定的)次登录不成功后自动锁定账户;不允许对口令文件的随便访问;限制用户更改验证系统的方法。

值得注意的是,即使满足了以上所有的要求,这种努力也只能改进口令使用的安全期长短而已。

既然基于口令机制的身份认证很不安全,那么它还有没有存在的必要呢? 答案是肯定的。主要有以下两方面原因。首先,口令是经济有效的安全机制之一,同指纹认证、虹膜认证、人脸认证等基于生物特征的认证机制相比,口令认证机制具有数据量小。速度快等优点;其次,口令是非常简单和易于使用的,大多用户都能接受,实施起来简单方便。

2. 智能卡认证

比口令认证方式稍微安全的认证方式是智能卡认证。智能卡(smart card)是当今信用卡领域的新产品。所谓智能卡,实际上就是在信用卡上安装一个微型电脑芯片,这个芯片包含了持卡人的各种信息。这种芯片与传统的磁条卡相比,不易伪造,因而具有更高的防伪能力和安全性。自 20 世纪 70 年代末,智能卡在法国诞生以来,各国都在着手研制智能卡。目前,智能卡已经广泛地应用于银行、电信、交通等社会的各个方面,发展非常迅速。

由于要借助物理介质,智能卡认证技术是较安全可靠的认证手段之一。智能卡一般分为存储卡和芯片卡。存储卡只用于储存用户的秘密信息,比如用户的密码、密钥、个人化数据等,存储卡本身没有计算功能。芯片卡一般都有一个内置的微处理器,并有相应的 RAM和可擦写的 EPROM,具有防篡改和防止非法读取的功能。芯片卡不仅可以存储秘密信息,还可以在上面利用秘密信息计算动态口令。智能卡具有广泛的应用,常用的手机 SIM 卡和新一代的身份证都属于智能卡。

类似于智能卡,还有一些其他的物理设备可以用来实现身份认证,比如射频卡等。

口令认证实际上要让用户证明他所知道的内容;而智能卡认证则要让用户证明他所拥有的设备。

3．基于生物特征的认证

近年来,基于生物特征的认证发展非常迅速。在很多企业、学校已经在使用基于生物特征的设备来负责考勤和安全。

人体有很多特征可以用来唯一标识一个个体,比如指纹、人脸、声音、虹膜等。基于这些生物特征的认证机制各有优缺点:指纹是相对稳定的,但采集指纹不是非侵犯性(非接触性)的。人脸识别具有很多优点,如主动性、非侵犯性等,但面部特征会随年龄变化,而且容易被伪装。语音特征具有与面相特征相似的优点,但也会随年龄、健康状况及环境等因素而变化,而且语音识别系统也比较容易被伪造或被录音所欺骗。最近人们提出的虹膜识别基本上避免了所有上述问题,但虹膜识别技术不太成熟,而且造价较高。

虹膜是盘状的薄膜,位于眼球的前方。同指纹一样,世界上不存在虹膜完全一样的两个人。即便是同一个人,他的左眼和右眼的虹膜也是不一样的。

虹膜认证机制具有很多优点,比如可靠性高,错误接受率和错误拒绝率是最低的;虹膜在眼睛的内部,用外科手术很难改变其结构;由于瞳孔随光线的强弱变化,想用伪造的虹膜代替活的虹膜是不可能的。此外,虹膜的采集也具有非侵犯性,很容易被公众接受。

虽然虹膜认证具有很多优点,但虹膜认证行业的发展面临着两个巨大障碍:技术的不成熟和市场占有率不高。虽然很多公司都在开发虹膜识别产品,但虹膜识别产品的核心技术——虹膜识别算法和图像采集设备,还未被国内厂商所掌握。另外,虹膜认证适合于高安全性应用,并不适合低端用户。

4．双因素认证

双因素认证是对传统的静态口令机制的改进,并得到了专家和用户的认可,而且已有许多成功案例。

身份认证有三个要素。

(1) 所知道的内容:需要使用者记忆身份认证内容,例如密码和身份证号等。

(2) 所拥有的物品:使用者拥有的特殊认证加强机制,例如智能卡、射频卡、磁卡等物理设备。

(3) 所具备的特征:使用者本身拥有的唯一特征,例如指纹、人脸、声音、虹膜等。

单独来看,这三个要素都有被攻击或破坏的可能:用户所知道的内容可能被别人猜出或者被用户自己忘记;用户所拥有的物品可能被丢失或被偷盗;用户所具备的特征是最为安全的因素,但是实施起来代价昂贵,一般用在顶级安全需求中。把前两种要素结合起来的身份认证机制就称为双因素认证。

自动提款机采取的认证方式就是双因素认证:使用者必须利用银行卡,再输入个人密码才能对该账户资金进行操作。

相比静态的口令认证机制,双因素认证提高了认证的可靠性,降低了电子商务的两大风险:来自外部非法访问者的身份欺诈和来自内部的网络侵犯。双因素认证比静态口令认证增加了一个认证要素。攻击者仅仅获取了用户口令或者仅仅拿到了用户的令牌访问设备,都无法通过系统的认证。因此,这种方法比基于口令的认证方法具有更好的安全性,在一定程度上解决了静态口令认证机制所面临的威胁。

双因素动态身份认证的解决方案由三个主要部件组成:简单易用的令牌、代理软件以及功能强大的管理服务器。

(1) 令牌:令牌可以使用户在证明自己的身份后获得受保护资源的访问权。令牌会产生一个随机但专用于某个用户的"种子值",每过一段很小的时间,该"种子值"就会自动更新一次,其数字只有对指定用户在特定的时刻有效(即动态口令)。综合利用用户的密码和令牌的随机"种子值",使得用户的电子身份很难被模仿、盗用或破坏。

(2) 代理软件:代理软件在终端用户和需要受到保护的网络资源中发挥作用。当一个用户想要访问某个资源时,代理软件会将请求发送到管理服务器端的用户认证引擎。

(3) 管理服务器:管理服务器具有集中式管理能力。当管理服务器收到一个请求时,使用与用户令牌一样的算法和种子值来验证正确的令牌码。如果用户输入正确,就赋予用户一定的权限,否则将提醒用户再次输入。

双因素认证采用了动态口令技术。动态口令技术有两种解决方案:同步方式和异步方式。同步方式中,在服务器端初始化客户端令牌时,就对令牌和服务器端软件进行密钥、时钟和事件计数器同步,然后客户端令牌和服务器端软件基于上述同步数据分别进行运算得到运算结果;用户欲登录系统时,就将运算结果传送给认证服务器。由服务器端进行比较,若两个运算值一致,则表示用户身份合法。整个过程中,认证服务器和客户端令牌没有交互。而在异步过程中,认证服务器需要和客户端令牌进行交互。在服务器端对客户端令牌和服务器端软件进行了密钥、时钟和事件计数器同步之后,一旦用户要登录系统,认证服务器首先向用户发送一个随机数,用户将这个随机数输入到客户端令牌中,令牌返回一个结果,然后用户将这个结果返送给认证服务器,认证服务器将这个值与自己计算得出的值进行比较,如果两者匹配,则证明用户为合法用户;否则拒绝接收该用户的操作。这种机制虽然能够为系统提供比静态口令更高强度的安全保护,但也存在如下缺点。

(1) 只能进行单向认证,即系统可以认证用户,而用户无法对系统进行认证。这就使得攻击者有可能伪装成系统骗取用户的信任。

(2) 不能对要传输的信息进行加密,敏感的信息可能会泄密出去。

(3) 不能保证信息的完整性,即不能保证信息在传输过程中没有被修改。

(4) 不支持用户方和服务器方的双方抗抵赖。

(5) 代价比较大,通常需要在客户端和服务器端增加相应的硬件设备。

(6) 存在单点失效,一旦认证服务器出问题,整个系统就不可用。

由此可见,无论是静态的口令认证机制还是动态的双因素认证机制,都不能提供足够的安全性。

5. 源地址认证

基于源地址的认证实现最简单,但安全性也最差。它通过鉴别对方的地址来判定对方的身份。目前很多安全产品都有源地址认证功能,比如防火墙。安全管理人员可以通过配置文件来限制一定的访问。但对于黑客来说,只需要简单地通过伪造数据包的方式就可攻破源地址认证机制。

6. 基于 PAP 的认证

用于点对点(Point-Point Protocol, PPP)的身份认证协议,例如通过 ADSL(Asymmetric Digital Subscriber Line,非对称数字用户环路)拨号上网时进行的身份认证就是基于 PAP(Password Authentication Protocol)的。由于 PAP 采取明文口令传输,因此,黑客可以简单地用 Sniffer、Ethereal 等嗅探工具获得用户的用户名和密码。

7. 基于 CHAP 的认证

大多数身份认证协议都属于 CHAP(Challenge Handshake Authentication Protocol, PPP 询问握手认证协议)。这种协议不在网络上传送任何口令信息,因此,相比 PAP,这种身份认证协议要安全得多。

3.3.4 身份认证协议

1. 双向身份认证协议

双向身份认证协议需要消息的发送方和接收方同时在线,而单向认证则没有这样的要求。在重要的商务活动中,通信双方在通信之前要相互确认对方的真实身份,并且希望他们之间的通信不会被第三者阅读。

无论是单向认证还是双向认证,都可以分为基于对称密钥加密和非对称密钥加密两种情况。下面就这两种认证方式分别介绍相应的协议。在介绍协议之前,先弄清几个概念和一些常用记号,对理解协议过程是很有帮助的。

时间戳(Timestamp):在电子商务中,时间是十分重要的信息。和普通文件一样,在网络上传输的电子商务信息的日期是十分重要的,它是防止文件被伪造、篡改、防抵赖的关键性内容。时间戳是经加密后形成的凭证文档。它包括三个部分:需加时间戳的文件的摘要(Digest)、数字时间服务(Digital Timestamp Service, DTS)、收到文件的日期和时间、DTS 的数字签名。使用时间戳的各方的系统时钟应该是同步的。

随机数:计算机利用一定的算法产生的数值。严格地说,计算机产生的随机数应该称为"伪随机数",因为这个数不是真正随机的。为了叙述方便,一般都将"伪"字去掉。

序列号:序列号是一个随机数值,通信双方协商各自的序列号初始值。一个新消息当且仅当它有正确的序列号时才被接收。但序列号的方法不适合在身份认证协议中使用。因为它要求每个用户要单独记录与其他每一用户交换的消息的序列号,这样增加了用户的负担。

挑战-应答(Challenge-Answer):假设 Alice 向 Bob 发送了一个一次性随机数询问,Bob 的回答中应该包含正确的随机数。该机制称为挑战-应答机制。

在以下章节中,我们将采用以下统一的符号。

K_{ab}：通信实体 A 和通信实体 B 共享的对称密钥。

K_{prt}：可信第三方(服务器)的私钥。

K_{pub}：可信第三方(服务器)的公钥。

A→B：通信实体 A 向通信实体 B 传送消息。

$\{M\}_k$：用密钥 k 加密信息 M。

本章介绍的认证协议都是经典的认证协议。这些认证协议曾经在网络安全中发挥过巨大作用,但都相继被发现存在着一定的缺陷。现在这些协议都已经不再使用,但它们仍然是检验新的协议设计和分析方法的有效工具。实际网络中使用的安全协议很多都是下述协议的改进版。为了便于读者理解安全协议的设计,我们首先从这些最简单的协议开始介绍。

1) 基于对称密码的双向认证协议

基于对称密码的双向认证协议有如下几种。

(1) NS 协议。NS 协议最初由 Needham 和 Schroeder 于 1978 年提出。NS 协议在安全协议的发展中起到了非常重要的作用。NS 协议分为基于对称密码(NSSK)和非对称密码(NSPK)两种版本。在这里将要论述的是基于对称密码的 NS 协议。

① A→T：A, B, N_a

② T→A：$\{N_a, B, K_{ab}, \{K_{ab}, A\}_{K_{bt}}\}_{K_{at}}$

③ A→B：$\{K_{ab}, A\}_{K_{bt}}$

④ B→A：$\{N_b\}_{K_{ab}}$

⑤ A→B：$\{N_b+1\}_{K_{ab}}$

NS 协议的目的是在通信双方之间分配会话密钥。参加 NS 协议的主体有三个：通信双方 A 和 B,以及可信第三方 T。

在协议的第一步,A 向 T 发送消息,指明通信双方的身份 A、B 和一个随机数 N_a。

第二步,T 生成 A 和 B 之间的会话密钥 K_{ab},并向 A 发送 N_a、B 和 K_{ab}。用 B 和 T 之间的共享密钥 K_{bt} 加密证书 $\{K_{ab}, A\}_{K_{bt}}$,该证书只能由 B 解密。最后用 T 和 A 之间的共享密钥 K_{at} 加密整个消息。

第三步,A 收到 T 发送的消息之后,解密整个消息得到 A、B 之间的共享密钥 K_{ab} 和证书 $\{K_{ab}, A\}_{K_{bt}}$。A 原封不动地向 B 转发这个证书。

第四步,B 解密这个证书得到共享密钥 K_{ab} 并用它加密随机数 N_b,然后发送给 A。

第五步,A 收到消息后解密得到 N_b,向 B 做出应答 $\{N_b+1\}_{K_{ab}}$。由于只有 A、B、T 三者知道 N_b 和 K_{ab},所以其他任何人都很难冒充其中的一方。

NS 协议整个过程如图 3-13 所示。

可以看到,在 NS 协议中使用了随机数。随机数在认证协议设计与分析中具有重要作用：它可以用来保证消息的新鲜性,防止消息重放攻击[①]。时间戳也可以用于抵御重放攻击,但二者之间还是有区别的。使用时间戳时,一般要求各主体的时钟同步,但时间戳并不和某个主体直接关联,任何一个主体产生的时间

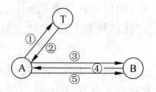

图 3-13　NS 协议过程示意

---

① 重放攻击：攻击者复制或伪造诚实用户所期望的消息格式并重放,达到破坏协议安全的目的。重放攻击是很严重的一种攻击,很多攻击形式都是基于此类攻击而实施的。

戳都能被其他主体用来检验消息的新鲜性。随机数则是由某个主体产生的随机数值,一个主体只能根据它自己所产生的临时值来检验消息的新鲜性。此外,时间戳不具有唯一性,它通常有一个有效范围,只要它位于这个有效范围内,主体都接受它的新鲜性。而临时值则具有唯一性,任何一个主体在两次会话中产生相同的临时值的概率是非常小的。

(2) Otway-Rees 协议。Otway-Rees(OR)协议是在 1987 年提出的一种认证协议。同 NS 协议一样,OR 协议其目的也是在通信双方之间分配会话密钥,它需要三个协议参与者:通信双方和认证服务器。

OR 协议的步骤如下。

① A→B: $M, A, B, \{N_a, M, A, B\}_{K_{at}}$

② B→T: $M, A, B, \{N_a, M, A, B\}_{K_{at}}, \{N_b, M, A, B\}_{K_{bt}}$

③ T→B: $M, \{N_a, K_{ab}\}_{K_{at}}, \{N_b, K_{ab}\}_{K_{bt}}$

④ B→A: $M, \{N_a, K_{ab}\}_{K_{at}}$

协议的第一步,A 生成 M 和随机数 N_a,并向 B 发送通信主体代号 A、B、M 以及服务器需要的信息。

第二步,B 生成随机数 N_b,用 B 和 T 之间的共享密钥加密之后连同 A 发送过来的消息,原封不动地传送给 T。

第三步,T 解密消息,验证这两条加密消息中的 M、A、B 是否一致。如果一致,则 T 生成 A 和 B 之间的会话密钥 K_{ab},并分别用 A 和 T 以及 B 和 T 的共享密钥加密,将其传送给 B。

第四步,B 将对 A 有用的部分发送给 A。A 和 B 分别解密相应的消息,检查随机数的正确性。如果无误,则 A 和 B 可以应用密钥 K_{ab} 进行会话。

OR 协议中也采用了随机数来防止重放攻击。

OR 协议的步骤如图 3-14 所示。

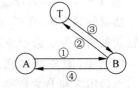

图 3-14　OR 协议过程示意

(3) Yahalom 协议。Yahalom 协议是在 1988 年提出的另外一个经典的认证协议。它同 NS 协议和 OR 协议一样,需要三个协议参与者:通信双方和认证服务器。Yahalom 协议的设计目的也是在不安全的信道上为通信双方分配会话密钥。

Yahalom 协议的步骤如下。

① A→B: A, N_a

② B→T: $B, \{A, N_a, N_b\}_{K_{bt}}$

③ T→A: $\{B, K_{ab}, N_a, N_b\}_{K_{at}}, \{A, K_{ab}\}_{K_{bt}}$

④ A→B: $\{A, K_{ab}\}_{K_{bt}}, \{N_b\}_{K_{ab}}$

协议的第一步,A 向 B 发送 A 和随机数 N_a。

第二步,B 产生随机数 N_b,并用它与 T 的共享密钥 K_{bt} 加密随机数 N_a、N_b。

第三步,T 解密后得到 N_a 和 N_b,然后生成会话密钥 K_{ab},然后用 A 与 T 的共享密钥加密 K_{ab}、N_a、N_b;用 B 与 T 的共享密钥加密会话密钥 K_{ab} 并发送给 A。

第四步,A 解密收到的消息可以得到会话密钥。然后原封不动向 B 转发 $\{A, K_{ab}\}_{K_{bt}}$ 和用共享密钥加密的随机数 N_b。

比较以上三个协议,可以发现 Yahalom 具有一个特点:A、B 都需要和 T 通信,而 NS

信息安全概论

协议和 OR 协议只需要其中一方和 T 进行通信。

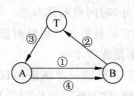

图 3-15　Yahalom 协议过程示意

Yahalom 协议的步骤如图 3-15 所示。

（4）安全 RPC 协议。另外一种具有代表性的协议是安全 RPC(Remote Procedure Call,远程过程调用)协议,它是早期的认证协议,与上述三个协议不同的是:安全 PRC 协议只包含两个通信主体 A 和 B。A 与 B 之间存在着一个旧的共享会话密钥 K_{ab}。该协议的设计目的在于 A、B 之间协商一个新的会话密钥 K'_{ab}。

安全 RPC 协议的步骤如下。

① A→B：$A, \{N_a\}_{K_{ab}}$

② B→A：$\{N_a+1, N_b\}_{K_{ab}}$

③ A→B：$\{N_b+1\}_{K_{ab}}$

④ B→A：$\{K'_{ab}, N'_b\}_{K_{ab}}$

协议的第一步,A 生成随机数 N_a 并用旧的共享密钥 K_{ab} 加密,向 B 发送自己的身份 A 和已加密的消息。

第二步,B 收到 A 的消息之后解密得到 N_a,然后生成随机数 N_b,并用旧的会话密钥 K_{ab} 加密两个随机数并发送给 A。

第三步,A 收到 B 的消息之后,解密得到 N_b,用旧的会话密钥加密 N_b+1 并发送给 B。

第四步,B 用旧会话密钥加密新会话密钥 K'_{ab} 和序列号 N'_b。

（5）大嘴青蛙协议。大嘴青蛙(Big Mouth Frog)协议是早期最简单的认证协议。该协议仅有两步。

① A→T：$A, \{T_a, B, K_{ab}\}_{K_{at}}$

② T→B：$\{T_t, A, K_{ab}\}_{K_b}$

协议的第一步,A 首先生成 A、B 之间的会话密钥 K_{ab} 和时间戳,并用它和 T 之间的共享密钥加密后发送给服务器。

第二步,服务器解密后得到 A、B 之间的会话密钥 K_{ab},然后用它和 B 之间的共享密钥加密 K_{ab} 和时间戳 T_t 并发送给 B。B 收到后解密就可以得到会话密钥 K_{ab}。

大嘴青蛙协议的整个步骤如图 3-16 所示。

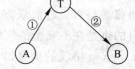

图 3-16　大嘴青蛙协议过程示意

2）基于非对称密码的双向认证协议

基于非对称密码的 NS 认证协议(NSPK)是 NSSK 的孪生兄弟。它们都是在 1978 年发表的著名认证协议。

多数基于非对称密码的认证协议的设计目的都是使通信双方安全地交换共享会话密钥。但 NSPK 认证协议的目的却是使通信双方安全地交换两个彼此独立的秘密。同 NSSK 认证协议一样,NSPK 协议的参与者也是三个:通信主体 A、B 以及充当可信第三方的服务器 T。

NSPK 协议的大体步骤如下。

① A→T：A, B

② T→A：$\{K_b, B\}_{K_{pri}}$

③ A→B：$\{N_a, A\}_{K_b}$

④ B→T：B, A

⑤ T→B：$\{K_a, A\}_{K_{pri}}$

⑥ B→A：$\{N_a, N_b\}_{K_a}$

⑦ A→B：$\{N_b\}_{K_b}$

协议的第一步，A 向 T 发送通信主体名称 A 和 B。

第二步，T 向 A 发送用它的秘密密钥 K_{pri} 加密的 B 及其公开密钥 K_b。

第三步，A 用 T 的公开密钥解密他收到的消息 2，得到 B 的公开密钥 K_b，并向 B 发送用 K_b 加密的随机数 N_a 与 A。

第四步，B 向 T 发送通信主体名称 A 和 B。

第五步，T 向 B 发送用它的秘密密钥 K_{pri} 加密的 A 及其公开密钥 K_a。

第六步，B 用 T 的公开密钥解密他收到的消息 5，得到 A 的公开密钥 K_a 并向 A 发送用 K_a 加密的随机数 N_a 与 N_b。

第七步，A 向 B 发送用 K_b 加密的临时值 N_b。这里，临时值 N_a 与 N_b 就是 A 与 B 希望交换的秘密。

NSPK 协议有两个重要作用：其一，通过消息 1，2，4 和 5 的交换，达到 A 与 B 相互获得对方公开密钥的目的；其二，通过消息 3，6，7 的交换，A 与 B 分别得到对方的秘密，达到交换秘密 N_a 与 N_b 的目的。

NSPK 协议的步骤如图 3-17 所示。

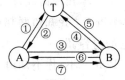

图 3-17　NSPK 协议过程示意

2. 单向身份认证协议

单向认证是指仅由通信的一方对另一方进行身份认证。单向身份认证有两种情况：发送方对接收方进行认证和接收方对发送方进行认证。单向身份认证不需要消息的发送方和接收方同时在线。很多应用程序都需要采用单向身份认证协议，比如电子邮件等。发送方先将消息发往接收方的邮箱，接收方阅读时直接从邮箱获取消息。在商务活动中，接收方在阅读前需要对发送方进行身份认证。例如，甲方收到乙方的文件后总要先确认文件是否真正由乙方发出。好比生活中我们收到信件后，总要先检验信件的署名和笔迹。

1) 基于对称密码的单向认证协议

由于在单向认证协议中不要求发送方和接收方同时在线，因此，发送方和接收方之间就不应该有交互过程。对基于对称密码的双向 NS 协议稍作改动，就可以形成基于对称密码的单向认证协议 NS$^+$。

① A→T：A, B, N_a

② T→A：$\{K_{ab}, B, N_a, \{K_{ab}, A\}_{K_{bt}}\}_{K_{at}}$

③ A→B：$\{K_{ab}, A\}_{K_{bt}}, \{M\}_{K_{ab}}$

协议的第一步，A 向 T 发送通信实体的代号 A、B 和一个随机数 N_a。

第二步，T 首先产生 A、B 之间的会话密钥 K_{ab}，然后用 T 和 B 之间的共享密钥产生一个证书$\{K_{ab}, A\}_{K_{bt}}$。该证书只能由 B 解密。然后 T 将该证书和会话密钥 K_{ab} 以及其他信息一起用 T 与 A 之间的共享密钥 K_{at} 加密后发送给 A。

第三步,A 解密从 T 发送过来的信息,得到密钥 K_{ab}。用 K_{ab} 加密待发信息 M,连同证书 $\{K_{ab},A\}_{K_{bt}}$ 一起发送给 B。

当 B 收到这两条消息之后,首先解密证书得到会话密钥 K_{ab},然后再用 K_{ab} 解密消息。

该协议的步骤如图 3-18 所示。

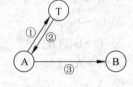

图 3-18　NS+ 协议步骤示意

2) 基于非对称密码的单向认证协议

非对称密码算法具有很多优点,它既能用于加密数据,又能提供认证性。

基于非对称密码的单向认证协议实现非常简单,只有一个回合。

A→B: $\{M,\{H(M)\}_{K_{a\_pri}},\{T,A,K_{a\_pub}\}_{K_{pri}}\}_{K_{b\_pub}}$

A 采用一定的消息摘要算法,计算消息的摘要 $H(M)$,然后用自己的私钥对该消息摘要进行签名。A 再将原消息、消息签名以及自己的证书一起用 B 的公钥加密之后发送给 B。

该协议是接收方对发送方的认证,同样,有时发送方需要对接收方进行认证。

3. 零知识身份认证

关于零知识协议,Bruce Schneier 曾经给出了一个很生动的故事。

Alice:"我知道联邦储备系统计算机的口令、汉堡包秘密调味汁的成分以及 Knuth 第四卷的内容。"

Bob:"不,你不知道。"

Alice:"我知道。"

Bob:"你不知道!"

Alice:"我确实知道!"

Bob:"请你证实这一点!"

Alice:"好吧,我告诉你。"(Alice 悄悄说出了口令。)

Bob:"太有趣了! 现在我也知道了。我要告诉《华盛顿邮报》!"

Alice:"啊呀!"

这个故事说明了一个道理,通常 Alice 要使 Bob 确信她知道某个秘密,那么她需要把该秘密告诉 Bob 以得到证实。但这样一来,Bob 也知道了这个秘密。Bob 可以将这个秘密告诉给任何人,而 Alice 却无力阻止 Bob 的胡作非为。

但零知识协议改变了这种状况。在不告诉 Bob 秘密的情况下,Alice 可以向 Bob 证明她确实知道某个秘密。

Jean Jacques Quisquater 和 Louis Guillou 用一个关于洞穴的故事来解释零知识。如图 3-19 所示,洞穴中有一道门,只有知道咒语的人才可以打开这道门。如果不知道咒语,门两边的通道都是死胡同。

Alice 要向 Bob 证明她知道这道门的咒语,而她又不愿意将咒语泄漏给 Bob。那么 Alice 可以按照以下步骤来使 Bob 相信她确实知道这道门的咒语。

(1) Bob 站在 A 点。

(2) Alice 一直走进洞穴,到达 C 点或者 D 点。

图 3-19　零知识认证

（3）在 Alice 消失在洞穴中之后,Bob 走到 B 点。

（4）Bob 向 Alice 喊叫,要她：从左通道出来,或者从右通道出来。

（5）Alice 答应了。如果有必要,她就用咒语打开门。

（6）Alice 和 Bob 重复第(1)步到第(5)步 n 次。

这个协议所使用的技术称为**分割选择**。使用这个协议,Alice 可以向 Bob 证明她确实知道开启门的咒语。原因在于：Alice 不能猜出每一次 Bob 要她从哪边出来。第一次,Alice 猜中的概率为 $1/2$,连续两次猜中的概率为 $1/4$……如果重复第(1)步到第(5)步 n 次,Alice 欺骗成功的概率仅仅为 $1/2^n$。因此,经过很多次试验之后,如果 Alice 的每一次试验结果都是正确的,那么 Bob 完全可以肯定 Alice 确实知道开启门的咒语。

基本的零知识协议由下面几部分组成。

（1）Alice 用她的消息和一个随机数将一个难题转变为另一个难题,新的难题和原来的难题同构。然后她用她的信息和这个随机数解这个新的难题。

（2）Alice 提交这个新的难题的解法。

（3）Alice 向 Bob 透露这个新难题。Bob 不能用这个新难题得到关于原难题或其解法的任何信息。

（4）Bob 要求 Alice：向他证明新旧难题是同构的,或者公开她在第(2)步中提到的解法并证明是新难题的解法。

（5）Alice 同意 Bob 的要求。

Alice 和 Bob 重复第(1)步到第(5)步 n 次。

4. 身份认证的实现与应用

1) RADIUS

RADIUS (Remote Authentication Dial In User Service)是一种远程身份验证拨入用户服务协议。RADIUS 协议最初是由 Livingston 公司提出的,设计 RADIUS 的初衷是为拨号用户进行认证和计费。后来经过多次改进,形成了一项通用的认证、计费、授权协议。RADIUS 协议是完全开放的,任何安全系统和厂商都可以免费使用它的公开源代码。RADIUS 协议应用范围很广,包括普通电话、上网业务计费,对虚拟专用网 (Virtual Private Network,VPN)的支持可以使不同的拨入服务器的用户具有不同权限。无线网络的接入认证也采用 RADIUS 协议。RADIUS 协议已经被广泛实施在各种各样的高安全级别的网络环境中。

RFC 2865 和 RFC 2866 对 RADIUS 作了详细的描述。RADIUS 能够提供身份验证 (Authentication)、授权(Authorization)和记账(Account)服务,即 AAA 服务。

RFC 2865 和 RFC 2866 定义了以下 RADIUS 消息类型。

（1）访问-请求(Access-Request)：由 RADIUS 客户端发送,请求对连接尝试进行身份验证和授权。

（2）访问-接收(Access-Accept)：由 RADIUS 服务器发送,以响应“访问-请求”消息。此消息表明 RADIUS 服务器已接受客户端的连接请求。

（3）访问-拒绝(Access-Reject)：由 RADIUS 服务器发送,以响应“访问-请求”消息。此消息通知 RADIUS 客户端连接尝试被拒绝。如果凭据未被验证或连接尝试未被授权,RADIUS 服务器将发送此消息。

信息安全概论

（4）访问-质询（Access-Challenge）：由 RADIUS 服务器发送，以响应"访问-请求"消息。此消息是对需要响应的 RADIUS 客户端的质询。

（5）记账-请求（Accounting-Request）：由 RADIUS 客户端发送，为接受的连接指定记账信息。

（6）记账-响应（Accounting-Response）：由 RADIUS 服务器发送，以响应"记账-请求"消息。此消息确认对记账请求消息的成功接受和处理。

RADIUS 采用了客户/服务器模式（C/S），它的客户端最初就是网络接入服务器（Net Access Server，NAS），现在任何运行 RADIUS 客户端软件的计算机都可以成为 RADIUS 的客户端。RADIUS 协议认证机制很灵活，可以采用 PAP、CHAP 或者 UNIX 登录认证等多种方式。RADIUS 的认证步骤如图 3-20 所示。

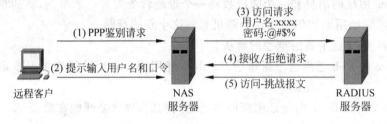

图 3-20　RADIUS 认证步骤

（1）远程客户和 NAS 服务器建立一个 PPP 会话，并发送 PPP 鉴别请求。

（2）网络接入服务器提醒用户输入用户名和密码。用户输入用户名和密码后发送给 NAS。

（3）网络接入服务器从客户端接收用户名和密码，并把此信息和其他属性放在一个 Access-Request 数据包中发送到 RADIUS 安全服务端。在发送数据包前计算用户密码的 Hash 值，用户名以明文形式发送，密码以 Hash 值的方式传送。

（4）RADIUS 安全服务器验证客户机的合法性，并对用户进行鉴别。根据用户提供的用户名和密码，与数据库中的用户名和密码匹配。根据匹配结果，RADIUS 服务器返回应答报文。应答报文是下列报文中的一个。

Access-Accept：如果结果不匹配，远程用户就不会通过认证。网络接入服务器提示用户重新输入用户名和口令，如果连续匹配失败，该用户将被拒绝访问。

Access-Accept：如果结果匹配，远程用户会通过认证。

Access-Challenge：RADIUS 服务器发出此响应以核实用户的身份。网络接入服务器提示用户输入其他数据并把数据发送给 RADIUS 安全服务器。此数据包可定期地发送到网络接入服务器，从而让用户再次提交用户名和口令。以避免用户一次登录成功后，忘却了关闭会话，从而导致安全隐患。

RADIUS 还支持代理和漫游功能。所谓代理，就是一台服务器，它负责转发开启 RADIUS 协议的计算机之间的 RADIUS 数据包。所谓漫游功能，是代理的一个具体实现，它可以让用户通过和其无关的 RADIUS 服务器接入网络，类似于手机漫游，在上海注册的手机用户在北京同样可以接听或拨打电话。

以上讨论的是 RADIUS 协议的认证功能。关于 RADIUS 的记账和授权功能请参见相关的论述。

2）Kerberos

Kerberos 这个名称来源于希腊神话,意思是"多头狗",它守卫着地狱的大门。这用于比喻网络安全中的认证协议简直再恰当不过了。Kerberos 认证协议是由 MIT(美国麻省理工学院)设计的,其设计目标是允许客户以一种安全的方式来访问网络资源。其基础是 NS 协议。Kerberos 与 NS 协议不同之处在于:Kerberos 认为所有的时钟已经同步好了。Kerberos 经历了很多改版,其当前版本是 Kerberos v5,但是大多数应用仍然是基于版本 4 的。

Kerberos 协议不同于先前介绍的所有协议,它有四个参与者:通信主体客户 A,服务器 B 以及认证服务器(Authentication Server, AS),票据服务器(Ticker Granting Server, TGS)。认证服务器的作用是对登录的每个主体进行认证;票据服务器的作用在于向网络上的服务器证明客户的真实身份。

Kerberos 提供了一种主体验证与标识的方法。假设客户 Alice 希望同服务器 Bob 进行通信,利用 Kerberos 进行认证的过程有以下几步。

(1) 客户 A 请求 Kerberos 认证服务器(AS)发给接入 Kerberos TGS 的票据。

(2) 认证服务器(AS)在其数据库中查找与客户 A 相对应的信息,比如实体 A 的详细地址、A 与 AS 的共享密钥 K_{as};然后 AS 产生一个会话密钥 KS,用客户 A 的密钥 K_{as} 所导出的密钥 K'_{as} 对此会话密钥 KS 进行加密;再生成一个票据分配许可证(Ticket-Granting Ticket, TGT),并用 AS 与 TGS 的共享密钥 K_{st} 对 TGT 进行加密。许可证包含 KS、时间戳等信息。认证服务器(AS)把加密信息发送给客户 A。

(3) 客户 A 利用自己的密钥 K_{as} 导出密钥 K'_{as},用它解密就可以得到会话密钥 KS。然后,客户 A 向 TGS 发出请求,申请接入某一目标服务器 B 的票据。此请求包括目标服务器名称 B、TGT 以及用 KS 加密的时间戳等信息。

(4) 票据服务器(TGS)用它与认证服务器(AS)共享的密钥 K_{st} 对 TGT 进行解密得到 KS。然后 TGS 产生新的会话密钥 K_{ab} 供客户实体 A 与目标服务器 B 使用。TGS 向客户 A 发送两条消息:第一条消息用会话密钥 KS 加密,加密的内容是新的会话密钥 K_{ab} 和目标服务器 B 的名称;第二条消息是 A 访问服务器 B 的票据,该票据用 TGS 与目标服务器 B 的共享密钥 K_{bt} 加密,票据内容包含通信主体 A 的名称和会话密钥 K_{ab}。最后将这两个加密信息都发送给客户 A。

(5) 客户 A 将接收到的第一个报文用 KS 解密后,获得与目标服务器 B 的会话密钥 K_{ab}。这时,客户 A 制作一个新的认证单,包括时间戳、地址等信息,并用获得的会话密钥 K_{ab} 对该认证单进行加密。当 A 需要访问目标服务器 B 时,将加密的认证单和从 TGS 收到的票据 Ticket 一并发给目标服务器 B。

(6) 目标服务器 B 对票据和认证单进行解密检查,如果一切检查均无错误,服务器 B 做出响应,将时间戳加 1,然后用会话密钥 K_{ab} 加密后发送给 A,以便让 A 确认服务器 B 已经收到会话密钥 K_{ab}。

为了便于理解,我们去掉了协议中的一些非关键信息,并且将以上过程用形式化表示如下。

① $A \rightarrow AS$:A

② $AS \rightarrow A$:$\{KS\}_{K'_{as}}$,$\{KS, T_s\}_{K_{st}}$ (TGT = $\{KS, T_s\}$)

③ A→TGS: B, TGT, $\{T_a\}_{KS}$

④ TGS→A: $\{B, K_{ab}\}_{KS}$, Ticket $= \{A, K_{ab}\}_{K_{bt}}$

⑤ A→B: Ticket, $\{T'_a\}_{K_{ab}}$

⑥ B→A: $\{T'_a + 1\}_{K_{ab}}$

Kerberos 协议认证过程如图 3-21 所示。

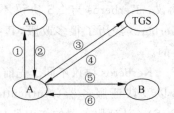

Kerberos v5 比 v4 复杂一些,也需要更多的开销。在 Kerberos v5 中,票据有更长的生存期,允许票据被重复使用,并且也允许发送未来才有效的票据。关于 Kerberos v5 的详细介绍,读者可以参阅相关书籍。

图 3-21 Kerberos 协议步骤示意

3.3.5 匿名认证

先介绍一个概念,个人信息(私人信息),指能够对个人进行甄别的相关信息或者个人所有与其自身权利相关的信息,如姓名、性别、出生年月日、住址、电话号码、职业、收入情况、银行账号、信用卡号码等。这些信息中,有些是和个人机密信息相关,如银行账号、信用卡号码等,有些则是和个人隐私相关,如电话通信记录、购物记录、就诊病历等。

传统的实名认证,就是根据某些个人信息来对个人的身份进行甄别,以达到认证目的,也就是所谓的对号入座。被认证对象的个人信息在认证过程中被认证机构锁定。

个人信息的泄漏以及针对个人保密信息的攻击已经成了值得重视的话题。信用卡账号被盗,个人银行密码被攻破,这类严重的信息泄露自然不必说,就是连 E-mail 地址泄漏所导致的垃圾邮件干扰也很让人头疼。对于某些游戏玩家来说,游戏账号被盗恐怕也属于极具杀伤力的网络安全事件。这类事件的发生,很大程度上是因为传统的认证过程要求绑定个人信息,使个人信息不得不在网络上多次、多点流动,从而增加了被攻击的机会。另外传统模式下多种个人信息呈聚集状分布(如通过银行账号不难检索出交易记录),一旦单点被击破就很容易导致多种个人信息泄露。

由于个人信息的保护日益受到重视,匿名认证技术也逐步成为信息安全技术的一个热点。匿名认证,从原理上可以简单地归结为将认证过程和个人信息相分离。按照分离的手段不同,匿名认证可以有多种实现方式。

匿名认证技术使用零知识证明作为指导思想,以盲签名作为具体的签名手段,达到认证过程和被认证对象的个人信息相分离的目的。目前主要的匿名认证体系有团签名(group signature)方案和匿名令牌(anonymous token)方案。

1. 团签名

在传统的认证方-被认证者系统中,增加一名团管理者(group manager),用于管理被认证者的个人信息。被认证者需要加入团,获取用于签名的成员私钥,认证方获取成员公钥。认证双方根据口令消息(challenge message)和钥对匹配来完成认证过程。

团签名是最简单的一种匿名认证体系,它只是在传统的认证体系中增加了一名团管理者角色,以达到认证和个人信息相分离的目的。但是这种认证体系有一个缺点——成员私钥的管理问题。按照协议,每一个成员都拥有一个成员私钥,而这些私钥要么是等同的,要么是具有等效签名能力的,否则认证方无法根据同一公钥进行认证,而如果认证方使用不同的公钥来认证不同的对象,也就基本失去了匿名认证的意义。无区别的成员私钥的使用也就导致了无区别的权力分配,这样就很难对各成员进行细化的资源配置管理。

2. 匿名令牌

匿名令牌方案是在团签名方案的基础上做了一些改进。令牌管理者配发给被认证者的不是上述的成员私钥,而是结构更为复杂的匿名令牌。匿名令牌,简单地说,就是包含成员个人信息的部分片断的数据结构。成员的个人信息的另一部分片断被令牌管理者所持有,而如果没有这部分片断信息,匿名令牌中的成员个人信息是极难被解读的。

除此之外,匿名令牌本身是一次一乱的,也就是理论上即使是同一个成员,每次认证时使用的令牌都是不相同的。匿名令牌能够做到这一点,是因为每次认证完毕后认证方都会对匿名令牌进行刷新,而刷新的过程通过密钥交换(key exchange)协议来完成,以保证密钥本身不会在网络上被窃取。

习题 3

1. 计算机安全四大原则是什么?

2. 什么是机密性? 什么是认证性? 什么是完整性? 什么是不可抵赖? 请分别予以阐述。

3. 什么是单向函数? 请利用你所学过的数学知识,寻找一个函数 $y = f(x)$,使其具有以下要求:

(1) x, y 之间是一一对应的;

(2) 已知 x,计算 y 很容易;

(3) 已知 y,计算 x 相对比较复杂。

4. 什么是消息认证? 认证的内容包括哪些?

5. 消息认证的方法有哪两种? 请阐述它们之间的区别。

6. 什么是数字签名? 有哪些比较著名的数字签名的算法?

7. 请用图表示 RSA 签名算法和 DSA 签名算法的过程。

8. 什么是多重数字签名? 什么是不可抵赖数字签名? 什么是盲签名? 请举例说明它们分别用于什么场合。

9. 什么是身份认证? 为什么需要身份认证? 一个成熟的身份认证系统包含哪些特征?

10. 身份认证的方法有哪些?

11. 如何保证口令安全性?

12. 什么是基于智能卡的身份认证? 你周围有采用智能卡认证的例子吗?

13. 请阐述身份认证和数字签名的区别。

14. 什么是零知识认证? 为什么需要零知识认证?

15. 什么是单向身份认证协议? 什么是双向身份认证协议? 参照 3.3.4 节的内容,请设计一个单向身份认证协议和双向身份认证协议。

16. 什么是 RADIUS? 请描述 RADIUS 认证的步骤。

17. 什么是 Kerberos? 请描述 Kerberos 的协议步骤。

第 4 章　　　　　　　　　　　　　PKI 技术

随着网络逐渐走进人们的生活,电子商务、网上银行等新兴服务飞速发展,Internet 的安全性也因此备受关注。PKI 就是在这种背景下诞生的一种技术。那么,什么是 PKI 呢? PKI 是 Public Key Infrastructure 的缩写,译为公共密钥基础设施。

基础设施的一个最大特点就是普适性。它在一个大的环境中起着基本框架的作用,实现应用支撑的功能。对于应用支撑功能,举个例子来讲,电力基础设施就是一个应用支撑。通过电源插座,电力基础设施不仅可以让现有的应用(比如电灯)正常工作,还能支持新的应用,如微波炉、计算机,而这些应用在电力基础设施设计的时候还没有出现。如果我们要使用电灯、计算机等设备,只需要把电灯、计算机的电源插头插到任何一个插座里,而不关心发电厂是如何发电,供电厂如何传输电能。PKI 在网络信息空间中的地位和电力基础设施在生活中的地位基本相似。PKI 通过特定的接口为用户提供安全服务,包括加密、解密、数字签名、身份认证等。从用户的观点来看,只要利用该接口就可以获得这些服务,而不关心如何加解密、如何进行数字签名和身份认证。

公开密钥基础设施能够让应用程序增强自己的数据安全,以及与其他数据进行交换的安全。使用 PKI 就像将电器设备的插头插入墙上的插座中一样简单。作为基础设施,PKI 同样具有以下特点:透明性、易用性、可扩展性、互操作性、多用性、支持多平台。正由于 PKI 具有这些特点,使得单个应用程序随时可以从 PKI 得到安全服务,增强并简化登录过程,对终端用户透明,在整个环境中提供全面的安全。

4.1　安全基础设施的概念

PKI 技术以非对称密钥技术为基础,以数字证书为媒介,将个人、公司等标识信息和各自的公钥绑定在一起,其主要目的是通过自动管理密钥和证书,为用户建立起一个安全、可信的网络环境,使用户可以在多种应用环境下方便地使用数据加密、数字签名技术,在互联网上验证用户的身份,从而保证了互联网上所传输的信息的真实性、完整性、机密性和不可否认性。PKI 是目前既能实现用户身份认证,又能保证互联网上所传输数据安全的唯一技术。

　　PKI 让用户安心地从事其商业行为而不必将大部分精力放在如何保护数据传输的安全性上。例如,用户可以在互联网上安全地发送电子邮件而不必担心其发送的信息被攻击者截获并阅读。

　　使用 PKI 的各参与方都信任同一个认证中心(Certificate Authority,CA),由该 CA 来负责数字证书的签发和撤销、核对并验证各参与方身份的真实性和有效性。这好比在生活中,所有个人和企业都信任公安机关,由公安机关负责身份证的签发和撤销。

　　数字证书其实就是一个经认证中心数字签名的文件,该文件包含证书拥有者的基本信息及其公开密钥。最简单的数字证书包含证书拥有者的名称、公开密钥以及认证中心的数字签名。一般情况下证书中还包括密钥的有效生存时间、认证中心的名称、该证书的序列号等信息。数字证书的格式遵循 ITUT X.509 国际标准。

　　标准的 X.509 数字证书包含以下一些内容,如图 4-1 所示。

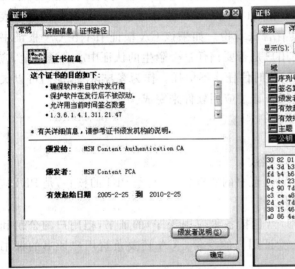

图 4-1　数字证书格式及内容

　　(1) 证书的版本信息。

　　(2) 证书的序列号,每个证书都有一个唯一的证书序列号。

　　(3) 证书所使用的签名算法。

　　(4) 证书的发行机构名称,命名规则一般采用 X.500 格式。

　　(5) 证书的有效期,现在通用的证书一般采用 UTC 时间格式,它的计时范围为 1950—2049 年。

　　(6) 证书拥有者的名称,命名规则一般采用 X.500 格式。

　　(7) 证书拥有者的公开密钥。

　　(8) 证书颁发者对证书的签名。

信息安全概论

为了便于理解,我们将数字证书和实际的身份证做一个类比。数字证书和身份证是非常相似的,它们有很多共同之处,如表 4-1 所示。

表 4-1　数字证书与身份证的相似性

项　　目	数字证书	身　份　证
拥有者	机构/个人名称	姓名
版本号	通常是第三版	正在推出第二代身份证
序列号	唯一的证书序列号	唯一的身份证号
签名算法	RSA 或其他签名算法	盖章
颁发者	××认证中心	××公安局
有效日期	都有明确的有效期限	
公开密钥	1024 或 2048 位的二进制数	拥有者的照片

在 PKI 中,交易双方都信任签发其数字证书的认证中心。典型的是采用数字证书应用软件和 CA 信任的机制。客户端的应用软件记录了根证书列表,该列表包含了它所信任 CA 根证书。当用户需要验证一个数字证书的合法性时,由数字证书应用软件首先从其根证书列表中查找签发该数字证书的 CA 根证书,如果该 CA 根证书存在于记录的根证书列表中并验证通过后,那么用户承认此站点具有合法身份。如果该 CA 根证书不在 CA 根证书列表中,应用软件会显示警告信息并询问用户是否要信任这个陌生的认证中心。通常地,应用软件会向用户提供三种选择:永久信任、临时信任或不信任。作为客户来说,他们可以灵活选择信任哪些认证中心,而信任的处理工作通过应用软件来完成。

4.1.1　PKI 系统的内容

一个典型的 PKI 系统主要包括以下内容。

(1) 认证中心(CA)。认证中心(CA)是证书的签发机构,它是 PKI 的核心,是 PKI 应用中权威的、可信任的、公正的第三方机构。

CA 负责管理 PKI 结构下的所有用户(包括各种应用程序)的证书,把用户的公钥和用户的其他信息捆绑在一起,用于在网上验证用户的身份。CA 还要负责用户证书的证书注销列表登记和证书注销列表发布。

(2) 证书库。证书库是 CA 颁发证书和撤销证书的集中存放地,是一种公共信息库,提供给公众查询。通常,将存放证书及证书撤销信息的服务器称为目录服务器,其标准格式采用 X.500 系列。

(3) 密钥备份及恢复系统。对用户的解密密钥进行备份,当丢失时进行恢复。密钥备份及恢复都应该由 CA 来完成。要注意的是:密钥备份和恢复只能针对解密密钥,签名密钥是不能被备份或恢复的[①]。

(4) 证书撤销处理系统。由于某种原因需要作废或终止使用证书,将通过证书撤销列表(Certificate Revocation List,CRL)来实现。

(5) PKI 应用接口系统。为各种应用提供安全、一致、可信任的方式与 PKI 交互,确保

---

① 解密密钥丢失后仍然可以用来解密历史数据;但签名密钥一旦丢失就不能再用于签名新数据,因为签名有时间性要求。

所建立起来的网络环境安全可靠,并降低管理成本。

　　PKI 提供了一个安全平台,任何机构都可以采用 PKI 来组建一个安全的网络环境。PKI 包含四个部分:X.509 格式的证书和证书注销列表、认证中心/注册中心操作协议、认证中心管理协议以及认证中心政策制定。

　　一个典型、完整、有效的 PKI 应用系统至少应包括以下部分。

　　(1) 认证中心(CA)。

　　(2) X.500 目录服务器。X.500 目录服务器用于发布用户的证书以及证书注销列表(CRL),用户可通过标准的轻量级目录访问协议(Lightweight Directory Access Protocol,LDAP)查询自己或其他人的证书和下级证书注销列表信息。

　　(3) 安全 WWW 服务器以及安全通信平台。通过安全协议(如 SSL、IPSec 协议)来保证传输的数据的机密性、完整性和真实性。

　　(4) 安全应用系统。安全应用系统是指各行业自主开发的各种具体应用系统,例如银行、电信的应用系统等。

　　完整的 PKI 包括认证政策的制定,包括遵循的技术标准、各 CA 之间的上下级或同级关系、安全策略、安全程度、服务对象、管理原则和框架、认证规则、运作制度的制定、所涉及的各方法律关系以及具体技术实现。

4.1.2　PKI 提供的服务

　　PKI 是一种基础设施,因此 PKI 提供的服务必须具有普适性,能够适用于多种环境。PKI 引入交互机制和可管理机制,实现了跨平台的一致安全性。PKI 提供的安全服务主要包含以下几个方面。

1. 安全登录

　　用户在访问网络资源时,往往会被要求登录,通常是通过输入用户名和密码来验证用户身份的合法性。但是用户输入的密码很容易被攻击者窃听或者遭受重放攻击。保证用户能够安全登录正是 PKI 提供的服务之一。PKI 解决了使用口令方式时存在的最严重的一个问题:避免口令在不可信的网络中传输,从根本上消除了口令被监听或遭受重放攻击的危险。

　　在 PKI 环境中,基础设施可以将成功登录的消息安全发送到远程的一个或多个应用程序。这意味着用户一次登录就可以使用多个设备、服务器或其他应用程序。所以,应用PKI,一方面减少了用户的记忆负担——只需记忆一个口令;另一方面,减少了口令在网络上的传输次数,有效地降低了用户遭受口令窃听和重放攻击的危险。

2. 对终端用户透明

　　如前所述,用户只需通过特定的接口使用 PKI 提供的服务,他们并不需要了解基础设施是如何工作的。在用户看来,PKI 是一个黑匣子。一方面,用户使用 PKI 时并不需要具备专业的安全知识;另一方面,用户的错误操作不应该对黑匣子造成任何危害。总之,PKI对终端用户是完全透明的。但是,如果发生了内部错误,基础设施应该马上向用户反馈错误信息。

3. 全面的安全性

PKI在整个环境中实施的都是单一的、可信的安全技术,使得各种应用,无论是邮件服务器、文件服务器还是防火墙等软件或设备,都以一种统一的方式来使用PKI提供的服务。安全基础设施是使系统达到全面安全性的一个重要机制,保证大范围的应用系统和设备采用统一的使用方式理解和处理密钥。这大大简化了终端用户使用各种设备和应用程序的方式,也简化了设备和应用程序的管理工作。没有安全基础设施,几乎不可能提供在同一水平的操作一致性。通过使用PKI,对要传输的数字信息进行加密和签名,保证了信息传输的机密性、完整性、认证性和不可抵赖性,从而保证了信息的全面安全性。

4.2 PKI体系结构

PKI体系是由多种认证机构及各种终端实体等组件所组成。其结构模式一般为多层次的树状结构。组成PKI的各种实体由于其所处的位置不同,其功能各异。

目前,在PKI体系基础上建立的安全证书体系得到了广大用户、商家、银行、企业及政府各职能部门的普遍关注。美国、加拿大等国家的政府机构,都提出了建立国家PKI体系的具体实施方案。我国信息产业部等有关政府部门正在制定"中国认证机构的总体框架",从中国的实际国情出发,制定国家PKI体系结构。

PKI体系的建立首先应该着眼于用户使用证书及相关服务的全面性和便利性。要建立和设计一个PKI体系就必须保证这些服务功能的实现:用户身份的可信认证,制定完整的证书管理政策,建立具有高可信度的认证中心(CA),用户实体属性的管理,用户身份隐私保护,证书撤销列表管理。认证中心(CA)为用户提供证书库以及CRL有关服务的管理、安全及相应的法规确立,责任的划分和建立完善的责任政策等。

一个典型的PKI体系结构如图4-2所示。

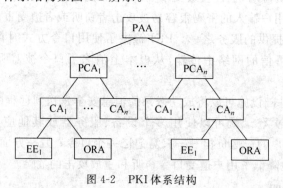

图 4-2　PKI 体系结构

1. PAA

PAA(Policy Approval Authority)是政策批准机构,由它来创建整个PKI系统的方针、政策、批准本PAA下属的PCA的政策,为下属PCA签发公钥证书,建立整个PKI体系的安全策略,并具有监控各PCA行为的责任。其具体功能是:

(1) 发布PAA的公钥证书。

(2) 制定本体系的政策和操作程序。

（3）制定本 PKI 体系中建立新 PCA 的政策和操作程序。

（4）对下属 PCA 和需要定义认证的其他根证书进行身份认证和鉴别。

（5）对下属 PCA 和需要定义认证的其他根证书签发证书。

（6）发布下属 PCA 的身份及位置信息。

（7）接收和发布下级 PCA 的政策。

（8）定义下级 PCA 申请证书作废请求所需的信息。

（9）接收和认证对它所签发的证书的作废申请请求。

（10）为它所签发的证书产生 CRL 并发布。

（11）保存证书、CRL、审计信息和 PCA 政策。

（12）发布它所签发的证书及发布 CRL。

2. PCA

PCA（Policy Certification Authority）是政策认证机构，它制定本 PCA 的具体政策，可以是上级 PAA 政策的扩充或细化，但不能与之相背离。这些政策可能包括本 PCA 范围内密钥的产生、密钥的长度、证书的有效期规定及 CRL 的处理等。并为下属 CA 签发公钥证书。

它的具体功能是：

（1）发布自己的身份和位置信息。

（2）发布所签发的下属 CA 的身份和位置信息。

（3）公布服务对象。

（4）发布所制定的安全政策和证书处理有关程序：密钥的产生和模长，对 PCA、CA、ORA（Online RA，在线证书审查机构）系统的安全控制，CRL 的发布频率，审计程序。

（5）对下属各成员进行身份认证和鉴别。

（6）产生和管理下属成员的公钥。

（7）发布 PAA 和自己的证书到下属成员。

（8）定义证书作废请求生效所需的信息和程序。

（9）接收和认证所签发的证书的作废申请请求。

（10）为签发的证书产生 CRL。

（11）保存证书、CRL、审计信息和所签发的政策。

（12）发布签发的证书及 CRL。

3. CA

认证中心（CA）具备有限的政策制定功能。按照上级 PCA 制定的政策，担任具体的用户密钥对的生成和签发、CRL 的生成及发布职能。其具体功能是：

（1）接收/验证用户数字证书的申请。

（2）确定是否接受用户数字证书的申请——证书的审批。

（3）向申请者颁发/拒绝颁发数字证书——证书的发放。

（4）接收/处理用户的数字证书更新请求——证书的更新。

（5）接收用户数字证书的查询、撤销。

（6）产生和发布证书注销列表（CRL）。

（7）数字证书的归档。

(8) 密钥归档。

(9) 历史数据归档。

4. 在线证书审查机构

在线证书审查机构(Online RA,ORA)进行证书申请者的身份认证,向 CA 提交证书申请,验证接收 CA 签发的证书,并将证书发放给申请者。其具体功能是:

(1) 对用户进行身份审查和鉴别。

(2) 将用户身份信息和公钥以数字签名的方式送给 CA。

(3) 接收 CA 返回的证书制作确认信息或制好的证书。

(4) 发放 CA 证书、CA 的上级证书,以及发放用户证书。

(5) 接收证书作废申请,验证其有效性,并向 CA 发送该申请。

5. 最终实体

最终实体(End Entity,EE)是 PKI 产品或服务的最终使用者,可以是个人、组织或设备。

PKI 体系结构的组织方式有多种,在一个 PKI 体系结构内,通常采用以下几种方式。

(1) COI(Community of Interest)方式:这种方式将成员按其日常职能分类,将日常处理中通信较频繁的成员划分到一个 CA 或 PCA 之下,政策的制定就由 COI 组织来决定。

(2) 组织化方式:将 PKI 体系建立在现有的政府或组织机构的管理基础之上,安全政策也由每一个组织的管理机构来制定。

(3) 担保等级方式:基于在一个 PKI 系统中,成员的工作可以分为 3~4 个安全级别成员,按照相应的安全级别来组织,而安全政策的制定可以由类似委员会的机构来完成。

以上这些方式都是基于两点来考虑:由哪个机构来设置安全政策;在安全政策下,用户该如何组织。在具体实施过程中采取哪种或哪几种方式的组合,应考虑以下因素:

(1) 系统可靠性。

(2) 系统可扩展性。

(3) 系统的灵活性和使用的方便性。

(4) CA 结构的可信任性。

(5) 与其他系统的互操作性。

(6) 增加成员的开销,多系统模块的管理结构,责任划分。

4.3　PKI 的组成

在实际应用中,PKI 是一整套软件、硬件、安全策略的集合。具体地说,PKI 系统包括 PKI 策略、软硬件系统、认证中心(CA)、注册机构(RA)、证书签发系统和 PKI 应用等几个基本部分(见图 4-3)。

(1) PKI 策略。PKI 策略是一个包含如何在实践中增强和支持安全策略的一些操作过程的详细文档,它建立和定义了一个组织信息安全方面的指导方针,同时也定义了密码系统使用的处理方法和原则。它包括一个组织怎样处理密钥和有价值的信息,根据风险的级别定义安全控制的级别。一般情况下,在 PKI 中有两种类型的策略:一是证书策略,用于管理

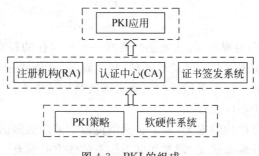

图4-3　PKI的组成

证书的使用,比如,可以确认某一CA是在Internet上的公有CA,还是某一企业内部的私有CA;另外一个就是CPS(Certificate Practice Statement,证书操作声明),一些由可信的第三方(Trusted Third Part,TTP)运营的PKI系统需要CPS。PKI策略的内容一般包括认证政策的制定、遵循的技术标准、各CA之间的上下级或同级关系、安全策略、安全程度、服务对象、管理原则和框架、认证规则、运作制度的制定、所涉及的各方法律关系以及技术的实现。

(2)软硬件系统。软硬件系统是PKI系统运行所需的所有软、硬件的集合。主要包括认证服务器、目录服务器、PKI平台等。

(3)认证中心(CA)。认证中心(CA)是PKI的信任基础,负责管理密钥和数字证书的整个生命周期。在PKI体系中,为了确保用户的身份及其所持有密钥的正确匹配,公钥系统需要一个可信的第三方充当认证中心,来确认公钥拥有者的真正身份,签发并管理用户的数字证书。认证中心保证数字证书中列出的用户名称与证书中列出的公开密钥的一一对应关系,解决了公钥体系中公钥的合法性问题。认证中心对数字证书的数字签名操作使得攻击者不能伪造和篡改数字证书。认证中心(CA)是PKI体系的核心。

(4)注册机构(RA)。注册机构(RA)是PKI信任体系的重要组成部分,是个人用户或团体用户与认证中心(CA)之间的一个接口,是认证机构(CA)信任范围的一种延伸。注册机构(RA)接受用户的注册申请,获取并认证用户的身份,主要完成收集用户信息和确认用户身份的功能。注册机构(RA)可以向其下属机构和最终用户颁发并管理用户的证书。因此,RA可以设置在直接面对客户的业务部门,如银行的营业部等。当然,对于一个规模较小的PKI应用系统来说,可把注册管理的职能交由认证中心来完成,而不设立独立运行的RA。但这并不是取消了PKI的注册功能,只是将其作为认证中心的一项功能。PKI国际标准推荐由独立的RA来完成注册管理的任务,可以增强应用系统的安全。

(5)证书签发系统。证书签发系统负责证书的发放,如可以通过用户自己,或是通过目录服务器。目录服务器可以是一个组织中现有的,也可以是PKI方案中提供的。

(6)PKI应用。PKI的应用非常广泛,包括在Web服务器和浏览器之间的通信、电子邮件、电子数据交换(Electronic Data Interchange,EDI)、在Internet上的信用卡交易和虚拟专用网(VPN)等。

(7)PKI应用接口系统。一个完整的PKI必须提供良好的应用接口系统(Application Programming Interface,API),以便各种应用都能够以安全、一致、可信的方式与PKI交互,确保所建立起来的网络环境的可信性,降低管理和维护的成本。

4.3.1　认证中心

既然 PKI 以数字证书为媒介,那么就必然要有一个可信任的权威机构来产生、管理、存档、发放、撤销证书以及实现这些功能的软硬件、相关政策、操作规范,并为 PKI 体系中的各成员提供全部的安全服务。这个可信任的权威机构就是认证中心(CA)。在前面的叙述中,我们已经多次提及认证中心(CA)。

为保证网上数字信息的传输安全,除了在通信传输中采用更强的加密算法等措施之外,必须建立一种信任及信任验证机制,即参加电子商务的各方必须有一个可以被验证的标识。这就是数字证书。数字证书是各实体(持卡人/个人、商户/企业、网关/银行等)在网上信息交流及商务交易活动中的身份证明。数字证书具有唯一性,它将实体的公开密钥同实体本身联系在一起,为实现这一目的,必须使数字证书符合 X.509 国际标准。同时,数字证书的来源必须是可靠的,这就意味着应有一个网上各方都信任的机构,专门负责数字证书的发放和管理,确保网上信息的安全。这个机构就是 CA 认证机构,各级 CA 认证机构共同组成了整个电子商务的信任链。如果 CA 机构不安全或发放的数字证书不具有权威性、公正性和可信赖性,电子商务根本无从谈起。认证中心通过自身的注册审核体系,检查核实进行证书申请的用户身份和各项相关信息,保证网上交易的用户属性客观真实性与证书的真实性一致。认证中心作为权威的、可信赖的、公正的第三方机构,专门负责发放并管理所有参与网上交易的实体所需的数字证书。概括地说,认证中心的功能有证书发放、证书更新、证书注销和证书验证。认证中心的核心功能是发放和管理数字证书。

CA 对签发的证书要定时归档,以备查询。除了用户的签名密钥外,对证书所有数据信息都要进行归档处理。CA 使用符合 X.500 标准的目录服务器系统存储证书和证书注销列表。目录和数据库备份可以根据组织机构的安全策略执行归档。数据库还保存审计和安全记录。对于用户密钥对,CA 通过专用程序自动存储和管理历史密钥及密钥备份。

CA 的数字签名保证了证书的合法性和权威性。主体的公钥有两种产生方式。一是用户自己生成密钥对,然后将公钥以安全的方式传给 CA。该过程必须保证用户公钥的可验证性和完整性。二是 CA 替用户生成密钥对,然后将其以安全的方式传送给用户。该过程必须确保密钥的机密性、完整性和可验证性,该方式下由于用户的私钥为 CA 所产生,故对 CA 的可信性有更高的要求。CA 必须在事后销毁用户的私钥,或做解密密钥备份。

认证中心主要由以下三部分组成。

(1) 注册服务器:通过 Web Server 建立的站点,可为客户提供每天 24 小时的服务。因此客户可在自己方便的时候在网上提出证书申请和填写相应的证书申请表,免去了排队等候等烦恼。

(2) 证书申请受理和审核机构:负责证书的申请和审核,其主要功能是接受客户证书申请并进行审核。

(3) 认证中心服务器:是数字证书生成、发放的运行实体,同时提供发放证书的管理、证书注销列表(CRL)的生成和处理等服务。

4.3.2　证书签发

证书的发放有两种方式:离线方式发放和在线发放。所谓离线发放即面对面地通过人工方式发放,特别是企业、银行、证券等安全性需求很高的证书,最好是采用人工方式面对面地发放；在线方式发放是通过 Internet 使用轻量级目录访问协议(LDAP)在目录服务器上下载证书。

1. 离线方式发放证书的步骤

离线方式发放证书的步骤如下：

(1) 一个企业级用户证书的申请被批准注册以后，审核授权部门(Registry Authority，RA)端的应用程序初始化申请者信息，在 LDAP 目录服务器中添加企业证书申请人的有关信息。

(2) RA 将申请者信息初始化后传给 CA，CA 为申请者产生一个参照号和一个认证码。参照号 Ref. number 及认证码 Auth. code 在 PKI 中有时也称做 userID 和 Password。参照号是一次性密钥。RA 将 Ref. number 和 Auth. code 使用电子邮件或打印在保密信封中，通过可靠途径传递给企业高级证书的申请人。企业高级证书的申请人输入参照号及认证码，在审查机构处面对面地领取证书。证书可以存入光盘、软盘或者 IC 卡等存储介质。

2. 在线方式发放证书的步骤

在线方式发放证书的步骤如下：

(1) 个人证书申请者将个人信息写入 CA 的申请人信息数据库，RA 端即可接收到从 CA 中心发放的 Ref. number 和 Auth. code，并在屏幕上显示的参照号和授权打印出来，当面提交给证书申请人。

(2) 证书申请人回到自己的计算机上，登录到网站，通过浏览器安装 Root CA 证书(根CA 证书)。

(3) 申请人在网页上按提示输入参照号和授权码，验证通过后就可以下载自己的证书。

4.3.3　证书撤销

由于某些原因，一个已颁发的证书可能被废止。大体上证书被废除的原因有如下几点。

(1) 密钥泄漏：证书的私钥泄漏或被破坏。

(2) 从属变更：某些关于密钥的信息变更，如机构从属变更等。

(3) 终止使用：该密钥对已不再用于原用途，或者证书的有效期已到。

(4) CA 本身原因：由于 CA 系统私钥泄漏，在更新自身密钥和证书的同时，必须用新的私钥重新签发所有其发放的下级证书。

(5) CA 有理由怀疑证书细节不真实、不可信。

(6) 证书持有者没有履行其职责和登记人协议。

(7) 证书持有者死亡、违反电子交易规则或者已经被判定犯罪。

在证书的有效期内，由于以上原因，必须废除证书。此时证书持有者要提出证书废除申请。注册管理中心一旦收到证书撤销请求，就可以立即执行证书撤销，并同时通知用户证书已被撤销。PKI(CA)提供了一套成熟、易用和基于标准的证书撤销系统。从安全角度来说，每次使用证书的时候，系统都要检查证书是否已被撤销。为了保证执行这种检查，证书撤销是自动进行的，而且对用户是透明的。这种自动透明的检查大多针对企业证书，而个人证书则需要人工查询。

根据申请人的协议，可规定申请人可以在任何时间以任何理由对其拥有的证书提出撤

信息安全概论

销。撤销申请必须先向 CA 或者 RA 提交。提出撤销的理由一般有证书持有人的密钥泄露、私钥介质和公钥证书介质的安全受到危害。

CA 撤销证书首先要制定撤销程序；证书持有者通过各种通信手段向 RA 提出申请；再由 RA 提交给 CA。CA 暂时留存证书，然后撤销使证书失效；提交申请与最后确认处理要规定有效期。将已经撤销的证书存于 CRL 中，在撤销与发布 CRL 之间的时间间隔要有明确规定。

CRL 格式如图 4-4 所示。

版本号	签名	颁发者	本次更新	下次更新	证书撤销列表	扩展域

图 4-4 CRL 格式

版本号：指出 CRL 的版本号。CRL 有两种版本，在 CRL v1 中没有定义该字段；在 CRL v2 中，该字段为 2。

签名：该字段是 CRL 颁发者的数字签名。

颁发者：CRL 颁发者的名称，该字段不能为空。

本次更新：本 CRL 的发布时间。

下次更新：该字段是可选项，表明下一 CRL 的发布时间。注意：本次更新和下次更新这两个字段的时间表示格式必须一样。

证书撤销列表：该字段填写每个证书对应一个唯一的标识符。

扩展域：在 X.509 中定义了四个可选扩展项。这四个扩展项分别是：理由代码——证书撤销的理由；证书颁发者——证书颁发者的名字，通常用于间接 CRL 中；控制指示代码——用于证书的临时冻结；无效日期——本证书不再有效的时间。

发布 CRL 一般有两种方式：完全 CRL 和增量 CRL。完全 CRL 是将某个 CA 域内的所有撤销信息都包括在一个 CRL 中。完全 CRL 对某些 CA 域是很适合的，特别是那些终端实体数目相对很少的域。但有时候完全 CRL 却不受欢迎，主要原因在于以下两点。

(1) 颁发的规模性。撤销信息必须在已颁发证书的整个生命期里存在，这就有可能导致在某些域内完全 CRL 的发布变得非常庞大。虽然对于普通大小的群体这不是问题，但对于很大的域来说这就成为致命缺陷。

(2) 撤销信息的及时性。随着 CRL 大小的增加，CRL 的验证周期将会变得很长，因为如果经常连续地下载新的、很大的 CRL，将会造成网络性能急剧下降。

因此，完全 CRL 对某些环境并不适用。实际上，增量 CRL 用得更广泛些。增量 CRL 是在已存在的大量的撤销列表之外，新增加最近已撤销的证书列表。此列表比整个 CRL 要小。

增量 CRL 的思想是只产生证书撤销信息的增加部分的相关信息。增量 CRL 是以已经颁发的撤销信息为基础的，这个已经颁发的撤销信息被称为基本 CRL。增量 CRL 中含有基本 CRL 未包含的撤销信息。当然，有了增量 CRL 并不意味着就不需要完全 CRL。实际上，X.509 标准，增量 CRL 应该和完全 CRL 联合使用。

例如：出于对系统性能的考虑，一个企业规定完全 CRL 的发布时间为每周一次，而企业内的安全策略又规定当一个证书被撤销后，撤销信息必须在 4 小时之内发布出去。显然，这两个规定是自相矛盾的。解决的办法就是每周颁发一次完全 CRL,而平时每 4 小时颁发一次增量 CRL。这样,用户每周只需下载并存储一次完全 CRL,而相对较小的增量 CRL 可以根据需要随时下载。

4.4 信任模概述

信任模型主要解决如下问题:怎样确定一个实体信任的证书? 如何建立这种信任机制? 在什么情况下能够限制或控制这种信任?

信任模型决定了在网络上采用信任的形式与采用该形式带来的信任风险。人们对信任模型的研究越来越深入,信任模型也被赋予了新的内容。

多个认证机构之间的信任关系必须保证 PKI 用户不必也不能信任唯一的认证中心(CA)。这有助于实现扩展、管理和保护,即要确保一个认证机构签发的数字证书能够被另一个认证机构所信任。此外对建立的这种信任关系还必须有相关的控制。

目前使用的信任模型主要有四种,分别是严格层次模型、分布式信任模型、Web 模型以及以用户为中心的信任模型。

4.4.1 相关概念

在介绍四种信任模型之前,首先必须了解一些相关概念,例如,什么是信任? 什么是信任域?

1. 信任

X.509 中对信任的定义为:"如果一个实体 A 假定另一个实体 B 会严格地按照 A 的期望行动,则称 A 信任 B。"这里的实体可以是网络中的计算机、服务器、智能终端或代理等。认证中心(CA)就是一个被广泛信任的实体。

2. 信任域

信任域和环境有紧密的关系。通常,人们只信任自己周边的熟人,例如,家庭成员之间相互信任;在同一个办公室工作的同事会相互信任⋯⋯如果一个集体中的所有个体都遵循同样的规则,则称该集体在单信任域中运行。信任域就是服从同一组公共策略的所有实体的集合。

信任域对构建 PKI 非常重要。通常,如果两个实体处于同一个信任域中,那么它们之间建立信任关系就非常简单;反之就比较复杂。

4.4.2 信任模型

1. 严格层次模型

严格层次模型可以描绘成一棵树(见图 4-5)。树根代表一个对整个 PKI 域所有实体都有特别意义的 CA,称之为根 CA,作为信任的根或信任锚。根 CA 下面是零层或多层中间CA,这些 CA 称为一级子 CA,二级子 CA⋯⋯。树中的叶子节点代表终端用户。

在这个层次模型中,层次结构的所有实体都信任唯一的根 CA。因此,每个实体都拥有根 CA 的公钥。这个层次结构按照如下规则建立。

信息安全概论

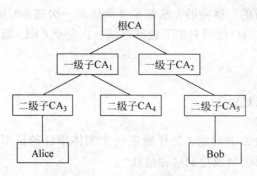

图 4-5 严格层次模型

（1）根 CA 认证直接在它下面的 CA。在图中，根 CA 直接认证一级子 CA_1 和 CA_2。这里的认证具体含义可以理解为根 CA 签发一级子 CA 的证书。

（2）每个子 CA 都认证零个或多个直接在它下面的 CA。如图中一级子 CA_1 签发二级子 CA_3 和 CA_4 的证书。

（3）倒数第二层的 CA 直接认证终端用户。

在层次结构中的每个实体都必须拥有根 CA 的公钥。拥有根 CA 公钥是所有实体间进行认证的基础。

在图 4-5 中，Alice 如何认证 Bob 的公钥呢？因为 Alice 拥有根 CA 的公钥 k，所以她能够用 k 认证一级子 CA_2 的公钥 k_2，然后用 k_2 认证二级子 CA_5 的公钥 k_5，最后用 k_5 认证 Bob 的证书，从而得到 Bob 的公钥。同理，Bob 也可以通过类似的过程验证 Alice 的公钥，在验证完对方公钥之后，Alice 和 Bob 就可以进行安全通信。

2. 分布式信任模型

在严格层次模型中，PKI 系统中的所有实体都唯一信任根 CA。而分布式信任模型把信任分散到两个或多个 CA 上。分布式信任模型有两种结构：星形结构和网状结构。

星形结构的分布式信任模型如图 4-6 所示，其外观很类似严格层次模型，但是它们之间是有本质差别的：这种差别在于终端用户持有谁的公钥。在星形结构分布式信任模型中，Alice 和 Bob 分别拥有不同的根 CA 的公钥，他们并不知道中心 CA 的公钥。因此，不能将中心 CA 看作根 CA。那么 Alice 是如何认证 Bob 的公钥的呢？Alice 首先通过根 CA_1 的公钥来认证中心 CA 的公钥 k，然后通过中心 CA 的公钥 k 来认证根 CA_2 的公钥 k_2，再通过 k_2 认证一级子 CA_5 的公钥 k_5，最后由 k_5 来认证 Bob 的公钥。同理，Bob 同样通过类似的过程来认证 Alice 的公钥。

网状分布式信任模型如图 4-7 所示。所有的根 CA 之间都可能进行交叉认证[①]。当任何两个根 CA 之间需要安全通信时就需要交叉认证。图 4-7 所示的是仅有三个根 CA 之间有完全连接[②]的情况。一般地，如果有 n 个根 CA 之间需要两两进行交叉认证，那么就需要 C_n^2 个交叉认证协议。

① 交叉认证参见 4.4.3 节。
② 所谓完全连接，指每两个根 CA 节点之间都有连接。

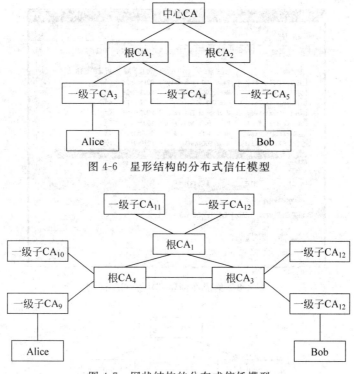

图 4-6　星形结构的分布式信任模型

图 4-7　网状结构的分布式信任模型

3．Web 模型

Web 模型依赖于浏览器，诸如微软的 IE、网景的 Navigator 等。在这种模型中，浏览器厂商将许多 CA 的公钥集成在浏览器软件中，这些公钥确定了一组 CA，浏览器用户最初是信任这些 CA 的（也许用户本身并不知道浏览器软件中嵌入了哪些 CA 的公钥或证书），并将其作为信任的根。

Web 信任模型的一个最大缺点就是安全性较差。例如，当某个 CA 的私钥被盗或被泄漏，那么显然应当从浏览器中废除掉该 CA 的公钥。但不幸的是，很难从全世界的计算机上删掉该 CA 的公钥。因为很多用户要么不知道 CA 的私钥已被泄漏，要么知道私钥已经被泄漏，但不知道应当如何删除。

以微软的 IE 为例，我们将介绍嵌入在浏览器中的证书和公钥。打开 IE 浏览器，依次选择"工具"→"Internet 选项"→"内容"→"证书"，将出现如图 4-8 所示界面。可以看到，浏览器中内嵌了很多受信任的根证书颁发机构和中级证书颁发机构。任意选择一个实体的证书，可以查看其证书的信息，比如证书的使用目的、证书的颁发者、证书的拥有者、证书的有效日期以及其他详细信息，诸如证书版本号、序列号、所选用的签名算法以及公钥等信息。如果该证书的颁发者 MSN Content PCA 的私钥不小心被盗，那么我们将不再信任该证书。简单地通过 IE 将其删除就可以了。

4．以用户为中心的模型

以用户为中心的信任模型由用户自己决定信任哪些证书或者拒绝哪些证书。例如，用户最初可能只信任自己的亲人和最亲密的朋友。随着交往慢慢扩大，他所信任的范围也慢慢扩大，如图 4-9 所示。

图 4-8　集成在浏览器中的 CA 证书

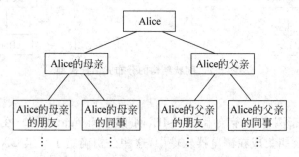

图 4-9　以用户为中心的信任模型

如果 Alice 要和 Bob 相互认证应该怎么办呢？而 Bob 是 Alice 从未见过或听说过的。其实根据小世界原理[①]：在人际交往的脉络中，任意两个陌生人都可以通过"亲友的亲友"建立联系，这中间平均只要通过六个朋友就能达到目的。

小世界原理的奇妙理论引起了数学家、物理学家以及计算机科学家们的关注。他们研究发现世界上许多其他的网络也有极相似的"六度分离"结构，例如生态系统中的食物链结构，甚至我们广泛使用的 Internet 也遵从六度分离原则。

2001 年哥伦比亚大学社会学系的一个研究小组在互联网上进行了这个实验。他们建立了一个实验网站，终点是分布在不同国家的 18 个人（包括纽约的一位作家、澳大利亚的一名警察以及巴黎的一位图书管理员等），志愿者通过这个网站把电子邮件发给最可能实现任务的亲友。结果一共有 384 个志愿者的邮件抵达了目的地，电子邮件大约只花了五到七步就传递到了目标。

六度分离原则使得 Alice 和陌生人 Bob 可以平均通过 6 人建立信任关系，而这 6 个人是 Alice 和 Bob 同时信任的。

---

① 即六度分离原则，读者可以参考相关著作或文章。

4.4.3　交叉认证

随着网络普及的程度越来越高,越来越多的企业使用 PKI,世界范围内也出现了各种证书管理体系结构。这样使我们面临着一个问题:假设 Alice 是美国的公民,她拥有美国 CA 的公钥及其签发的证书;而 Bob 属于英格兰,他拥有英格兰 CA 的公钥及其签发的证书。Alice 只能信任美国 CA 签发的证书,因为她拥有美国 CA 的公钥;但她不能验证 Bob 的证书,因为她没有英格兰 CA 的公钥。同理,Bob 也不能验证 Alice 的证书。如果 Alice 和 Bob 要进行电子商务活动,他们之间应该如何建立信任关系呢?这是 PKI 体系互通性必须考虑的问题,PKI 体系中采取的算法的多样性更加深了互通操作的复杂程度。

PKI 在全球互通可以有两种实现途径。

(1) 各 PKI 体系的根 CA 交叉认证。一个 CA 可能作为证书主体接受其他 CA 签发的证书,这种情况下证书称为互签证书,作为证书主体的 CA 称为主体 CA,作为签发者的 CA 称为中间 CA。交叉认证是一种把之前无关的 CA 连接在一起的有用机制,从而使得各自主体群之间的安全通信成为可能。在上例中,如果美国的 CA 和英格兰的 CA 进行了交叉认证之后,Alice 的信任将能够扩展到英格兰 CA 的主体群。因为她可以用她信任的美国 CA 公钥来验证英格兰 CA 的证书,然后用现在她所信任的英格兰 CA 的公钥来验证 Bob 的证书。同理,Bob 也可以验证 Alice 的证书。如图 4-10 所示为 PKI 互通——根 CA 之间交叉认证。

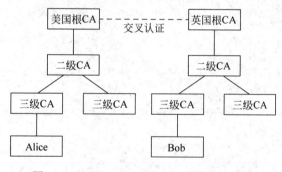

图 4-10　PKI 互通——根 CA 之间交叉认证

(2) 建立一个全球性的统一根 CA,为各 PKI 体系的根证书颁发证书。当然,也可以通过建立全球统一的根 CA 来解决 Alice 和 Bob 所遇到的问题,如图 4-11 所示,但是 PKI 体系的管理者一般都希望保持本体系的独立自治性,因此,建立全球统一的根 CA 是很有难度的。

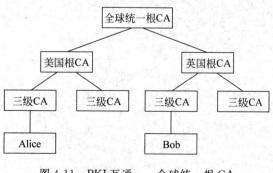

图 4-11　PKI 互通——全球统一根 CA

习题 4

1. 什么是 PKI？为什么需要 PKI？

2. 基础设施的特点是什么？你周围有哪些基础设施？

3. 我国 PKI 行业面临的基本问题有哪些？你能否针对这些问题提出你的建议或解决方案？

4. 典型的 PKI 系统包含哪些内容？

5. PKI 提供的服务有哪些？

6. PKI 由哪几个基本部分组成？请简要描述这几部分的作用。

7. 什么是 CA？什么是 RA？CA 由哪几部分组成？这几部分的作用是什么？

8. 证书发放有哪两种方式？请简要描述这两种发放方式的步骤。

9. 为什么需要证书撤销？引发证书撤销的原因有哪些？

10. 什么是信任域？请结合生活中的例子说明信任域的概念。

11. PKI 中大体有哪几种信任模型？请画图说明。

12. 什么是交叉认证？为什么需要交叉认证？

防火墙技术　　第5章

防火墙最早来源于建筑学中的一种特殊构造，用于在建筑物发生火灾时阻止火势的蔓延。在网络安全领域的防火墙是指一种常见的网络安全防御技术，在网络安全中有着广泛的应用，本章主要介绍防火墙的相关概念、基础技术、体系架构以及常见的产品。

5.1　防火墙概述

5.1.1　防火墙的基本概念

防火墙的英文名称为 Firewall，该词是早期建筑领域的专用术语，原指建筑物间的一堵隔离墙，用途是在建筑物失火时阻止火势的蔓延。在现代计算机网络中，防火墙则是指一种协助确保信息安全的设施，其会依照特定的规则，允许或是禁止传输的数据通过。防火墙通常位于一个可信任的内部网络与一个不可信任的外界网络之间，用于保护内部网络免受非法用户的入侵。防火墙技术是网络之间安全的核心技术，是网络解决隔离与连通矛盾的一种较好的解决方案。它在网络环境下构筑内部网和外部网之间的保护层，并通过网络路由和信息过滤实现网络的安全。防火墙系统的逻辑部署如图 5-1 所示。

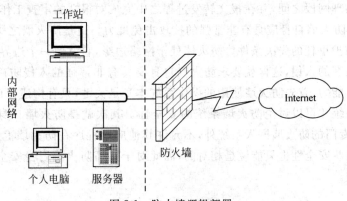

图 5-1　防火墙逻辑部署

信息安全概论

防火墙可以由计算机系统构成，也可以由路由器构成，所用的软件按照网络安全的级别和应用系统的安全要求，解决网间的某些服务与信息流的隔离与连通问题。它可以是软件，也可以是硬件，或者两者的结合，提供过滤、监视、检查和控制流动信息的合法性。

防火墙可以在内部网（Intranet）和公共互联网（Internet）间建立，也可以在要害部门、敏感部门与公共网间建立，也可以在各个子网间设立，其关键区别在于隔离与连通的程度。但必须注意，当分离型子网过多并采用不同防火墙技术时，所构成的网络系统很可能使原有网络互连的完整性受到损害。因此，隔离与连通是防火墙要解决的矛盾，突破与反突破的斗争会长期持续，在这种突破与修复中，防火墙技术得以不断发展，逐步完善。因此，防火墙的设计要求具有判断、折中，并接受某些风险。

5.1.2　防火墙的特性

防火墙一般具有三个显著的特性。

（1）内部网络和外部网络之间的所有网络数据流都必须经过防火墙。这是防火墙所处网络位置特性，同时也是一个前提。因为只有当防火墙是内、外部网络之间通信的唯一通道，才可以全面、有效地保护企业网内部网络不受侵害。

根据美国国家安全局制定的《信息保障技术框架》，防火墙适用于用户网络系统的边界，属于用户网络边界的安全保护设备。所谓网络边界即是采用不同安全策略的两个网络连接处，比如用户网络和互联网之间连接、和其他业务往来单位的网络连接、用户内部网络不同部门之间的连接等。防火墙的目的就是在网络连接之间建立一个安全控制点，通过允许、拒绝或重新定向经过防火墙的数据流，实现对进、出内部网络的服务和访问的审计和控制。

从图 5-1 中可以看出，防火墙的一端连接内部的局域网，而另一端则连接着外部网络（如互联网）。所有的内、外部网络之间的通信都要经过防火墙。

（2）只有符合安全策略的数据流才能通过防火墙。防火墙最基本的功能是确保网络流量的合法性，并在此前提下将网络的流量快速地从一条链路转发到另外的链路上去。例如最早期的防火墙采用"双穴主机"模型，即防火墙系统具备两个网络接口，同时拥有两个网络层地址。防火墙将网络上的流量通过相应的网络接口接收上来，按照 OSI 协议栈的七层结构顺序上传，在适当的协议层进行访问规则和安全审查，然后将符合通过条件的报文从相应的网络接口送出，而对于那些不符合通过条件的报文则予以阻断。因此，从这个角度上来说，防火墙是一个类似于桥接或路由器的、多端口的（网络接口≥2）转发设备，它跨接于多个分离的物理网段之间，并在报文转发过程之中完成对报文的审查工作。

（3）防火墙自身应具有非常强的抗攻击免疫力。这是防火墙之所以能担当企业内部网络安全防护重任的先决条件。防火墙处于网络边缘，它就像一个边界卫士一样，每时每刻都要面对黑客的入侵，这样就要求防火墙自身要具有非常强的入侵防御能力。要提高防火墙的抗攻击能力，首先防火墙使用的操作系统本身是关键，只有构建在自身具有完整信任关系的操作系统才可以讨论防火墙系统的安全性。其次就是防火墙自身具有非常低的服务功能，除了专门的防火墙嵌入系统外，不允许其他应用程序在防火墙上运行。需要注意的是，现有的这些安全性也只能说是相对的，因此对于提高防火墙自身安全性的探索工作将一直持续下去。

5.1.3 防火墙的功能

防火墙最基本的功能就是：控制在计算机网络中不同信任程度区域间传送的数据流。具体体现在以下四个方面。

(1) 防火墙是网络安全的屏障。防火墙(作为阻塞点、控制点)能极大地提高一个内部网络的安全性，并通过过滤不安全的服务而降低风险。由于只有经过精心选择的应用协议才能通过防火墙，所以网络环境变得更安全。如防火墙可以禁止诸如众所周知的不安全的NFS协议进出受保护网络，这样外部的攻击者就不可能利用这些脆弱的协议来攻击内部网络。防火墙同时可以保护网络免受基于路由的攻击，如 IP 选项中的源路由攻击和 ICMP 重定向中的重定向路径。防火墙应该可以拒绝所有以上类型攻击的报文并通知防火墙管理员。

(2) 防火墙可以强化网络安全策略。通过以防火墙为中心的安全方案配置，能将所有安全软件(如口令、加密、身份认证、审计等)配置在防火墙上。与将网络安全问题分散到各个主机上相比，防火墙的集中安全管理更经济。例如在网络访问时，一次一密口令系统和其他的身份认证系统完可以不必分散在各个主机上，而集中在防火墙一身上。

(3) 防火墙可以对网络存取和访问进行监控审计。如果所有的访问都经过防火墙，那么，防火墙就能记录下这些访问并做出日志记录，同时也能提供网络使用情况的统计数据。当发生可疑动作时，防火墙能进行适当的报警，并提供网络是否受到监测和攻击的详细信息。另外，收集一个网络的使用和误用情况也是非常重要的，这样可以清楚防火墙是否能够抵挡攻击者的探测和攻击，并且清楚防火墙的控制是否充足。而网络使用统计对网络需求分析和威胁分析等而言也是非常重要的。

(4) 防火墙可以防范内部信息的外泄。通过利用防火墙对内部网络的划分，可实现内部网重点网段的隔离，从而限制了局部重点或敏感网络安全问题对全局网络造成的影响。再者，隐私是内部网络非常关心的问题，一个内部网络中不引人注意的细节可能包含了有关安全的线索而引起外部攻击者的兴趣，甚至因此而暴露了内部网络的某些安全漏洞。使用防火墙就可以隐蔽那些透漏内部细节的服务如 Finger、DNS 等。Finger 显示了主机的所有用户的注册名、真名，最后登录时间和使用 Shell 类型等。但是 Finger 显示的信息非常容易被攻击者所获悉。攻击者可以知道一个系统使用的频繁程度，这个系统是否有用户正在连线上网，这个系统是否在被攻击时引起注意等。防火墙可以同样阻塞有关内部网络中的DNS 信息，这样一台主机的域名和 IP 地址就不会被外界所了解。

除了上述的安全防护功能之外，防火墙上还可以提供网络地址转换(NAT)、虚拟专用网(VPN)等其他功能。总而言之，防火墙技术已经成为网络安全中不可或缺的重要安全措施。

5.1.4 防火墙的缺陷

防火墙是网络安全体系中的重要组成部分，但是仅通过防火墙技术是不能解决所有的安全问题的。防火墙在安全防范中的主要缺陷如下。

(1) 传统的防火墙不能防范来自内部网络的攻击。虽然新一代的"分布式防火墙"已经将防范来自内部的攻击纳入防火墙的安全功能中，但目前的大多数防火墙仅提供对来自外

信息安全概论

部网络的攻击的防护。对于来自内部网络用户的攻击只能依靠内部网络中主机自身的安全性。

（2）防火墙不能防范不通过防火墙的攻击。防火墙提供的安全保障与其在网络中所处位置紧密相关,如果网络内部存在不经过防火墙可以直接与外部网络连接的通信线路,比如内部网络存在用户通过拨号方式直接接入 Internet,攻击就可以轻易地绕过防火墙进入网络内部。因此在内部网络架构设计时,要发挥防火墙的作用,就必须使其成为唯一的与外部网络连接的网络接口。

（3）防火墙不能防范恶意代码的传输。防火墙不能有效防范病毒、特洛伊木马等恶意代码的入侵。由于防火墙位于内外部网络通信的关键节点上,通信性能的要求使得防火墙不可能扫描通过的每一个数据包内的数据,来查找隐藏在其中的恶意代码。

（4）防火墙不能防范利用标准协议缺陷进行的攻击。如果防火墙允许使用某些存在安全缺陷的标准网络协议,则防火墙不能防范利用协议中缺陷实施的攻击。

（5）防火墙不能防范利用服务器系统漏洞进行的攻击。如果防火墙允许访问某些服务器的端口,而使用端口的服务器存在安全漏洞时,防火墙无法提供防护。

（6）防火墙不能防范未知的网络安全问题。因为防火墙是一种被动式的安全防护技术,只能对已有网络安全威胁进行防御。随着网络攻击技术的发展和新的网络应用不断出现,不能依赖防火墙的部署一劳永逸地解决网络安全问题。

（7）防火墙对已有的网络服务有一定的限制。由于绝大多数的网络服务在设计时没有考虑安全性,因此存在安全问题。出于安全考虑,防火墙通常会限制或关闭很多有应用价值但存在安全缺陷的网络服务,由此对用户的使用产生不利的影响。

综上所述,防火墙虽然是网络安全体系中不可或缺的重要环节,但仍然存在很多的缺陷有待进一步改进。

5.1.5　防火墙的性能指标

衡量一个防火墙的性能,可以从传输层性能、网络层性能、应用层性能三个方面进行考核。

1. 传输层性能指标

传输层性能主要包括 TCP 并发连接数（Concurrent TCP Connection Capacity）和最大TCP 连接建立速率（Max TCP Connection Establishment Rate）两个指标。

（1）TCP 并发连接数。并发连接数是衡量防火墙性能的一个重要指标。在 IETF RFC2647 中给出了并发连接数（Concurrent Connections）的定义,它是指穿越防火墙的主机之间或主机与防火墙之间能同时建立的最大连接数。它表示防火墙对其业务信息流的处理能力,反映出防火墙对多个连接的访问控制能力和连接状态跟踪能力,这个参数直接影响到防火墙所能支持的最大信息点数。

（2）最大 TCP 连接建立速率。该项指标是防火墙维持的最大 TCP 连接建立速度,用以体现防火墙更新连接状态表的最大速率,考察 CPU 的资源调度状况。这个指标主要体现了防火墙对于连接请求的实时反应能力。对于中小用户来讲,这个指标就显得更为重要。可以设想一下,当防火墙每秒可以更快地处理连接请求,而且可以更快地传输数据的话,网络中的并发连接数就会倾向于偏小,防火墙的压力也会减小,用户看到的防火墙性能也就越好,所以 TCP 连接建立速率是极其重要的指标。

2. 网络层性能指标

网络层性能指的是防火墙转发引擎对数据包的转发性能,RFC1242/2544 是进行这种性能测试的主要参考标准,吞吐量、时延、丢包率和背对背缓冲四项指标是其基本指标。这几个指标实际上侧重在相同的测试条件下对不同的网络设备之间作性能比较,而不针对仿真实际流量,也可称其为"基准测试"(Base Line Testing)。

(1)吞吐量指标。网络中的数据是由一个个数据帧组成,防火墙对每个数据帧的处理要耗费资源。吞吐量就是指在没有数据帧丢失的情况下,防火墙能够接受并转发的最大速率。IETF RFC1242 中对吞吐量做了标准的定义:"The Maximum Rate at Which None of the Offered Frames are Dropped by the Device",明确提出了吞吐量是指在没有丢包时的最大数据帧转发速率。吞吐量的大小主要由防火墙内网卡及程序算法的效率决定,尤其是程序算法,会使防火墙系统进行大量运算,通信量大打折扣。

(2)时延指标。网络的应用种类非常复杂,许多应用(例如音频、视频等)对时延非常敏感,而网络中加入防火墙必然会增加传输时延,所以较低的时延对防火墙来说是不可或缺的。测试时延是指测试仪表发送端口发出数据包经过防火墙后到接收端口收到该数据包的时间间隔,时延有存储转发时延和直通转发时延两种。

(3)丢包率指标。在 IETF RFC1242 中对丢包率做出了定义,是指在正常稳定的网络状态下,应该被转发,但由于缺少资源而没有被转发的数据包占全部数据包的百分比。较低的丢包率,意味着防火墙在强大的负载压力下,能够稳定地工作,以适应各种网络的复杂应用和较大数据流量对处理性能的高要求。

(4)背靠背缓冲指标。背靠背缓冲是测试防火墙设备在接收到以最小帧间隔传输的网络流量时,在不丢包条件下所能处理的最大包数。该项指标是考察防火墙为保证连续不丢包所具备的缓冲能力,因为当网络流量突增而防火墙一时无法处理时,它可以把数据包先缓存起来再发送。单从防火墙的转发能力上来说,如果防火墙具备线速能力,则该项测试没有意义。因为当数据包来得太快而防火墙处理不过来时,才需要缓存一下。如果防火墙处理能力很快,那么缓存能力就没有什么用,因此当防火墙的吞吐量和新建连接速率指标都很高时,无论防火墙缓存能力如何,背靠背指标都可以测到很高,因此在这种情况下这个指标就不太重要了。但是,由于以太网最小传输单元的存在,导致许多分片数据包的转发。由于只有当所有的分片包都被接收到后才会进行分片包的重组,防火墙如果缓存能力不够将导致处理这种分片包时发生错误,丢失一个分片都会导致重组错误。可见,背靠背缓冲这一性能指标还是有具体意义的。

3. 应用层性能指标

参照 IETF RFC2647/3511,应用层指的是获得处理 HTTP 应用层流量的防火墙基准性能,主要包括 HTTP 传输速率(HTTP Transfer Rate)和最大 HTTP 事务处理速率(Max HTTP Transaction Rate)。

(1)HTTP 传输速率。该指标主要是测试防火墙在应用层的平均传输速率,是被请求的目标数据通过防火墙的平均传输速率。

该算法是从所传输目标数据首个数据包的第一个比特开始到最末数据包的最后一个比特结束来进行计算,平均传输速率的计算公式为:

传输速率(bps)＝目标数据包数×目标数据包大小×8b/测试时长

其中,目标数据包数是指在所有连接中成功传输的数据包总数,目标数据包大小是指以字节为单位的数据包大小。统计时只能计算协议的有效负载,不包括任何协议头部分。同样,也必须将与连接建立、释放,以及安全相关或维持连接所相关的比特排除在统计之外。

由于面向连接的协议要求对数据进行确认,传输负载会因此有所波动,则应该取测试中转发的平均速率。

(2) 最大 HTTP 事务处理速率。该项指标是防火墙所能维持的最大事务处理速率,即用户在访问目标时,所能达到的最大速率。

在测试此指标时,测试过程通过多轮测试、二分法定位来获得防火墙能维持的最大事务处理速率。对于不同轮次的测试,模拟的 HTTP 客户端对模拟 HTTP 服务器的 GET 请求速率是不同的,但在同一轮次的测试中客户端必须维持以恒定速率来发起请求。如果模拟的客户端每个连接中有多个 GET 请求,则每个 GET 请求中的数据包大小必须相同。当然在不同测试过程中可采用不同大小的数据包。

以上各项指标是目前常用的防火墙性能测试衡量参数。除以上三部分的测试外,由于越来越多的防火墙集成了 IPSec VPN 的功能,数据包经过 VPN 隧道进行传输需要经过加密、解密,对性能所造成的影响很显著。因此,对 IPSec VPN 性能的研究也很重要,它主要包括协议一致性、隧道容量、隧道建立速率以及隧道内网络性能等。

同时,防火墙的安全性测试也是不容忽视的内容。因为对于防火墙来说,最能体现其安全性和保护功能的便是它的防攻击能力。性能优良的防火墙能够阻拦外部的恶意攻击,同时还能够使内网正常地与外界通信,对外提供服务。因此,还应该考察防火墙在建立正常连接的情况下防攻击的能力。这些攻击包括 IP 地址欺骗攻击、ICMP 攻击、IP 碎片攻击、拒绝服务攻击、特洛伊木马攻击、网络安全性分析攻击、口令字探询攻击、邮件诈骗攻击等。

5.1.6　防火墙的功能指标

防火墙常见的功能性指标主要如下。

1. 服务平台支持

服务平台支持指防火墙所运行的操作系统平台,常见的系统平台包括 Linux、UNIX、Windows NT 以及专用的安全操作系统。通常使用专用操作系统的防火墙具有更好的安全性能。

2. LAN 口支持

LAN 口支持主要包括三个方面,首先是防火墙支持 LAN 接口类型,决定着防火墙能适用的网络类型,如以太网、令牌环网、ATM、FDDI 等;其实是 LAN 口支持的带宽,如百兆以太网、千兆以太网灯;最后是防火墙提供的 LAN 口数,决定着防火墙最多能同时保护的局域网数量。

3. 协议支持

协议支持主要指对非 TCP/IP 协议族的支持,如是否支持 IPX、NETBEUI 等协议。

4. VPN 支持

VPN 支持主要指是否提供虚拟专网(VPN)功能,提供建立 VPN 隧道所需的 IPSec、

PPTP、专用协议,以及在 VPN 中可以使用的 TCP/IP 等。

5. 加密支持

加密支持主要指是否提供支持 VPN 加密需要使用的加密算法,如 DES、3DES、RC4 以及一些特殊的加密算法,以及是否提供硬件加密支持等功能。

6. 认证支持

认证支持主要指防火墙提供的认证方式,如 RADIUS、Keberos、PKI、口令方式等。通过该功能防火墙为远程或本地用户访问网络资源提供鉴权认证服务。

7. 访问控制

访问控制主要指防火墙通过包过滤、应用代理或传输层代理方式,实现对网络资源的访问控制。

8. NAT 支持

NAT 支持指防火墙是否提供网络地址转换(NAT)功能,即将一个 IP 地址域映射到另一个 IP 地址域。NAT 通常用于实现内网地址与公网地址的转换,这可以有效地解决 IPv4 公网地址紧张的问题,同时可以隐藏内部网络的拓扑结构,从而提高内部网络的安全性。

9. 管理支持

管理支持主要指提供给防火墙管理员的管理方式和功能,管理方式一般分为本地管理、远程管理和集中式管理。具体的管理功能包括是否提供基于时间的访问控制、是否支持带宽管理、是否具备负载均衡特性、对容错技术的支持等。

10. 日志支持

日志支持主要指防火墙是否提供完善的日志记录、存储和管理的方法。主要包括是否提供自动日志扫描、是否提供自动报表和日志报告输出、是否提供完备的告警机制(如 E-mail、短信)、是否提供实时统计功能等。

11. 其他支持

目前防火墙的功能不断地得到丰富,其他可能提供的功能还包括:是否支持病毒扫描,是否提供内容过滤,是否能抵御 DoS/DDoS 拒绝服务攻击,是否能基于 HTTP 内容过滤 ActiveX、Javascript 等脚本攻击,以及是否能提供实时入侵防御和防范 IP 欺骗等功能。

5.1.7 防火墙的规则

防火墙执行的是组织或机构的整体安全策略中的网络安全策略。具体地说。防火墙是通过设置规则来实现网络安全策略的。防火墙规则可以告诉防火墙哪些类型的通信流量可以进出防火墙。所有的防火墙都有一个规则文件,是其最重要的配置文件。

1. 规则的内容分类

防火墙规则实际上就是系统的网络访问政策。一般来说可以分成两大类:一类称为高级政策,用来定义受限制的网络许可和明确拒绝的服务内容、使用这些服务的方法及例外条件;另一类称为低级政策,描述防火墙限制访问的具体实现及如何过滤高级政策定义的服务。

2．规则的特点

防火墙规则具有如下特点：

（1）防火墙的规则是保护内部信息资源的策略的实现和延伸；

（2）防火墙的规则必须与网络访问活动紧密相关，理论上应该集中关于网络访问的所有问题；

（3）防火墙的规则必须既稳妥可靠，又切合实际，是一种在严格安全管理与充分利用网络资源之间取得较好平衡的政策；

（4）防火墙可以实施各种不同的服务访问政策。

3．规则的设计原则

防火墙的设计原则是防火墙用来实施服务访问政策的规则，是一个组织或机构对待安全问题的基本观点和看法。防火墙的设计原则主要有以下两个。

（1）拒绝访问一切未予特许的服务。在该规则下，防火墙阻断所有的数据流，只允许符合开放规则的数据流进出。这种规则创造了比较安全的内部网络环境，但用户使用的方便性较差，用户需要的新服务必须由防火墙管理员逐步添加。这个原则也被称为限制性原则。基于限制性原则建立的防火墙被称为限制性防火墙，其主要的目的是防止未经授权的访问。这种思想被称为"Deny All"，防火墙只允许一些特定的服务通过，而阻断其他的任何通信。

（2）允许访问一切未被特别拒绝的服务。在该规则下，防火墙只禁止符合屏蔽规则的数据流，而允许转发所有其他数据流。这种规则实现简单且创造了较为灵活的网络环境，但很难提供可靠的安全防护。这个原则也被称为连通性原则。基于连通性原则建立的防火墙被称为连通性防火墙，其主要的目的是保证网络访问的灵活性和方便性。这种思想被称为"Allow All"，防火墙会默认地让所有的连接通过，只会阻断屏蔽规则定义的通信。

如果侧重安全性，则规则（1）更加可取；如果侧重灵活性和方便性，规则 2 更加合适。具体选择哪种规则，需根据实际情况决定。

需要特别指出的是，如果采用限制性原则，那么用户也可以采用"最少特权"的概念，即分配给系统中的每一个程序和每一个用户的特权应该是它们完成工作所必须享有的特权的最小集合。最少特权降低了各种操作的授权等级，减少了拥有较高特权的进程或用户执行未经授权的操作的机会，具有较好的安全性。

4．规则的顺序问题

规则的顺序问题是指防火墙按照什么样的顺序执行规则过滤操作。一般来说，规则是一条接着一条顺序排列的，较特殊的规则排在前面，而较普通的规则排在后面。但是目前已经出现可以自动调整规则执行顺序的防火墙。这个问题必须慎重对待，不恰当的顺序将会导致规则的冲突，以致造成系统漏洞。

5.1.8　防火墙的发展趋势

当前防火墙技术已经经历了包过滤、应用网关、状态检测、自适应代理等阶段。其发展历史如表 5-1 所示。

表 5-1　防火墙技术发展历史

防火墙技术分代	出现时间/年	采用技术
第一代防火墙	1984	包过滤技术
第二代防火墙	1989	应用网关技术
第三代防火墙	1992	状态检测技术
第四代防火墙	1998	自适应代理技术

防火墙可说是信息安全领域最成熟的技术之一,但是成熟并不意味着发展的停滞,恰恰相反,日益提高的安全需求对信息安全技术提出了越来越高的要求,防火墙也不例外,下面就防火墙一些基本层面的问题来介绍一下防火墙技术的主要发展趋势。

1．模式转变

传统的防火墙通常都设置在网络的边界位置,不论是内网与外网的边界,还是内网中的不同子网的边界,以数据流进行分隔,形成安全管理区域。但这种设计的最大问题是,恶意攻击的发起不仅仅来自外网,内网环境同样存在着很多安全隐患,而对于这种问题,边界式防火墙处理起来是比较困难的,所以现在越来越多的防火墙也开始体现出一种分布式结构,以分布式为体系进行设计的防火墙以网络节点为保护对象,可以最大限度地覆盖需要保护的对象,大大提升安全防护强度,这不仅仅是单纯的防火墙形式的变化,而是象征着防火墙防御理念的升华。

防火墙的几种基本类型可以说各有优点,所以很多厂商将这些方式结合起来,以弥补单纯一种方式带来的漏洞和不足,例如比较简单的方式就是既针对传输层面的数据包特性进行过滤,同时也针对应用层的规则进行过滤,这种综合性的过滤设计可以充分挖掘防火墙核心功能的能力,可以说是在自身基础之上进行再发展的最有效途径之一,目前较为先进的一种过滤方式是带有状态检测功能的数据包过滤,其实这已经成为现有防火墙的一种主流检测模式,可以预见,未来的防火墙检测模式将继续整合进更多的技术范畴,而这些技术范畴的配合也同时获得大幅的提高。

就目前的现状来看,防火墙的信息记录功能日益完善,通过防火墙的日志系统,可以方便地追踪过去网络中发生的事件,还可以完成与审计系统的联动,具备足够的验证能力,以保证在调查取证过程中采集的证据符合法律要求。相信这一方面的功能在未来会有很大幅度的增强,同时这也是众多安全系统中一个需要共同面对的问题。

2．功能扩展

现在的防火墙已经呈现出一种集成多种功能的设计趋势,包括 VPN、AAA、PKI、IPSec 等附加功能,甚至防病毒、入侵检测这样的主流功能,都被集成到防火墙中了,很多时候已经很难分辨这样的系统到底是以防火墙为主,还是以某个功能为主了,即其已经逐渐向 IPS(入侵防御系统)转化。有些防火墙集成了防病毒功能,这样的设计会对管理性能带来不少提升,但同时也对防火墙的另外两个重要因素产生了影响,即性能和自身的安全问题,所以应该根据具体的应用环境来做综合的权衡。

防火墙的管理功能一直在迅猛发展,并且不断地提供一些方便好用的功能给管理员,这种趋势仍将继续,更多新颖实效的管理功能会不断地涌现出来,例如短信功能,至少在大型环境里会成为标准配置,当防火墙的规则被变更或类似的被预先定义的管理事件发生之后,报警行为会以多种途径被发送至管理员处,包括即时的短信或移动电话拨叫功能,以确保安全响应行为在第一时间被启动,而且在将来,通过类似手机、PDA这类移动处理设备也可以方便地对防火墙进行管理,当然,这些管理方式的扩展需要首先面对的问题还是如何保障防火墙系统自身的安全性不被破坏。

3. 性能提高

未来的防火墙由于在功能性上的扩展,以及应用日益丰富、流量日益复杂所提出的更多性能要求,会呈现出更强的处理性能要求,而寄希望于硬件性能的水涨船高肯定会出现瓶颈,所以诸如并行处理技术等经济实用并且经过足够验证的性能提升手段将越来越多地应用在防火墙平台上;相对来说,单纯的流量过滤性能是比较容易处理的问题,而与应用层涉及越紧密,性能提高所需要面对的情况就会越复杂;在大型应用环境中,防火墙的规则库至少有上万条记录,而随着过滤的应用种类的提高,规则数往往会以趋进几何级数的程度上升,这对防火墙的负荷是很大的考验,使用不同的处理器完成不同的功能可能是解决办法之一,例如利用集成专有算法的协处理器来专门处理规则判断,在防火墙的某方面性能出现较大瓶颈时,通常可以单纯地升级某个部分的硬件来解决,这种设计有些已经应用到现有的防火墙中了,也许在未来的防火墙中会呈现出非常复杂的结构。

除了硬件因素之外,规则处理的方式及算法也会对防火墙性能造成很明显的影响,所以在防火墙的软件部分也应该融入更多先进的设计技术,并衍生出更多的专用平台技术,以期满足防火墙的性能要求。

综上所述,不论从功能还是从性能来讲,防火墙的未来发展速度会不断地加快,这也反映了安全需求不断上升的一种趋势。

5.2 防火墙技术概述

防火墙技术主要包括包过滤技术、应用网关技术和状态检测技术等。

5.2.1 包过滤技术

包过滤技术也称为分组过滤技术。包是网络中数据包传输的基本单位,当信息通过网络进行传输时,在发送端被分割为一系列数据包,经由网络上的中间节点转发,抵达传输的目的端时被重新组合形成完整的信息。一个数据包由两部分构成:包头部分和数据部分。

只使用包过滤技术的防火墙是最简单的一种防火墙,它在网络层截获网络数据包,根据防火墙的规则表,来检测攻击行为,在网络层提供较低级别的安全防护和控制。过滤规则以用于IP顺行处理的包头信息为基础,不理会包内的正文信息内容。包头信息包括IP源地址、IP目的地址、封装协议(TCP、UDP或IP Tunnel)、TCP/UDP源端口、ICMP包类型、包输入接口和包输出接口。如果找到一个匹配,且规则允许这一包,这一包则根据路由表中的信息前行。如果找到一个匹配,且规则拒绝此包,这一包则被舍弃。如果无匹配规则,一个用户配置的默认参数将决定此包是前行还是被舍弃,其工作原理如图5-2所示。

典型的过滤规则有以下几种:允许特定名单内的内部主机进行Telnet输入对话、只允许特定名单内的内部主机进行FTP输入对话、只允许所有Telnet输出对话、只允许所有FTP输出对话、拒绝来自一些特定外部网络的所有输入信息。

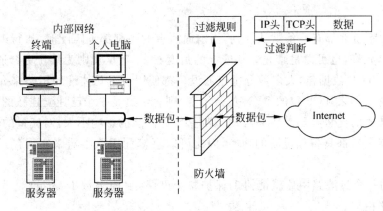

图 5-2　包过滤工作原理

有些类型的攻击很难用基本包头信息加以鉴别,因为这些独立于服务。一些 Router 可以用来防止这类攻击,但过滤规则需要增加一些信息,而这些信息只有通过以下方式才能获悉:研究 Router 选择表、检查特定的 IP 选项、校验特殊的片段偏移等。这类攻击有以下几种。

(1) 源 IP 地址欺骗攻击:入侵者从伪装成源自一台内部主机的一个外部地点传送一些信息包;这些信息包似乎像包含了一个内部系统的源 IP 地址。如果这些信息包到达 Router 的外部接口,则舍弃每个含有这个源 IP 地址的信息包,就可以挫败这种源欺骗攻击。

(2) 源路由攻击:源站指定了一个信息包穿越 Internet 时应采取的路径,这类攻击企图绕过安全措施,并使信息包沿一条意外(疏漏)的路径到达目的地。可以通过舍弃所有包含这类源路由选项的信息包方式,来挫败这类攻击。

(3) 碎片攻击:入侵者利用 IP 残片特性生成一个极小的片断并将 TCP 报头信息肢解成一个分离的信息包片断。舍弃所有协议类型为 TCP、IP 片断偏移值等于 1 的信息包,即可挫败碎片的攻击。

表 5-2 列出了分组过滤防火墙的过滤规则的示例。

表 5-2　分组过滤防火墙的过滤规则示例

组序号	动作	源 IP	目的 IP	源端口	目的端口	协议类型
1	允许	10.1.1.*	*	*	*	TCP
2	允许	*	10.1.1.2	>1023	80	TCP
3	允许	*	10.1.1.3	>1023	53	UDP
4	禁止	任意	任意	任意	任意	任意

上例中,规则库中仅有 4 条规则。规则 1 允许内网的机器(10.1.1.* 网段)访问外网服务;规则 2 允许外界通过端口 80 访问内网的服务器 10.1.1.2,即打开的 Web 服务器 10.1.1.2 对外的 HTTP 服务;规则 3 允许外界通过端口 53 访问内网的服务器 10.1.1.3,53 号端口是 DNS 服务;规则 4 禁止了所有其他类型的数据包。

包过滤规则的匹配方式是顺序匹配,因此在设置规则时,需要注意以下几点。

(1) 最常用的规则放在前面,这样可以提高效率。

(2) 按从最特殊的规则到最一般的规则的顺序创建。当规则冲突时,一般规则不会妨

信息安全概论

码特殊规则。

(3) 规则库通常都有一条默认规则,当前面所有的规则都不匹配时,执行默认规则。默认规则可以是允许,也可以是禁止。从安全的角度看来,默认规则为禁止更合适。

(4) 对于 TCP 数据包,大多数分组过滤设备都使用一个总体性的策略来允许已建立的连接通过设备。如果 TCP 包的 SYN 位被清空,则表示这是一个已建立连接的数据包。

包过滤技术的优势在于其容易实现,费用少,对性能的影响不大,对流量的管理较出色,目前大多数路由器都具备包过滤的功能,因此可以直接利用路由器来实现包过滤。该方式具有以下优点。

(1) 使用一个过滤路由器就能协助保护整个网络,目前多数 Internet 防火墙系统只用一个包过滤路由器。

(2) 包过滤速度快、效率高。执行包过滤所用的时间很少或几乎不需要什么时间,由于只检查报头相应的字段,一般不查看数据报的内容,而且某些核心部分是由专用硬件实现的,如果通信负载适中且定义的过滤很少的话,则对路由器性能没有多大影响。

(3) 包过滤对终端用户和应用程序是透明的。当数据包过滤路由器决定让数据包通过时,它与普通路由器没什么区别,甚至用户没有认识到它的存在,因此不需要专门的用户培训或在每个主机上设置特别的软件。

包过滤的局限性表现为以下几点。

(1) 定义包过滤器可能是一项复杂的工作。因为网络管理人员需要详细地了解 Internet 各种服务、包头格式和希望每个域查找的特定的值。如果必须支持复杂的过滤要求的,则过滤规则集可能会变得很长很复杂,并且没有什么工具可以用来验证过滤规则的正确性。

(2) 路由器数据包的吞吐量随过滤器数量的增加而减少。路由器被优化用来从每个包中提取目的 IP 地址、查找一个相对简单的路由表,而后将信息包顺向运行到适当转发接口。如果执行过滤,路由器还必须对每个包执行所有过滤规则。这可能消耗 CPU 的资源,并影响一个完全饱和的系统性能。

(3) 不能彻底防止地址欺骗。大多数包过滤路由器都是基于源 IP 地址、目的 IP 地址而进行过滤的,而 IP 地址的伪造是很容易、很普遍的。

(4) 一些应用协议不适合于数据包过滤。即使是完美的数据包过滤,也会发现一些协议不很适合于经由数据包过滤安全保护,如 RPC、X-Window 和 FTP。

(5) 正常的数据包过滤路由器无法执行某些安全策略。例如,数据包说它们来自什么主机,而不是什么用户,因此不能限制特殊的用户。同样地,数据包说它到什么端口,而不是到什么应用程序,当通过端口号对高级协议强行限制时,不希望在端口上有别的指定协议之外的协议,而不怀好意的知情者能够很容易地破坏这种控制。

(6) 一些包过滤路由器不提供或只提供有限的日志能力,有可能直到入侵发生后,危险的包才可能检测出来。它可以阻止非法用户进入内部网络,但也不会记录谁闯入过,或者谁从内部进入了外部网络。

(7) 包过滤技术不能进行应用层的深度检查,因此不能发现传输的恶意代码及攻击数据包。

虽然包过滤技术有以上的缺点,但是由于其方便性包过滤仍是重要的安全措施。

5.2.2　应用网关技术

应用网关(Application Gateway)技术又被称为代理技术。它的逻辑位置在 OSI 七层协议的应用层上,所以主要采用协议代理服务(Proxy Services)。应用代理防火墙比分组过滤防火墙提供更高层次的安全性,但这是以丧失对应用程序的透明性为代价的。

应用代理是运行在防火墙主机上的一些特定的应用程序或服务程序。应用代理防火墙适用于特定的 Internet 服务,如 HTTP、FTP 等。必须为每一种应用服务设置专门的代理服务器。比如 HTTP 代理服务器是介于浏览器和 Web 服务器之间的一台服务器,有了它之后,浏览器不是直接到 Web 服务器去取回网页而是向代理服务器发出请求,Request 信号会先送到代理服务器,由代理服务器来取回浏览器所需要的信息并传送给你的浏览器。应用代理防火墙对客户来说是一个服务器,而对服务器来说是一个客户端,其工作原理如图 5-3 所示。

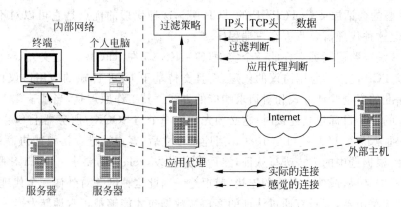

图 5-3　应用代理防火墙工作流程

如图 5-3 所示,当内部网络的客户端浏览器要访问外部网的主机时,客户端首先需要将自己的代理设置为应用代理防火墙。在设置了代理后,当客户端发起对外网的主机连接时,客户端发出的数据包目的地址不是指向外网的主机,而是指向应用代理防火墙。应用代理防火墙运行一个应用守护程序,接收到客户端发来的数据包,首先判断是否允许这个连接。如果允许这个连接,应用代理防火墙则会代替客户端向外部发出请求,收到回应后,会将结果返还给客户端浏览器。在这个过程还可以进行用户身份验证,应用代理防火墙只对合法的用户提供服务。用户能感觉到的连接是从客户端到外部主机的连接,而实际的连接有两个,一个是从客户端到应用代理防火墙的连接,另一个是从应用代理防火墙到外部主机的连接。

与包过滤技术相比,应用代理技术有以下的缺点。

(1) 应用代理防火墙工作在 OSI 模型最高层,因此开销较大。

(2) 对每项服务必须使用专门设计的代理服务器。应用代理防火墙通常支持常用的协议,例如 HTTP、FTP、Telnet 等,但不能支持所有的应用层协议。

(3) 应用代理防火墙配置的方便性较差,对用户不透明。例如使用 HTTP 代理,需要用户配置自己的 IE,从而使之指向代理服务器。

但是比起分组过滤防火墙,应用代理防火墙能够提供更高层次的安全性。

（1）首先应用代理防火墙将保护网络与外界完全隔离，并提供更细致的日志。这有助于发现入侵行为。

（2）应用代理防火墙本身是一台主机，可以执行诸如身份验证等功能。

（3）应用代理防火墙检测的深度更深，能够进行应用级的过滤。例如，有的应用代理防火墙可以过滤 FTP 连接并禁止 FTP 的"put"命令，从而保证用户不能往匿名 FTP 服务器上写入数据。

（4）由于域名系统（DNS）的信息不会从受保护的内部网络传到外界，所以站点系统的名字和 IP 地址对 Internet 是隐蔽的。

应用层网关为特定的服务（如 FTP、Telnet 等）提供代理服务，代理服务器不但转发数据包而且对应用层协议做出解析。此外还存在一种称为电路级网关（Circuit Level Gateway）的代理技术，其只是建立起一个 TCP 连接，对数据包只起转发的作用，并不进行任何附加的包处理或过滤。电路级网关防火墙可以看作一个通用的代理服务器，它工作在 OSI 互联模型的会话层或是 TCP/IP 的 TCP 层。这种代理的优点是它可以对不同的协议提供服务，但这种代理需要改进客户端程序。

SOCKS 是链路层网关实现的一个实例（SOCKS v5 在 RFC1928 定义）。SOCKS v5 不仅支持基于 TCP 连接的应用协议的代理，而且支持基于 UDP 传输的应用协议代理。它提供了一个标准的安全验证方式和对请求响应的方式。其工作原理是，当基于 TCP 的客户要与防火墙外的一个目标建立连接时，它必须先建立一个与 SOCKS 服务器上 SOCKS 端口的 TCP 连接，通常这个 TCP 端口是 1080。当连接建立后，客户端进入协议的协商过程：认证方式的选择，根据选中的方式进行认证，然后发送转发（relay）的要求。SOCKS 服务器评估这个要求，根据结果，或建立合适的连接，或拒绝。因此这种网关对外像一个代理，而对内则类似一个过滤路由器，即只有通过认证的客户端数据包才能够被正常地转发。

5.2.3　状态检测技术

状态检测技术是较新的防火墙的技术。状态检测技术采用的是一种基于连接的状态检测机制，将属于同一连接的所有包作为一个整体的数据流看待，构成连接状态表，通过规则表与状态表的共同配合，对表中的各个连接状态因素加以识别。这里动态连接状态表中的记录可以是以前的通信信息，也可以是其他相关应用程序的信息。与传统包过滤防火墙的静态过滤规则表相比，状态检测技术具有更好的灵活性和安全性。状态检测防火墙是包过滤技术及应用代理技术的一个折中。

使用状态检测的防火墙的运行方式是：

当一个数据包到达状态检测防火墙时，首先通过查看一个动态建立的连接状态表判断数据包是否属于一个已建立的连接。这个连接状态表包括源地址、目的地址、源端口号、目的端口号等及对该数据连接采取的策略（丢弃、拒绝或是转发）。连接状态表中记录了所有已建立连接的数据包信息。

如果数据包与连接状态表匹配，属于一个已建立的连接，则根据连接状态表的策略对数据包实施丢弃、拒绝或是转发。

如果数据包不属于一个已建立的连接，数据包与连接状态表不匹配，那么防火墙会检查数据包是否与它所配置的规则集匹配。大多数状态检测防火墙的规则仍然与普通的包过滤相似。也有的状态检测防火墙对应用层的信息进行检查。例如可以通过检查内网发往外网的 FTP 数据包中是否有 put 命令来阻断内网用户向外网的服务器上传数据。与此同时,状态检测防火墙将建立起连接状态表,记录该连接的地址信息以及对此连接数据包的策略。

比起分组过滤技术,状态检测技术的安全性更高。连接状态表的使用大大降低把数据包伪装成一个正在使用的连接的一部分的可能。而且状态检测防火墙能够对特定类型的数据包中的数据进行检测。例如可以检查 FTP 与 SMTP 数据包中是否包含了不安全的命令。但是状态检测防火墙不能够提供与应用代理防火墙同样程度的保护,原因在于它仅仅在数据包中查找特定的字符串。状态检测防火墙并不能实施代理功能,不能隐蔽客户端的地址。但是状态检测防火墙有很高的效率,能够提供 GB 级的线速处理。

5.3　防火墙分类

防火墙的分类方法很多,可以分别从采用的防火墙技术、软/硬件形式、性能以及部署位置来划分。在上一节中已经介绍了常用的防火墙技术,本节将介绍两种较为特殊的防火墙类型。

5.3.1　个人防火墙

个人防火墙(Personal FireWall)顾名思义是一种个人行为的防范措施,这种防火墙不需要特定的网络设备,只要在用户所使用的个人计算机上安装软件即可。通常个人防火墙安装在计算机网络接口的较低级别上,这使得其可以监视流入和流出网卡的所有网络通信。可以将个人防火墙想象成在用户计算机上建立了一个虚拟的网络接口,计算机操作系统不再直接通过网卡进行通信,而是首先和个人防火墙进行交互,检测网络通信是否合法,然后在经由网卡进行实际的网络通信。

个人防火墙把用户的计算机和公共网络分隔开,它检查到达防火墙两端的所有数据包,无论是进入还是发出,从而决定该拦截这个包还是将其放行,是保护个人计算机接入互联网的有效安全措施。

常见的免费个人防火墙有天网防火墙个人版、瑞星个人防火墙、360 木马防火墙、江民黑客防火墙和金山网标等。著名的个人防火墙产品如著名 Symantec 公司的诺顿、Network Ice 公司的 BlackIce Defender、McAfee 公司的思科及 Zone Lab 的 Free ZoneAlarm 等,都能帮助个人对系统进行监控及管理,防止计算机病毒、流氓软件等程序通过网络进入个人计算机或在未知情况下向外部扩散。这些软件都能够独立运行于整个系统中或针对个别程序、项目,所以在使用时十分方便及实用。

5.3.2　分布式防火墙

由于传统的防火墙设置在网络边界,在内部企业网和外部互联网之间构成一个屏障,进行网络存取控制,所以又称为边界防火墙。随着计算机安全技术的发展和用户对防火墙功能要求的提高,目前出现一种新型防火墙,即"分布式防火墙"(Distributed Firewalls)。传统意义上的边界防火墙用于限制被保护企业内部网络与外部网络(通常是互联网)之间相互进行信息存取、传递操作,它所处的位置在内部网络与外部网络之间。实际上,所出现的各种不同类型的防火墙,从简单的包过滤在应用层代理以至自适应代理,都是基于一个共同的假设,那就是防火墙把内部网络一端的用户看成可信任的,而外部网络一端的用户则都被作为潜在的攻击者来对待。这样的假设是整个防火墙开发和工作机制的前端,但随着最近几年各种网络技术的发展和各种新的攻击情况不断出现,人们越来越希望需要重新来探讨一下传统边界式防火墙存在的种种问题,以寻求新的解决方案,"分布式防火墙"技术就是目前认为最有效的解决方案。

针对传统边界防火墙的缺欠,"分布式防火墙"需要负责对网络边界、各子网和网络内部各节点之间的安全防护,所以"分布式防火墙"是一个完整的系统,而不是单一的产品。根据其所需完成的功能,新的防火墙体系结构包含如下部分。

(1) 网络防火墙(Network Firewall):这一部分可采用的是纯软件方式,也可以提供相应的硬件支持。它是用于内部网与外部网之间,以及内部网各子网之间的防护。与传统边界式防火墙相比,它多了一种用于对内部子网之间的安全防护层,这样整个网络的安全防护体系就显得更加全面,更加可靠。不过功能与传统的边界式防火墙类似。

(2) 主机防火墙(Host Firewall):同样也有纯软件和硬件两种产品,是用于对网络中的服务器和桌面机进行防护。这也是传统边界式防火墙所不具有的,也算是对传统边界式防火墙在安全体系方面的一个完善。它是作用在同一内部子网之间的工作站与服务器之间,以确保内部网络服务器的安全。这样防火墙的作用不仅是用于内部与外部网之间的防护,还可应用于内部网各子网之间、同一内部子网工作站与服务器之间。可以说达到了应用层的安全防护,比起网络层更加彻底。

(3) 中心管理(Central Management):这是一个服务器软件,负责总体安全策略的策划、管理、分发及日志的汇总。这是新的防火墙的管理功能,也是以前传统边界防火墙所不具有的。这样防火墙就可进行智能管理,提高了防火墙的安全防护灵活性,具备可管理性。

综合起来这种新的防火墙技术具有以下几个主要特点。

(1) 主机驻留。这种分布式防火墙的最主要特点就是采用主机驻留方式,所以称之为"主机防火墙",它的重要特征是驻留在被保护的主机上,该主机以外的网络不管是处在网络内部还是网络外部都认为是不可信任的,因此可以针对该主机上运行的具体应用和对外提供的服务设定针对性很强的安全策略。主机防火墙对分布式防火墙体系结构的突出贡献是,使安全策略不仅仅停留在网络与网络之间,而是把安全策略推广延伸到每个网络末端。

(2) 嵌入操作系统内核。这主要是针对目前的纯软件式分布式防火墙来说的,操作系统自身存在许多安全漏洞目前是众所周知的,运行在其上的应用软件无一不受到威胁。分布式主机防火墙也运行在该主机上,所以其运行机制是主机防火墙的关键技术之一。为自身的安全和彻底堵住操作系统的漏洞,主机防火墙的安全监测核心引擎要以嵌入操作系统内核的形态运行,直接接管网卡,在把所有数据包进行检查后再提交操作系统。为实现这样的运行机制,除防火墙厂商自身的开发技术外,与操作系统厂商的技术合作也是必要的条件,因为这需要一些操作系统不公开内部技术接口。不能实现这种分布式运行模式的主机防火墙由于受到操作系统安全性的制约,存在着明显的安全隐患。

(3) 类似于个人防火墙。分布式针对桌面应用的主机防火墙与个人防火墙有相似之处,如它们都对应个人系统,但其差别又是本质性的。首先它们管理方式迥然不同,个人防火墙的安全策略由系统使用者自己设置,目标是防外部攻击,而针对桌面应用的主机防火墙的安全策略由整个系统的管理员统一安排和设置,除了对该桌面机起到保护作用外,也可以对该桌面机的对外访问加以控制,并且这种安全机制是桌面机的使用者不可见和不可改动的。其次,不同于个人防火墙面向个人用户,针对桌面应用的主机防火墙是面向企业级客户的,它与分布式防火墙其他产品共同构成一个企业级应用方案,形成一个安全策略中心统一管理,安全检查机制分散布置的分布式防火墙。

(4) 适用于服务器托管。互联网和电子商务的发展促进了互联网数据中心(DC)的迅速崛起,其主要业务之一就是服务器托管服务。对服务器托管用户而言,该服务器逻辑上是其企业网的一部分,只不过物理上不在企业内部,对于这种应用,边界防火墙解决方案就显得比较牵强附会,而针对服务器的主机防火墙解决方案则是其一个典型应用。对于纯软件式的分布式防火墙则用户只需在该服务器上安装上主机防火墙软件,并根据该服务器的应用设置安全策略即可,并可以利用中心管理软件对该服务器进行远程监控,不需任何额外租用新的空间放置边界防火墙。对于硬件式的分布式防火墙因其通常采用 PCI 卡式的,通常兼顾网卡作用,所以可以直接插在服务器机箱里面,也就无须单独的空间托管费了,对于企业来说更加实惠。

在新的安全体系结构下,分布式防火墙代表新一代防火墙技术的潮流,它可以在网络的任何交界和节点处设置屏障,从而形成了一个多层次、多协议,内外皆防的全方位安全体系。主要优势如下。

(1) 增强的系统安全性:增加了针对主机的入侵检测和防护功能,加强了对来自内部攻击的防范,可以实施全方位的安全策略。

(2) 提高了系统性能:消除了结构性瓶颈问题,提高了系统性能。

(3) 系统的扩展性:分布式防火墙随系统扩充提供了安全防护无限扩充的能力。

(4) 实施主机策略:对网络中的各节点可以起到更安全的防护。

(5) 应用更为广泛,如可以提供对 VPN 通信的更好支持。

5.4　防火墙的体系结构

防火墙在网络中的部署位置也称为防火墙的体系结构,常见防火墙系统的体系结构有四种:筛选路由器体系结构、单宿主堡垒主机体系结构、双宿主堡垒主机体系结构和屏蔽子网体系结构。

5.4.1　相关概念

1. 堡垒主机

防火墙系统中常使用的"堡垒主机"(Bastion Host)概念,最初由美国人 Marcus J. Ranum 在《Thinking About Firewall V2.0:Beyond Perimeter Security》一书中提出。他指出,堡垒主机"是一个系统,作为网络安全的一个关键点,它由防火墙管理员来标识",并强调"堡垒主机需要各位注意自身的安全性,需要定期审核,并使用经过安全增强的软件"。堡垒主机是一种被强化的可以防御攻击的计算机,作为进入内部网络的一个检查点,以达到把整个网络的安全问题集中在某个主机上解决,从而省时省力,不用考虑其他主机的安全的目的。堡垒主机是网络中最容易受到侵害的主机,所以堡垒主机也必须是自身保护最完善的主机。在防火墙系统中包过滤路由器和应用代理服务器均可视为堡垒主机。

2. 非军事区

非军事区(Demilitarized Zone,DMZ)也可称为"隔离区"。它是为了解决安装防火墙后外部网络不能访问内部网络服务器的问题,而设立的一个非安全系统与安全系统之间的缓冲区,这个缓冲区位于内部网络和外部网络之间的一个特定的网络区域,在这个网络区域内可以放置一些必须公开的服务器设施,如企业 Web 服务器、FTP 服务器等。另一方面,通过这样一个 DMZ,可更加有效地保护内部网络,因为这种网络部署,对攻击者来说又增加了一道可起到缓冲作用的关卡。图 5-4 为 DMZ 的示意图。

图 5-4　DMZ 示意图

5.4.2　筛选路由器体系结构

筛选路由器体系结构是指通过包过滤防火墙构建网络的第一道防线。创建相应的过滤策略时对网络管理人员的 TCP/IP 的知识有相当的要求,如果筛选路由器被攻破,那么内部网络将变得十分危险。使用该体系结构的防火墙不能够隐藏内部网络的信息、不具备监视和日志记录功能。典型的筛选路由器体系结构如图 5-5 所示。

图 5-5　筛选路由器体系结构

采用这种防火墙体系结构的好处在于价格低廉。现有的路由器通常已经具有这样的功能。通过在包过滤路由器的基础上增加其他的安全措施,就可以形成更加完善的安全防护体系。

5.4.3　单宿主堡垒主机体系结构

单宿主堡垒主机体系结构由包过滤路由器和堡垒主机组成。单宿主堡垒主机通常是一个应用级网关防火墙。外部路由器配置把所有进来的数据发送到堡垒主机上,并且所有内部客户端配置成所有出去的数据都发送到这台堡垒主机上。然后堡垒主机以设定的安全规则作为依据检验这些数据。该防火墙系统提供的安全等级比包过滤防火墙系统要高,它实现了网络层安全(包过滤)和应用层安全(代理服务)。

这种类型的防火墙主要的缺点就是可以重配置路由器使信息直接进入内部网络,而完全绕过堡垒主机。此外,用户可以重新配置他们的机器绕过堡垒主机把信息直接发送到路由器上。典型的单宿主堡垒主机体系结构如图 5-6 所示。

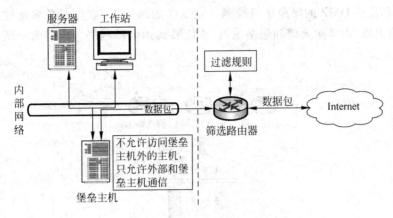

图 5-6　单宿主堡垒主机体系结构

5.4.4　双宿主堡垒主机体系结构

双宿主堡垒主机体系结构与单宿主堡垒主机体系结构的区别是,双宿主堡垒主机有两块网卡,一块连接内部网络,一块连接包过滤路由器。双宿主堡垒主机在应用层提供代理服务。双宿主堡垒主机体系结构可以构造更加安全的防火墙系统。双宿主堡垒主机有两个网络接口,但是主机在两个端口之间直接转发信息的功能被关闭。在物理结构上保证了所有去往内部网络的信息必须经过堡垒主机。典型的双宿主堡垒主机体系结构如图 5-7 所示。

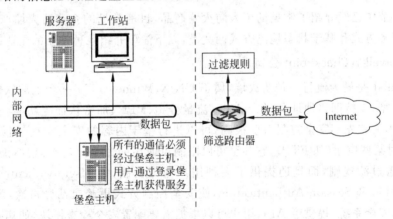

图 5-7　双宿主堡垒主机体系结构

5.4.5　屏蔽子网体系结构

屏蔽子网体系结构使用了两个包过滤路由器和一个堡垒主机,它支持网络层和应用层安全功能。它是最安全的防火墙体系结构之一,在定义了非军事区(DMZ),即屏蔽子网后,内外部网络均可以访问屏蔽子网,但禁止它们穿过屏蔽子网通信。网络管理员通常将堡垒主机、信息服务器、Modem 组,以及其他公用服务器放在 DMZ 网络中。在子网屏蔽防火墙体系结构中,外部防火墙抵挡外部的攻击并管理所有内部网络对 DMZ 的访问。内部防火墙管理 DMZ 对于内部网络的访问。内部防火墙是内部网络的第二道安全防线,当外部防火墙失效的时候,它还可以起到保护内部网络的作用。而内部网络对于外部网络的访问由内部防火墙和位于 DMZ 的堡垒主机控制。在这样的结构里,攻击者必须通过三个独立的区域(外部防火墙、内部防火墙和堡垒主机)才能够到达内部网络。典型的屏蔽子网体系结构如图 5-8 所示。

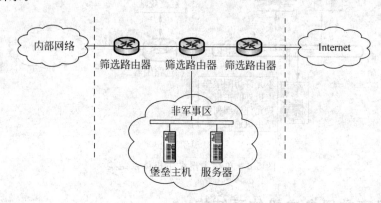

图 5-8   屏蔽子网体系结构

屏蔽子网体系结构是最安全的防火墙体系结构之一,其最大的缺点是需要使用的设备较多,造价高,不太适用于中小规模的网络环境。

5.5   防火墙的常见产品

在 5.2 节中已经介绍了常见的个人防火墙产品,目前常见的企业防火墙产品主要分为基于代理服务方式和基于状态检测方式两大类,以下简单介绍几种常见的企业级防火墙。

1. Firewall-1(CheckPoint 公司)

Firewall-1 是最为流行一种防火墙,属于 UNIX、Windows NT 平台上的软件防火墙,属于状态检测型,支持网络地址翻译(NAT)、流量分担、VPN、加密认证等功能。其综合性能较为优秀,因为首先其安全控制力度很高,可以进行基于内容的安全检查(例如对 URL 进行控制);对某些应用(如 FTP),它甚至可以限制可使用的命令。其次,它不仅可以基于地址、应用设置过滤规则,而且还提供了多种用户认证机制,如 User Authentication、Client Authentication 和 Session Authentication,使安全控制方式更趋灵活。再次,Firewall-1 是一个开放的安全系统,提供了 API,用户可以根据需要配置安全检查模块,如病毒检查模块,而且还提供了可安装在 Bay 路由器、Lannet 交换机的防火墙模块。

由于 Firewall-1 采用状态检测方式,因而处理性能也较高,对于 10BaseT 接口,完全可以达到线速,号称可达 80Mbps。此外,Firewall-1 的用户管理方式也很优秀,用户可以通过 GUI 同防火墙管理模块通信,维护安全规则;而防火墙管理模块则负责编译安全规则,并下载到各个防火墙模块中。对于用户而言,管理线条十分清晰,不易疏漏,修改方便。同时 Firewall-1 管理界面的功能丰富,不仅可以对 AXENT Raptor、Cisco PIX 等防火墙进行管理,还可以在管理界面中对 Bay、Cisco、3Com 等公司的路由器进行 ACL 设置。

Firewall-1 存在的问题主要是其底层操作系统对路由的支持,以及不具备 ARP Proxy 等方面,特别是后者,在做地址转换(NAT)时,不仅要配置防火墙,还要对操作系统的路由表进行修改,大大增加了 NAT 配置的复杂程度。

2. PIX（Cisco 公司）

PIX 是典型的网络层包过滤专用防火墙，属于硬件防火墙，属于状态检测型，支持网络地址翻译（NAT），在国内的 163/169 网络上面应用很多。由于它采用了专用的操作系统，因此减少了黑客利用操作系统 Bug 攻击的可能性。就性能而言，PIX 是同类产品中最好的，对 100BaseT 可达线速。因此，对于数据流量要求高的场合，如大型的网络服务提供商，是首选的防火墙产品。

Cisco 公司同样提供了集中式的防火墙管理工具 Cisco Security Policy Manager，可以通过命令行方式或是基于 Web 的命令行方式对 PIX 进行配置，但这种方式不支持集中管理模式，必须对每台设备单独进行配置，且配置复杂的过滤规则的过程比较烦琐。

其主要缺点是：对其他厂商产品的支持、日志管理、事件管理等方面没有 Check Point 防火墙管理模块的功能强大；没有能力防御应用层的攻击、无法进行内容过滤，如 Java、ActiveX 以及病毒过滤等。

3. AXENT Raptor（AXENT 公司）

与 Firewall-1 和 PIX 不同，Raptor 完全是基于代理技术的软件防火墙，它是代理服务型防火墙中的佼佼者。这主要体现在，相对于其他代理型防火墙而言，可支持的应用类型多；相对于状态检测型防火墙而言，由于所采用的技术手段不同，使得 Raptor 在安全控制的力度上较上述产品更加细致。Raptor 防火墙管理界面也相当简单，甚至可以对 NT 服务器的读、写操作进行控制，并对 SMB（Server Message Block）进行限制。对 Oracle 数据库，Raptor 还可以作为 SQL Net 的代理，从而对数据库操作提供更好的保护。

缺点：由于 Raptor 防火墙所采用的技术，决定了其处理性能较前面两种防火墙低；而且对用户新增的应用，如果没有相应的代理程序，就不可能使用该防火墙。

4. NetScreen（NetScreen 公司）

NetScreen 独特之处是流量控制及实时监控流量控制功能，为网络管理员提供了全部监测和管理网络的信息，诸如 DMZ、服务器负载平衡和带宽优先级设置等先进功能，它能同时响应高达 5000 条防火墙策略规则，以及 VPN 加密（IPSec）VPN、IPSec、DES、Triple DES，而且支持透明的无 IP 地址设置。

5. 天融信网络卫士 NGFW4000-S（天融信公司）

北京天融信公司的网络卫士是我国第一套自主版权的防火墙系统，目前在我国电信、电子、教育、科研等单位广泛使用。它由防火墙和管理器组成。网络卫士 NGFW4000-S 防火墙是我国首创的核检测防火墙，更加安全，更加稳定。网络卫士 NGFW4000-S 防火墙系统集中了包过滤防火墙、应用代理、网络地址转换（NAT）、用户身份鉴别、虚拟专用网、Web 页面保护、用户权限控制、安全审计、攻击检测、流量控制与计费等功能，可以为不同类型的 Internet 接入网络提供全方位的网络安全服务。网络卫士防火墙系统是由国内公司设计的，因此管理界面是完全中文化的，使管理工作更加方便，因此网络卫士 NGFW4000-S 防火墙的管理界面是所有防火墙中最直观的。网络卫士 NGFW4000-S 防火墙比较适合中型企业的网络安全需求。

6. 东软 NetEye 4032 防火墙（东软公司）

NetEye 4032 防火墙是 NetEye 防火墙系列中的最新版本，该系统在性能、可靠性、管理性等方面大大提高。其基于状态包过滤的流过滤体系结构，保证从数据链路层到应用层的完全高性能过滤，可以进行应用级插件的及时升级、攻击方式的及时响应，实现动态的保障网络安全。NetEye 防火墙 4032 对流过滤引擎进行了优化，进一步提高了性能和稳定性，同时丰富了应用级插件、安全防御插件，并且提升了开发相应插件的速度。网络安全本身是动态的，其变化非常迅速，每天都有可能有新的攻击方式产生。安全策略必须能够随着攻击方式的产生而进行动态的调整，这样才能够动态地保护网络的安全。基于状态包过滤的流过滤体系结构，具有动态保护网络安全的特性，使 NetEye 防火墙能够有效地抵御各种新的攻击，动态保障网络安全。东软 NetEye 4032 防火墙比较适合中小型企业的网络安全需求。

习题 5

1. 什么是防火墙？简述防火墙的功能、特点。
2. 简述防火墙的主要缺陷。
3. 评价防火墙的性能有哪些指标？
4. 评价防火墙的功能有哪些指标？
5. 简述防火墙规则制定的两种原则及其各自的特点。
6. 比较包过滤技术和应用网关技术的区别。
7. 简述堡垒主机和非军事区的概念。
8. 简述防火墙常见的体系结构，比较其各自的优缺点。

入侵检测技术　第6章

　　入侵检测是一种对网络传输进行即时监视,在发现可疑传输时发出警报或者采取主动反应措施的网络安全技术。入侵检测作为一种主动式的安全防护技术,已经成为构建网络安全防护体系的重要技术手段之一。本章主要介绍入侵检测的基本概念、体系结构、检测技术和发展方向等内容。

6.1　入侵检测概述

　　随着信息和网络技术的发展,在政治、经济和军事等利益的驱动下,针对网络基础设施和某些受重点关注的网络主机(如政府机构的官方网站)的攻击呈现出激增的趋势。在攻击手段不断推陈出新的复杂网络环境下,依靠传统的主机加固和网络防火墙等被动的安全防御措施已经不能满足现有的网络安全需求。入侵检测技术的出现,使得网络安全防护开始向主动监测和被动防护相结合的方向发展,为网络安全提供了多层次的安全保障。

6.1.1　入侵检测的概念

　　入侵检测(Intrusion Detection)是指"通过对行为、安全日志、审计数据或其他网络上可以获取的信息进行分析,对系统的闯入或闯出的企图进行检测"的安全技术。入侵检测系统(Intrusion Detection System,IDS)通过收集和分析网络行为、安全日志、审计数据、其他网络上可以获得的信息以及计算机系统中若干关键点的信息,检查网络或系统中是否存在违反安全策略的行为和被攻击的迹象。

　　入侵检测作为近 20 年来新出现的一种主动安全防护技术,提供了对内部攻击、外部攻击和误操作的实时保护,在网络系统受到危害之前拦截和响应入侵。目前入侵检测已经成为 P^2DR^2 系统安全模型中不可或缺的重要安全环节。IDS 的使用可以弥补单纯使用防火墙技术的诸多局限性,如不能阻止内部攻击、不能提供实时的入侵检测、不能主动跟踪入侵者、不能对恶意代码进行有效防护等。作为一种新型的计算机网络安全技术,使用 IDS 的优点是不仅能检测来自网络外部的入侵行为,同时也可以监测到内部网络用户的异常行为和误操作行为,有效地弥补了防火墙对内部网络监管乏力的缺陷,因此被认为是防火墙之后的第二道安全闸门,在不影响网络性能的情况下能对网络进行监测。

此外,作为一种主动安全防护技术,IDS 还可以实时响应检测到的入侵行为,采取诸如截断攻击者网络连接等方式,从而阻止入侵行为造成的破坏后果持续和进一步扩大。

6.1.2　入侵检测的历史和现状

很早以前,安全专家就已经认识到,应该对用户的行为进行适当的监控,以防止因用户恶意或错误的操作,破坏对网络系统数据和运行的安全性。伴随着计算机网络的蓬勃发展,对入侵检测技术的研究也不断地深入,其应用的领域和范围也在不断地扩大。

入侵检测的思想在三十多年前就已经萌芽,J. P. Anderson 在 1980 年为美国空军做了一份题为“计算机安全威胁监控与监视”的技术报告,第一次详细阐述了入侵检测的概念。报告将计算机系统可能遭受的风险和威胁分为外部入侵、内部入侵和滥用行为三种,并提出了使用审计追踪实施对入侵威胁的监测,该思想为基于主机的入侵检测提供了最初的理论基础。然而由于当时计算机网络并不普及,而实施针对主机的入侵行为影响范围有限,因此这一设想在信息安全领域并未受到足够的重视,直到以 Internet 为代表的计算机网络技术兴起以后,入侵检测技术才真正进入了高速发展的阶段。

1983 年到 1986 年,乔治敦大学的 Dorothy Denning 和斯坦福研究所/计算机科学实验室(Stanford Research Institute/Computer Science Lab, SRI/CSL)的 Peter Neumann 在共同主持的一个受美国海军海空作战系统指挥部资助的研究课题中实现了一个实时入侵检测系统——入侵检测专家系统(Intrusion Detection Expert Systems, IDES),并被用于Internet 的前身 ARPAnet 上监控用户的验证信息。这是第一个在一个应用中运用了统计和基于规则两种技术的实用 IDS,是入侵检测研究中最有影响的系统之一。其中最显著的一个贡献是,首次提出了一个较为完备的 IDS 的抽象模型。

1988 年,SRI/CSL 的 Teresa Lunt 等人从分析用户、系统设备与程序等的行为特征出发,进一步改进了 Denning 的入侵检测模型,并于 1990 年 4 月发布了一个新的系统,可以同时监控网络中不同站点上的用户。

1998 年 11 月,Morris 蠕虫在短短 12 小时内感染了 Internet 上 6200 多台计算机(约占当时入网计算机总数的 10%),造成 Internet 持续两天停机。该事件发生以后,网络安全问题引起各界的高度重视,促进了 IDS 的研究和开发进程。

1990 年,加州大学戴维斯分校的 L. T. Heberlein 等人在论文《A Network Security Monitor》中提出了基于网络的入侵检测概念,即将网络数据流作为审计数据的来源,通过主动监视网络信息流来最终发现可疑的行为。在 L. T. Heberlein 的领导下开发出的网络安全监视(Network Security Monitor, NSM)系统是第一个基于网络的 IDS,为入侵检测的发展历史掀开了新的一页。

1991 年,在美国空军、国家安全局和能源部的共同资助下,Haystack 实验室和 Heberlein 等人开展了对分布式 IDS(Distributed IDS, DIDS)的研究,DIDS 将基于主机和基于网络的检测方法集成到一起,采用分层体系结构,包括数据局、事件、主体、上下文、威胁、安全状态等六层。系统由传感器、管理器和中央数据处理器构成。DIDS 成为 IDS 发展历史上的又一个里程碑。

从 20 世纪 90 年代到现在,IDS 的研发呈现出百家争鸣的繁荣局面,全球众多安全研究机构都在开展入侵检测的研究,许多新的入侵检测技术被应用到 IDS 产品中,并在智能化和分布式两个方向取得了长足的进展。目前入侵检测品主要厂商有 ISS 公司(RealSecure)、Axent 公司(ITA、ESM)以及 NAI(CyberCopMonitor)等,他们都在入侵检测技术上有多年的研究。其中以 ISS 公司的 RealSecured 的智能攻击识别技术最为突出。

6.1.3　入侵检测的标准化

随着计算机网络资源共享的进一步加强,并且随着网络规模的扩大,网络入侵的方式、类型、特征各不相同,入侵活动变得复杂而又难以捉摸。某些入侵的活动靠单一 IDS 不能检测出来。不同的 IDS 之间没有协作,结果造成缺少某种入侵模式而导致 IDS 不能发现新的入侵活动。网络的安全也要求 IDS 能够与访问控制、应急、入侵追踪等系统交换信息,相互协作,形成一个整体有效的安全保障系统。然而,要达到这些要求,需要一个标准来加以指导,系统之间要有一个约定,如数据交换的格式、协作方式等。

1. IDS 标准研究状况

为了提高 IDS 产品、组件及与其他安全产品之间的互操作性,美国国防高级研究计划署(The Defense Advanced Research Projects Agency,DARPA)和互联网工程任务组(Internet Engineering Task Force,IETF)的入侵检测工作组(Intrusion Detection Working Group,IDWG)发起制定了一系列 IDS 的标准草案。

IDWG 主要负责制定入侵检测响应系统之间共享信息的数据格式和交换信息的方式,以及满足系统管理的需要。IDWG 的任务是,对于 IDS、响应系统和它们需要交互的管理系统之间的共享信息,定义数据格式和交换程序。IDWG 提出的建议草案包括三部分内容:入侵检测消息交换格式(Intrusion Detection Message Exchange Format,IDMEF)、入侵检测交换协议(Intrusion Detection Exchange Protocol,IDXP)以及隧道模型(Tunnel Profile,TP)。

IDMEF 描述了一种表示 IDS 输出消息的数据模型,并且解释了使用这个模型的基本原理。IDMEF 数据模型以面向对象的形式表示分析器发送给管理器的警报数据。数据模型的设计目标是用一种明确的方式提供对警报的标准表示法,并描述简单警报和复杂警报之间的关系。该数据模型用 XML(可扩展的标识语言)实现。自动的 IDS 能够使用 IDMEF 提供的标准数据格式,来对可疑事件发出警报。这种标准格式的发展将使得在商业、开放资源和研究系统之间实现协同工作的能力,同时允许使用者根据他们的强点和弱点获得最佳的实现设备。实现 IDMEF 最适合的地方是入侵检测分析器(或称为"探测器")和接收警报的管理器(或称为"控制台")之间的数据信道。

IDXP 是一个用于入侵检测实体之间交换数据的应用层协议,能够实现 IDMEF 消息、非结构文本和二进制数据之间的交换,并提供面向连接协议的双方认证、完整性和保密性等安全特征。IDXP 模型包括建立连接、传输数据和断开连接。

DARPA 提出的建议是通用入侵检测框架(Common Intrusion Detection Framework,CIDF),最早由加州大学戴维斯分校安全实验室主持起草工作。CIDF 主要介绍了一种通用入侵说明语言(CISL),用来表示系统事件、分析结果和响应措施。为了把 IDS 从逻辑上分为面向任务的组件,CIDF 试图规范一种通用的语言格式和编码方式以表示在组件边界传

信息安全概论

递的数据。CIDF 所做的工作主要包括四部分：IDS 的体系结构、通信体制、描述语言和应用编程接口（API）。

CIDF 根据 IDS 系统通用的需求以及现有的 IDS 系统的结构，将 IDS 系统的构成划分为五类组件：事件组件、分析组件、数据库组件、响应组件和目录服务组件。从功能的角度，这种划分体现了 IDS 所必须具有的体系结构：数据获取、数据管理、数据分析、行为响应，因此具有通用性。这些组件以 GIDO（统一入侵检测对象）格式进行数据交换。GIDO 是对事件进行编码的标准通用格式（由 CIDF 描述语言 CISL 定义）。这里的组件只是逻辑实体，一个组件可能是某台计算机上的一个进程甚至线程，也可能是多个计算机上的多个进程。

CIDF 组件在一个分层的体系结构里进行通信，这个体系结构包括三层：GIDO 层、消息层和协商传输层。GIDO 层的任务就是提高组件之间的互操作性，就如何表示各种各样的事件做了详细的定义。消息层确保被加密认证消息在防火墙或 NAT 等设备之间传输过程中的可靠性。消息层没有携带有语义的任何信息，它只关心从源地址得到消息并送到目的地；相应地，GIDO 层只考虑所传递消息的语义，而不关心这些消息怎样被传递。协商传输层规定 GIDO 在各个组件之间的传输机制。

CIDF 的通信机制主要讨论消息的封装和传递，分为四个方面。

（1）匹配服务。它为 CIDF 组件提供一种标准的统一机制，并且为组件定位共享信息的通信"合作者"。因此极大提高了组件的互操作性，减少了开发多组件入侵检测与响应系统的难度。

（2）路由。组件之间要通信时，有时需要经过非透明的防火墙，发送方先将数据包传递给防火墙的关联代理，然后再由此代理将数据包转发到目的地。CIDF 采用了源路由和绝对路由。

（3）消息层。消息层的使用达到了下面的目标：提供一个开放的体系结构，使通信独立于操作系统、编程语言和网络协议，简化向 CIDF 中添加新的组件，支持认证与保密的安全要求，同步（封锁进程与非封锁进程）。

（4）消息层处理。消息层处理规定了消息层消息的处理方式，它包括四个规程：标准规程、可靠传输规程、保密规程和鉴定规程。

CIDF 的工作重点是定义了一种应用层的语言 CISL，用来描述 IDS 组件之间传送的信息，以及制定一套对这些信息进行编码的协议。CISL 使用了一种被称为 S 表达式的通用语言构建方法，S 表达式是标识符和数据的简单循环分组，即对标记加上数据，然后封装在括号内完成编组。CISL 使用范例对各种事件和分析结果进行编码，把编码的句子进行适当的封装，就得到了 GIDO。GIDO 的构建与编码是 CISL 的重点。

CIDF 的 API 负责 GIDO 的编码、解码和传递，它提供的调用功能使得程序员可以在不了解编码和传递过程具体细节的情况下，以一种很简单的方式构建和传递 GIDO。它分为两类：GIDO 编码/解码 API 和消息层 API。

CIDF 和 IDWG 都还不成熟，目前仍在不断的改进和完善中，但可以预见，标准化是未来的 IDS 必然发展方向，而 CIDF 或 IDWG 很可能会代表将来的 IDS 国际通用标准。

2．入侵检测标准研究的意义

面对入侵活动越来越广泛，并且许多攻击是经过长时期准备、通过网上协作开展进行时,IDS 和它的组件之间共享这种类型攻击信息十分重要。共享让系统之间对可能即将来临的攻击发出警报。主要的意义在于共享攻击特征数据,安全控制系统之间相互协作有利于产品评估。

数据交换标准化解决了 IDS 和它的组件之间共享攻击信息问题,提高了 IDS 产品、组件及与其他安全产品之间的互操作性。CIDF 使得 IDS 系统能够划分为具有不同功能的模型组件,在不同于最初被创建的环境下,这些组件依然能够被重新使用。同时,CIDF 解决了不同 IDS 的互操作性和共存问题。它所提供的标准数据格式,使得 IDS 中的各类数据可以在不同的系统之间传递并共享。CIDF 的完善的互用性标准以及最终建立的一套开发接口和支持工具,提供了独立开发部分组件的能力。

尽管计算机网络资源共享在进一步加强,网络规模在不断扩大,网络入侵的方式、类型、特征各不相同,入侵活动变得复杂而又难以捉摸,只要有统一的入侵检测标准,就能够检测出单一的 IDS 不能检测出来的某些入侵活动。而且,标准的制定使得不同的 IDS 之间存在协作,形成某种入侵模式使得 IDS 能够发现新的入侵活动。同时 IDS 能够与访问控制、应急、入侵追踪等系统交换信息,相互协作,形成一个整体有效的安全保障系统,满足网络安全的需求。

3. 我国 IDS 标准化现状

我国在 IDS 标准化方面的研究起步较晚,尚未形成完善的 IDS 技术标准体系,但目前国内也已经着手制定相关的技术标准,并已经在 2006 年推出了入侵检测技术要求和测试评价方法(GBT 20275—2006)等一系列相应的国家标准。

6.2　入侵检测系统分类

对于 IDS 的分类目前存在多种方法,主要的分类方法包括按入侵检测数据的来源分类、按使用的入侵检测分析方法分类、按体系结构分类以及一些其他的分类方法。

6.2.1　按入侵检测的数据来源分类

按入侵检测所监测的数据来源可以将入侵检测分为基于主机的入侵检测(Host-based IDS,HIDS)和基于网络的入侵检测(Network-based IDS,NIDS)以及混合分布式入侵检测(Hybrid Distributed IDS,HDIDS)等三类。

1. HIDS

HIDS 以主机数据作为分析对象,通过分析主机内部活动痕迹,如系统日志、系统调用、系统关键文件完整性等,判断主机上是否有入侵行为发生。由于主机数据较易获得,而且数据真实性较高,因此 HIDS 一般来说能够较为准确地检测到发生在主机系统高层的复杂攻击行为。例如,HIDS 对针对文件系统所进行的非法访问操作序列、对系统关键配置参数的修改攻击及应用程序的异常运行情况等具有较高的识别率。

由于运行在受保护主机上,当检测到攻击发生时,HIDS 可以快速采取措施(如关闭端口、终止进程)对入侵行为进行响应。HIDS 在被保护的主机上分析主机的内部活动,需要占用一定的计算资源和存储资源,从而对受保护主机产生一定的资源开销。此外,HIDS 需要收集主机数据,不能及时、正确采集到相应的数据是这类入侵检测的弱点之一。例如,攻击者在攻击成功后,可以关闭日志或审计系统,从而避开 IDS。

基于应用的 IDS 是一类特殊的 HIDS。其使用的检测方法是针对某个特定任务的应用程序而设计,其数据源是应用程序的日志信息、应用程序的系统调用信息、应用程序的文件操作系统等。许多发生在应用进程级别的攻击行为(如缓冲区溢出攻击),只能依靠基于应用的 IDS 来实现,而无法依靠基于网络的 IDS 来完成。

2. NIDS

NIDS 以一种或者多种网络数据作为分析对象,用一定的分析方法,判断在主机或网络中是否有入侵行为发生。NIDS 安装在被保护的网段中,与被保护主机操作系统无关,也不会增加网络中主机的负载。由于受保护主机上未安装相关软件,因此 NIDS 无法发现主机上的复杂攻击行为,且发现攻击后无法直接采取响应措施。一般来说,一旦检测到了攻击行为,NIDS 的响应模块可向其他安全组件(如防火墙)报警,由这些安全组件对攻击采取相应的措施,如通知管理员、中断连接、为司法取证收集保存会话记录等。NIDS 通常利用一个工作在混杂模式下的网络适配器来实时监视原始网络包,并对通过网络的所有通信业务进行分析,因此需要性能优越的网络处理平台。

3. HDIDS

虽然基于网络的 IDS 的功能很强大,应用也很广泛,但是在适应现代千兆比特的高速网络和交换式网络方面也有许多难以克服的困难。而且基于主机的 IDS 也有其独特功能,所以未来的 IDS 要想取得成功必须将基于主机和基于网络的两种 IDS 无缝地结合起来,这就是 HDIDS。它兼有前两种 IDS 的优点。比如基于主机的 IDS 使用系统日志作为检测依据,因此它们在确定攻击是否已经取得成功时与基于网络的检测系统相比具有更大的准确性。在这方面,基于主机的 IDS 对基于网络的 IDS 是一个很好的补充,人们完全可以使用基于网络的 IDS 提供早期报警,而使用基于主机的 IDS 来验证攻击是否取得成功。HDIDS可以从不同的主机系统、网络部件或者通过网络监听方式收集数据,这些系统可以利用网络数据,也可收集分析来自主机系统的高层事件发现可疑行为,提供集成化的攻击签名、检测、报告和事件关联功能,而且部署和使用上也更加灵活方便。对分布式入侵检测方法的研究也是当前网络安全分析的热点之一。

6.2.2 按使用的入侵检测分析方法分类

从入侵检测的方法即数据分析方法来看,目前有误用检测(Misuse Detection)、异常检测(Anomaly Detection)和混合检测三种基本的入侵检测方法。

1. 误用检测

误用检测有时也被称为基于特征的检测(Signature-based Detection)或基于知识的检测(Knowledge-based Detection)。误用检测根据掌握的关于入侵或攻击的知识来检测入侵。首先,通过分析各种已知的攻击方法、手段和漏洞,定义入侵模式(攻击特征集合,说明入侵行为或事件的特征、条件、排列和事件之间的关系),组建入侵模式库。在此基础上将所捕获到的与待检测目标有关的流量或数据(用户行为)同入侵模式库中的模式或规则进行比较和匹配,以期发现与现存入侵模式对应的某种特定的入侵行为。基于这样的思想,误用检测技术的核心是事先用恰当的方法分析、提取并表示隐藏在具体入侵行为中的内在代表性特征,形成相应的入侵模式库,并以此为依据实现对目标流量的有效检测和行为发现。

由于根据具体的入侵特征模式库进行匹配判断,所以误报率较低。同时,检测的匹配条件可以进行清楚的描述,从而有利于安全管理人员采取清晰明确的预防、保护及响应措施,因此,当前主流的商用 IDS 都使用误用检测方法。误用检测的主要缺陷是对入侵特征模式库依赖性太强,它检测入侵能力取决于入侵特征模式库完整性和更新程度,所以不能检测到模式库中没有现存模式的未知入侵,即使是对已知的入侵行为,只要入侵者将其稍加改变,也会很容易就将它欺骗,从而发生漏报。同时,将具体入侵行为、手段抽象成入侵模式比较困难。另外,随着新入侵行为的不断发现,入侵检测规则或模式库的容量和规模也随之持续扩大和膨胀,从而增加 IDS 的负担并严重影响入侵检测的效率。

2. 异常检测

异常检测(Misuse Detection)方式首先对正常状态下的系统行为建立模型(预期的正常活动行为模型),然后将所有观测到的和目标对象相关的活动与建立的系统正常行为模型进行比较,将与系统正常行为模型不相符的活动判定为可疑或入侵行为。

由于异常检测技术的基本思想是将违背对象正常和合法行为的所有活动判定为可疑或入侵行为,因此从理论上来说这种技术能够比误用检测技术发现更多的入侵行为(尤其是未知的入侵行为)。然而,对象正常和合法行为模型的建立本身是一个复杂且动态变化着的过程,这使得异常检测技术在进行入侵检测时暴露出许多的不确定性。由于误警率较高,一方面它可能会把对象正常和合法的活动判定为入侵,另一方面又可能会将真正的入侵视作正常和合法的行为。这种技术目前主要还停留在研究领域而尚未被普遍地应用于商业的 IDS 中。

3. 混合检测

混合检测同时使用以上两种方法,以期获得两者的优点而避免其缺点。目前通用的方法是:以模式发现为主,辅以异常发现技术。

6.2.3　按系统体系结构分类

按照系统体系结构可以将 IDS 分为集中式 IDS 和分布式 IDS。

1. 集中式 IDS

集中式 IDS 由一个集中的入侵检测服务器和可能分布于不同主机上的多个审计程序组成,审计数据由分散的主机审计程序收集后传送到中央检测服务器,由服务器对这些数据进行分析处理。集中式 IDS 最大的优点是设计简单,易于实现,主要用于小型网络中的入侵检测。集中式 IDS 在可伸缩性、鲁棒性和可配置性方面存在明显缺陷,主要表现在:①随着网络规模的扩大,主机审计程序和服务器之间传送的数据量会骤增,增加网络负担,导致网络性能恶化;②系统安全性比较脆弱,一旦中央服务器出现故障,整个系统就会陷入瘫痪状态;③根据各个主机的不同需求配置服务器非常复杂。

2. 分布式 IDS

分布式 IDS 主要针对比较复杂的网络,一般由多个组件构成,各组件可以选用不同的检测方法,协同完成检测任务。分布式 IDS 有利于取各种检测方法之长来提高入侵检测的效率和准确性。分布式 IDS 的各个组件分布在网络中不同的计算机或设备上,其分布性主要体现在数据收集和数据分析上。

6.2.4　其他分类方式

根据 IDS 的工作方式可分为在线 IDS 和离线 IDS。在线 IDS 以实时联机的方式进行工作,就是在系统或网络运行过程中实时收集、分析相关信息,采用某种检测技术发掘其中是否存在入侵行为,一旦发现入侵迹象立即进行响应。这个检测过程是自动的、不断循环进行的。由于需要实时检测攻击行为,因此对主机性能有一定影响。离线 IDS 又叫事后入侵检测,它把收集到的信息如操作系统审计记录、系统日志和网络数据等存储起来,在入侵发生以后集中地对存储的数据进行分析,以判断系统是否被入侵,并采取相应的措施。由于这种检测方式不具有实时性,因此不能有效地防范和响应入侵行为。但是离线 IDS 可以减少对 CPU 资源和其他系统紧缺资源的占用,提高用户日常任务使用效率。

根据响应方式,IDS 可以分为主动响应和被动响应系统。主动响应对于发现的入侵行为进行干预以阻断攻击;被动响应仅对发现的入侵行为进行告警和日志记录。

此外,根据系统检测的工作频率,IDS 还可细分为连续 IDS、周期性 IDS。

需要注意的是上述的分类方法之间并不排斥,同一个 IDS 可能分属于某几类系统。

6.3　入侵检测系统模型及体系结构

6.3.1　入侵检测系统模型

1. Denning 通用模型

最早的入侵检测模型由 Dorothy Denning 在 1986 年提出。这个模型与具体系统和具体输入无关,对此后的大部分实用系统都很有借鉴价值。图 6-1 给出了这个 IDS 通用模型。

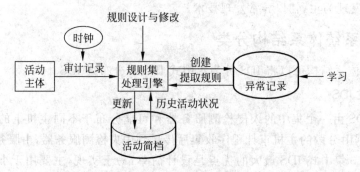

图 6-1　Denning 通用模型

入侵检测专家系统(IDES)与它的后继版本 NIDES(Next-Generation Intrusion Detection Expert System)均完全基于 Denning 的模型。该模型的最大缺点是它没有包含已知系统漏洞或攻击方法的知识,而这些知识在许多情况下是非常有用的信息。

该模型由以下六个主要部分构成。

(1) 主体(Subjects):启动在目标系统上活动的实体,如用户。

(2) 对象(Objects):系统资源,如文件、设备、命令等。

（3）审计记录（Audit Records）：由＜Subject，Action，Object，Exception-Condition，Resource-Usage，Time-Stamp＞构成的六元组，活动（Action）是主体对目标的操作，对操作系统而言，这些操作包括读、写、登录、退出等；异常条件（Exception-Condition）是指系统对主体的该活动的异常报告，如违反系统读写权限；资源使用状况（Resource-Usage）是系统的资源消耗情况，如 CPU、内存使用率等；时间戳（Time-Stamp）是活动发生时间。

（4）活动简档（Activity Profile）：用以保存主体正常活动的有关信息，具体实现依赖于检测方法，在统计方法中从事件数量、频度、资源消耗等方面度量，可以使用方差、马尔可夫模型等方法实现。

（5）异常记录（Anomaly Record）：由＜Event，Time-stamp，Profile＞组成，用以表示异常事件的发生情况。

（6）活动规则：规则集是检查入侵是否发生的处理引擎，结合活动简档用专家系统或统计方法等分析接收到的审计记录，调整内部规则或统计信息，在判断有入侵发生时采取相应的措施。

2. 公共入侵检测框架

因为目前大部分的入侵检测系统都是独立研究与开发的，不同系统之间缺乏互操作性和互用性。一个入侵检测系统的模块无法与另一个入侵检测系统的模块进行数据共享，在同一台主机上两个不同的入侵检测系统无法共存，为了验证或改进某个部分的功能就必须重构整个入侵检测系统，而无法重用现有的系统和构件。

公共入侵检测框架（Common Intrusion Detection Framework，CIDF）是为了解决不同入侵检测系统的互操作性和共存问题而提出的入侵检测的框架。为了提高入侵检测产品、组件及其他安全产品之间的互操作性，美国国防高级研究计划署（DAPRA）和互联网工程任务组（IETF）的入侵检测工作组（IDWG）发起制定了一系列 IDS 标准化建议方案，从体系结构、通信机制、描述语言和应用编程接口（API）等方面规范了 IDS 的标准。在多种 IDS 标准化体系中，CIDF（Common Intrusion Detection Framework）通用入侵检测框架逐渐成为了主流。CIDF 最早由加州大学戴维斯分校计算机安全实验室主持起草工作并于 1997 年初正式提出。

CIDF 是一个通用的入侵检测系统模型，主要由四个部分组成：CIDF 的体系结构、通信机制、描述语言和应用编程接口（API）。

1）CIDF 的体系结构

CIDF 在 IDES 和 NIDES 的基础上提出了一个通用模型，将入侵检测系统分为四个基本组件：事件产生器、事件分析器、响应单元和事件数据库，如图 6-2 所示。

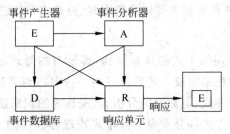

图 6-2　CIDF 公共入侵检测框架

信息安全概论

(1) 事件产生器(Event Generators):入侵检测系统需要分析的数据统称为事件(Event)。可以是基于网络的入侵检测系统中网络中的数据,也可以是从系统日志或其他途径得到的信息。事件产生器的任务是从入侵检测系统之外的计算环境中收集事件,并将这些事件转换成 CIDF 的 GIDO 格式传送给其他组件。

(2) 事件分析器(Event Analyzers):事件分析器分析从其他组件收到的 GIDO,并将产生的新 GIDO 再传送给其他组件。

(3) 事件数据库(Event Databases):用于存储 GIDO。

(4) 响应单元(Response Units):处理收到的 GIDO,并据此采取相应的措施。

四个组件只是逻辑实体,一个组件可能是某台计算机上的一个线程或进程,也可能是多个计算机上的多个进程,它们以统一入侵检测对象(Generalized Intrusion Detection Objects,GIDO)格式进行数据交换。GIDO 是对事件进行编码的标准通用格式。此格式是由 CIDF 描述语言(CISL)定义的。GIDO 数据流可以是发生在系统中的审计事件,也可以是对审计事件的分析结果。

2) CIDF 的通信机制

为了保证各个组件之间安全高效地通信,CIDF 将通信机制构造成一个三层模型:GIDO 层、消息层和协商传输层。GIDO 层定义事件表示方法,保证各组件能正确理解相互之间传输的各种数据的语义。消息层负责将数据从发送方传递到接收方,不携带任何语义信息。协商传输层定义各个组件间的传输机制。

3) CIDF 语言

为了描述 IDR(入侵检测响应)组件之间传送的信息,以及对这些信息进行编码的协议,CIDF 定义了公共入侵规范语言(Common Intrusion Specification Language,CISL),CISL 可以表示 CIDF 中的各种信息,如原始事件信息、分析结果、响应提示等。CISL 使用了一种被称为 S 表示式的通用语言构建方法,S 表达式可以将标记和数据进行简单的递归编组,即对标记加上数据,然后封装在括号内完成编组。S 表达式以语义标识符(SID)开头,用于表示编组列表的语义,如(HostName,'math.com')。CISL 可对各种事件和分析结果进行编码,封装后即得到了 GIDO。

4) CIDF 的 API 接口

CIDF 的 API 负责 GIDO 的编码、解码和传递,便于程序员以一种简单的方式构建和传递 GIDO。

6.3.2 入侵检测系统体系结构

整体上来说,IDS 的体系架构主要包括集中式、分布式和分层式三种。

1. 集中式体系结构

早期的 IDS 基本都采用集中式的体系结构,即所有的处理过程包括数据采集、分析都由单一的主机上的一个进程来完成。随后出现的一些 IDS 对其进行了改进,主要是数据采集上使用了分布式的处理方式,但数据的分析、入侵行为的识别还是由单一的数据分析服务器进行来完成。虽然这种方式部分实现了分布式处理,但本质上仍然属于集中式的体系结构,如图 6-3 所示。

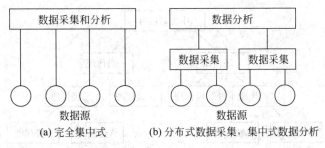

(a) 完全集中式 　　　　(b) 分布式数据采集，集中式数据分析

图 6-3 　集中式体系结构

使用集中式体系结构的优点是，集中处理可以全面地掌握采集到的数据，从而使对入侵行为的分析更加精确。但其缺点也非常明显，主要表现在：

（1）可扩展性差，单一主机的处理能力限制了系统应用的规模，分布式的数据采集往往会造成较高网络数据传输的负载；

（2）改变配置和加入新功能困难，修改系统配置或是使新的功能生效，必须停止 IDS 工作并重新启动；

（3）存在单点失效的风险，如果 IDS 的中央入侵事件分析器失效或被入侵者破坏，整个 IDS 系统将陷于瘫痪。

2．分布式体系结构

随着网络规模的不断扩大，使用集中式体系结构的 IDS 已经不能满足大规模应用的需要。因此分布式技术被引入到 IDS 中，使用分布式体系结构的 IDS 中采用了多个代理在网络的各部分分别执行入侵检测，并协作处理可能的入侵行为，其优点是能够较好地完成数据的采集和检测内外部的入侵行为。其缺点在于现有的网络普遍采用的是层次化的结构，纯分布式的入侵检测要求所有的代理处于同一层次上，如果代理所处的层次过低，则无法检测针对网络上层的入侵行为，反之代理所处层次过高，则无法检测针对网络下层的入侵行为。此外，由于每个代理处于对等的地位，均无法获知整体的网络数据，所以无法对时空跨度大的入侵行为进行准确的识别。

3．分层式体系结构

受到单个主机资源的限制和攻击信息的分布性影响，往往需要多个检测单元进行协同处理，才能够应对高层次的攻击（如协同攻击）。因此采用分层的体系结构来检测日趋复杂化的网络入侵行为是一个较好的解决方案。在使用分层体系结构的 IDS 中，各检测单元（通常是智能代理）被组织成一个层次化的树状结构，如图 6-4 所示。

在分层体系结构中，最底层的代理负责收集所有的基本信息，然后对这些信息进行简单处理，完成初步的分析。其特点是处理速度快，数据量大，但仅限于检测某些简单的入侵行为。

中间层代理起连接上下层代理的作用，一方面接收并处理由下层代理处理后的数据，另一方面可以进行较高层次的关联性分析并输出结果；同时，还负责向高层次代理进行数据和处理结果通报。中间层代理的加入减轻了中央控制台的负载压力，并提高了系统的可伸缩性。

中央控制台处于最高的层次，主要负责在整体上对各级代理进行协调和管理。此外，其

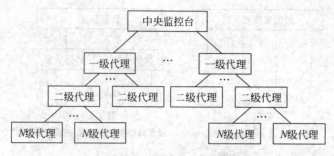

图 6-4　分层式体系结构

还可以根据网络环境或应用需求的变化，动态调整代理之间的层次关系，实现系统的动态调配。

完善的体系结构可以提高 IDS 整体的性能，只有通过制定一个统一的标准，保证 IDS 各部件进行有效的信息共享和协同工作，才能够提高 IDS 整体的对入侵行为的检测效率。

6.4　入侵检测技术及发展方向

对各种事件进行分析，从中发现违反安全策略的行为是 IDS 的核心功能。一般而言，入侵检测方法可以分为异常检测和误用检测两类。

异常检测方法主要通过正常的网络数据或者用户的正常行为建立一种系统正常模式（Normal Profile），通过衡量和正常行为模式之间的背离程度做出是否有入侵或者异常活动的决策。这种方法可以方便地检测系统中从未出现过的攻击类型（Novel Attack）。

误用检测，又称为基于特征的检测（Signature-based Detection）。误用检测根据某种已知攻击或入侵的具体信息建立某种入侵或攻击的模式（Intrusion Profile/Pattern），通过确定网络数据或用户行为与此模式是否匹配确定其是否为此类攻击。这种方式需要维持一个入侵/攻击类型特征库，对于已知攻击，系统具备较强的检测能力；但对于未知攻击却无能为力。因此，误用入侵检测需要不断地刷新特征库从而保持其检测能力的不断扩展。

从目前研究的趋势来看，两者结合的检测会达到更好的效果，也是研究的重点。根据这两种不同入侵检测技术进行数据分析时，可以分为基于行为的检测和基于知识的检测。

6.4.1　基于行为的入侵检测技术

基于行为的检测指根据使用者的行为或资源使用状况来判断是否有入侵行为，而不依赖于具体行为是否出现来检测，所以也被称为异常检测（Anomaly Detection）。基于行为的检测与系统相对无关，通用性较强。它甚至有可能检测出以前未出现过的攻击方法，不像基于知识的检测那样受已知性的限制。但因为不可能对整个系统内的所有用户行为进行全面的描述，况且每个用户的行为是经常改变的，所以它的主要缺陷在于误检率很高。尤其在用户数目众多或工作目的经常改变的环境中。其次由于统计表要不断更新，入侵者如果知道某系统在检测器的监视之下，他们能慢慢地训练检测系统，以至于最初认为是异常的行为，经一段时间训练后也认为是正常的了。基于行为的检测方法主要有以下三种。

1. 概率统计方法

概率统计方法是基于行为的入侵检测中应用最早也是最多的一种方法。首先,检测器根据用户对象的动作为每个用户都建立一个用户特征表,通过比较当前特征与已存储定型的以前特征,判断是否异常行为。用户特征表需要根据审计记录情况不断地加以更新。用于描述特征的变量类型有如下几个。

(1) 操作密度:度量操作执行的速率,常用于检测平均有多长时间觉察不到的异常行为。

(2) 审计记录分布:度量在最新记录中所有操作类型的分布。

(3) 范畴尺度:度量在一定动作范畴内特定操作的分布情况。

(4) 数值尺度:度量那些产生数值结果的操作,如 CPU 使用量、I/O 使用量。

这些变量所记录的具体操作包括:CPU 的使用,I/O 的使用,使用地点及时间,邮件使用,编辑器使用,编译器使用,所创建、删除、访问或改变的目录及文件,网络上的活动等。在 SRI International 公司的入侵检测专家系统(IDES)中给出了一个特征简表的结构:

<变量名,行为描述,例外情况,资源使用,时间周期,变量类型,门限值,主体,客体,值>

其中的变量名、主体、客体唯一确定了每一个特征简表,特征值由系统根据审计数据周期性地产生。这个特征值是所有有悖于用户特征的异常程度值的函数。如果假设 $S_1, S_2, \cdots, S_n$ 分别是用于描述特征的变量 $M_1, M_2, \cdots, M_n$ 的异常程度值,S_i 值越大说明异常程度越大。则这个特征值可以用所有 S_i 值的加权平方和来表示:$M = \sum a_i \times s_i^2$,其中 $a_i > 0$ 表示每一特征的权重,其中均值为 $\mu = M/n$。

根据统计可以设定检测阈值,如图 6-5 所示,根据系统正常行为集合(填充椭圆体)建立正常行为模式(Norm Profile),其中黑色填充圆圈代表质心(Centroid),虚线代表一定检测精度下的检测阈值;这样,即可得到一个基于统计的简单检测器设计。检测过程中,上方以及右侧的点由于超出设定的阈值即被确定为入侵;但据图 6-5 所知,左侧点本应为正常,但由于检测器阈值设置的原因,被判定为入侵(误报)。因此,在此例中,阈值的设定对于检测器的性能而言至关重要。

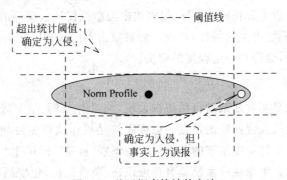

图 6-5　基于概率统计的方法

这种方法的优越性在于能应用成熟的概率统计理论。但也有一些不足之处,如:统计检测对事件发生的次序不敏感,也就是说,完全依靠统计理论可能漏检那些利用彼此关联事件的入侵行为。其次,定义是否入侵的判断阈值也比较困难。阈值太低则漏检率提高,阈值太高则误检率提高。

2. 人工神经网络

在众多的入侵检测技术中,人工神经网络(Artificial Neural Network,ANN)技术的应用显得越来越突出。神经网络是比较典型的非线性分析方法。将神经网络用于入侵检测基本上可以看作一个模式发现和识别的问题。神经网络可以实现监督和非监督学习条件下的分类和回归工作。与传统的统计分类方法相比,神经网络是"模型无关"的,表现出一种非监督学习条件下分类器的性能。它具有能够通过调整使得输出在特征空间中逼近任意目标的优点。二十多年来,神经网络的研究取得了不容否认的大量的研究成果。在工程应用上,神经网络的应用越来越广泛。神经网络独特的性质及其强大的计算能力已为科学工作者和工程师们所肯定。1988年,在DARPA的《神经网络研究报告》中列举了各种神经网络的激动人心的应用。近十年来,有关神经网络的研究以及应用已经成为国际上的一个非常重要的热点。神经网络方法的一个重要特性就是它的自动学习能力。将神经网络用于入侵检测,提供给网络一些正常或者异常的学习训练数据,网络通过学习算法自动调节参数,收敛于一个稳定状态。然后可将训练后的网络用于在线实时检测或者离线的数据判别。利用神经网络检测入侵的基本思想是用一系列信息单元(命令)训练神经单元,这样在给定一组输入后,就可能预测出输出。实验表明UNIX系统管理员的行为几乎全是可以预测的,对于一般用户,不可预测的行为也只占了很少的一部分。一个简单的用于入侵检测的神经网络模型如图6-6所示。

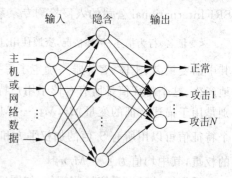

图6-6 基于ANN的入侵检测系统模型

神经网络方法的优点在于能更好地处理原始数据的随机特性,即不需要对这些数据作任何统计假设,并且有较好的抗干扰能力。虽然如此,基于神经网络方法的入侵检测也存在一些缺陷。比如,训练数据的获取非常困难(比如网络流数据的入侵类型判定)。神经网络的训练和学习需要大量的准确的某种标定入侵类型的数据,而通常,对于网络流数据以及系统审计日志数据的分析十分耗时;并且,很多攻击类型仅仅从数据包的层次上也无从判断。另外,由于神经网络模型无关的特性,造成人们对攻击本质认知的缺失。这些问题相信随着神经网络技术的发展,会得到一定程度的解决。

3. 人工免疫系统

生物的免疫系统是非常复杂的自然防御系统,它具有分析、学习进入体内的外来物质,并通过产生抗体来消灭入侵抗原的特点。免疫系统是机体执行免疫功能的机构,是产生免疫应答的物质基础。生物免疫系统的基本功能是识别"自身"(Self)和"非自身"(Noself),并将"非自身"分类清除。生物免疫系统具有免疫识别、免疫记忆、免疫调节和免疫宽容等功能特征,能有效识别外来入侵者,维持机体本身的平衡,保证生物体自身的生存和发展。其中免疫识别是指免疫系统不仅能够识别已知抗原,同时还能够识别未知抗原,免疫记忆则是指生物免疫系统能够对再次入侵的抗原发生快速反应(即二次应答)。从信息处理的角度来看,免疫系统是一个自适应、自学习、自组织、并行处理和分布协调的复杂系统。借鉴免疫系统中蕴涵丰富且有效的信息处理机制,针对计算机系统和网络抵抗入侵的安全问题,可以建立相应的人工免疫模型和算法,具有十分广阔的应用前景。

人工免疫系统(Artificial Immune System)是研究、借鉴和利用生物免疫系统(这里主要是指人类的免疫系统)各种原理和机制而发展的各类信息处理技术、计算技术及其在工程和科学中的应用而产生的各种智能系统的统称。从生物的免疫系统特点出发可以发现,IDS与免疫系统具有本质的相似性:免疫系统负责识别生物体"自身"和"非自身"的细胞,清除异常细胞,IDS则辨别正常和异常行为模式;生物免疫系统对抗原的初次应答类似于 IDS异常检测,可检测出未知的抗原;生物免疫系统第二次应答即利用对抗原的"记忆"引发的再次应答与误用检测相类似。利用生物免疫系统的这些特性,应用到入侵检测领域,能有效地阻止和预防对计算机系统和网络的入侵行为。

例如,可以设想构建基于网络的人工免疫 IDS,系统主要负责对网络上传输的数据实施监控,包括网络数据包的识别和检测、地址的过滤等。利用人工免疫系统原理的重点在于"自身"和"非自身"的识别。在基于网络的入侵检测模型中,把与所需要的计算机相连的网络间正常的 TCP/IP 连接集合和该主机系统内合法的操作行为定义为"自身",采用可以描述 TCP/IP 连接特征的信息,例如源 IP 地址、目的 IP 地址、服务端口、协议类型、包的数量、字节数、特定错误和在短时间的网络的特定服务和描述系统合法操作的集合来表示。把异常的 TCP/IP 连接集合和非法的系统操作集合定义为"非自身"。

可以预见,人工免疫系统机制的研究对未来 IDS 的构建以及具体检测方法的研究具有深远的影响,但不可否认的是其仍然不能彻底解决入侵检测问题。一些包括伪装和策略违背的攻击,不涉及特权处理的使用,因此,使用这种方法不易检测出此类攻击。

6.4.2 基于知识的入侵检测技术

基于知识的检测指运用已知攻击方法,根据已定义好的入侵模式,通过判断这些入侵模式是否出现来检测。因为很大一部分的入侵是利用了系统的脆弱性,通过分析入侵过程的特征、条件、排列以及事件间关系能具体描述入侵行为的迹象。基于知识的检测也被称为误用检测(Misuse Detection)。这种方法由于依据具体特征库进行判断,所以检测准确度很高,并且因为检测结果有明确的参照,也为系统管理员做出相应措施提供了方便。主要缺陷在于与具体系统依赖性太强,不但系统移植性不好,维护工作量大,而且将具体入侵手段抽象成知识也很困难。并且检测范围受已知知识的局限,尤其是难以检测出内部人员的入侵行为,如合法用户的泄漏,因为这些入侵行为并没有利用系统脆弱性。基于知识的检测方法大致有以下三种。

1. 专家系统

专家系统是基于知识的检测中运用最多的一种方法。将有关入侵的知识转化成 if-then 结构的规则,即将构成入侵所要求的条件转化为 if 部分,将发现入侵后采取的相应措施转化成 then 部分。当其中某个或某部分条件满足时,系统就判断为入侵行为发生。其中的 if-then 结构构成了描述具体攻击的规则库,状态行为及其语义环境可根据审计事件得到,推理机制根据规则和行为完成判断工作。专家系统存在一些问题:

(1) 不适于处理大批量的数据。由于专家系统中使用的规则表达式一般采用解释系统实现,所以速度较慢;

（2）没有提供对连续有序数据的任何处理；

（3）不能处理不确定性；

（4）规则一般是由人制定的，这就会使规则受到个人水平的限制；

（5）规则匹配直接依赖原始审计数据，要处理大量的数据。

因为这些缺陷，专家系统一般不用于商业产品中，运用较多的是特征分析。像专家系统一样，特征分析也需要知道攻击行为的具体知识。但是，攻击方法的语义描述不是被转化为检测规则，而是在审计记录中能直接找到的信息形式。这样就不像专家系统一样需要处理大量数据，从而大大提高了检测效率。这种方法的缺陷也和所有误用检测方法一样，即需要经常为新发现的系统漏洞更新知识库。另外，由于对不同操作系统平台的具体攻击方法可能不同，以及不同平台的审计方式也可能不同，所以对专家系统进行构造和维护的工作量较大。

专家系统已在许多 IDS 中使用，这包括 NIDES、DIDS 等，在这些系统中都对专家系统中存在的问题进行了不同程度的解决。

2. 模型推理

模型推理是指结合攻击脚本推理出入侵行为是否出现。其中有关攻击者行为的知识被描述为：攻击者目的，攻击者达到此目的可能的行为，以及对系统的特殊使用等。根据这些知识建立攻击脚本库，每一个脚本都由一系列攻击行为组成。检测时先将这些攻击脚本的子集看作系统正面临的攻击。然后通过一个称为预测器的程序模块根据当前行为模式，产生下一个需要验证的攻击脚本子集，并将它传给决策器。决策器收到信息后，根据这些假设的攻击行为在审计记录中的可能出现方式，将它们翻译成与特定系统匹配的审计记录格式。然后在审计记录中寻找相应信息来确认或否认这些攻击。初始攻击脚本子集的假设应满足：易于在审计记录中识别，并且出现频率很高。随着一些脚本被确认的次数增多，另一些脚本被确认的次数减少，攻击脚本不断地得到更新。

模型推理方法的优越性有：对不确定性的推理有合理的数学理论基础，同时决策器使得攻击脚本可以与审计记录的上下文无关。另外，这种检测方法也减少了需要处理的数据量，因为它首先按脚本类型检测相应类型是否出现，然后再检测具体的事件。但是创建入侵检测模型的工作量比别的方法要大，并且在系统实现中，决策器如何有效地翻译攻击脚本是个关键的问题。

3. 状态转换分析

状态转换分析最早由 R. Kemmerer 提出，即将状态转换图应用于入侵行为的分析。状态转换法将入侵过程看作一个行为序列，这个行为序列导致系统从初始状态转入被入侵状态。分析时首先针对每一种入侵方法确定系统的初始状态和被入侵状态，以及导致状态转换的转换条件，即导致系统进入被入侵状态必须执行的操作（特征事件）。然后用状态转换图来表示每一个状态和特征事件，这些事件被集成于模型中，所以检测时不需要一个一个地查找审计记录。但是，状态转换是针对事件序列分析，所以不善于分析过分复杂的事件，而且不能检测与系统状态无关的入侵。

Petri 网用于入侵行为分析是一种类似于状态转换图分析的方法。利用 Petri 网的有利之处在于它能一般化、图形化地表达状态，并且简洁明了。虽然很复杂的入侵特征能用

Petri 网表达得很简单,但是对原始数据匹配时的计算量却会很大。图 6-7 是这种方法的一个简单示例,表示在一分钟内如果登录失败的次数超过 4 次,系统便发出警报。其中竖线代表状态转换,如果在状态 S_1 发生登录失败,则产生一个标志变量,并存储事件发生时间 T_1,同时转入状态 S_2。如果在状态 S_4 时又有登录失败,而且这时的时间 $T_2-T_1<60$ 秒,则系统转入状态 S_5,即为入侵状态,系统发出警报并采取相应措施。

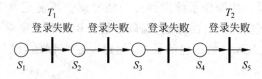

图 6-7   Petri 网分析登录过程

近年来,随着网络安全技术的发展,出现了一些新的入侵检测技术,其中很多入侵检测方法既不属于误用检测也不属于异常检测的范围,而是可用于上述两类检测,如数据挖掘技术、智能代理技术等。在网络安全防护的过程中应该充分权衡各种方法的利弊,综合运用这些方法,才能更加有效地提高 IDS 对入侵行为的检测效率。

6.4.3   入侵检测方式简单实例

1. 通过监视入侵端口/系统线程判别入侵

监视入侵端口:网络上的通信都是通过端口通信的,不同的端口作用不同。使用浏览器查看网页,是通过 80 端口,在 IRC 中聊天是通过 6667 端口。而类似于 NETSPY 等特洛伊木马软件,则通过 7306 或者其他端口进行通信,泄露资料。如果用软件监视 7306 等相应端口,就可以监视网络黑客的入侵。(例如 NukeNabber 软件可设定监视 7306 端口,如果有人扫描该端口或试图进入你的 7306 端口,就会发出警告,同时提示攻击者的地址)现在网络上的特洛伊木马软件很多,所以要监视的端口也很多。当然,要特别注意,如果软件告知某个端口不能被监视,说明该端口已被其他程序占据,很可能就是黑客程序,应想法将它删除。表 6-1 列举了一些常见黑客软件及其占用的端口。

表 6-1   黑客程序及占用的端口

常见黑客程序	占 用 端 口
7306	Netspy
7307	New netspy,Procspy
7308	New netspy,Spy
12345	Netbus
6680,8111,9910	New netbus
31337	BO

由于特洛伊木马程序的端口可任意改变,就产生了很多黑客程序变种。此时,要监视所有端口就比较困难。在这种情况下,就需要监视操作系统的线程。也就是说,看看电脑目前有多少端口在通信。可以用检测软件 TCPVIEW 来进行线程监视。

2. 通过分析入侵原理确定检测策略

拒绝服务(Denial of Service,DoS)攻击是目前网络上比较普遍的入侵种类之一,对于几种常见的 DoS 攻击,分析如下。

SYNFlood:如果某一地址短时间内发出大量的建立连接的请求且没有 ACK 回应,则证明此 IP 被用来做 SYN 湮没攻击(具体的源 IP 地址往往不能说明任何问题,并且这种方法并不能检查出所有的 SYN 湮没)。

Land 攻击:伪造 IP 地址和端口号,并将源地址和端口号设置成与目的地址及端口相同值,某些路由器设备及一些操作系统遇到此种情况就会不能正常工作甚至出现死机。检测:检查 TCP 或 UDP 包的源、目的地址、端口号是否相同即可发觉。

PingofDeath:检查 ICMP 数据包的长度,超过一定范围的数据包一定是恶意的行为,进而判断是否 PingofDeath。

smurf 攻击:伪造被攻击者的 IP 地址作为源地址向广播地址连续地发出 icmp-echo 包,当众多机器返回信息时(实际是返回给了受害者),过量的信息会使被攻击者及其网段上的负载上升,甚至造成拒绝服务。检测:如果在网络内检测到目标地址为广播地址的 ICMP 包或 ICMP 包的数量在短时间内上升许多(正常的 ping 程序每隔一秒发一个 ICMPecho 请求),证明有人在利用这种方法攻击系统。

6.4.4　入侵检测技术的发展方向

入侵检测技术经过多年的研究和发展,已经取得了显著的成果,但其还存在一些问题,因此未来的研究和发展空间仍然巨大。

IDS 面临的主要问题如下。

(1) 误报问题。误报是指被入侵检测系统测出但其实是正常及合法使用受保护网络和计算机的警报。假警报会干扰用户的正常使用并且降低 IDS 的效率。攻击者往往是利用包结构伪造大量无威胁"正常"假警报,以迫使网络管理员把 IDS 关掉。

没有 IDS 可以完全杜绝误报问题,原因在于缺乏共享信息的标准机制和集中协调的机制,不同的网络及主机有不同的安全问题,不同的入侵检测系统有各自的功能;缺乏分析数据在一段时间内行为的能力;缺乏有效跟踪分析等。

(2) 检测效率问题。高速网络技术,尤其是交换技术以及加密信道技术的发展,使得通过共享网段侦听的网络数据采集方法显得不足,而海量的通信量对数据分析也提出了新的要求。

从总体上讲,目前除了完善常规的、传统的入侵检测技术外,IDS 应重点加强与统计分析相关的技术研究。许多学者在研究新的检测方法,如采用自动代理的主动防御方法,将免疫学原理应用到入侵检测的方法等。其主要发展方向可以概括为以下几点。

(1) 分布式入侵检测与 CIDF。传统的入侵检测系统一般局限于单一的主机或网络架构,对异构系统及大规模网络的检测明显不足,同时不同的 IDS 之间不能协同工作。为此,需要分布式入侵检测技术与 CIDF。

(2) 应用层入侵检测。许多入侵的语义只有在应用层才能理解,而目前的 IDS 仅能检测 Web 之类的通用协议,不能处理如 Lotus Notes 数据库系统等其他的应用系统。许多基于客户/服务器结构、中间件技术及对象技术的大型应用,需要应用层的入侵检测保护。

(3) 智能入侵检测。目前,入侵方法越来越多样化与综合化,尽管已经有智能体系、神经网络与遗传算法应用在入侵检测领域,但这些只是一些尝试性的研究工作,需要对智能化的 IDS 进一步研究,以解决其自学习与自适应能力。

(4) 与网络安全技术相结合。结合防火墙、PKIX、安全电子交易(SET)等网络安全与电子商务技术,提供完整的网络安全保障。

(5) 建立入侵检测系统评价体系。设计通用的入侵检测测试、评估方法和平台,实现对多种 IDS 的检测,已成为当前入侵检测系统的另一重要研究与发展领域。评价 IDS 可从检测范围、系统资源占用、自身的可靠性等方面进行,评价指标有能否保证自身的安全、运行与维护系统的开销、报警准确率、负载能力以及可支持的网络类型、支持的入侵特征数、是否支持 IP 碎片重组、是否支持 TCP 流重组等。

总之,IDS 作为一种主动的安全防护技术,提供了对内部攻击、外部攻击和误操作的实时保护,在网络系统受到危害之前拦截和响应入侵。随着网络通信技术安全性的要求越来越高,需要为电子商务等越来越多的网络应用提供可靠服务。由于入侵检测系统能够从网络安全的立体纵深、多层次防御的角度出发提供安全服务,必将进一步受到人们的高度重视。

6.5　典型入侵检测系统与选择方法

目前流行的 IDS 产品主要有 Cisco 公司的 NetRanger,ISS 公司的 RealSecure,Axent 的 ITA、ESM,以及 NAI 的 CyberCop 等。

NetRanger 是一种企业级的实时 NIDS,可检测、报告和阻断网络中的未授权活动。NetRanger 可以在 Internet 网络环境和内部网络环境中运行,以提供对网络的整体保护。NetRanger 由两个部件构成: NetRanger Sensor 和 NetRanger Director。NetRanger Sensor 通过旁路的方式获取网络流量,因此不会对网络的传输性能造成影响,其通过分析数据包的内容和上下文(Context),判断流量是否未经授权。一旦检测到未经授权的网络行为,如 Ping 攻击或敏感的关键字,NetRanger 可以向 NetRanger Director 控制台发出告警信息,并截断入侵行为的网络连接。

NetRanger 的显著特点是检测性能高且易于裁剪。NetRanger Director 可以监视网络的全局信息,并发现潜在的攻击行为。

RealSecure 是 ISS 公司研发的 HNIDS,包括基于主机的 System Agent 以及基于网络的 Network Engine 两个套件。Network Engine 负责检测网络数据包并生成告警,System Agent 接收警报并作为配置和生成数据库报告的中心点。这两部分均可以在 Linux、Windows NT、SunOS、Solaris 等操作系统上运行,且支持在混合的操作系统环境中使用。RealSecure 的最显著的优势在于应用的简洁和较低的价格上,使用普通的商用计算机就可以运行 RealSecure。RealSecure 还支持与 CheckPoint 防火墙的交互式控制,支持由 Cisco 等主流交换机组成的交换环境监听,可以在需要时自动切断入侵连接。

ITA(Intruder Alert)是标准的 NIDS,全部支持分布式的监视和集中管理模式。在结构上,ITA 包含三个组成部分,管理器、控制台和代理。其支持的平台非常广泛,包括在 Windows NT、95、3.1 和 Netware 3.x、4.x,以及大多数的 UNIX 操作系统下都能运行。ITA 最大的特点是可以根据解决方案来灵活地裁剪,并根据操作系统、防火墙厂商、Web 服务器厂商、数据库及路由器厂商来定制解决方案。

Network Associates 公司是 1977 年由以做 Sniffer 类探测器闻名的 Network General 公司与以做反病毒产品为专业的 McAfee Associates 公司合并而成的。Network Associates 从 Cisco 那里取得授权,将 NetRanger 的引擎和攻击模式数据库用在 CyberCop 中。

CyberCop 基本上可以认为是 NetRanger 的局域网管理员版。NAI 的 CyberCop 则可以同时在基于主机和基于网络两种模式下工作。这些局域网管理员正是 Network Associates 的主要客户群。

另外,CyberCop 被设计成一个网络应用程序,一般在 20 分钟内就可以安装完毕。它预设了 6 种通常的配置模式:Windows NT 和 UNIX 的混合子网、UNIX 子网、NT 子网、远程访问、前沿网(如 Internet 的接入系统)和骨干网。它没有 Netware 的配置。

前端设计成浏览器方式主要是考虑易于使用,发挥 Network General 在提取包数据上的经验,用户使用时也易于查看和理解。像在 Sniffer 中一样,它在帮助文档里结合了专家知识。CyberCop 还能生成可以被 Sniffer 识别的踪迹文件。与 NetRanger 相比,CyberCop 缺乏一些企业应用的特征,如路径备份功能等。

目前市场上的入侵检测产品数以百计,正确选择符合应用需求的产品主要是从以下的基本原则出发:

(1) 系统的价格成本;

(2) 产品的攻击检测数量、特征库审计与维护的费用;

(3) 最大的可处理流量(P/s,包/秒);

(4) 产品是否容易被入侵者绕过;

(5) 产品的可伸缩性;

(6) 系统运行和维护的开销;

(7) 产品支持的响应方法;

(8) 产品的误报和漏报率;

(9) 产品自身的安全性;

(10) 产品的易用性;

(11) 产品是否通过国家权威机构评测。

习题 6

1. 什么是入侵检测?什么是入侵检测系统?

2. 入侵检测的优点是什么?有哪些局限性?

3. 入侵检测系统有哪些分类方法?各分类方式是如何分类的?

4. 简述公共入侵检测框架(CIDF)的系统架构和各组件的功能。

5. 简述入侵检测系统的体系结构和各自的特点。

6. 入侵检测技术有哪些?其中最常用的技术是什么?

7. 简述入侵检测技术未来的发展方向。

8. 简述选择入侵检测产品的基本原则。

虚拟专用网技术　第 7 章

　　随着互联网应用的普及,出现了通过 Internet 访问企业内部网络的应用需求,这意味着必须通过用户身份认证、数据机密传输和数据完整性保护等安全措施来解决潜在的信息窃听、篡改、重放等一系列安全问题。虚拟专用网(Virtual Private Network,VPN)技术就是解决这一问题的一种常用的安全访问技术。本章主要介绍 VPN 的基本概念和特点、分类方式、相关技术等方面的内容。

7.1　虚拟专用网概述

　　设想一个这样的场景,有一家在全球各地存在有多个分支机构的跨国公司,各地的子公司需要远程访问公司总部的内部网络中的某些应用服务,如企业资源计划(Enterprise Resource Planning,ERP)系统,这类系统中往往存储有大量的敏感信息,因此不能暴露在环境复杂的公共网络(如 Internet)中。

　　对于这类的访问需求,传统的解决方案往往是通过租用专门的通信链路,如数字数据网络(Digital Data Network,DDN)专线,通过这样的专用链路访问内部网络可以使访问不经过公共网络,从而保障了访问过程的安全性。这样的解决方案虽然具有速度快、安全性高的特点,但需要以支付高昂的线路租用费为代价。

　　实际上,对通过公共网络访问内部网络资源的安全担忧主要源于两个方面:①担心非法用户可以访问内部资源;②担心信息在传输过程中被非法用户窃取和篡改。如果能够提供这两方面的安全保障,就可以实现通过公共网络访问内部资源,VPN 正是应上述需求出现的一种新型网络安全技术。

　　VPN 是一种依靠互联网服务提供商(Internet Service Provider,ISP)和其他网络服务提供商(Network Service Provider,NSP)在公用网络中建立专用的数据通信网络的技术。在 VPN 中,任意两个节点之间的连接并没有传统专用网所需的端到端物理链路,而是通过对公共通信基础设施的通信介质进行某种逻辑分割为用户提供定制的网络连接。VPN 可以实现不同网络组

信息安全概论

件和资源之间的相互连接,能够利用 Internet 或其他公共互联网络基础设施为用户创建安全隧道(Tunnel),并提供与专用网络一样的安全和功能服务。

　　VPN 包含两层含义:①它是虚拟的网,即没有固定的物理连接,网络只有用户需要时才建立;②它是利用公用网络设施构成的专用网。VPN 技术实现了内部网信息在公众信息网(如 Internet)中的安全传输,对于用户来讲,公众网络起到了"虚拟专用"的效果。其原理如图 7-1 所示。

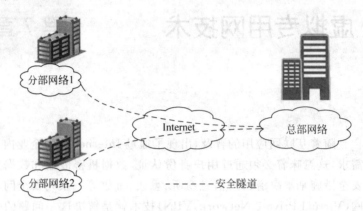

图 7-1　虚拟专用网应用原理

　　为了确保信息访问和传输过程的安全,VPN 技术实现中应用的主要安全技术包括身份鉴别、访问控制、数据保密性保护、数据完整性鉴别等。

　　VPN 在应用中主要具备以下特点。

　　(1) 安全性高。VPN 使用隧道技术、加解密技术、密钥管理技术、用户与设备身份认证技术保证了通信的安全性。由于 VPN 能建立安全的虚拟专用数据通道,因此企业或政府可以通过基于 Internet 的 VPN 实现远程交流、远程商务和远程办公等业务。

　　(2) 成本低。VPN 使用价格较为低廉的公共网络基础设施为用户创建安全隧道,不需要租用专门的通信线路;另一方面,VPN 的出现为开展远程办公、远程商务洽谈、签订合同等业务提供了方便,可以节约公司/用户开展远程业务所要付出的成本。

　　(3) 覆盖性好。以 Internet 为代表的公共网络基础设施遍布全球,其接入点也是无处不在。只要有 Internet 的地方,就可以通过 VPN 设备或软件构成企业或部门各分支机构及总部间的 VPN,从而可以对关键性的数据进行安全传输。而采用专线来实现安全传输不仅费用高昂,而且接入点不容易寻找。

　　(4) 可扩展性强。采用 VPN 技术可以非常方便地增加或减少用户,如增加一个分部,只需要在分部处简单增加一台 VPN 设备,就可以利用 Internet 建立安全连接。而专线则不同,要增加用户,就必须设立新的接入点,并租用或架设新的网络线路。

　　(5) 管理方式简单。用户甚至可以直接将 VPN 的解决方案外包给运营商,将全部精力集中到自身业务的发展上。

　　(6) 已有广泛支持。VPN 可以广泛支持使用不同网络协议的用户,如 IP、IPX、NetBEUI 等网络协议。这意味着不同网络环境下的用户可以不受限制地使用 VPN 技术。

7.2　虚拟专用网分类

目前 VPN 的分类方式没有统一的标准。不同的厂商在推出自己的 VPN 产品时使用了不同的分类方式，它们主要是从产品的角度来划分的；不同的互联网服务商在开展 VPN 业务时也推出了不同的分类方式，他们主要是从业务开展的角度来划分的；而用户往往也有自己的划分方法，主要是根据自己的需求来进行的。下面简单介绍几种从不同的角度对 VPN 的分类方式。

7.2.1　按接入方式分类

按接入方式分类是一种用户和运营商最关心的 VPN 划分方式。一般情况下，用户可能是通过专线入网的，也可能是拨号上网的，这要根据用户的具体情况而定。建立在 IP 网上的 VPN 也就对应的有两种接入方式：专线接入方式和拨号接入方式。

1. 专线 VPN

专线 VPN 是为已经通过专线接入 ISP 边缘路由器的用户提供的 VPN 解决方案。在这种方案中，VPN 的连接始终存在，用户需提供一定线路的租用费。但是物理上的专线仅在用户与 ISP 之间存在，而非使用一条直接连接远端内部网络的专线，如图 7-2 所示。

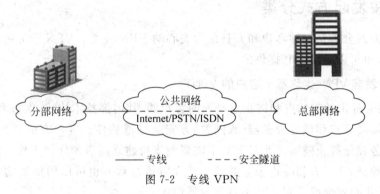

图 7-2　专线 VPN

2. 拨号 VPN

拨号 VPN 又称虚拟专用拨号网(Virtual Private Dial-up Networks，VPDN)，它是向使用公共交换电话网络(Public Switched Telephone Network，PSTN)或综合业务数字网(Integrated Services Digital Network，ISDN)接入 ISP 的拨号用户提供的 VPN 业务。这是一种"按需连接"的 VPN，可以节省用户的长途电话费用。需要指出的是，因为用户一般是漫游用户，且"按需连接"，因此 VPDN 通常需要对用户的身份进行认证。如图 7-3 所示为拨号 VPN。

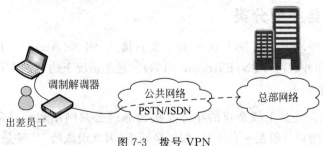

图 7-3　拨号 VPN

7.2.2 按协议实现类型分类

按协议实现类型分类是一种 VPN 厂商和 ISP 最为关心的划分方式。根据分层模型，VPN 可以在 OSI 网络模型的第二层(链路层)建立，也可以在第三层(网络层)建立，一些情况下甚至把在更高层的一些安全协议也归入 VPN 协议。

(1) 第二层隧道协议：包括点对点隧道协议(Point to Point Tunneling Protocol，PPTP)、第二层转发协议(Level 2 Forwarding Protocol，L2FP)、第二层隧道协议(Layer 2 Tunneling Protocol，L2TP)、多协议标记交换(Multi-Protocol Label Switching，MPLS)等。

(2) 第三层隧道协议：包括通用路由封装协议(Generic Routing Encapsulation，GRE)、IP 安全协议(IP Security，IPSec)，这是目前最流行的两种第三层协议。

(3) 高层隧道协议：主要包括位于传输层以上的安全套接字/传输层安全协议(Secure Sockets Layer/Transport Layer Security，SSL/TLS)。

不同协议实现类型的区别主要在于用户数据在网络协议栈的第几层被封装，其中 GRE、IPSec 和 MPLS 主要用于实现专线 VPN 业务，L2TP 主要用于实现拨号 VPN 业务(但也可以用于实现专线 VPN 业务)，当然这些协议之间本身不是冲突的，而是可以结合使用的。

7.2.3 按发起方式分类

按发起方式分类是一种客户和 ISP 最为关心的 VPN 分类。VPN 业务可以是客户独立自主实现的，也可以是由 ISP 提供的。

1. 客户发起 VPN(也称基于客户的 VPN)

VPN 服务提供的起始点和终止点是面向客户的，其内部技术构成、实施和管理对 VPN 客户可见。需要客户和隧道服务器(或网关)方安装隧道软件。客户方的软件发起隧道，在公司隧道服务器处终止隧道。此时 ISP 不需要做支持建立隧道的任何工作。经过对用户标识和口令的验证，客户方和隧道服务器极易建立隧道。双方也可以用加密的方式通信。隧道一经建立，用户就会感觉到 ISP 不再参与通信。

2. 服务器发起 VPN(也称客户透明方式或基于网络的 VPN)

在公司中心部门或 ISP 的入网点(Point Of Presence，POP)安装 VPN 软件，客户无须安装任何特殊软件。主要为 ISP 提供全面管理的 VPN 服务，服务提供的起始点和终止点是 ISP 的 POP，其内部构成、实施和管理对 VPN 客户完全透明。

在上述提及的隧道协议中，目前 MPLS 只能用于服务器发起的 VPN 方式。

7.2.4 按服务类型分类

根据服务类型，VPN 业务大致分为三类：接入 VPN(Access VPN)、内联网 VPN(Intranet VPN)和外联网 VPN(Extranet VPN)。通常情况下内联网 VPN 是专线 VPN。

1. 接入 VPN

接入 VPN 是企业员工或企业的小分支机构通过公共网络远程访问企业内部网络的 VPN 方式。远程用户一般是一台主机，而不是网络，因此组成的 VPN 是一种主机到网络的拓扑模型。需要指出的是接入 VPN 不同于前面的拨号 VPN,这是一个容易发生混淆的地方,因为远程接入可以是专线方式接入的,也可以是拨号方式接入的,如图 7-2 和图 7-3 所示。

2. 内联网 VPN

内联网 VPN 是企业的总部与分支机构之间通过公共网络构筑的虚拟网,这是一种网络到网络以对等的方式连接起来所组成的 VPN,如图 7-4 所示。

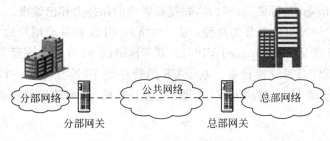

图 7-4　内联网 VPN

3. 外联网 VPN

外联网 VPN 是企业在发生收购、兼并或企业间建立战略联盟后,使不同企业间通过公共网络来构筑的虚拟网。这是一种网络到网络以不对等的方式连接起来所组成的 VPN(主要在安全策略上有所不同),如图 7-5 所示。

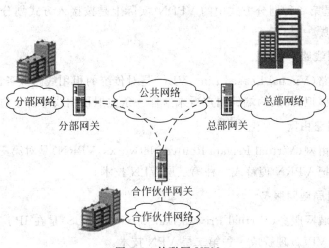

图 7-5　外联网 VPN

7.2.5　按承载主体分类

营运 VPN 业务的企业,既可以自行建设他们的 VPN 网络,也可以把此业务外包给 VPN 商。这是客户和 ISP 最关心的问题。

1. 自建 VPN

自建 VPN 是一种客户发起的 VPN 企业在驻地安装 VPN 的客户端软件,在企业网边缘安装 VPN 网关软件,完全独立于营运商建设自己的 VPN 网络,运营商不需要做任何对

VPN 的支持工作。企业自建 VPN 的好处是它可以直接控制 VPN 网络,与运营商独立,并且 VPN 接入设备也是独立的。但缺点是 VPN 技术非常复杂,这样组建的 VPN 成本很高,服务质量(QoS)也很难保证。

2. 外包 VPN

企业把 VPN 服务外包给运营商,运营商根据企业的要求规划、设计、实施和运维客户的 VPN 业务。企业可以因此降低组建和运维 VPN 的费用,而运营商也可以因此开拓新的 IP 业务增值服务市场,获得更高的收益,并提高客户的保持力和忠诚度。

目前的外包 VPN 可以划分为两种:基于网络的 VPN 和基于用户边缘设备(Customer Edge,CE)的管理型 VPN(Managed VPN)。基于网络的 VPN 通常在运营商网络的入网点 POP 处安装电信级 VPN 交换设备。基于 CE 的管理型 VPN 业务是一种受信的第三方负责设计企业所希望的 VPN 解决方案,并代表企业进行管理,所使用的安全网关(防火墙、路由器等)位于用户一侧。

7.2.6　按业务层次模型分类

按业务层次模型分类是根据 ISP 向用户提供的 VPN 服务工作在 OSI 网络模型的第几层来进行划分,需要注意的是在这种分类方式中并不是根据隧道协议工作在哪一层来划分的。

1. 拨号 VPN

拨号 VPN 是第一种划分方式中的 VPDN(实际上是按接入方式划分的,因为很难明确 VPDN 究竟属于哪一层)。

2. 虚拟租用线路

虚拟租用线路(Virtual Leased Line,VLL)是对传统的租用线路业务的仿真,用 IP 网络对租用线路进行模拟,而从两端的用户看来这样一条虚拟租用线等价于过去的租用线。

3. 虚拟专用路由网

虚拟专用路由网(Virtual Private Routed Networks,VPRN)是对第三层 IP 路由网络的一种仿真。可以把 VPRN 理解成一种第三层 VPN 技术。

4. 虚拟专用局域网服务

虚拟专用局域网服务(Virtual Private Lan Service,VPLS)是在 IP 广域网上仿真 LAN 的技术。可以把 VPLS 理解成一种第二层 VPN 技术。

需要指出的是,现有的 VPN 分类方式处于相对混乱的状态,并没有形成统一的标准,因此同一种 VPN 可能出现在多种不同的分类方式中。

表 7-1 给出了不同分类方式的 VPN 类型和实例。

表 7-1　VPN 分类及实例

分类方式	类型名称	说明/举例
接入方式	拨号 VPN(VPDN)	为利用拨号公用交换电话网(PSTN)或综合业务数字网(ISDN)接入 ISP 的用户提供的 VPN 业务
	专线 VPN	为已经通过专线接入 ISP 边缘路由器的用户提供的 VPN 业务

续表

分 类 方 式	类 型 名 称		说明/举例
协议实现类型	应用层		S/MIME、Kerberose、IPSec(ISAKMP)
	传输层		SSL/TLS、SOCKS
	第三层隧道		用户数据在协议栈的第三层被封装,如 IPSec(AH 和 ESP)
	第二层隧道		用户数据在协议栈的第二层被封装,如 L2TP、PPTP、L2F 和 MPLS
发起方式	客户发起		基于客户的 VPN,隧道的起始点和终止点是面向客户的,其内部技术构成、实施和管理都由 VPN 客户负责
	服务器(网络)发起		ISP 提供并管理的 VPN 服务,服务提供的起始点和终止点是 ISP 的呈现点(POP),其内部构成、实施和管理都由 ISP 负责
服务类型	接入 VPN		企业员工或企业的小分支机构通过公共网络远程拨号等方式构筑的 VPN
	内联网 VPN		企业总部与分支机构 LAN 之间通过公共网络构筑的 VPN
	外联网 VPN		企业发生收购、兼并或企业间建立战略联盟后,不同企业间通过公共网络构筑的 VPN
承载主体	企业自建		基于客户的 VPN,隧道的起始点和终止点是面向客户的,其内部技术构成、实施和管理都由 VPN 客户负责
	外包	基于网络	ISP 提供并管理的 VPN 服务,服务提供的起始点和终止点是 ISP 的呈现点(POP),其内部构成、实施和管理都由 ISP 负责
		托管方式	VPN 设备位于用户一侧。运营商负责安装、配置和监视、维护设备的运转情况
业务层次	VPDN		为利用拨号公用交换电话网(PSTN)或综合业务数字网(ISDN)接入 ISP 的用户提供的 VPN 业务
	VLL		对传统的租用线路业务的仿真
	VRPN		是对第三层 IP 路由网络的一种仿真
	VPLS		是在 IP 广域网上仿真 LAN 的技术

7.3　虚拟专用网关键技术

　　VPN 在公共网上构建虚拟专用网,进行数据通信,需要满足通信安全的三个要求:身份认证、数据保密性和数据完整性。身份认证确保数据是正确的发送方所发送的;数据保密性确保数据传输时外人无法看到或获得数据;数据完整性确保数据在传输过程中没有被非法改动。VPN 的上述三个通信安全需求主要通过隧道、加密、密钥管理以及用户认证等四种安全技术来实现。

7.3.1　隧道技术

　　隧道技术是 VPN 的基本技术,其实质上是一种封装,即将一种协议(如协议 X)封装在另一种协议(如协议 Y)中传输,从而实现协议 X 对公共网络的透明性。这里,协议 X 称为被封装协议,协议 Y 称为封装协议。封装时,一般还要加上特定的隧道控制信息。隧道协议的一般封装形式为:

协议 Y	隧道头	协议 X

因此,隧道是指将一种协议的数据单元封装在另一种协议数据单元中传输。隧道作为一种网络互联的手段,被广泛应用于各种场合,如移动 IP、多点投递等方面。目前,已经提出了多种不同的 IP 隧道协议,如 PPTP 协议、GRE 协议、L2TP 协议、IPSec 协议等。通过将传输的原始信息经过加密和协议封装处理后再嵌套装入另一种协议的数据包送入网络中,像普通数据包一样进行传输。经过这样的处理,只有源端和目的端的用户能对隧道中的嵌套信息进行解释和处理,对于其他用户而言只是无意义的信息。

建立隧道有两种主要的方式:客户启动或客户透明。

客户启动要求客户和隧道服务器(或网关)都安装隧道软件,客户终端和隧道服务器分别是隧道的起点和终点。客户软件使用用户 ID 和口令或用数字许可证进行鉴权认证,初始化隧道。隧道服务器中止隧道,一旦隧道建立,就可以进行安全通信了。客户启动隧道不需要 ISP 的支持。

客户透明隧道要求 ISP 具备 VPN 隧道所需的设备,如隧道接入服务器以及可能需要的路由器,并提供隧道接入服务。客户首先拨号进入服务器,服务器必须能识别这一连接要与某一特定的远程点建立隧道,然后服务器与隧道服务器建立隧道,通常使用用户 ID 和口令进行鉴权认证。这样客户端就通过隧道接入服务器与隧道服务器建立了直接对话。

7.3.2　加密技术

VPN 技术的安全保障主要靠加密技术来实现。VPN 通常建立在不安全的公众网之上,加密技术用来隐藏传输信息的真实内容。VPN 通常在隧道的发送端由认证用户先加密数据,再传送数据;在接收端由认证用户解密数据。

7.3.3　密钥管理技术

密钥管理技术的主要任务是确保在公用数据网上安全地传递密钥而不被窃取。VPN 中密钥的分发与管理非常重要。密钥的分发有两种方法:一种是通过手工配置;另一种是采用密钥交换协议动态分发。手工配置的方法由于密钥更新困难,只适合于简单网络的情况;密钥交换协议采用软件方式动态生成密钥,适合于复杂网络的情况且密钥可快速更新,可以显著提高 VPN 的安全性。目前常见的密钥管理协议包括互联网简单密钥交换协议(Simple Key Exchange Internet Protocol,SKEIP)与互联网密钥交换(Internet Key Exchange,IKE)。

SKEIP 协议由 SUN 公司提出,用于解决网络密钥交换问题,主要是利用 Diffie-Hellman 密钥交换算法通过网络进行密钥协商;IKE 属于一种混合型协议,由互联网安全关联和密钥管理协议(Internet Security Association and Key Management Protocol,ISAKMP)和两种密钥交换协议 OAKLEY 与 SKEME 组成。IKE 创建在由 ISAKMP 定义的框架上,沿用了 OAKLEY 的密钥交换模式以及 SKEME 的共享和密钥更新技术。

上述的两种协议都要求一个既存的、完全可操作的公钥基础设施(PKI)。SKIP 要求 Diffie-Hellman 证书,ISAKMP/OAKLEY 则要求 RSA 证书。

7.3.4　用户认证技术

在正式的隧道连接开始之前需要确认用户身份，以便系统进一步实施资源访问控制或用户授权。VPN 中常见的身份认证方式主要有安全口令和认证协议方式。

使用安全口令是最简单的一种认证方式。为了提高口令的安全性，通常要求采用一次性口令系统（如 S/Key）或持令牌卡认证（如智能卡）的方式。

使用认证协议有两种基本模式：有第三方参与的仲裁模式和没有第三方参与的基于共享秘密的认证模式。

1. 仲裁认证模式

在仲裁认证模式下，通信双方的身份认证需要一个可信的第三方进行仲裁。这种方式灵活性高，易于扩充，即系统一旦建立，系统用户的数目的增加不会导致系统维护工作量的增加或显著增加。通过在第三方机构之间建立信任关系，可以实现不同系统间的互操作，具有开放特性。仲裁认证模式缺点是建立安全的认证系统很困难，而且作为系统核心的仲裁服务器会成为对手攻击的主要目标。

2. 共享认证模式

共享认证模式不需要第三方仲裁，进行认证时在网上交换的信息量少，系统易于实现。但此方式灵活性差，不易于扩充，系统维护的工作量正比于系统中用户的总数。共享密钥必须定期或不定期地进行手工更新，而且单个用户密钥数据库的更新必然导致整个系统中所有用户密钥数据库的更新，在手工更新方式下，这意味着整个系统的维护工作是极其繁重的。另外，共享认证模式很难支持不同安全系统之间的互操作性，只能用于封闭的用户群环境。

远程用户拨号认证系统（Remote Authentication Dial In User Service，RADIUS）和质询握手协议（Challenge Handshake Authentication Protocol，CHAP）等都是 VPN 中常见的认证协议。

7.4　虚拟专用网常用隧道协议

隧道技术是通过约定的隧道协议对数据进行封装，从而在公共网络上建立安全隧道并传输数据。根据协议所处的网络层次可分为第二层隧道协议和第三层隧道协议。

7.4.1　第二层隧道协议

第二层隧道协议工作在数据链路层，其工作流程是把各种网络协议先封装到点对点协议（Point to Point Protocol，PPP）中，然后进行隧道协议的封装，再通过数据链路层进行传输。这类协议主要包括点对点隧道协议（PPTP）、第二层转发协议（L2FP）、第二层隧道协议（L2TP）、多协议标记交换（MPLS）等。

1. 点对点隧道协议（PPTP）

PPTP 是对点到点协议（PPP）的扩展，由 Microsoft 和 Ascend 开发。PPTP 使用一种增强的 GRE 封装机制使 PPP 数据包按隧道方式穿越 IP 网络，并对传送的 PPP 数据流进行流量控制和拥塞控制。PPTP 并不对 PPP 进行任何修改,只提供了一种传送 PPP 的机制,并增强了 PPP 的认证、压缩、加密等功能。由于 PPTP 基于 PPP,因而它支持多种网络协议,可将 IP、IPX、NetBEUI 的数据包封装于 PPP 数据帧中。

PPTP 定义了一种基于客户/服务器的体系结构,把目前网络访问服务器的功能分为访问集中器(PPTP Access Concentrator,PAC)和网络服务器(PPTP Network Server,PNS)。网络服务器(PNS)是运行于公司私有网内的一个通用的操作系统上。客户端及访问集中器(PAC)可以运行在一个支持拨号访问的平台上。远程用户使用本地拨号网络与 PAC 建立一条 PPP 连接,PAC 使用一条隧道将 PPP 数据包传送给 PNS。PPTP 定义了一个能对使用诸如 PSTN、ISDN 或其他电话(如交换连接线路)的拨入访问进行控制和管理的协议。PPTP 完成 PAC 和 PNS 之间的 PPP 协议数据单元(PDU)的传送、访问控制和管理。

2. 第二层转发协议(L2FP)

L2FP 是由 Cisco 公司提出的可以在多种媒介(如 ATM、帧中继、IP 网)上建立多协议的安全 VPN 通信方式。远程用户能够通过拨号方式接入公共 IP 网络,首先按照常规方式拨 ISP 的接入服务器(NAS),建立 PPP 连接;NAS 根据用户名等信息,发起第二重连接,通向 HGW 服务器。在这种情况下隧道的配置、建立对用户是安全透明的。

3. 第二层隧道协议(L2TP)

L2TP 是由 Microsoft 和 Cisco 开发的隧道协议,是国际标准隧道协议。L2TP 综合了 PPTP 以及 L2FP 协议的优点,它将链路层协议封装起来进行传输,可在多种网络如 ATM、帧中继、IP 网建立多协议的 VPN,可在 IP 网络中支持非 IP,将 IP、IPX、NetBEUI 和 AppleTalk 协议封装在 IP 包中。

与 PPTP 和 L2FP 相比,L2TP 的优点在于提供了差错和流量控制。作为 PPP 的扩展,L2TP 可以进行用户身份认证。L2TP 还定义了控制包的加密传输,对于每个被建立的隧道,生成一个唯一的随机密钥,提高对欺骗性攻击的防御能力,但是 L2TP 对传输中的数据并不加密,需要使用新的网际协议安全(IPSec)机制来进行身份验证和数据加密。L2TP 的安全性依赖于 PPP 提供的认证和链路层加密以及 IPSec 的保护。

4. 多协议标记交换(MPLS)

多协议标记交换(MPLS)技术是一个可以在多种第二层协议上进行标签交换的网络技术,并且不用改变现有的路由协议。目前支持的第二层的协议有异步传输模式(Asynchronous Transfer Mode,ATM)、帧中继(Frame Relay,FR)、以太网(Ethernet)以及点对点协议(PPP)。这一技术综合了第二层的交换和第三层路由的功能,将第二层的快速交换和第三层的路由有机地结合起来,第三层的路由在网络的边缘实施,而在 MPLS 的网络核心采用第二层交换。这样各层协议可以互相补充,充分发挥第二层良好的流量设计管理以及第三层"Hop-By-Hop"路由的灵活性,实现端到端的 QoS 保证。

MPLS VPN 是一种基于 MPLS 技术的 IP-VPN,是在网络路由和交换设备上应用 MPLS 技术,简化核心路由器的路由选择方式,利用结合传统路由技术的标记交换实现的 IP 虚拟专用网络(IP VPN),可用来构造宽带的 Intranet、Extranet,满足灵活的业务需求。

MPLS VPN 运行在 IP+ATM 或者 IP 环境下,对应用完全透明;服务激活只需要一次性地在用户边沿(CE)设备和服务供应商边沿(PE)设备进行配置准备就可以让站点成为某个 MPLS VPN 组的成员；VPN 成员资格由服务供应商决定；对 VPN 组未经过认证的访问被 PE 设备配置所拒绝。MPLS VPN 的安全性通过对不同用户间、用户与公共网络间的路由信息进行隔离实现。

MPLS VPN 能够利用公用骨干网络的广泛而强大的传输能力，降低企业内部网络的建设成本，极大地提高用户网络运营和管理的灵活性，同时能够满足用户对信息传输安全性、实时性、宽频带、方便性的需要。

7.4.2　第三层隧道协议

第三层隧道协议在网络层实现，主要包括通用路由封装协议(GRE)和 IP 安全两种最流行的三层协议。

1. 通用路由封装协议(GRE)

GRE 主要规定如何用一种网络层协议去封装另一种网络层协议的方法，GRE 的隧道由其两端的源 IP 地址和目的地址来定义。它允许用户使用 IP 封装 IP、IPX、AppleTalk 并支持全部的路由协议如 RIP、OSPF、IGRP 和 EIGRP。因而用户可以通过 GRE 封装利用公共 IP 网络连接 IPX 网络、AppleTalk 网络，还可以使用保留地址进行网络互联，或者对公共网络隐藏企业网的 IP 地址。GRE 封装过程如图 7-6 所示。

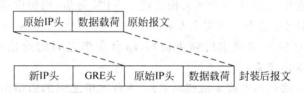

图 7-6　GRE 封装示意

GRE 只提供了数据包的封装，它没有加密功能来防止网络侦听和攻击，所以在实际环境中它常和 IPSec 一起使用，由 IPSec 提供用户数据的加密，给用户提供更好的安全性。

2. IP 安全协议(IPSec)

IPSec 支持 IP 网络上的数据的安全传输。是目前比较成熟，应用广泛的网络层安全协议。IPSec 是一组开放协议的总称，它给出了应用于 IP 层上网络数据安全的一整套体系结构，包括验证头(Authentication Header，AH)和封装安全载荷(Encapsulating Security Payload，ESP)、密钥管理协议(IKE)和用于网络验证及加密的一些算法等。

IPSec 的主要特征在于它可以对所有 IP 级的通信进行加密和认证，正是这一点才使 IPSec 可以确保包括远程登录、电子邮件、文件传输及 Web 访问在内的多种应用程序的安全。

使用 IPSec 建立 VPN 是一套比较成熟的方案，在 7.5 节中将作为 VPN 一个实例进行详细介绍。

7.4.3　高层隧道协议

位于网络层以上的安全协议也可用于建立安全隧道，如安全套接层(Secure Sockets Layer，SSL)协议。SSL 协议是由 Netscape 公司开发的 Internet 数据安全协议，最终版本为

3.0。IETF 将 SSL 作了标准化,即 RFC 2246,并将其称为传输层安全(Transport Layer Security,TLS)协议,其最新版本是 RFC 5246(版本 1.2)。SSL 协议位于 TCP/IP 与各种应用层协议之间,为数据通信提供安全支持。目前已被广泛地用于 Web 浏览器与服务器之间的身份认证和加密数据传输。

SSL 协议可分为两层。SSL 记录协议(SSL Record Protocol):它建立在可靠的传输协议(如 TCP)之上,为高层协议提供数据封装、压缩、加密等基本功能的支持。SSL 握手协议(SSL Handshake Protocol):它建立在 SSL 记录协议之上,用于在实际的数据传输开始前,通信双方进行身份认证、协商加密算法、交换加密密钥等。

SSL VPN 是 SSL 协议的一种应用,可提供远程用户访问内部网络数据最简单的安全解决方案。SSL VPN 最大的优势在于使用简便,通过任何安装浏览器的主机都可以使用 SSL VPN,这是因为浏览器都集成了对 SSL 协议的支持,因此不需要像使用传统 IPSec VPN 那样,为每一台客户机安装客户端软件。

7.5　虚拟专用网实例——IPSec VPN

IPSec VPN 是 IPSec 的一种应用方式,其主要的应用场景可分为三种。

(1) Site-to-Site(站点到站点或者网关到网关):如一个机构的三个分支机构分布在互联网的 3 个不同的地方,各使用一个网关相互建立 VPN 隧道,机构内部网络之间的数据通过这些网关建立的 IPSec 隧道实现安全互联。

(2) End-to-End(端到端或主机到主机):两台主机之间的通信由两台主机之间的 IPSec 会话保护,而不是网关。

(3) End-to-Site(端到站点或主机到网关):两台主机之间的通信由网关和异地主机之间的 IPSec 进行保护。

7.5.1　IPSec 概述

目前使用的互联网协议(IPv4)在制定时,主要考虑的是实现网络通信功能和提高通信效率,而缺乏对网络安全问题的考虑,因此 IPv4 存在有不少的安全缺陷。主要体现在以下几方面。

(1) IPv4 通信基于 IP 地址,由于 IP 地址容易伪造和篡改,因此很难认证数据的真实来源。

(2) IPv4 没有为数据提供完整性机制。IP 头部校验和提供了一定的完整性保护,但未提供防篡改机制,因此攻击者可以在修改分组之后重新计算校验和。

(3) IPv4 没有为数据提供任何形式的机密性保护。

如果不采取附加的安全措施,IP 通信会暴露在多种威胁之下,例如窃听、篡改、IP 欺骗、重放攻击等。

在新一代互联网协议(IPv6)制定过程中,安全问题受到了重视,针对网络层通信安全的 IPSec 应运而生。鉴于 IPv4 的应用仍然很广泛,在 IPSec 的制定过程中也考虑了对 IPv4 的支持。两者的区别在于,在 IPv6 中 IPSec 是不可缺少的组成部分,而在 IPv4 中则属于可选项。第一版 IPSec 协议在 RFC2401—2409 中定义。2005 年 IETF 发布了第二版标准文档

RFC4301 和 RFC4309。

7.5.2　IPSec 的设计目标

IPSec 实质上是一种加密的标准,使用 IPSec 可以为在网络层通信的两个端点之间建立一条加密的、可靠的数据通道,其设计实现的重要目标包括如下几个。

(1) 可认证 IP 报文的来源。基于 IP 地址的访问控制十分脆弱,因为攻击者可以很容易利用伪装的 IP 地址来发送 IP 报文。许多攻击者利用机器间基于 IP 地址的信任,来伪装 IP 地址。IPSec 允许设备使用比源 IP 地址更安全的方式来认证 IP 数据报的来源。IPSec 的这一标准称为原始认证(Origin Authentication,OA)。

(2) 可保证 IP 报文的完整性。除了确认 IP 报文的来源,还希望能确保报文在网络中传输时没有发生变化。使用 IPSec,可以确信在 IP 报文上没有发生任何变化。IPSec 的这一特性称为无连接完整性。

(3) 可保护 IP 报文内容的私密性。除了可认证与完整性之外,在报文的传输过程中,未授权方不能读取报文的内容。这可以通过在传输前,将报文加密来实现。通过加密报文,可以确保攻击者不能破解报文的内容,即使他们可以用侦听程序截获报文。

(4) 可防止认证报文被重放。攻击者可能通过重放截获的认证报文来干扰正常的通信,从而导致事务多次执行,或是使被复制报文的上层应用发生混乱。因此,IPSec 需要能检测出重复报文并将其丢弃。

7.5.3　IPSec 的体系结构

IPSec 不是一个单独的协议,它给出了应用于 IP 层上网络数据安全的一整套体系结构。该体系结构包括认证头(Authentication Header,AH)协议、封装安全负载(Encapsulating Security Payload,ESP)协议、互联网密钥交换协议(Internet Key Exchange,IKE)和用于网络认证及加密的一些算法等。IPSec 规定了如何在对等体之间选择安全协议、确定安全算法和密钥交换,向上提供了访问控制、数据源认证、数据加密等网络安全服务。

AH 协议是 IPSec 体系结构中的一种主要协议,它为 IP 数据包提供无连接完整性与数据源认证,并提供保护以避免重播情况。AH 尽可能为 IP 头和上层协议数据提供足够多的认证。

IPSec ESP 协议是 IPSec 体系结构中的一种主要协议。ESP 加密需要保护的数据并且在 IPSec ESP 的数据部分进行数据的完整性校验,以此来保证机密性和完整性。ESP 提供了与 AH 相同的安全服务并提供了一种保密性(加密)服务,ESP 与 AH 各自提供的认证方式的主要区别在于它们的覆盖范围。

IKE 是一种混合型协议,由安全联盟(Security Association,SA)和密钥管理协议(ISAKMP)这两种密钥交换协议组成。IKE 用于协商 AH 和 ESP 所使用的密码算法,并将算法所需的必备密钥放到恰当位置。

IPSec 工作时,首先两端的网络设备必须就 SA 达成一致,这是两者之间的一项安全策略协定。

1. 安全联盟

IPSec 在两个端点之间提供安全通信,两个端点被称为 IPSec ISAKMP 网关。SA 是

IPSec 的基础，用于描述通信对等体间对某些要素的约定，例如使用哪种协议、协议的操作模式、加密算法（DES、3DES、AES-128、AES-192 和 AES-256）、特定流中保护数据的共享密钥以及 SA 的生存周期等。

SA 是单向的，在两个对等体之间的双向通信，最少需要两个 SA 来分别对两个方向的数据流进行安全保护。SA 可以被看成两个 IPSec 对等端之间的一条安全隧道，可以为不同类型的流量创建独立的 SA，例如一台主机与多台主机同时进行安全性通信时可能存在多种关联。这种情况经常发生在当主机是用做文件服务器或向多个客户提供服务的远程访问服务器的时候。一台主机也可以与另一台主机有多个 SA，例如可以在两台主机之间为 TCP 建立独立的 SA，并在同样两台主机之间建立另一条支持 UDP 的 SA。甚至可以为每个 TCP 或 UDP 端口建立分离的 SA。在这些情况下，接收端主机使用安全参数索引（Security Parameter Index，SPI）来决定将使用哪种 SA 处理传入的数据包。SPI 是一个分配给每个 SA 的字串，用于区分多个存在于接收端主机上的安全关联。

2. SA 建立方式

建立 SA 的方式有两种，一种是手工方式，一种是 IKE 自动协商方式（使用 ISAKMP 协议）。

手工方式配置比较复杂，创建安全联盟所需的全部信息都必须手工配置，且不能支持 IPSec 的一些高级特性（例如周期性密钥更新），但优点是可以不依赖 IKE 而单独实现 IPSec 功能。该方式适用于当与之进行通信的对等体设备数量较少的情况，或是在小型静态环境中。

IKE 自动协商方式相对比较简单，只需要配置好 IKE 协商安全策略的信息，由 IKE 自动协商来创建和维护 SA。该方式适用于中、大型的动态网络环境中。该方式建立 SA 的过程分两个阶段：第一阶段，协商创建一个通信信道 SA，并对该信道进行认证，为双方进一步的 IKE 通信提供机密性、数据完整性以及数据源认证服务；第二阶段，使用已建立的 ISAKMP SA 建立 IPSec SA。分两个阶段来完成这些服务有助于提高密钥交换的速度。

第一阶段 SA 是为建立信道而进行的 SA。其步骤如下。

（1）参数配置。包括：选择预共享密钥或数字证书认证 Diffie-Hellman 组作为认证方法。

（2）策略协商。包括：选择 DES、3DES、AES-128、AES-192 或 AES-256 中的某一种作为加密算法；选择 MD5 或 SHA 之一作为摘要算法。

（3）DH 交换。两台通信主机之间执行 DH 秘密交换协议生成共享的主密钥（Master Key，MK），并以之保护后续的认证过程。

（4）认证。DH 交换需要得到进一步认证，如果认证不成功，通信将无法继续。MK 结合在第一步"参数配置"中确定的协商算法，对通信实体和通信信道进行认证。在这一步中，整个待认证的实体载荷，包括实体类型、端口号和协议，均由上一步生成的 MK 提供机密性和完整性保证。

第二阶段 SA 为快速 SA，为数据传输而建立的安全联盟。这一阶段协商建立 IPSec SA，为数据交换提供 IPSec 服务。第二阶段协商消息受第一阶段 SA 保护，任何没有第一阶段 SA 保护的消息将被拒收。协商的步骤如下。

（1）策略协商，双方交换保护需求：使用的 IPSec 协议（AH 或 ESP），是否使用摘要算法（MD5、SHA 或 NULL），是否要求加密（若是，选择加密算法 DES、3DES、AES-128、AES-192、AES-256），在上述三方面达成一致后，将建立起两个 SA，分别用于入站和出站通信。

（2）会话密钥刷新或交换。在这一步中，将通过 DH 交换生成加密 IP 数据包的会话密钥。

（3）将 SA 递交给 IPSec 驱动程序。

在第二阶段协商过程中，如果响应超时，则自动尝试重新进行第二阶段 SA 协商。

IPSec 驱动程序负责监视、筛选和保护 IP 通信。它负责监视所有出入站 IP 数据包，并将每个 IP 数据包与作为 IP 策略一部分的 IP 筛选器相匹配。一旦匹配成功，IPSec 驱动程序通知 IKE 开始安全协商。图 7-7 为 IPSec 驱动程序工作流程示意图。

在安全协商和密钥保护成功完成后，发送端 IPSec 驱动程序执行以下步骤。

（1）从 IKE 处获得 SA 和会话密钥。

（2）在 IPSec 驱动程序数据库中查找相匹配的出站 SA，并将 SA 中的 SPI 插入 IPSec 报头。

（3）对数据包签名进行完整性检查；如果要机密保护，则另外加密数据包。

（4）将数据包随同 SPI 发送至 IP 层，然后进一步转发至目的主机。

接收端 IPSec 驱动程序执行以下步骤：

（1）从 IKE 处获得会话密钥，SA 和 SPI；

（2）通过目的地址和 SPI 在 IPSec 驱动程序数据库中查找匹配入站 SA；

（3）检查签名，对数据包进行解密（如果是加密包的话）；

（4）将数据包递交给 TCP/IP 驱动程序，然后再交给接收应用程序。

在建立了 IKE 和 SA 的概念后，完整的 IPSec 体系结构如图 7-8 所示。

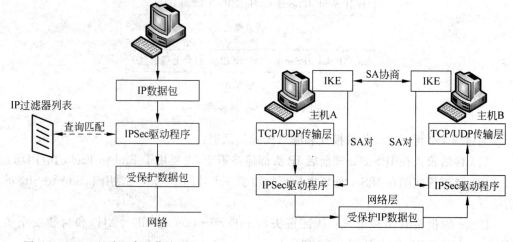

图 7-7　IPSec 驱动程序工作流程　　　　　　图 7-8　IPSec 体系结构

为简化对 IPSec 工作过程的描述，假定这时主机 A 和主机 B 处在同一内部网络（Intranet）中，每台主机都有处于激活状态的 IPSec 策略。

（1）用户甲（在主机 A 上）向用户乙（在主机 B 上）发送一消息。

（2）主机 A 上的 IPSec 驱动程序检查 IP 筛选器，查看数据包是否需要受保护以及需要受到何种保护。

（3）驱动程序通知 IKE 开始安全协商。

（4）主机 B 上的 IKE 收到请求安全协商通知。

（5）两台主机建立第一阶段 SA 对，各自生成共享主密钥。注意，若两机在此前通信中已经建立起第一阶段 SA，则可直接进行第二阶段 SA 协商。

（6）协商建立第二阶段 SA 对：入站 SA 和出站 SA，SA 包括密钥和 SPI。

（7）主机 A 上 IPSec 驱动程序使用出站 SA 对数据包进行签名（完整性检查）与/或加密。

（8）驱动程序将数据包递交 IP 层，再由 IP 层将数据包转发至主机 B。

（9）主机 B 网络适配器驱动程序收到数据包并提交给 IPSec 驱动程序。

（10）主机 B 上的 IPSec 驱动程序使用入站 SA 检查完整性签名与/或对数据包进行解密。

（11）驱动程序将解密后的数据包提交上层 TCP/IP 驱动程序，再由 TCP/IP 驱动程序将数据包提交主机 B 的接收应用程序。

7.5.4　IPSec 的工作模式

IPSec 在 IP 报文中使用一个新的 IPSec 报头来封装信息，这个过程类似于用一个正常的 IP 报文头封装上层的 TCP 或 UDP 信息。新的 IPSec 报文包含 IP 报文认证的信息，原始 IP 报文的内容，可以根据特定应用的需求选择加密与否。IPSec 在进行 IP 报文封装时提供了两种封装模式：传输（Transport）模式和隧道（Tunnel）模式。

如果 IPSec 封装整个 IP 数据包，那么它就工作在隧道模式（Tunnel Mode）；如果 IPSec 只封装 IP 数据包中上层协议信息，那么它就工作在传输模式（Transportation Mode），如图 7-9 所示。

（a）隧道模式

（b）传输模式

图 7-9　IPSec 封装模式

通过图 7-9 可以发现传输模式和隧道模式的区别：

（1）传输模式在 IPSec 处理前后 IP 头部保持不变，主要用于 End-to-End 的应用场景；

（2）隧道模式则在 IPSec 处理之后再封装了一个外网 IP 头，主要用于 Site-to-Site 的应用场景。

IPSec 的报头有两种形式：认证报头（Authentication Header，AH）和封装安全负载（Encapsulating Security Payload，ESP）。

（1）认证报头（AH）：为整个数据包（数据包中携带的 IP 报头和数据）提供身份验证、完整性和防止重发，AH 还包含整个数据包的签名。因为 AH 不加密数据，所以不提供机密性。数据可以读取，但是可以防止篡改。AH 使用 HMAC 算法来签署数据包。

例如，使用主机 A 的 Alice 将数据发送给使用主机 B 的 Bob。IP 报头、AH 报头和数据通过签名来防止修改。这意味着 Bob 可以确定确实是 Alice 发送的数据并且数据未经修改。

完整性和身份验证通过在新 IP 头和原始 IP 头之间放置 AH 报头来提供，如图 7-10 所示。

（2）封装安全负载（ESP）：除了身份验证、完整性和防止重发外，还提供机密性。除非使用隧道，否则 ESP 通常不签署整个数据包，即通常只保护数据，而不保护 IP 报头。ESP

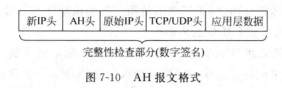

图 7-10　AH 报文格式

主要使用 DES 或 3DES 加密算法为数据包提供保密性。

　　例如,使用主机 A 的 Alice 将数据发送给使用主机 B 的 Bob。因为 ESP 提供机密性,所以数据被加密。对于接收,在验证过程完成后,数据包的数据部分将被解密。Bob 可以确定确实是 Alice 发送的数据并且数据未经修改,其他人无法读取这些数据。

　　安全性通过在新 IP 头和原始 IP 头之间放置 ESP 报头来提供,如图 7-11 所示。

图 7-11　ESP 报文格式

　　在图 7-11 中,IP 和 ESP 报头封装了最终的源和目的间的数据包。数字签名区指示数据包进行完整性保护的部分。加密部分指示整个原始数据包被加密。AH 和 ESP 的安全功能比较如表 7-2 所示。

表 7-2　AH、ESP 的安全功能比较

功　　能	AH	ESP
源认证	有	有
完整性	有	有
反重放	有	有
保密性	无	有
流量认证	无	有

7.6　虚拟专用网的技术格局和发展趋势

　　VPN 发展至今已经不再是简单提供一条加密的访问隧道,很多 VPN 系统已经融合了访问控制、传输管理、加密、路由选择、可用性管理等多种功能,并在网络安全体系中发挥着重要的作用。以下从技术格局和发展趋势两个方面简要分析 VPN 技术的未来发展。

7.6.1　技术格局

　　目前 VPN 解决方案中主流的通信隧道协议是 IPSec,受到了 VPN 供应商的高度支持,并成为目前最主流的 VPN 基础技术。

　　自 2001 年 IETF 公布了 MPLS 标准之后,MPLS 被公认为下一代网络的基础协议。与基于 IPSec 的 VPN 不同,MPLS 通过标签交换路径(LSP)为 VPN 提供通信隧道。这种方

式使路由转发和数据传输分离,实现了灵活的第三层路由功能和高效的第二层数据转发,也使得 MPLS VPN 可以提供高质量的传输服务。

PPTP 是由包括微软和 3Com 等公司组成的 PPTP 论坛开发的一种点对点隧道协议。由于微软在服务器和桌面操作系统中提供该协议的支持,使得 PPTP 成为远程访问型 VPN 连接的最常用协议。

基于 SSL 协议的 VPN 技术是近年来远程访问 VPN 领域出现的新兴力量。SSL VPN 的主要特点是简单易用,主要缺点是工作在应用层与传输层之间,因此不像 IPSec VPN 那样可适用于所有基于 TCP/IP 的应用。基于 SSL 的 VPN 最大的应用优势来自对 Web 应用的支持,事实上这也是一种网络应用 Web 化所催生的 VPN 架构。

此外还有基于 L2TP 的 VPN 等解决方案,但在整体的 VPN 技术格局中并未占主体的地位。

7.6.2 发展趋势

1. SSL VPN 发展加速

由于网络应用的 Web 化趋势明显,所以 SSL VPN 快速发展的形势将得到延续。SSL VPN 很可能在不久的将来成为和 IPSec/MPLS VPN 分庭抗礼的 VPN 架构。

2. 服务质量有待加强

由于承载 VPN 流量的非专用网络通常不提供服务质量保障(QoS),所以 VPN 解决方案必须整合 QoS 解决方案,才能够提供满足不同用户需求的可用性。目前 IETF 已经提出了支持 QoS 的带宽资源预留协议(RSVP),而 IPv6 也提供了处理 QoS 的能力。这为 VPN 技术在服务质量上的进一步改善提供了足够的保障。

3. 基础设施化趋势显现

随着 IPv6 的发展,VPN 技术有可能以 IP 中基础协议的形式出现。这样 VPN 将有机会被作为基础的网络安全组件嵌入各种系统中,从而使 VPN 成为完全透明化的网络安全基础设施。

习题 7

1. 什么是 VPN? 它包含哪两层含义?
2. 简述 VPN 的优点。
3. VPN 有哪几种分类方式? 简述按服务类型划分 VPN 的方法。
4. 简述隧道技术的工作原理。
5. L2TP 和 PPTP 同属第二层隧道协议,之间有何区别?
6. 简述 IPSec VPN 的应用场景。
7. 简述 IPSec VPN 的工作模式及其区别。
8. 简述 IPSec 报头的类型和区别。
9. 简述 VPN 的发展趋势。

访问控制 第 8 章

在今天,高速发展的互联网已经深入到社会生活的各个方面。对个人而言,互联网已使人们的生活方式发生了翻天覆地的变化;对企业而言,互联网改变了企业传统的营销方式及其内部管理机制。但是,在享受信息的高度网络化带来的种种便利之时,我们还必须应对随之而来的信息安全方面的种种挑战。没有安全保障的网络可以说是一座空中楼阁,安全性已逐渐成为网络建设的第一要素。特别随着网络规模的逐渐增大,所储存的数据逐渐增多,使用者要求网络能够对不同来源、不同角色所提出的网络访问进行控制,以确保自己的资源不受到非法的访问与篡改,这就需要用到访问控制机制。

8.1 访问控制概述

访问控制是网络安全防范和保护的主要核心策略,它的主要任务是保证网络资源不被非法使用和访问。访问控制规定了主体对客体访问的限制,并在身份识别的基础上,根据身份对提出资源访问的请求加以控制。它是对信息系统资源进行保护的重要措施,也是计算机系统最重要和最基础的安全机制。互联网的发展为信息资源的共享提供了更加完善的手段,企业在信息资源共享的同时也要阻止非授权用户对企业敏感信息的访问。访问控制的目的是保护企业在信息系统中存储和处理的信息的安全。

访问控制决定了谁能够访问系统、能访问系统的何种资源以及如何使用这些资源。适当的访问控制能够阻止未经允许的用户有意或无意地获取数据。访问控制的手段包括用户识别代码、口令、登录控制、资源授权(例如用户配置文件、资源配置文件和控制列表)、授权核查、日志和审计等。

安全访问控制(Access Control)是众多计算机安全解决方案中的一种,是最直观最自然的一种方案。信息安全的风险(Information Security Risks)可以被广泛地归结为 CIA:信息机密性(Confidentiality)、信息完整性(Integrity)和信息可用性(Availability)。访问控制主要为信息机密性和信息完整性提供保障。

8.1.1　访问控制的内容

访问控制是指主体依据某些控制策略或权限对客体本身或是其资源进行不同的授权访问。访问控制包括三个要素,即主体、客体和控制策略。

(1) 主体(Subject):是指一个提出请求或要求的实体,是动作的发起者,但不一定是动作的执行者,简记为 S。主体可以是用户或其他任何代理用户行为的实体(例如进程、作业和程序)。我们这里规定实体(Entity)表示一个计算机资源(物理设备、数据文件、内存或进程)或一个合法用户。

(2) 客体(Object):是接受其他实体访问的被动实体,简记为 O。客体的概念也很广泛,凡是可以被操作的信息、资源、对象都可以认为是客体。在信息社会中,客体可以是信息、文件、记录等的集合体,也可以是网络上的硬件设施、无线通信中的终端,甚至一个客体可以包含另外一个客体。

(3) 控制策略:是主体对客体的操作行为集和约束条件集,简记为 KS。简单讲,控制策略是主体对客体的访问规则集,这个规则集直接定义了主体对客体的作用行为和客体对主体的条件约束。访问策略体现了一种授权行为,也就是客体对主体的权限允许,这种允许不超越规则集,由其给出。

访问控制系统三个要素之间的行为关系可以使用三元组 (S,O,P) 来表示,其中 S 表示主体,O 表示客体,P 表示许可。当主体 S 提出一系列正常的请求信息 $I_1,I_2,\cdots,I_n$,通过信息系统的入口到达控制规则集 KS 监视的监控器,由 KS 判断是否允许或拒绝这次请求,因此这种情况下,必须先要确认是合法的主体,而不是假冒的欺骗者,也就是对主体进行认证。主体通过验证,才能访问客体,但并不保证其有权限可以对客体进行操作。客体对主体的具体约束由访问控制表来控制实现,对主体的验证一般会鉴别用户的标识和用户密码。用户标识(User Identification,UID)是一个用来鉴别用户身份的字符串,每个用户有且只能有唯一的一个用户标识,以便与其他用户区别。当一个用户注册进入系统时,他必须提供其用户标识,然后系统执行一个可靠的审查来确信当前用户是对应用户标识的那个用户。

访问控制的实现首先要考虑对合法用户进行验证,然后是对控制策略的选用与管理,最后要对非法用户或是越权操作进行管理。所以,访问控制包括认证、控制策略实现和审计三方面的内容。

(1) 认证:主体对客体的识别认证和客体对主体的检验认证。主体和客体的认证关系是相互的,当一个主体受到另外一个客体的访问时,这个主体也就变成了客体。一个实体可以在某一时刻是主体,而在另一时刻是客体,这取决于当前实体的功能是动作的执行者还是动作的被执行者。

(2) 控制策略的具体实现:如何设定规则集合从而确保正常用户对信息资源的合法使用,既要防止非法用户,也要考虑敏感资源的泄漏,对于合法用户而言,更不能越权行使控制策略所赋予其权利以外的功能。

(3) 审计:审计的重要意义在于,比如客体的管理者即管理员有操作赋予权,他有可能滥用这一权利,这是无法在策略中加以约束的。必须对这些行为进行记录,从而达到威慑和保证访问控制正常实现的目的。

8.1.2　访问控制的结构

访问控制的基本任务是保证对客体的所有直接访问都是被认可的。它通过对程序与数据的读、写、更改和删除的控制,保证系统的安全性和有效性,以免受偶然的和蓄意的侵犯。访问控制是依据一套为信息系统规定的安全策略和支持这些安全策略的执行机制实现的。访问控制的有效性建立在两个前提上。第一个前提是用户鉴别与确定,保证每个用户只能行使自己的访问权限,没有一个用户能够获得另一个用户的访问权。这一前提是在用户进入系统时登录过程中对用户进行确认之后完成的。第二个前提是"说明每一个用户或程序的访问权信息是受保护的,是不会被非法修改的",该前提是通过对系统客体与用户客体的访问控制获得的。

访问控制的相关术语定义如下。

(1)授权:资源的所有者或控制者准许其他人访问这种资源。

(2)目标:访问控制的资源对象。

(3)权威机构:目标的拥有者或控制者。

(4)用户:访问目标的负责任的人。

(5)发起者:积极访问目标的用户或用户行为的代理。

通常,有两种方法来阻止未授权用户访问目标。其一,访问请求过滤器:当一个发起者试图访问一个目标时,需要检查发起者是否被准予以请求的方式访问目标。其二,分离:防止未授权用户有机会去访问敏感的目标。这两种方法都与访问控制的主体有关,并且由相同的策略来驱动。访问请求过滤器包含访问控制机制,分离可能牵涉到的各种各样对策中的任何一种,包括物理安全、个人安全、硬件安全和操作系统安全。

访问控制授权方案有很多种,但是都可以抽象表示成如图 8-1 所示。

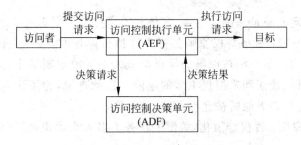

图 8-1　访问控制模型的组成

访问控制就是要在访问者和目标之间介入一个安全机制,验证访问者的权限,控制受保护的目标。访问者提出对目标的访问请求,被访问控制执行单元(Access Control Enforcement Function,AEF,实际是应用内实现访问控制的一段代码或者监听程序)截获,执行单元将请求信息和目标信息以决策请求的方式提交给访问控制决策单元(Access Control Decision Function,ADF,是一个判断逻辑,如访问控制代码中的判断函数),决策单元根据相关信息返回决策结果(结果往往是允许/拒绝),执行单元根据决策结果决定是否执行访问。其中执行单元和决策单元不必是分开的模块。

同样,影响决策单元进行决策的因素也可以抽象为图 8-2。

　　决策请求中包含了访问者信息、访问请求信息、目标信息、上下文信息。访问者信息指用户的身份、权限信息等；访问请求信息包括访问动作等信息；目标信息包含资源的等级、敏感度等信息；上下文信息主要指影响决策的应用端环境，如会话的有效期等。决策单元中包含保留信息，主要是一些决策单元内部的控制因素。

　　最重要的决策因素是访问控制策略规则。因为相对于其他决策因素来说，不同的应用系统这些因素的变化相对小得多，但是不同的应用系统访问控制策略是完全不同的。因此，访问控制策略规则是访问控制框架中随着应用变化的部分，访问控制框架的灵活性和适应应用的能力，取决于访问控制策略的描述能力和控制能力。

　　访问控制和其他安全措施的关系模型如图 8-3 所示。

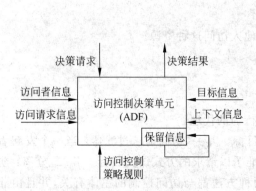

图 8-2　影响决策单元进行决策的因素

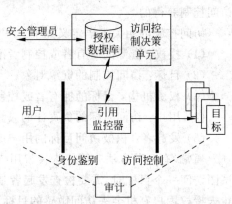

图 8-3　访问控制和其他安全措施的关系模型

8.1.3　访问控制的基本原则

　　安全策略的制定实施也是围绕主体、客体和安全控制规则集三者之间的关系展开的。

　　(1) 最小特权原则：最小特权原则是指主体执行操作时，按照主体所需权力的最小化原则分配给主体权力。最小特权原则的优点是最大限度地限制了主体实施授权的行为，可以避免来自突发事件、错误和未授权主体的危险。也就是说，为了达到一定目的，主体必须执行一定操作，但他只能做他所被允许做的，其他除外。

　　(2) 多人负责原则：授权分散化，关键的任务由多人来承担，保证没有人具有完成任务的全部授权或信息。

　　(3) 职责分离原则：将不同的责任分派给不同的人员以期达到互相牵制，削除一个人执行两项不相容的工作的风险。

　　(4) 最小泄漏原则：最小泄漏原则是指主体执行任务时，按照主体所需要知道的信息最小化的原则分配给主体权力。

　　(5) 多级安全策略：多级安全策略是指主体和客体间的数据流向和权限控制按照安全级别的绝密(TS)、秘密(S)、机密(C)、限制(RS)和无级别(U)五级来划分。多级安全策略的优点是避免敏感信息的扩散。具有安全级别的信息资源，只有安全级别比他高的主体才能够访问。

8.1.4 访问控制的种类

访问控制的种类有很多,主要包括以下八种。

1. 入网访问控制

入网访问控制为网络访问提供了第一层访问控制。它控制哪些用户能够登录到服务器并获取网络资源,控制准许用户入网的时间和准许他们在哪台工作站入网。

一般,用户的入网访问控制可分为三个步骤:用户名的识别与验证、用户口令的识别与验证、用户账号的默认限制检查。默认限制检查包括网络应能控制用户登录入网的站点、限制用户入网的时间、限制用户入网的工作站数量等。三道关卡中只要任何一关未过,该用户便不能进入该网络。

对网络用户的用户名和口令进行验证是防止非法访问的第一道防线。为保证口令的安全性,用户口令不能显示在显示屏上,口令长度应不少于6个字符,口令字符最好是数字、字母和其他字符的混合,用户口令必须经过加密。用户还可采用一次性用户口令,也可用便携式验证器(如智能卡)来验证用户的身份。网络管理员可以控制和限制普通用户的账号使用、访问网络的时间和方式。用户账号应只有系统管理员才能建立。用户口令应是每个用户访问网络所必须提交的"证件",用户可以修改自己的口令,但系统管理员应该可以控制口令的以下几个方面的限制:最小口令长度、强制修改口令的时间间隔、口令的唯一性、口令过期失效后允许入网的宽限次数。用户名和口令验证有效之后,再进一步履行用户账号的默认限制检查。网络应能控制用户登录入网的站点、限制用户入网的时间、限制用户入网的工作站数量。当用户对交费网络的访问"资费"用尽时,网络还应能对用户的账号加以限制,用户此时应无法进入网络访问网络资源。网络应对所有用户的访问进行审计。如果多次输入口令不正确,则认为是非法用户的入侵,应给出报警信息。

2. 网络权限控制

网络的权限控制是针对网络非法操作所提出的一种安全保护措施。用户和用户组被赋予一定的权限。网络控制用户和用户组可以访问哪些目录、子目录、文件和其他资源。可以指定用户对这些文件、目录、设备能够执行哪些操作。受托者指派和继承权限屏蔽(IRM)可作为两种实现方式。受托者指派控制用户和用户组如何使用网络服务器的目录、文件和设备。继承权限屏蔽相当于一个过滤器,可以限制子目录从父目录那里继承哪些权限。我们可以根据访问权限将用户分为以下几类:特殊用户(即系统管理员);一般用户,系统管理员根据他们的实际需要为他们分配操作权限;审计用户,负责网络的安全控制与资源使用情况的审计。用户对网络资源的访问权限可以用访问控制表来描述。用户和用户组被赋予一定的权限。网络控制用户和用户组可以访问哪些目录、子目录、文件和其他资源,可以指定用户对这些文件、目录、设备能够执行哪些操作。

3. 目录级安全控制

目录级安全控制允许控制用户对目录、文件、设备的访问。用户在目录一级指定的权限对所有文件和子目录有效,用户还可进一步指定对目录下的子目录和文件的权限。对目录和文件的访问权限一般有八种:系统管理员权限(Supervisor)、读权限(Read)、写权限(Write)、创建权限(Create)、删除权限(Erase)、修改权限(Modify)、文件查找权限(File

Scan）、存取控制权限（Access Control）。用户对文件或目标的有效权限取决于以下三个因素：用户的受托者指派、用户所在组的受托者指派、继承权限屏蔽取消的用户权限。一个网络管理员应当为用户指定适当的访问权限，这些访问权限控制着用户对服务器的访问。八种访问权限的有效组合可以让用户有效地完成工作，同时又能有效地控制用户对服务器资源的访问，从而加强了网络和服务器的安全性。

4. 属性安全控制

当用文件、目录和网络设备时，网络系统管理员应给文件、目录等指定访问属性。属性安全在权限安全的基础上提供更进一步的安全性，属性安全控制可以将给定的属性与网络服务器的文件、目录和网络设备联系起来。网络上的资源都应预先标出一组安全属性。用户对网络资源的访问权限对应一张访问控制表，用以表明用户对网络资源的访问能力。属性设置可以覆盖已经指定的任何受托者指派和有效权限。属性往往能控制以下几个方面的权限：向某个文件写数据、复制一个文件、删除目录或文件、查看目录和文件、执行文件、隐含文件、共享、系统属性等。

5. 网络服务器安全控制

网络允许在服务器控制台上执行一系列操作。用户使用控制台可以装载和卸载模块，可以安装和删除软件。网络服务器的安全控制包括可以设置口令锁定服务器控制台，以防止非法用户修改、删除重要信息或破坏数据；可以设定服务器登录时间限制、非法访问者检测和关闭的时间间隔。

6. 网络监测和锁定控制

网络管理员应对网络实施监控，服务器应记录用户对网络资源的访问，对非法的网络访问，服务器应以图形或文字或声音等形式报警，以引起网络管理员的注意。如果不法之徒试图进入网络，网络服务器应自动记录企图尝试进入网络的次数，如果非法访问的次数达到设定数值，那么该账户将被自动锁定。

7. 网络端口和节点的安全控制

网络中服务器的端口往往使用自动回呼设备、静默调制解调器加以保护，并以加密的形式来识别节点的身份。自动回呼设备用于防止假冒合法用户，静默调制解调器用以防范黑客的自动拨号程序对计算机进行攻击。网络还常对服务器端和用户端采取控制，用户必须携带证实身份的验证器（如智能卡、磁卡、安全密码发生器）。在对用户的身份进行验证之后，才允许用户进入用户端。然后，用户端和服务器端再进行相互验证。

8. 防火墙控制

防火墙是近期发展起来的一种保护计算机网络安全的技术性措施，它是一个用以阻止网络中的黑客访问某个机构网络的屏障，也可称之为控制进/出两个方向通信的门槛。在网络边界上通过建立起来的相应网络通信监控系统来隔离内部和外部网络，以阻挡外部网络的侵入。

8.2 访问控制的策略

关于访问控制的策略应注意如下两点。

(1) 安全策略建立的需要和目的。安全的领域非常广泛繁杂,构建一个可以抵御风险的安全框架涉及很多细节。就算是最简单的安全需求,也可能会涉及密码学、代码重用等实际问题。做一个相当完备的安全分析不得不需要专业人员给出许许多多不同的专业细节和计算环境,这通常会使专业的框架师也望而生畏。如果我们能够提供一种恰当的、符合安全需求的整体思路,就会使这个问题容易得多,也会使前进方向更加明确。能够提供这种帮助的就是安全策略。一个恰当的安全策略总会把自己关注的核心集中到最高决策层认为必须值得注意的那些方面。概括地说,一种安全策略实质上表明:当设计所涉及的那个系统在进行操作时,必须明确在安全领域的范围内,什么操作是明确允许的,什么操作是一般默认允许的,什么操作是明确不允许的,什么操作是默认不允许的。我们不要求安全策略做出具体的措施规定以及确切说明通过何种方式能够达到预期的结果,但是应该向安全构架的实际搭造者们指出,在当前的前提下,什么因素和风险才是最重要的。就这个意义而言,建立安全策略是实现安全的最首要的工作,也是实现安全技术管理与规范的第一步。

(2) 安全策略的具体含义和实现。安全策略的前提是具有一般性和普遍性,如何能使安全策略的这种普遍性和我们所要分析的实际问题的特殊性相结合,即,使安全策略与当前的具体应用紧密结合是我们面临的最主要的问题。控制策略的制定是一个按照安全需求、依照实例不断精确细化的求解过程。安全策略的制定者总是试图在安全设计的每个设计阶段分别设计和考虑不同的安全需求与应用细节,这样可以将一个复杂的问题简单化。但是设计者要考虑到实际应用前的前瞻性,有时候我们并不知道这些具体的需求与细节是什么;为了能够描述和了解这些细节,就需要我们在安全策略的指导下对安全涉及的领域和相关方面做细致的考察和研究。借助这些手段能够迫使我们在下面的讨论中,增加我们对于将安全策略应用到实际中,或是强加于实际应用而导致的问题的认知。总之,我们对上述问题认识得越充分,能够实现和解释的过程就更加精确细化,这一精确细化的过程有助于帮助我们建立和完善从实际应用中提炼抽象凝练的、用确切语言表述的安全策略。反过来,这个重新表述的安全策略就能够使我们更易于去完成安全框架中所设定的细节。

ISO7498 标准是目前国际上普遍遵循的计算机信息系统互连标准,1989 年 12 月国际标准化组织(ISO)颁布了该标准的第二部分,即 ISO 7498—2,并首次确定了开放系统互连(OSI)参考模型的信息安全体系结构。我国将其作为 GB/T 9387—2 标准,并予以执行。按照 ISO 7498—2 中 OSI 安全体系结构中的定义,访问控制的安全策略有以下三种实现方式:基于身份的安全策略、基于规则的安全策略和基于角色的安全策略。目前使用的安全策略,其建立的基础都是授权行为。就其形式而言,基于身份的安全策略等同于 DAC 安全策略,基于规则的安全策略等同于 MAC 安全策略。

授权指给予某个用户为了某种目的可以访问某个目标的权力。访问控制策略在系统安全策略级上表示授权,也就是说,它们直接通过系统部件实施。任何访问控制策略最终均可被模型化为访问矩阵形式。无论何时何地,一个策略都能表示成一个行对应于用户,列对应于目标的矩阵。每个矩阵元素规定了相应的用户对应于相应的目标被准予的访问许可。矩阵元素确定了用户可以对目标实施的行为。

8.2.1　基于身份的策略

基于身份的策略包括基于个体的策略和基于组的策略。

1．基于个体的策略

一个基于个体的策略根据哪些用户可对一个目标实施哪一种行为的列表来表示。这个等价于用一个目标的访问矩阵列来描述。

基于身份的策略陈述总是依赖于一个暗含的或清晰的默认策略，而基于个体的策略是基于身份的策略的一种类型，所以基于个体的策略陈述也总是依赖于一个暗含的或清晰的默认策略。在上面的例子中，假定的默认是所有用户被所有的许可否决。这就是最常用的默认策略。这类策略遵循所谓的最小特权原则，最小特权原则要求最大限度地限制每个用户为实施授权任务所需要的许可集。这种原则的应用限制了来自偶然事件、错误或未授权用户的危险。

在一个公开的公告板环境中，默认也许是所有可得到的公开信息。另外，多重策略可同时应用于一个目标。有效的默认也可能是某一级别的策略，该策略对某一用户或某些用户提供清晰的访问许可。由于这个原因，对确定的用户关于确定的目标基于身份的策略通常也提供清晰的否认许可。

否认限制对处理窃取口令或个人身份认证器件丢失或被窃取这样的情况也是有价值的。对所关心的所有目标，一个合适的否认限制被简单地加到已存在的策略陈述集上。

2．基于组的策略

一个基于组的策略是基于身份的策略的另一种情形，一些用户被允许对一个目标具有同样的访问许可。例如，当许可被分配给一个队的所有成员或一个组织的一个部门的所有雇员时，采取的就是这种策略。多个用户被组织在一起并赋予一个共同的识别标识符。这时把访问矩阵的多个行压缩为一个行。例如，假定用户 $c1$ 和 $c2$ 形成一个组，那么对目标 x 的访问控制策略可通过下列一对陈述来表达：

用户组 c 由用户 $c1$ 和 $c2$ 组成；

对目标 x，用户 a 被允许读、修改和管理，而用户组 c 被允许读。

注意上述第一条陈述可被其中的目标重复使用，例如目标 y。再者，组的成员可以被改变而不会影响许可陈述。这些特征往往使基于组的策略在表示和实现方面比基于个体的策略更容易和更有效。

8.2.2　基于规则的策略

基于规则的策略包括多级策略和基于间隔的策略。

1．多级策略

多级策略被广泛地应用于政府机密部门，但在非机密部门中也有应用。这些策略应该自动控制执行。这些策略主要使用来保护数据不被非法泄露，但它们也能支持完整性需求。

一个多级策略通过分配给每个目标一个密级来操作。密级的层次如表 8-1 所示。每个用户从相同的层次中分配一个等级。目标的分派反映了它的敏感性。用户的分派反映了它的可信程度。

表 8-1 密级层次

密 级	英 文 对 照
绝密	TOP SECRET
秘密	SECRET
机密	CONEIDENTIAL
限制	RESTRICTED
无密级	UNCLASSIFIED

与这种类型的策略有关的传统规则在美国国防部可信计算机安全模型评估准则中有具体描述。基础的数学模型是由 Bell 和 La Padula 得到的。这种模型定义了在用户和目标的安全级别之间的一种形式关系,称为统治关系。对于准予只读访问和只写访问都有明确规定。

只读访问规则又称做简单安全条件,它的规定是显而易见的。它规定一个拥有给定等级的用户只能读具有相同或比它低的密级的数据。只写访问规则,通常称为 ＊ 特性,它规定一个拥有给定等级的用户只能向具有相同或比它高的密级的目标写数据。制定这个规则是为了防止未授权用户无须授权就删除有密级的数据和防止特洛伊木马攻击。另外,当数据连接多个目标时,有一规则规定分配它们中的最高密级。对于完整性情况的一个相应的策略模型由 Biba 提出。应用这种模型,目标可分配一个完整性密级和敏感性密级。

2．基于间隔的策略

在基于间隔的策略中,目标集合关联于安全间隔或安全类别,通过它们来分离其他目标。用户需要给一个间隔分配一个不同的等级,以便能够访问间隔中的目标。例如,在一个公司中,不同的间隔可能定义为合同和职员。一个间隔的等级不必指示相同级别的其他间隔的等级。此外,在一个间隔中的访问可能受控于特殊的规则。例如,在一个特定的时间间隔内,两个消除了的用户为了能恢复数据可能需要提出一个联合请求。

8.2.3 基于角色的策略

基于角色的策略是策略的另一种类型,这种策略在当代的商业环境中特别有意义。基于角色的策略既具有基于身份的策略的特征又具有基于规则的策略的特征。它可以看作基于组的策略的一种变形,一个角色对应一个组。

这种类型的策略陈述是强有力的,这是由于:首先,它所包含的表示方法对非技术的组织策略制定者很容易理解;其次,它很容易被映射到一个访问矩阵或基于组的策略陈述上,从而实现访问控制。

也可以把基于角色的策略视作一类基于规则的或强制式访问控制策略,这可能通过一个安全区域来自动地实施。

在基于组或者基于角色的策略中,一般地,个人用户可能是不止一个组或角色的成员,有时可能要对这些用户做限制。

8.2.4 策略的组合以及附加控制

一般地,可组合使用上述策略,并可通过使用附加的控制如依赖于值的控制、多用户控制和基于上下文的控制来进一步强化这些策略。

1．依赖于值的控制

一般而言，我们总假设一个确定的目标数据项无论数据值存储在哪儿，都有确定的访问控制许可。然而，有时候目标的敏感性会根据当前存储的数据值而改变。例如超过某临界值的合同信息（如，大于 500 万元）也许要比相同的公司数据库里的其他合同（低于 500 万元）提供更强的保护。这就构成了依赖于值的控制。

2．多用户控制

设计一种当多于一个用户共同提出一个请求时，在访问目标之间应该得到许可的访问控制策略是可能的，例如：

（1）需要两个指定的个体同意；

（2）需要两个具有指定角色的个体同意；

（3）需要一个群体中许多指定的成员的同意。

3．基于上下文的控制

基于上下文的控制允许访问控制策略在确定访问一个目标时依靠外部因素，诸如：

（1）时间；

（2）用户的当前位置；

（3）发起者和目标之间所用的通信路径；

（4）在证实发起者的身份时所用到的认证方法的强度。

这种控制可以扩大基于身份的或基于规则的策略。它们的目标就是保护访问控制机制、认证机制或物理安全措施等防护措施的弱点。例如，访问一个特定的目标可能只有在工作时间并在公司允许的终端上才可以进行。这样做可以消除外来黑客攻击的风险。这种方法结合了上面所说的基于上下文控制的类型（1）和（2）。类型（3）的控制可以阻止那些被认为是网络特定部分上的侵入。例如，除了发起者，可以防止访问在线电路上传输的某种类型的信息，由于窃听的风险。类型（4）的控制依靠所使用的认证方法考虑对发起者的真实身份确定的不同级别。例如，访问某些目标只验证口令可能就足够了，但是对于访问敏感目标的发起者必须要通过基于加密的认证机制的验证。

8.2.5　目标的粒度和策略的交互

设计任何一种访问控制策略，目标的粒度都是主要的讨论因素。例如，考虑一个公司的所有职员的数据库。在一个层次上，意味着把整个数据库当做一个目标。这个目标只能被所有职员访问；它不能被从公司允许的终端之外的终端访问；所有的修改只能在公司的管理部门的内部进行。然而，为了某些目的，一个好的粒度需要被同样的数据库认可。公司策略可能规定任何一个雇员有权读取属于他自己的数据库信息，但不准访问属于其他雇员的数据。通信系统管理者准许读取和修改任何雇员的通信地址，但不准访问其他区域，而读取和修改职员的薪金信息的权限只有财务科的人员才有。

对于相同的信息结构，不同级别的粒度可能在逻辑上有截然不同的访问控制策略和采用不同的访问控制机制。不同的访问控制粒度通常与策略委托有关。例如，一个公司将公司数据库的部分责任委托给一些部门，而部门又委托部分职责给别的雇员。

当多种策略运用于一个目标时，有必要建立一些关于这些策略之间如何协调的规则。

典型的规则有：规定策略的优先关系。也就是规定一个策略的许可或否认许可被应用，而不管与其他策略冲突与否；辨别任何一种策略下所应用的否认，不管在其他策略中相冲突的许可已被认可。

8.3　访问控制模型

访问控制模型是一种从访问控制的角度出发，描述安全系统，建立安全模型的方法。访问控制安全模型一般包括主体、客体，以及为识别和验证这些实体的子系统和控制实体间访问的参考监视器。由于网络传输的需要，访问控制的研究发展很快，有许多访问控制模型被提出来。建立规范的访问控制模型，是实现严格访问控制策略的基础。20 世纪 70 年代，Harrison、Ruzzo 和 Ullman 提出了 HRU 模型。接着，Jones 等人在 1976 年提出了 Take-Grant 模型。随后，1985 年美国军方提出可信计算机系统评估准则（TCSEC），其中描述了两种著名的访问控制策略：自主访问控制模型（DAC）和强制访问控制模型（MAC）。基于角色的访问控制（RBAC）由 Ferraiolo 和 Kuhn 在 1992 年提出。考虑到网络安全和传输流，又提出了基于对象和基于任务的访问控制。

8.3.1　自主访问控制

自主访问控制（Discretionary Access Control）是根据访问者和它所属组的身份来控制对客体目标的授权访问。一个对客体具有自主性访问权限的主体能够把该客体信息共享给其他的主体。UNIX 安全模型类似于 DAC 模型，文件的所有者通过设置文件许可权决定谁有权以何种方式对其进行访问。

围绕 DAC 模型中的权限转交、所有权变更、权限级联吊销等问题，DAC 模型有很多种形式。由于主体访问者对访问的控制有一定权利，信息在移动过程中其访问权限关系会被改变，如用户 A 可以将其对客体目标 O 的访问权限传递给用户 B，从而使不具备对 O 访问权限的 B 也可以访问 O。

自主访问控制策略可以用访问三元组 (S,O,A) 表示，其中：S 表示主体，O 表示客体，A 表示访问模式。

自主访问控制是一种允许主体对访问控制施加特定限制的访问控制类型。它允许主体针对访问资源的用户设置访问控制权限，用户对资源的每次访问都会检查用户对资源的访问权限，只有通过验证的用户才能访问资源。自主访问控制是基于用户的，因此具有很高的灵活性，这使得这种策略适合各类操作系统和应用程序，特别是在商业和工业领域。例如，在很多应用环境中，用户需要在没有系统管理员介入的情况下，拥有设定其他用户访问其所控制信息资源的能力，因此控制就具有很大的任意性。在这种环境下，用户对信息的访问控制是动态的，这时采用自主访问控制就比较合适。

自主访问控制包括身份型（Identity-based）访问控制和用户指定型（User-directed）访问控制，自主访问控制的实现方式通常包括目录式访问控制、访问控制列表、访问控制矩阵和面向过程的访问控制等方式。

1. 访问控制列表

访问控制列表是存在于计算机中的一张表（图 8-4），记录用户对特定系统对象例如文

信息安全概论

件目录或单个文件的存取权限。每个对象拥有一
个在访问控制表中定义的安全属性。每个系统用
户拥有一个访问权限。最一般的访问权限包括读
文件(包括所有目录中的文件)、写一个或多个文
件和执行一个文件(如果它是一个可执行文件或
者是程序的时候)。

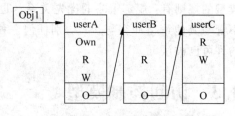

图 8-4　访问控制列表

访问控制列表是目标对象的属性表,它设置
每个用户对给定目标的访问权限,也就是,一系列实体及其对资源的访问权限的列表。维护
访问控制列表和实施访问控制本质上是系统和目标环境的责任。访问控制列表反映了一个
目标对应于访问控制矩阵列中的内容。因此,基于身份的访问控制策略包括基于个体的、基
于组的和基于角色的策略,可以很简单地应用访问控制列表来实现。基本的访问控制列表
概念能以多种形式加以推广,比如为选择的用户登录加入上下文控制。表 8-2 举例说明了
一个访问控制列表结构。

表 8-2　访问控制列表结构

身　　份	类　　型	认可的允许	拒绝的允许	时 间 限 制	位 置 限 制
Mike	个人	读/修改/管理			
组员	组	读	修改/管理		
审计员	角色	读/修改	管理	9:00—17:00	本地终端

访问控制列表机制最适合于拥有相对较少的需要被区分的用户,并且这些用户中的绝
大多数是稳定的情况。如果访问控制列表太大或经常改变,维护访问控制列表会成为最主
要的问题。这种机制的优点有二:一是对于大范围的目标粒度访问控制列表均适用,包括
非常好的粒度;二是目标的拥有者或管理者可以很容易地废除以前授予的许可。

访问控制表(ACL)是 DAC 中通常采用的一种安全机制。ACL 是带有访问权限的矩
阵,这些访问权是授予主体访问某一客体的。安全管理员通过维护 ACL 控制用户访问企
业数据。对每一个受保护的资源,ACL 对应一个个人用户列表或由个人用户构成的组列
表,表中规定了相应的访问模式。

DAC 的主要特征体现在主体可以自主地把自己所拥有客体的访问权限授予其他主体
或者从其他主体收回所授予的权限,访问通常基于访问控制列表(ACL)。访问控制的粒度
是单个用户。

但是当用户数量多、管理数据量大时,由于访问控制的粒度是单个用户,ACL 会很庞
大。当组织内的人员发生变化(升迁、换岗、招聘、离职)、工作职能发生变化(新增业务)时,
ACL 的修改变得异常困难。采用 ACL 机制管理授权处于一个较低级的层次,管理复杂、代
价高以致易于出错。这种策略也存在不能保证信息传输的安全性等隐患,因为入侵者有很
多方法绕过验证来获得资源。例如,一个用户能读取某些数据,然后他就可以把这些数据转
发给其他原本没有这一权限的人。这是因为,自主访问控制策略本身没有对已经具有权限
的用户如何使用和传播信息强加任何限制。但在强制策略系统中,高安全等级数据传播到
低安全等级是受到限制的。在自主访问控制策略环境中,为了保证安全,默认参考设置是拒
绝访问,以提高信息的安全性。

2. 访问控制矩阵

通过对信息系统访问控制机制的抽象,在对应的访问矩阵模型中定义了三类元素。

(1) 系统中的客体集 O,是系统中被访问因而也是被保护的对象,如文件、程序、存储区等。每一个客体 $o \in O$ 可由它们的名字唯一地标识与识别。

(2) 系统中的主体集 S,是系统中访问操作的主动发起者,如用户、进程、执行域等。每个主体 $s \in S$ 也是可以由它们的名字唯一标识和识别的。

(3) 系统中主体对客体的访问权限集合 R,O、S 和 R 三者之间的关系是以矩阵 A 的形式表示的,它的行对应于某个主体,列对应于某个客体。显然,集合 R 是矩阵的项(元素)的集合,每个项用 $A[s,o]$ 表示,其中存放着主体 s 对客体 o 的访问权或某些特权。

表 8-3 表示了主体集合 $S=\{$张三,李四,进程 1$\}$,客体集合 $O=\{$文件 1,文件 2,进程 1$\}$ 的一个访问控制矩阵。访问权限集合 $R=\{r($只读$),a($只写$),w($读写$),e($执行$),$app$($添加$),o($拥有$)\}$。本实例中,一个用户对文件的读、写权限,对进程的执行权限比较容易理解。李四对进程 1 的写权限可以定义为,李四给进程 1 发送数据,实现通信。同样,张三对进程 1 的读权限可以定义为,张三接收进程 1 发来的数据,实现通信。而进程 1 对自身没有任何操作权限,但对两个文件拥有读权限。值得注意的是,随着系统的不同,可能一个相同名字的权限会有不同的含义。如在一些系统中张三对进程 1 的读权限有可能会表示复制这个进程。

表 8-3 访问控制矩阵实例

客体 主体	文件 1	文件 2	进程 1
张三	$\{w\}$	$\{r\}$	$\{e,r\}$
李四	$\{a,e\}$	$\{w,o,$app$\}$	$\{a\}$
进程 1	$\{r\}$	$\{r\}$	Φ

表 8-4 给出访问控制矩阵的又一实例。主体集合 $S=$ 客体集合 $O=\{$主机 1,主机 2,主机 3$\}$,访问权限集合为 $R=\{$ftp(通过文件传输协议 FTP 访问服务器),nfs(通过网络文件系统协议 NFS 访问服务器),mail(通过简单邮件传输协议(SMTP)收发电子邮件),own(增加服务器)$\}$。这是由一台个人计算机(主机 1)和两台服务器(主机 2、主机 3)组成的一个局域网。主机 1 只允许执行 ftp 客户端,而不安装任何服务器;主机 2 安装了 FTP、NFS 和 MAIL 服务器,允许它用 ftp、nfs、mail 访问主机 3;主机 3 安装了 FTP、NFS 和 MAIL 服务器,仅允许它用 ftp 和 mail 访问主机 2。可见该例子描述了系统之间的交互控制,而不是一台计算机内部的访问控制。

表 8-4 访问控制矩阵实例

客体 主体	主机 1	主机 2	主机 3
主机 1	$\{$own$\}$	$\{$ftp$\}$	$\{$ftp$\}$
主机 2	Φ	$\{$ftp,nfs,mail,own$\}$	$\{$ftp,nfs,mail$\}$
主机 3	Φ	$\{$ftp,mail$\}$	$\{$ftp,nfs,mail,own$\}$

自主访问控制基于对主体或主体所属的主体组的识别来限制对客体的访问。自主是指主体能够自主地(也可能是间接地)将访问权或访问权的某个子集授予其他主体。

为实现完备的自主访问控制,由访问控制矩阵提供的信息必须以某种形式保存在系统中。访问控制矩阵中的每行表示一个主体,每列则表示一个受保护的客体。矩阵中的元素表示主体可对客体的访问模式。目前在操作系统中实现的自主访问控制都不是将矩阵整个保存起来,因为那样做效率很低。实际的方法是基于矩阵的行或列来表达访问控制信息。

基于行的自主访问控制方法是在每个主体上都附加一个该主体可访问的客体的明细表。根据表中信息的不同又可分为三种形式。

(1) 权限字。权限字是一个提供给主体对客体具有特定权限的不可伪造标志。主体可以建立新的客体,并指定这些客体上允许的操作。它作为一张凭证,允许主体对某一客体完成特定类型的访问。仅在用户通过操作系统发出特定请求时才建立权限字,每个权限字也标识可允许的访问,例如,用户可以创建文件、数据段、子进程等新客体,并指定它可接受的操作种类(读、写或执行),也可以定义新的访问类型(如授权、传递等)。

具有转移或传播权限的主体 A 可以将其权限字的副本传递给 B,B 也可将权限字传递给 C,但为了防止权限字的进一步扩散,B 在传递权限字副本给 C 时可移去其中的转移权限,于是 C 将不能继续传递权限字。权限字也是一种程序运行期间直接跟踪主体对客体的访问权限的方法。一个进程具有自己运行时的作用域,即访问的客体集,如程序、文件、数据、I/O 设备等,当运行进程调用子过程时,它可以将访问的某些客体作为参数传递给子过程,而子过程的作用域不一定与调用它的进程相同。即调用进程仅将其客体的一部分或全部访问传递给子过程,子过程也拥有自己能够访问的其他客体。由于每个权限字都标识了作用域中的单个客体,因此,权限字的集合就定义了作用域。进程调用子过程并传递特定客体或权限字时,操作系统形成一个当前进程的所有权限字组成的堆栈,并为子过程建立新的权限字。权限字也可以集成在系统的一张综合表中(如存取控制表),每次进程请求都由操作系统检查该客体是否可访问,若可访问,则为其建立权限字。

权限字必须存放在内存中不能被普通用户访问的地方,如系统保留区、专用区或者被保护区域内,在程序运行期间,只有被当前进程访问的客体的权限字能够很快得到,这种限制提高了对访问客体权限字检查的速度。由于权限字可以被收回,操作系统必须保证能够跟踪应当删除的权限字,彻底予以回收,并删除那些不再活跃的用户的权限字。

作为例子,在现代 UNIX 中,包括 Linux,使用的不再是一个简单的 setuid 系统,而是构造权限字模式。所用的权限字类似于 setuid,但是给予了非常仔细的细化。一个可执行文本可以被标记,从而获得一指定特权,而不是或者全是、或者全不是的 setuid 系统。

在 Linux 中,为了支持这一模式,如下代码被作了修改:

```
If (suser()) {
    / * Do some privileged operation. * /
}
```

被修改成:

```
If (capable(CAP_DAC_OVERRIDE)) {
    / * Do directory access override * /
}
```

目前 Linux 有 26 种不同的权限类别。当采用权限字表时,只需动态地对进程的权限字做修改,不需要特权状态,减少了滥用权利的风险。必须注意的是,一个进程必须不能直接改动它的权限字表,如果可以,则它可能给自己增加没有权利访问的资源权限。

(2) 前缀表。前缀表包含受保护的文件名(客体名)及主体对它的访问权限。当系统中有某个主体欲访问某个客体时,访问控制机制将检查主体的前缀是否具有它所请求的访问权。但是这种方式有以下三个问题:前缀大小有限制;当生成一个新客体或者改变某个客体的访问权时,如何对主体分配访问权;如何决定可访问某客体的所有主体。

由于客体名通常是杂乱无章的,很难进行分类,而且当一个主体可以访问很多客体时,它的前缀也将是非常大的,因此也很难管理。还有受保护的客体必须具有唯一的名字,互相不能重名,故而造成客体名数目过大。另外,在一个客体生成、撤销或改变访问权时,可能会涉及许多主体前缀的更新,因此需要进行许多操作。当用户生成新客体并对自己及其他用户授予对此客体的访问权时,相应的前缀修改操作必须用安全的方式完成,不应由用户直接修改。有的系统由系统管理员来承担。还有的系统由安全管理员来控制主体前缀的更改。但是这种方法也很不方便,特别是在频繁更迭对客体访问权的情况下,更加不适用。访问权的撤销一般也很困难,除非对每种访问权系统都能自动校验主体的前缀。删除一个客体时,需要判断在哪些主体前缀中有该客体。

(3) 口令。每个客体都相应地有一个口令。主体在对客体进行访问前,必须向操作系统提供该客体的口令。如果对于每个客体,每个主体都拥有它自己独具的口令,那么这个口令仿佛就是对这个客体的票证,类似于权力表系统。不同之处在于,口令不像权力那样是动态的。大多数利用口令机制实现自主访问控制的系统仅允许对每个客体分配一个口令或者对每个客体的每种访问模式分配一个口令。注意,这个口令与用户识别用的注册口令没有任何关系,不要将两者混淆。如欲使一个用户具有访问某个客体的特权,那只需告之该客体的口令。有些系统中,只有系统管理员才有权分配口令,而有些系统则允许客体的拥有者任意地改变客体口令。一般来讲,一个客体至少要有两个口令,一个用于控制读,一个用于控制写。

在确认用户身份时,口令机制是一种比较有效的方法,但对于客体访问控制,口令机制是比较脆弱的。基于列的访问控制是指按客体附加一份可访问它的主体的明细表。基于列的访问控制可以有两种方式。

(1) 保护位:保护位方式采用访问控制矩阵表达方式。UNIX 系统采用了这种方法。保护位对所有的主体、主体组(用户、用户组)以及该客体(文件)的拥有者,规定了一个访问模式的集合。用户组是具有相似特点的用户集合。生成客体的主体称为该客体的拥有者。它对客体的所有权仅能通过超级用户特权来改变。拥有者(超级用户除外)是唯一能够改变客体保护位的主体。一个用户可能不只属于一个用户组,但是在某个时刻,一个用户只能属于一个活动的用户组。用户组及拥有者都体现在保护位中。

(2) 存取控制表:访问控制表(ACL)是目前采用最多的一种实现方式。关于访问控制表(ACL)请参见前面的介绍。

3. 自主访问控制的访问许可

在许多系统中,对访问许可与访问模式不加区分。但是,在自主访问控制机制中,应当对此加以区分,这种区分会使我们把客体的控制与对客体的访问区别开来。

信息安全概论

由于访问许可允许主体修改客体的存取控制表,因此,利用它可以实现对自主访问控制机制的控制。这种控制有三种类型。

(1) 等级型。可以将对客体存取控制表的修改能力划分成等级。例如,可以将控制关系组成一个树形结构。系统管理员的等级设为等级树的根,根一级具有修改所有客体存取控制表的能力,并且具有向任意一个主体分配这种修改权的能力。系统管理员可以按部门将工作人员分成多个子集,并对部门领导授予相应存取控制表的修改权和对修改权的分配权。部门领导又可将自己部门内的人员分成若干个组,并且对组级领导授予相应的对存取控制表的修改权。在树中最低级的主体不再具有访问许可,也就是说他们对相应客体的存取控制表不再具有修改权。有访问许可(即有能力修改客体的存取控制表)的主体,可以对自己授予任何访问模式的访问权。

这种结构的优点是,通过选择可信任的人担任各级领导,使得能够以可信方式对客体施加控制,并且这种控制和人员的组织体系相近似。缺点是,对于一个客体而言,可能会同时有多个主体有能力修改它的存取控制表。

(2) 拥有型。另一种控制方式是对每个客体设立一个拥有者(通常是该客体的生成者)。只有拥有者才是对客体有修改权的唯一主体。拥有者对其拥有的客体具有全部控制权。但是,拥有者无权将其对客体的控制权分配给其他主体。因此,客体拥有者在任何时候都可以改变其所属客体的存取控制表,并可以对其他主体授予或者撤销其对客体的任何一种访问模式。

系统管理员应能够对系统进行某种设置,使得每个主体都有一个"主目录"(home directory)。对主目录下的子目录及文件的访问许可权应授予该主目录的主人,使他能够修改主目录下的客体的存取控制表,但不允许使拥有者具有分配这种访问许可权的权力。

可以把拥有型控制看成二级的树形控制。在 UNIX 系统中,利用超级用户来实施特权控制,就是这样的一个例子。

(3) 自由型。自由型方案的特点是:一个客体的生成者可以对任何一个主体分配对它拥有的客体的访问控制权,即对客体的存取控制表有修改权,并且还可使其他主体也具有分配这种权力的能力。在这种系统中,不存在"拥有者"概念。例如,一旦一个主体 A 将修改其客体存取控制表的权力与分配这种权力的能力授予了主体 B,那么主体 B 就可以将这种能力分配给其他主体,而不必征求客体生成者的同意。这样,一旦访问许可权分配出去,那么就很难控制客体了。虽然可以从客体的存取控制表中查出所有能修改者的名字,但是却没有任何主体能对该客体的安全负责。

4. 访问模式

在实现自主访问控制的各种各样系统中,访问模式的应用是很广泛的。这里只介绍最常用的模式。

1) 文件

对文件设置的访问模式有以下几种。

(1) 读复制(read-copy):该模式允许主体对客体进行读与复制的访问操作。在大多数系统中,把 read 模式作为 read-copy 模式来设置。从概念上讲,作为仅允许显示客体的 read 模式是有价值的。然而,作为一种基本的访问模式类型,要实现仅允许显示客体的 read 访问模式是困难的,因为它只能允许显示介质上的文件,而不允许具有存储能力。而 read-

copy 可以仅仅限制主体对客体进行读和复制操作,如果主体复制了一个客体,那么他可以对该复制设置任何模式的访问权。

(2) 写删除(write-delete):该访问模式允许主体用任何方法,包括扩展(expanding)、收缩(shrinking)以及删除(deleting)来修改一个客体。在不同的系统中有不同的写模式,实现主体对客体的修改。例如写附加(write-append)、删除(delete)、写修改(write-modify)等。系统可以根据客体的特性,采用不同的模式。可以将几种模式映射为一种模式,也可以映射为自主访问控制支持的最小的模式集合。也可以将所有的可能的写模式都作描述,而只将一个模式子集应用到一种特殊类型的客体。前一种方式可以简化自主访问控制与用户接口,而后者可以给出一种较为细致的访问控制方式。

(3) 执行(execute):该模式允许主体将客体作为一种可执行文件而运行。在许多系统中,Execute 模式需要 Read 模式。例如在有的系统中,要求在实现动态链接过程中引进连接段(linkage section),而在连接段中常涉及常数及寻找入口点的操作,这些操作被认为是对客体文件的 read 操作。因此,此时需要执行某个段时,还需要有 read 访问模式。

(4) 无效(null):这种模式表示,主体对客体不具有任何访问权。在存取控制表中用这种模式可以排斥某个特定的主体。假如一个客体是文件的话,对它的访问模式的最小集是应用于许多系统中常用的访问模式的集合,这包括 read-copy、write-delete、execute、null。这些模式为文件的访问提供了一个最小但不是充分的组合。不少情况下,只用最小的模式集合是不够的。大部分操作系统是将自主访问控制应用于客体,而不单单只用于文件。文件是一种特殊的客体。许多时候,除文件以外的客体,也被构造成文件。因此,通常根据客体的特殊结构,对它们都有某种扩充的访问模式。一般都用类似数据抽象的方式来实现它们,也就是操作系统将“扩充的”访问模式映射为基本访问模式。

2) 目录

如果文件系统中的文件目录是树形结构,那么树中的目录也代表一类文件。因此,对它也可以设置访问模式。通常用以下三级方式来控制对目录及和目录相应的文件的访问操作:对目录而不对文件实施访问控制;对文件而不对目录实施访问控制;对目录及文件都实施访问控制。如果仅对目录设置控制,那么一旦授予某个主体对一个目录的访问权,它就可以访问该目录下的所有文件。当然,如果在该目录下的客体是另一个目录,那么,如果主体还想访问该子目录,它就必须获得该子目录的访问权。另外,仅对目录设置访问控制模式的方法,需要按访问类型对文件进行分组,这样的要求会造成限制过多。在文件分类时还会带来新的问题。

如果仅对文件设置访问模式,这种控制可能会更细致些。仅对某个文件设置的模式与同一目录下的其他文件没有任何关系。但是,这样也有一些问题。比如,如果不对目录设置限制,那么主体可以设法浏览存储结构而看到其他文件的名字。而且在这种情况下,文件的放置没有受任何控制,结果是,文件目录的树结构失去了意义。通常最好是对文件、目录都施以访问控制。但是,设计者要能够决定是否允许主体在访问文件时,对整个路径都可以访问。要考虑只允许访问文件本身是否充分。如果一个系统,允许主体访问客体,但又不允许有对该客体的父目录的访问权,那么实现起来会比较复杂。

在 UNIX 系统中,对某目录不具备任何访问权意味着对该目录控制下的所有子客体(文件以及子目录)都无权访问。

对目录的访问模式的最小集合是包括 read 与 write-expand(写-扩展)。

(1) read：该模式允许主体看到目录的实体,包括目录名、存取控制表,以及该目录下的文件、子目录等相应的信息。read 访问模式,意味着有权访问该目录下的子客体(子目录与文件)。至于哪个主体能对它们进行访问还要视该主体自己的存取控制权限。

(2) write-expand(写-扩展)：此种模式允许主体在该目录下增加一个新的客体,即,允许用户在该目录下生成与删除文件或者生成与删除子目录。由于目录访问模式是对文件访问控制的扩展,因此,它取决于目录的结构,取决于系统。例如,有的系统为目录设置了三种访问模式：读状态(status),修改(modify),附加(append)。status 允许主体看到目录结构及其子客体的属性。modify 允许主体修改(包括删除)这些属性,而 append 允许主体生成新的子客体。

可以看出,操作系统在决定系统的自主访问控制中应该包括什么样的客体,以及应该为每种客体设置什么样的访问模式时,要在用户的友善性与自主访问控制机制的复杂性之间作适当的折中。

8.3.2　强制访问控制

前面介绍的自主访问控制技术有一个最主要的缺点,就是不能有效地抵抗计算机病毒的攻击。在自主访问控制技术中,某一合法用户可任意运行一段程序来修改该用户拥有的文件访问控制信息,而操作系统无法区别这种修改是用户自己的合法操作还是计算机病毒的非法操作;另外,也没有什么一般的方法能够防止计算机病毒将信息通过共享客体(文件、主存等)从一个进程传送给另一个进程。为此,人们认识到必须采取更强有力的访问控制手段,这就是强制访问控制。

最开始为了实现比 DAC 更为严格的访问控制策略,美国政府和军方开发了各种各样的控制模型,这些方案或模型都有比较完善的和详尽的定义。随后,逐渐形成强制访问控制(Mandatory Access Control,MAC)模型,并得到广泛的商业关注和应用。

在强制访问控制中,系统对主体与客体都分配一个特殊的一般不能更改的安全属性,系统通过比较主体与客体的安全属性来决定一个主体是否能够访问某个客体。用户为某个目的而运行的程序,不能改变它自己及任何其他客体的安全属性,包括该用户自己拥有的客体。强制访问控制还可以阻止某个进程生成共享文件并通过这个共享文件向其他进程传递信息。

强制访问控制是"强加"给访问主体的,即系统强制主体服从访问控制政策。强制访问控制(MAC)的主要特征是对所有主体及其所控制的客体(例如进程、文件、段、设备)实施强制访问控制。为这些主体及客体指定敏感标记,这些标记是等级分类和非等级类别的组合,它们是实施强制访问控制的依据。系统通过比较主体和客体的敏感标记来决定一个主体是否能够访问某个客体。用户的程序不能改变他自己及任何其他客体的敏感标记,从而系统可以防止病毒(如特洛伊木马)的攻击。

强制访问控制一般与自主访问控制结合使用,并且实施一些附加的、更强的访问限制。一个主体只有通过了自主与强制性访问限制检查后,才能访问某个客体。用户可以利用自主访问控制来防范其他用户对自己客体的攻击,由于用户不能直接改变强制访问控制属性,所以强制访问控制提供了一个不可逾越的、更强的安全保护层以防止其他用户偶然或故意地滥用自主访问控制。

由于 MAC 通过分级的安全标签实现了信息的单向流通,因此它一直被军方采用,其中最著名的是 Bell-LaPadula 模型和 Biba 模型:Bell-LaPadula 模型具有只允许向下读、向上写的特点,可以有效地防止机密信息向下级泄露;Biba 模型则具有不允许向下读、向上写的特点,可以有效地保护数据的完整性。

下面简单介绍几种主要模型:Lattice 模型、Bell-LaPadula 模型(BLP Model)和 Biba 模型(Biba Model)。

1. Lattice 模型

在 Lattice 模型中,每个资源和用户都服从于一个安全类别。这些安全类别我们称为安全级别,也就是我们在本章开始所描述的五个安全级别,TS,S,C,R,U。在整个安全模型中,信息资源对应一个安全类别,用户所对应的安全级别必须比可以使用的客体资源高才能进行访问。Lattice 模型是实现安全分级的系统,这种方案非常适用于需要对信息资源进行明显分类的系统。

2. Bell-LaPadula 模型

BLP 模型是典型的信息保密性多级安全模型,主要应用于军事系统。这种模型通常是处理多级安全信息系统的设计基础,客体在处理绝密级数据和秘密级数据时,要防止处理绝密级数据的程序把信息泄露给处理秘密级数据的程序。BLP 模型的出发点是维护系统的保密性,有效地防止信息泄露,这与我们后面讲的维护信息系统数据完整性的 Biba 模型正好相反。

Lattice 模型没有考虑特洛伊木马等不安全因素的潜在威胁,这样,低级安全用户有可能复制比较敏感的信息。在军方术语中,特洛伊木马的最大作用是降低整个系统的安全级别。考虑到这种攻击行为,Bell 和 LaPadula 设计了一种模型抵抗这种攻击,我们称为 Bell-LaPadula 模型。Bell-LaPadula 模型可以有效防止低级用户和进程访问安全级别比他们高的信息资源。此外,安全级别高的用户和进程也不能向比他安全级别低的用户和进程写入数据。上述 Bell-LaPadula 模型建立的访问控制原则可以用以下两点简单表示:无上读,无下写。

BLP 模型的安全策略包括强制访问控制和自主访问控制两部分:强制访问控制中的安全特性要求对给定安全级别的主体,仅被允许对同一安全级别和较低安全级别上的客体进行"读";对给定安全级别上的主体,仅被允许向相同安全级别或较高安全级别上的客体进行"写";任意访问控制允许用户自行定义是否让个人或组织存取数据。Bell-LaPadula 模型用偏序关系可以表示为:(1)rd,当且仅当 $SC(s) \geqslant SC(o)$,主体安全级别高于客体信息资源的安全级别时允许读操作;(2)wu,当且仅当 $SC(s) \leqslant SC(o)$,主体安全级别低于客体信息资源的安全级别时允许写操作。BLP 模型"只能从下读、向上写"的规则忽略了完整性的重要安全指标,使非法、越权篡改成为可能。

BLP 模型为通用的计算机系统定义了安全性属性,即以一组规则表示什么是一个安全的系统,尽管这种基于规则的模型比较容易实现,但是它不能更一般地以语义的形式阐明安全性的含义,因此,这种模型不能解释主-客体框架以外的安全性问题。例如,在一种远程读的情况下,一个高安全级主体向一个低安全级客体发出远程读请求,这种分布式读请求可以被看作从高安全级向低安全级的一个消息传递,也就是"向下写"。另一个例子是如何处理可信主体的问题,可信主体可以是管理员或是提供关键服务的进程,像设备驱动程序和存储管理功能模块,这些可信主体若不违背 BLP 模型的规则就不能正常执行它们的任务,而BLP 模型对这些可信主体可能引起的泄露危机没有任何处理和避免的方法。

3. Biba 模型

Biba 模型是在研究 BLP 模型的特性时被发现的,BLP 模型只解决了信息的保密问题,其在完整性定义存在方面有一定缺陷。BLP 模型没有采取有效的措施来制约对信息的非授权修改,因此使非法、越权篡改成为可能。考虑到上述因素,Biba 模型模仿 BLP 模型的信息保密性级别,定义了信息完整性级别,在信息流向的定义方面不允许从级别低的进程到级别高的进程,也就是说用户只能向比自己安全级别低的客体写入信息,从而防止非法用户创建安全级别高的客体信息,避免越权、篡改等行为的产生。Biba 模型可同时针对有层次的安全级别和无层次的安全种类。

Biba 模型的两个主要特征是:

(1) 禁止向上读,这样使得完整性级别高的文件一定是由完整性高的进程所产生的,从而保证了完整性低的进程不能覆盖完整性级别高的文件;

(2) Biba 模型没有下"读"。

Biba 模型用偏序关系可以表示为:

(1) ru,当且仅当 $SC(s) \leqslant SC(o)$,允许读操作;

(2) wd,当且仅当 $SC(s) \geqslant SC(o)$,允许写操作。

Biba 模型是和 BLP 模型相对立的模型,Biba 模型改正了被 BLP 模型所忽略的信息完整性问题,但在一定程度上忽视了保密性。

MAC 访问控制模型和 DAC 访问控制模型属于传统的访问控制模型,对这两种模型的研究也比较充分。在实现上,MAC 和 DAC 通常为每个用户赋予对客体的访问权限规则集,考虑到管理的方便,在这一过程中还经常将具有相同职能的用户聚为组,然后再为每个组分配许可权。用户自主地把自己所拥有的客体的访问权限授予其他用户的这种做法,其优点是显而易见的,但是如果企业的组织结构或是系统的安全需求处于变化的过程中时,就需要进行大量烦琐的授权变动,系统管理员的工作将变得非常繁重,更主要的是容易发生错误,造成一些意想不到的安全漏洞。考虑到上述因素,必须引入新的机制加以解决。

首先要介绍一下角色的概念。角色(Role)是指一个可以完成一定事务的命名组,不同的角色通过不同的事务来执行各自的功能。事务(Transaction)是指一个完成一定功能的过程,可以是一个程序或程序的一部分。角色是代表具有某种能力的人或是某些属性的人的一类抽象,角色和组的主要区别在于:用户属于组是相对固定的,而用户能被指派到哪些角色则受时间、地点、事件等诸多因素影响。角色比组的抽象级别要高,角色和组的关系可以这样考虑,作为饰演的角色,我是一名学生,我就只能享有学生的权限(区别于老师),但是我又处于某个班级中,就同时只能享有本"组"组员的权限。

强制访问策略将每个用户及文件赋予一个访问级别,如最高秘密级(Top secret)、秘密级(Secret)、机密级(Confidential)及无级别级(Unclassified)。其级别为 T>S>C>U,系统根据主体和客体的敏感标记来决定访问模式。访问模式包括如下几种。

(1) 上读(read up):用户级别小于文件级别的读操作。

（2）下读（read down）：用户级别大于文件级别的读操作。

（3）上写（write up）：用户级别小于文件级别的写操作。

（4）下写（write down）：用户级别等于文件级别的写操作。

依据 Bell-LaPadula 安全模型所制定的原则是利用不上读/不下写来保证数据的保密性。参见图 8-5，既不允许低信任级别的用户读高敏感度的信息，也不允许高敏感度的信息写入低敏感度区域，禁止信息从高级别流向低级别。强制访问控制通过这种梯度安全标签实现信息的单向流通。依据 Biba 安全模型所制定的原则是利用不下读/不上写来保证数据的完整性，见图 8-6。在实际应用中，完整性保护主要是为了避免应用程序修改某些重要的系统程序或系统数据库。

图 8-5　Bell-LaPadula 安全模型

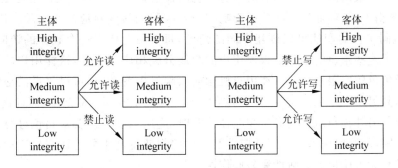

图 8-6　Biba 安全模型

MAC 通常用于多级安全军事系统。强制访问控制对专用的或简单的系统是有效的，但对通用、大型系统并不那么有效。一般强制访问控制采用以下几种方法。

（1）限制访问控制：一个特洛伊木马可以攻破任何形式的自主访问控制，由于自主控制方式允许用户程序来修改他拥有文件的存取控制表，因而为非法者带来可乘之机。MAC 可以不提供这一方便，在这类系统中，用户要修改存取控制表的唯一途径是请求一个特权系统调用。该调用的功能是依据用户终端输入的信息，而不是靠另一个程序提供的信息来修改存取控制信息。

（2）过程控制：在通常的计算机系统中，只要系统允许用户自己编程，就没办法杜绝特洛伊木马。但可以对其过程采取某些措施，这种方法称为过程控制。例如，警告用户不要运行系统目录以外的任何程序。提醒用户注意，如果偶然调用一个其他目录的文件时，不要做任何动作，等等。需要说明的一点是，这些限制取决于用户本身执行与否。因而，自愿的限制很容易变成实际上没有限制。

（3）系统限制：显然，实施的限制最好是由系统自动完成。要对系统的功能实施一些限制。比如，限制共享文件，但共享文件是计算机系统的优点，所以是不可能加以完全限制的。再者，就是限制用户编程。事实上，有许多不需编程的系统都是这样做的。不过这种做法只适用于某些专用系统。在大型的通用系统中，编程能力是不可能去除的。在网络中也不行，在网络中一个没有编程能力的系统，可能会接收另一个具有编程能力的系统发出的程序。有编程能力的网络系统可以对进入系统的所有路径进行分析，并采取一定措施。这样就可以增加特洛伊木马攻击的难度。

8.3.3 基于角色的访问控制

前面两种访问控制模型都存在的不足是将主体和客体直接绑定在一起，授权时需要对每对（主体、客体）指定访问许可。这样存在的问题是当主体和客体达到较高的数量级之后，授权工作将非常困难。20世纪90年代以来，随着对在线的多用户、多系统的研究不断深入，角色的概念逐渐形成，并逐步产生了以角色为中心的访问控制（Role-Based Access Control，RBAC）模型。

在RBAC模型中，角色是实现访问控制策略的基本语义实体。系统管理员可以根据职能或机构的需求策略来创建角色、给角色分配权限和给用户分配角色等。基于角色访问控制的核心思想是将权限同角色关联起来，而用户的授权则通过赋予相应的角色来完成，用户所能访问的权限就由该用户所拥有的所有角色的权限集合的并集决定。角色之间可以有继承、限制等逻辑关系，并通过这些关系影响用户和权限的实际对应。在实际应用中，根据事业机构中不同工作的职能可以创建不同的角色，每个角色代表一个独立的访问权限实体。然后在建立了这些角色的基础上根据用户的职能分配相应的角色，这样用户的访问权限就通过被授予角色的权限来体现。在用户机构或权限发生变动时，可以很灵活地将该用户从一个角色移到另一个角色来实现权限的协调转换，降低了管理的复杂度，而且这些操作对用户完全透明。另外在组织机构发生职能性改变时，应用系统只需要对角色进行重新授权或取消某些权限，就可以使系统重新适应需要。这些都使得基于角色访问控制策略的管理和访问方式具有无可比拟的灵活性和易操作性。

RBAC是一种非自主的访问控制机制，支持对特定安全策略进行集中管理。其非自主性表现在用户并不"拥有"所访问的对象，换言之，用户并不能任意地将自己拥有的访问权限授予其他用户。RBAC是对DAC和MAC的改进，基于用户在系统中所起的作用设置其访问权限。与DAC相比，RBAC以非自主性取代自主性，提高了系统安全性。与MAC相比，RBAC以基于角色的控制取代基于用户的控制，提高了系统的灵活性。RBAC采用与企业组织结构一致的方式进行安全管理，如图8-7所示。其基本思想是：在用户与角色之间建立多对多关联，为每个用户分配一个或多个角色；在角色与权限之间建立多对多关联，为每个角色分配一种或多种操作权限；同时，通过角色将用户与权限相关联，即当用户拥有的一个角色与某权限相关联时，用户拥有该权限。RBAC0中引入了一个新概念，即角色继承，通过支持角色之间的继承关系（包含关系），从而使角色形成一个层次结构。若角色甲继承（包含）角色乙，则甲拥有乙的所有权限。RBAC采用继承机制实现角色层次结构，符合人的自然思维方式和企业的自然组织结构。例如，在一个企业中，高层管理员往往拥有普通职员的所有权限，通常的做法是为普通职员分配其拥有的全部权限（权限3、权限4），而只为高层管理员分配其特有的那些权限（权限 1、权限 2），默认则认为他拥有普通职员的全部权限，如图 8-8 所示。与此对应，在 RBAC 系统中可定义两个角色：高层管理员角色和普通职员角色，前者继承（包含）后者。

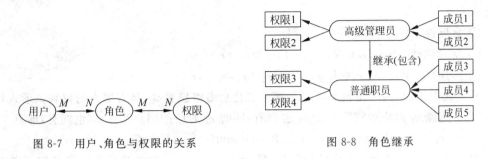

图 8-7　用户、角色与权限的关系　　　　　图 8-8　角色继承

1. RBAC 模型基本术语

本节首先给出 RBAC 模型中各种术语的基本定义，然后介绍目前比较成熟的 RBAC96 和 ARBAC97 模型。RBAC 模型中的常用术语如下。

(1) 用户（User）：是一个访问计算机系统中的数据或者用数据表示的其他资源的主体。我们用 U 表示全体用户的集合。用户一般情况下指人，也可为 Agent 等智能程序。

(2) 权限（Permission）：是对计算机系统中的数据或者用数据表示的其他资源进行访问的许可。我们用 P 表示全体权限的集合。权限一般是一种抽象概念，表示对于某种客体资源的某种操作许可。因此有的模型中将权限细化为二元组（操作，对象），其中对象是访问控制系统中的真正客体，操作是作用在该对象上的一种访问方式。由于该二元组中操作一般是与具体的对象相关的，我们在今后的模型中认为权限是一个语义统一体。

(3) 角色（Role）：是指一个组织或任务中的工作或位置，代表了一种资格、权利和责任。我们用 R 表示全体角色的集合。角色是一种语义综合体，可以是一种抽象概念，也可以对应于具体应用领域内的职位和权利。

(4) 管理员角色（Administrator Role）：是一种特定的角色，用来对角色的访问权限进行设置和管理。在集中式管理控制模型中，管理员角色由一个系统安全管理员来完成；而在分布式管理控制模型中，可以采用指定区域管理员来对系统进行分布式管理，每个管理员可以管理该区域内的角色权限的配置情况。当然区域管理员的创建和权限授予则统一由顶级的系统安全管理员完成。

(5) 用户指派（User Assignment）：是用户集 U 到角色集 R 的一种多对多的关系，也称为角色授权（Role Authorization）。(u, r) EUA 表示用户 u 拥有角色 r，从语义上来说就表示 u 拥有 r 所具有的权限。

(6) 权限指派（Permission Assignment）：是权限集 P 到角色集 R 的一种多对多的关系，即有 PAR (p, r) EPA 表示权限 p 被赋予角色 r，从语义上来说，就表示拥有 r 的用户拥有 p。

(7) 角色激活（Role Activation）：是指用户从被授权的角色中选择一组角色的过程。用户访问的时候实际具有的角色只包含激活后的角色，未激活的角色在访问中不起作用。相对于静态的角色授权来说，角色激活是一种动态的过程，提供了相当的灵活性。

(8) 会话（Session）：对应于一个用户和一组激活的角色，表示用户进行角色激活的过程。一个用户可以进行多次会话,在每次会话中激活不同的角色,这样用户也将具有不同的访问权限。用户必须通过会话才能激活角色。

(9) 角色继承关系(Role Inheritance):是角色集 R 中元素间的一种偏序关系,满足以下要求。

① 自反性:$\forall r \in R, r \geq r$。

② 反对称性:$\forall r_1, r_2 \in R, r_1 \geq r_2 \cap r_2 \geq r_1 \Rightarrow r_1 = r_2$。

③ 传递性:$\forall r_1, r_2, r_3 \in R, r_1 \geq r_2 \cap r_2 \geq r_3 \Rightarrow r_1 \geq r_3$。

从语义上来说,两个角色 r_1,r_2 是指前者比后者级别更高,具有更大的权利。形式化的说,r_1,r_2 蕴涵 r_2 对应的权限指派 r_1 也拥有,同时 r_1 对应的用户指派 r_2 也拥有,即有

$$r_1 \geq r_2 \Rightarrow \text{Permission}(r_2) \subseteq \text{Permission}(r_1) \cap \text{User}(r_1) \subseteq \text{User}(r_2)$$

其中 Permission(r) 表示 r 对应的权限集,User(r) 表示 r 对应的角色集。角色继承关系允许存在各种形式,包括多重继承。在这个偏序的意义下,角色集中并不一定存在最大角色和最小角色。

(10) 角色层次图(Role Hierarchies):是给定了角色继承关系之后整个角色集形成的一个层次图,如果 $r_1 > r_2$,那么在图上就存在 r_1 到 r_2 的一条有向边。根据不同的角色偏序定义,角色层次图可以是树、倒装树、格,甚至极为复杂的图。一般为了简化角色层次图,有向边的箭头被省略,继承关系默认为自上而下。图 8-9 就是一个角色层次图的例子。

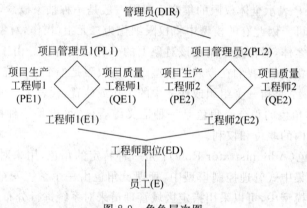

图 8-9　角色层次图

(11) 限制(Constraints):是在整个模型上的一系列约束条件,用来控制指派操作,指定职责分离(Separation of Duty,SD)以及避免冲突等。这是一个非常抽象的概念,RBAC 模型中并没有给出限制的类型和表述方式。任何独立于前面诸多术语的约束条件都是限制的一种形式。典型的限制包括指定角色互斥关系、角色基数限制等。根据职责分离的不同阶段,限制一般可分为静态职责分离和动态职责分离。

(12) 角色互斥关系(Mutually Exclusive Roles):限制的一种,用于指定两个角色具有不同的职责,不能让一个用户同时拥有。银行的出纳和会计便是角色互斥的简单例子。角色互斥关系的目的是在 RBAC 模型中引入业务逻辑的规则,避免冲突的发生。根据互斥的程度和影响的范围不同,角色互斥有很多种形式。

(13) 角色基数限制(Role Cardinality Constraints):限制的一种,用于指定一个角色可被同时授权或激活的数目。比如总经理只能由一个用户担任,那么总经理角色的角色基数

就为 1。根据下面定义的静态和动态的职责分离,角色基数限制有静态角色基数限制和动态角色基数限制两种。

(14) 静态职责分离(Static SD):是指限制定义在用户指派(角色授权)阶段,与会话及角色激活无关。以角色互斥为例,如果定义两个角色为静态的角色互斥,那么任何一个用户都不能同时被指派到这两个角色。静态职责分离实现简单,语义清晰,便于管理,但是不够灵活,有些实际情况无法处理。

(15) 动态职责分离(Dynamic SD):是指限制定义在角色激活阶段,作用域在会话内部。仍以角色互斥为例,如果定义两个角色为动态的角色互斥,那么一个用户可以同时被指派这两个角色,但是在任何一个会话中都不能同时激活它们。由此可见动态职责分离更灵活,基本上能处理各种实际情况,但实现略复杂。

2. 基本模型 RBAC96

RBAC96 模型是 Ravi、Sandhu 等人于 1996 年提出来的。模型分四个层次,并具有如图 8-10 所示的包含关系。

1) RBAC0

RBAC0 包含 RBAC 模型的核心部分(Core RBAC),是最基本的模型,图形表示如图 8-11 所示。

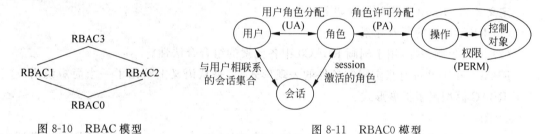

图 8-10 RBAC 模型   图 8-11 RBAC0 模型

定义 8.1 RBAC0 可形式化地定义如下:

(1) 若干实体集 U(用户集)、R(角色集)、P(权限集)、S(会话集);

(2) $UA \in U \times R$,为多对多的用户角色指派关系;

(3) $PA \in P \times R$,为多对多的权限角色指派关系;

(4) user:$S \to U$,映射每个会话到一个用户;

(5) roles:$S \to 2^R$,映射每个会话到一组角色 roles$(s) \subseteq \{r | (\text{user}(s), r) \in UA\}$并且会话 S 拥有权限 $Ur \in \text{roles}(s)\{p | (p, r) \in PA\}$。

从定义 8.1 中可以看出,RBAC0 只包含最基本的 RBAC 元素:用户,角色,权限,会话。所有的角色都是平级的,没有指定角色层次关系;所有的对象都没有附加约束,没有指定限制。

2) RBAC1

RBAC1 模型包含 RBAC0,然后定义了角色继承关系,如图 8-12 所示。

RBAC1 的形式化定义如下。

定义 8.2 RBAC1 模型包含如下元素:

(1) $U, R, P, S, UA, PA,$ user 与 RBAC0 一致;

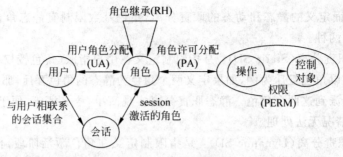

图 8-12　RBAC1 模型

（2）$RH \in R \times R$ 是 R 上的偏序关系，记为 ≥，称为角色继承；

（3）roles：$S \to 2^R$ 修改为 roles$(s) \subseteq \{r \mid \text{roles}(s)\} \cup \{r \mid r' \geq r[(\text{user}(s), r') \in UA]\}$，同时会话 S 拥有权限 $Ur \in \text{roles}(s)\{p \mid (r'' \leq r)[(p, r'') \in PA]\}$。

这里 RBAC1 体现了 RBAC 模型中角色继承关系的语义。一个会话拥有的角色包含 UA 关系里面指定的角色以及它们的父角色，会话拥有的权限包含其拥有的所有角色在父关系里面的权限以及它们的子角色对应的权限。

3）RBAC2

RBAC2 模型同样包含 RBAC0，但是只定义了限制。RBAC2 有一个并非形式化的定义如下。

定义 8.3　RBAC2 模型包含如下元素：

（1）RBAC0 中的所有元素；

（2）一组限制条件，用于刻画 RBAC0 中各元素的组合合法性。

RBAC2 模型并没有指定限制条件的表现形式，只是从语义上给出了一个简短说明，这给了 RBAC 模型诸多扩展形式。

4）RBAC3

RBAC3 包含 RBAC1 和 RBAC2，自然也包含 RBAC0。这是一个完整的 RBAC 模型，包含一切模型元素，也是最复杂的一种模型。在这个模型中，角色层次和限制同时存在，限制也可以作用在角色层次上。图 8-13 给出了 RBAC96 模型的基本元素关系以及不同层次 RBAC 模型。

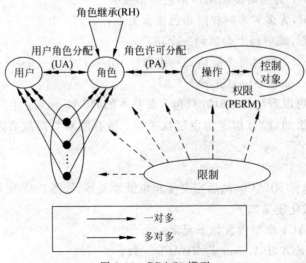

图 8-13　RBAC3 模型

3. 角色管理模型 ARBAC97

Ravi Sandh 等在 RBAC96 模型中就曾提出了角色的分布式管理的问题,但是没有详细谈到具体如何进行管理,之后他们很快就提出了著名的分布式角色管理模型 ARBAC97 (Administrative RBAC),从理论上给出了 RBAC 模型中角色管理的办法。

ARBAC97 模型的基本思想是利用 RBAC 模型本身来进行 RBAC 模型的管理,包括用户角色管理、权限角色管理、角色层次关系管理、限制管理等几个部分。模型的管理员本身也具有角色,称为管理员角色,并且也有角色继承关系。

管理员用户通过拥有管理员角色得到对角色继承关系的管理权。相对于非管理员的角色继承关系,管理员角色继承关系可以是一个单独的继承关系,并且该继承关系上的每个管理员角色将对应非管理员角色继承关系上的一部分管理区域,实现一种分工明确的分布式角色管理。图 8-14 给出了 ARBAC97 模型的基本框架。

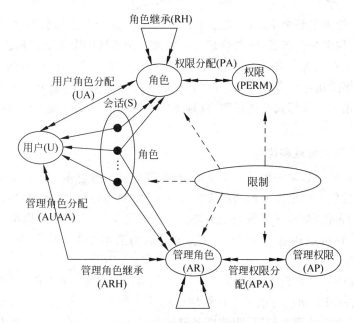

图 8-14 ARBAC97 模型

ARBAC97 模型分为三个部分:用户角色指派管理(URA97)、权限角色指派管理(PRA97)以及角色继承关系管理(RRA97)。我们下面分别进行简要的介绍。

1) URA97 模型

URA97 模型管理用户角色指派。从管理员的职责来看,URA97 模型分为两个部分:指派模型(Grant Model)和吊销模型(Revoke Model)。

指派模型中,为了刻画不同层次的管理员能够管理的用户角色指派的范围,模型定义了一个 can_ assign 关系,确定每个管理员对应于每个角色是否能够进行用户指派。考虑到管理员之间也存在一个层次关系,实际中的指派模型给每个管理员指定了一个管理范围,可以用一个区间来表示。高级的管理员角色的管理区间包含下级角色的管理区间,从而形成了一个有层次的、职责分明的管理层次。

对应于吊销模型,每个管理员也有一个吊销的角色区间,他可以在该区间中吊销任何角色的对应用户。根据管理员层次,我们同样有一个吊销的继承关系保证管理的不越级操作。由于一个角色对应的用户可以是通过角色继承关系得到的,因此在吊销模型中又可以分为强吊销(Strong Revoke)和弱吊销(Weak Revoke)。如果一个吊销操作是弱吊销,那么如果该用户是通过继承关系成为该角色的对应用户,吊销操作将不起作用;如果是强吊销,那么将强行剥夺该用户属于上层角色的权利。一般来说强吊销可能产生一些不可预知的后果,所以处理起来应该比较慎重。

2) PRA97 模型

PRA97 模型管理权限角色指派。由于在 RBAC96 模型中权限和用户的地位是对称的,因此 PRA97 模型实际上是 URA97 模型的一个对偶模型。PRA97 模型中同样可以定义指派模型和吊销模型,也同样可以定义管理员的管理区间。在吊销模型中同样存在强吊销和弱吊销之分。

3) RRA97 模型

角色本身的管理是整个 RBAC 模型中最复杂的部分。由于角色的继承关系会影响到用户角色指派和权限角色指派,因此管理员可管理的角色区间会更加严格。类似于 URA97 模型,每个管理员针对每一种改变角色的操作都可以定义一个 can_modify 方法,刻画是否可以添加角色、删除角色以及改变角色间的继承关系。RRA97 模型中定义了多种角色区间的概念,并且给出了一些形式化的证明,保证了这些区间能够安全地实现角色模型的分布式管理。

4. RBAC 模型的特点和优势

从实质上讲,RBAC 是一种策略中立的访问控制策略,即它本身并不提供一种特定的安全策略(例如规定信息以单方向的格的方式流动),RBAC 通过配置各种参数(例如文档的安全标志和用户的角色)来实现某种安全策略。在不同的配置下 RBAC 模型可显示出不同的安全控制功能。它可以构造出 MAC 系统,也可以构造出 DAC 系统,甚至可构造出兼备 MAC 和 DAC 的系统。

RBAC 中还引入了角色继承关系,当一个角色 R1 继承另一个角色 R2 时,R1 就自动拥有了 R2 的访问权限。角色继承关系自然地反映了一个组织内部的权利和责任关系(例如,外科医生继承了医生的所有权限,而首席外科医生又继承了外科医生的所有权限等),为方便权限管理提供了帮助。

RBAC 的实用范围非常广泛,美国联邦技术标准局(NIST)对 28 个组织机构进行的调查结果表明,RBAC 的功能相当强大,适用于从政府机构到商业应用范围很广泛的许多类型用户的需求。例如,RBAC 是非常适用于数据库应用层的安全模型,因为在应用层角色的逻辑意义更为明显和直接。角色正在考虑作为新出现的 SQL3 的一部分,SQL3 是为在数据库管理系统(Oracle 7.0 等)中实现角色而提出来的。另外,RBAC 也和主流技术、商业的发展相协调。许多软件产品直接支持 RBAC 的某种形式,有些产品支持类似角色的某些概念。在 Netware、Windows NT 等流行操作系统中都采用了类似 RBAC 的访问控制机制。

RBAC 模型作为一个较新的模型,具有如下的一些优点。

(1) 通过角色配置用户和权限,增加了灵活性。由于增加了角色作为中介,用户和权限不再直接相关,权限配置时就非常灵活。而且角色一般会对应于实际系统中的一些具体的语义概念,管理员配置的时候也十分方便、直观。

（2）支持多管理员的分布式管理，一个大型访问控制系统不可能由一个管理员负责全面管理，因此 RBAC 模型提供的分布式管理模式就非常重要了。虽然配置分布式管理仍不是很容易，但是从模型的角度就支持这种管理模式不失为一大进步。

（3）支持角色继承。为了提高效率，避免相同权限的重复设置，RBAC 采用了"角色继承"的概念，定义了这样的一些角色，它们有自己的属性，但可能还继承其他角色的属性和权限。角色继承把角色组织起来，能够很自然地反映组织内部人员之间的职权、责任关系。

（4）完全独立于其他安全手段，是策略中立的。对于一个安全的访问控制系统来说，策略中立是十分重要的。访问控制本身必须不依赖于原有系统的任何其他安全措施，这样才能使得该访问控制模型在不同的应用背景下都能得到应用。RBAC 模型很好地做到了这一点，使得它可以无缝结合到一般的安全产品中去。

另外，RBAC 模型中角色的概念有点类似传统的用户组（group）的概念，但是它们是有区别的。用户组是一部分具有类似属性的用户集合，只能代表一组用户的属性。在权限配置过程中，还是需要针对不同的用户组赋予相应的权限。而角色是一个更抽象的概念，它可以代表一组用户，也可以代表一组权限，还可以代表纯粹的没有具体用户组或者权限组对应的角色。在 RBAC 模型中，角色的概念比传统的用户组的概念丰富得多，因此也能够更灵活地控制和管理整个访问控制模型。

8.4　访问控制的实现

8.4.1　访问控制的实现机制

系统的访问控制机制是通过保证系统的物理状态对应于抽象模型的授权状态，实施系统的安全策略。机制必须监控所有客体的所有访问和明确的授权或撤销权利的命令，否则，系统可能进入一个不与模型授权状态对应的物理状态。如果访问机制不能完全支持策略，可能会出现两种情况：

（1）一个授权或访问被拒绝，而按策略要求它却是应该被许可的；

（2）一个授权或访问被允许，而按照策略要求它却是应该被拒绝的。

前者是"过保护的"，后者是不安全的。设 S 是可能状态的集合，P 是给定安全策略下的授权状态，N 是未授权状态的集合，R 是给定机制下的可达状态。其中，$N \cup P = S$，则当 $R \in P$ 时是安全的，$R = P$ 时是精确的。安全性与精确性的示意图参见图 8-15。

在要实现的系统中，访问控制机制不安全是不允许的，使机制绝对精确也是困难的，但应力求精确。

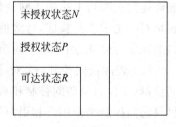

图 8-15　安全性与精确性

8.4.2　访问控制能力列表

能力是发起者拥有的一个有效标签，它授权持有者能以特定的方式访问特定的目标。能力可以从一个用户传递给另一个用户，但任何人不能摆脱负责任的机构进行修改和伪造。从发起者的环境中根据一个关于用户的访问许可存储表产生能力。用访问矩阵的语言来讲,就是运用访问矩阵中用户包含的每行信息产生能力。

网络中通常包括多种安全区域,直接地围绕一个目标的安全区域通常立即需要一个关于该目标的访问决策的表达。然而,能力机制适合于联系相对较少的目标,对发起者的访问控制决策相对容易实现的情况。能力机制的实施主要依赖于在系统间安全传递能力的方法。能力的缺点是目标的拥有者和管理者不容易废除以前授予的许可。

一个能力用二元组 (x, r) 表示,x 是某客体的唯一名字(逻辑地址),r 是对 x 的访问权的集合。某些能力也指定客体的类型。能力相当于入场券,占有它就可以无条件地使持券者获得对 x 的访问权(属于 r)。一旦持有能力,就不需要生效过程。没有能力机制,每次访问生效是不可省略的,生效可以通过搜索一张授权表完成。

8.4.3 访问控制安全标签列表

通常,安全标签是限制在一个传达的或存储的数据项这样的目标上的一组安全属性信息项。在访问控制机制中,安全标签是属于用户、目标、访问请求或传输的一个访问控制信息。作为一种访问控制机制的安全标签最通常的用途是支持多级访问控制策略。在发起者的环境中,标签是属于每个访问请求以识别发起者的等级。标签的产生和附着过程必须可信,而且必须同时跟随一个把它以安全的方式束缚在一个访问请求的传输上。每个目标都有一个属于它的标记来确定它的密级。在处理一个访问请求时,目标环境比较访问请求上的标签和目标上的标签,应用策略规则(Bell Lapadula 规则)决定是允许还是拒绝访问。

典型的标签比上面建议的复杂得多,它还包含做访问控制决策时所用到的额外属性。像这样的属性含有处理和分发警告、间隔指示器、定时限制、发起者识别等信息。标签还包含安全策略/机构识别和在验证、审计中所用到的标识符。

8.4.4 访问控制实现的具体类别

访问控制是网络安全防范和保护的重要手段,它的主要任务是维护网络系统安全、保证网络资源不被非法使用和非常访问。通常在技术实现上,包括以下几部分。

(1)接入访问控制:接入访问控制为网络访问提供了第一层访问控制,是网络访问的最先屏障,它控制哪些用户能够登录到服务器并获取网络资源,控制准许用户入网的时间和准许他们在哪台工作站入网。例如,ISP 服务商实现的就是接入服务。用户的接入访问控制是对合法用户的验证,通常使用用户名和口令的认证方式。一般可分为三个步骤:用户名的识别与验证、用户口令的识别与验证和用户账号的默认限制检查。

(2)资源访问控制:是对客体整体资源信息的访问控制管理。其中包括文件系统的访问控制(文件目录访问控制和系统访问控制)、文件属性访问控制、信息内容访问控制。文件目录访问控制是指用户和用户组被赋予一定的权限,在权限的规则控制许可下,哪些用户和用户组可以访问哪些目录、子目录、文件和其他资源,哪些用户可以对其中的哪些文件、目录、子目录、设备等执行何种操作。系统访问控制是指一个网络系统管理员应当为用户指定适当的访问权限,这些访问权限控制着用户对服务器的访问;应设置口令锁定服务器控制台,以防止非法用户修改、删除重要信息或破坏数据;应设定服务器登录时间限制、非法访问者检测和关闭的时间间隔;应对网络实施监控,记录用户对网络资源的访问,对非法的网络访问,能够用图形或文字或声音等形式报警等。

（3）文件属性访问控制：当用文件、目录和网络设备时，应给文件、目录等指定访问属性。属性安全控制可以将给定的属性与要访问的文件、目录和网络设备联系起来。

（4）网络端口和节点的访问控制：网络中的节点和端口往往加密传输数据，这些重要位置的管理必须防止黑客发动的攻击。对于管理和修改数据，应该要求访问者提供足以证明身份的验证器（如智能卡）。

8.4.5 一般信息模型

上面提到的三种机制类型——访问控制列表、能力和安全标签，传统上认为是三种截然不同的实施访问控制的途径。然而，人们越来越发现现代网络控制机制不能简单地划分为三种类型中的某一种。它们大多数都包含了至少两种类型的特点。三种类型机制和它们的变种均是一个基于一般的信息模型的访问控制机制的特例。访问控制决策要根据它们包含的各种类型的访问控制信息，特别是，属于发起者的信息和属于目标的信息。属于发起者的信息直接关联着发起者，它来源于发起者的区域。属于目标的信息直接关联着目标，它来源于目标区域。

表 8-5 示范了访问控制信息在访问控制列表机制、安全标签和能力机制中是如何映射到属于发起者的信息和属于目标的信息。对于访问控制列表，唯一需要的属于发起者的信息是有关发起者身份的标识，同时在属于目标的信息中有真实的记录描述发起者许可。相反，对于能力机制，真实的属于发起者的信息在产生能力时要用到，唯一需要的属于目标的信息是关于目标身份的标识。安全标签机制介于上述两者之间，它需要属于发起者的信息比访问控制列表多，需要属于目标的信息比能力机制强。

表 8-5 访问控制机制的范围

	属于发起者的信息	属于目标的信息
访问控制列表 许可集	发起者身份	发起者身份　发起者的许可
安全标签	清除级	分类
能力	目标身份│目标的许可集	目标身份

8.5 访问控制与审计

8.5.1 审计跟踪概述

审计是对访问控制的必要补充，是访问控制的一个重要内容。审计会对用户使用何种信息资源、使用的时间以及如何使用（执行何种操作）进行记录与监控。审计和监控是实现系统安全的最后一道防线，处于系统的最高层。审计与监控能够再现原有的进程和问题，这对于责任追查和数据恢复非常有必要。

审计跟踪是系统活动的流水记录。该记录按事件从始至终的途径，顺序检查、审查和检验每个事件的环境及活动。审计跟踪通过书面方式提供应负责任人员的活动证据以支持访问控制职能的实现（职能是指记录系统活动并可以跟踪到对这些活动应负责任人员的能力）。审计跟踪记录系统活动和用户活动。系统活动包括操作系统和应用程序进程的活动；用户活动包括用户在操作系统中和应用程序中的活动。通过借助适当的工具和规程，审计跟踪可以发现违反安全策略的活动、影响运行效率的问题以及程序中的错误。审计跟踪不但有助于帮助系统管理员确保系统及其资源免遭非法授权用户的侵害，同时还能提供对数据恢复的帮助。

8.5.2　审计内容

审计跟踪可以实现多种安全相关目标，包括个人职能、事件重建、入侵检测和故障分析。

（1）个人职能(individual accountability)：审计跟踪是管理人员用来维护个人职能的技术手段。如果用户知道他们的行为活动被记录在审计日志中，相应的人员需要为自己的行为负责，他们就不太会违反安全策略和绕过安全控制措施。例如审计跟踪可以记录改动前和改动后的记录，以确定是哪个操作者在什么时候做了哪些实际的改动，这可以帮助管理层确定错误到底是由用户、操作系统、应用软件还是由其他因素造成的。允许用户访问特定资源意味着用户要通过访问控制和授权实现他们的访问，被授权的访问有可能会被滥用，导致敏感信息的扩散，当无法阻止用户通过其合法身份访问资源时，审计跟踪就能发挥作用。审计跟踪可以用于检查和检测他们的活动。

（2）事件重建(reconstruction of events)：在发生故障后，审计跟踪可以用于重建事件和数据恢复。通过审查系统活动的审计跟踪可以比较容易地评估故障损失，确定故障发生的时间、原因和过程。通过对审计跟踪的分析就可以重建系统和协助恢复数据文件；同时，还有可能避免下次发生此类故障的情况。

（3）入侵检测(intrusion detection)：审计跟踪记录可以用来协助入侵检测工作。如果将审计的每一笔记录都进行上下文分析，就可以实时发现或是过后预防入侵检测活动。实时入侵检测可以及时发现非法授权者对系统的非法访问，也可以探测到病毒扩散和网络攻击。

（4）故障分析(problem analysis)：审计跟踪可以用于实时审计或监控。

习题 8

1. 访问控制模型是什么？影响决策单元进行决策的因素有哪些？
2. 试描述访问控制的八个种类有哪些。
3. 强制访问控制模型主要有哪几种？其中哪种模型只允许向下读、向上写？
4. Bell-LaPadula 是否允许低信任级别的用户读高敏感度的信息，是否允许高敏感度的信息写入低敏感度区域？
5. Biba 模型是否允许下读和上写？
6. RBAC0 中引入的角色继承概念是什么意思？
7. RBAC 模型的特点和优势有哪些？
8. RBAC96 和 ARBAC97 相比，有什么地方不同？
9. 访问控制是网络安全防范和保护的重要手段，在技术实现上包括哪几部分？
10. 审计跟踪可以实现哪几种安全相关目标？
11. 李四对进程 1 具有写权限，那么李四是否可以给进程 1 发送数据？张三对进程 1 有写权限，那么张三能否接收进程 1 发来的数据？

网络安全技术　　第 9 章

本章主要介绍各种网络安全技术,包括网络探测、网络窃听、网络欺骗、拒绝服务攻击、缓冲区溢出攻击、SQL 注入攻击,以及计算机病毒与恶意软件。

9.1　网络攻击

目前造成网络不安全的主要因素是系统、协议及数据库等的设计上存在缺陷。由于当今的计算机网络操作系统在本身结构设计和代码设计时偏重考虑系统使用时的方便性,导致了系统在远程访问、权限控制和口令管理等许多方面存在安全漏洞。攻击者通常利用这些安全漏洞来实施网络攻击。

9.1.1　安全漏洞概述

安全漏洞是网络探测中的重点目标,主要指在硬件、软件、协议的具体实现或系统安全策略上存在缺陷,从而使攻击者能够在未授权的情况下访问或破坏系统。如在网络文件系统(NFS)协议中认证方式上的弱点,在 UNIX 系统管理员设置匿名 FTP 服务时配置不当的问题都可能被攻击者使用,威胁到系统的安全。因而这些都可以认为是系统中存在的安全漏洞。

安全漏洞按其对目标主机的危险程度一般分为三级。

(1) A 级漏洞。它是允许恶意入侵者访问并可能会破坏整个目标系统的漏洞,如,允许远程用户未经授权访问的漏洞。A 级漏洞是威胁最大的一种漏洞,大多数 A 级漏洞是由于较差的系统管理或配置有误造成的,在大量的远程访问软件中均可以找到这样的漏洞。如:FTP、GOPHER、TELNET、SENDMAIL、FINGER 等一些网络程序常存在一些严重的 A 级漏洞。

(2) B 级漏洞。它是允许本地用户提高访问权限,并可能允许其获得系统控制的漏洞。例如,允许本地用户(本地用户是在目标机器或网络上拥有账号的所有用户)非法访问的漏洞。网络上大多数 B 级漏洞是由应用程序中的一些缺陷或代码错误引起的。因编程缺陷或程序设计语言的问题造成的缓冲区溢出问题是一个典型的 B 级安全漏洞。据统计,利用缓冲区溢出进行攻击占所有系统攻击的 80% 以上。

(3) C 级漏洞。它是任何允许用户中断、降低或阻碍系统操作的漏洞,如拒绝服务漏洞。拒绝服务攻击没有对目标主机进行破坏的危险,攻击只是为了达到某种目的,而干扰目标主机正常工作。

由上述内容可知,对系统危害最严重的是 A 级漏洞,其次是 B 级漏洞,C 级漏洞是对系统正常工作进行干扰。

9.1.2 网络攻击的概念

网络攻击是指攻击者利用网络存在的漏洞和安全缺陷对网络系统的硬件、软件及其系统中的数据进行的攻击。目前网络互连一般采用 TCP/IP,它是一个工业标准的协议簇,但该协议簇在制定之初,对安全问题考虑不多,协议中有很多的安全漏洞。同样,数据库管理系统(DBMS)也存在数据的安全性、权限管理及远程访问等方面问题,在 DBMS 或应用程序中可以预先安置从事情报收集、受控激发、定时发作等破坏程序。

由此可见,针对系统、网络协议及数据库等,无论是其自身的设计缺陷,还是由于人为的因素产生的各种安全漏洞,都可能被一些另有图谋的攻击者所利用并发起攻击。因此若要保证网络安全、可靠,必须熟知攻击者实施网络攻击的技术原理和一般过程。只有这样才能做好必要的安全防备,从而确保网络运行的安全和可靠。

9.1.3 网络攻击的一般流程

攻击者在实施网络攻击时的一般流程包括几个步骤:信息的收集、系统安全缺陷探测、实施攻击和巩固攻击成果四个阶段。

(1) 信息的收集:攻击者选取攻击目标主机后,利用公开的协议或工具通过网络收集目标主机相关信息的过程。这一过程并不对目标主机产生直接的影响,而是为进一步的入侵提供有用信息。例如攻击者可以通过 SNMP 查阅网络系统路由器的路由表,从而了解目标主机所在网络的拓扑结构及其内部细节。

(2) 系统安全缺陷探测:在收集到攻击目标的相关信息后,攻击者通常会利用一些自行编制或特定的软件探测攻击目标,寻找攻击目标系统内部的安全漏洞,为实施真正的攻击做准备。

(3) 实施攻击:当获取到足够的信息后,攻击者就可以结合自身的水平及经验总结制定出相应的攻击方法,实施真正的网络攻击。

(4) 巩固攻击成果:在成功实施攻击后,攻击者往往会利用获取到的目标主机的控制权,清除系统中的日志记录和留下后门。例如更改某些系统设置、在系统中置入特洛伊木马或其他一些远程操纵程序,以便日后能不被觉察地再次进入系统。

除了这四个基本的攻击步骤外,高明的攻击者往往会在实施攻击前做好自身的隐藏工作,以规避被网络安全技术人员追踪的风险。

9.1.4 网络攻击的分类

网络攻击在较高的层次上可分为两类:主动攻击和被动攻击。

(1) 主动攻击:指攻击者访问他所需信息必须要实施其主观上的故意行为。主动攻击包括拒绝服务攻击、信息篡改、资源使用、欺骗等攻击方法。

（2）被动攻击：主要是收集信息而不是进行访问，数据的合法用户很难觉察到这种攻击行为。被动攻击包括嗅探、信息收集等攻击方法。

攻击者在实施网络攻击时一般都会综合运用主动和被动攻击技术，以下将详细介绍各种常见的攻击技术。

9.2　网络探测

由于初始信息的未知性，网络攻击通常具备一定的难度。因此，探测是攻击者在攻击开始前必需的情报收集工作，攻击者通过这个过程需要尽可能多地了解攻击目标安全相关的各方面信息，以便能够实施针对攻击。探测又可以分为三个基本步骤：踩点、扫描和查点。

9.2.1　网络踩点

网络踩点（Footprinting）是指攻击者收集攻击目标相关信息的方法和步骤，主要包括攻击对象的各种联系信息，包括名字、邮件地址和电话号码、传真号、IP 地址范围、DNS 服务器、邮件服务器等相关信息。其目的在于了解攻击目标的基本情况、发现存在的安全漏洞、寻找管理中的薄弱环节和确定攻击的最佳时机等，为选取有效的攻击手段和制定最佳的攻击方案提供依据。

对于一般用户来说，如果能够利用互联网中提供的大量信息来源，就能逐渐缩小范围，从而锁定所需了解的目标。目前实用的流行方式有：通过网页搜寻和链接搜索、利用互联网域名注册机构进行 Whois 查询、利用 Traceroute 获取网络拓扑结构信息等。

9.2.2　网络扫描

网络扫描则是攻击者获取活动主机、开放服务、操作系统、安全漏洞等关键信息的重要技术。扫描技术包括 Ping 扫描（确定哪些主机正在活动）、端口扫描（确定有哪些开放服务）、操作系统辨识（确定目标主机的操作系统类型）和安全漏洞扫描（获得目标上存在着哪些可利用的安全漏洞）。

从攻击者信息收集的角度来看，攻击目标信息的收集尤为重要；这些信息可能包括远程机器上运行的各种 TCP/UDP 服务、操作系统版本/类型信息、应用程序版本/类型信息、系统存在的安全漏洞等。主机信息的收集主要通过一些扫描工具，如端口扫描来完成。一般端口扫描的过程如图 9-1 所示。攻击者发向受害者的探测数据包，目的主机通常会根据不同的探测数据包予以回应，攻击者通过分析受害者的回应获取大量有用的主机信息。

探测包

响应包

攻击者　　　　　　　　　　　攻击目标

图 9-1　端口扫描过程

以下列举了一些常见的扫描类型。

(1) TCP 连接扫描：这是最基本的扫描方式。通过 connect()系统调用向目的主机某端口（如 80 端口）发送完整的 TCP 连接请求。如果能够顺利完成三次握手过程，则此端口开放。这种方法比较容易被操作系统检测。

(2) TCP SYN 扫描："半连接"扫描。向目的主机只发送 TCP 连接请求（SYN 请求），如返回 SYN/ACK，则说明目的主机相应端口处于等待连接状态；如收到 RST/ACK 应答，则端口未开放。这种方法比完整连接扫描更隐蔽，操作系统一般不予记录。

(3) TCP FIN 扫描：扫描工具向目的端口发送 FIN 请求，如端口关闭，按照 RFC793 的要求，应该返回 RST 包。适用于 UNIX 系统主机，Windows 系统（没有遵守 RFC793）不受影响。

(4) TCP ACK 扫描：向目标端口发送 ACK 包，可以用来检测"防火墙"安装情况。了解防火墙类型等信息。

(5) TCP 窗口扫描：根据返回包的窗口值，检测目标系统端口是否开放、是否过滤。

(6) TCP RPC 扫描：用于 UNIX 系统，检查远程过程调用的端口以及对应的应用程序及其版本等信息。

(7) UDP 扫描：向目标端口发送 UDP 包，如返回"ICMP PORT UNREACHABLE"，则端口关闭；否则端口开放。

(8) ICMP 扫描：通过向目的主机发送 ICMP 探测包，分析应答包数据可以探测目的主机操作系统类型等信息。由于 ICMP 探测包的隐蔽性（和正常数据包类似），所以一般的入侵检测系统难以发现。

9.2.3　网络查点

网络查点是攻击者常采用的从目标系统中抽取有效账号或导出资源名的技术。通常这种探测方式是通过主动同目标系统建立连接来获取信息，因此这种探测方式在本质上要比网络踩点和网络扫描更具有入侵效果。查点技术通常和操作系统有关，所收集的信息包括用户名和组名信息、系统类型信息、路由表信息和 SNMP 信息等。

综观近年来比较热门的攻击事件，可以发现，在寻找攻击目标的过程中，以下手段明显加强。

(1) 通过视频文件寻找目标主机。近年来这种方法逐渐成为一种较为流行的手段。攻击者首先要配置木马，然后制作视频木马，如 RM 木马、WMV 木马等，然后通过 P2P 软件、QQ 发送、论坛等渠道进行传播，用户很难察觉。

(2) 根据漏洞公告寻找目标主机。目前一些网络安全技术网站经常会公布一些知名黑客发现的漏洞，从远程攻击、本地攻击到脚本攻击等，描述十分详细。在漏洞补丁未发布前，这些攻击说明可能会进一步加大网络安全威胁。

(3) 利用社会心理学、社会工程学获取目标主机信息。比如，通过对受害者心理弱点、本能反应、好奇心、信任、贪婪等心理陷阱进行诸如欺骗、伤害等危害手段，取得自身利益的手法，近年来已呈迅速上升甚至滥用的趋势。

9.2.4　常见的扫描工具

著名的扫描工具包括 Nmap、PortScan 等,知名的安全漏洞扫描工具包括开源的 Nessus 及一些商业漏洞扫描产品如 ISS 的 Scanner 系列产品。

Nmap(Network Mapper)是 Linux 下的网络扫描和嗅探工具包。其基本功能有三个, 一是探测一组主机是否在线;二是扫描主机端口,嗅探所提供的网络服务;三是可以推断 主机所用的操作系统。Nmap 可用于扫描仅有两个节点的 LAN,直至 500 个节点以上的网络。Nmap 还允许用户定制扫描技巧。可以深入探测 UDP 或者 TCP 端口,直至主机所使用的操作系统;还可以将所有探测结果记录到各种格式的日志中,供进一步分析操作。

Nmap 使用命令方式进行扫描,支持的扫描类型非常丰富,例如执行 SYN 扫描时的命令为 nmap-sS 192.168.1.0/24。-sS 表明扫描类型,192.168.1.0/24 表明扫描的目标网段。

PortScan 是一款端口扫描的小工具,可以用于扫描目的主机的开放端口,并探测目的 主机的操作系统。支持 Edge、Wi-Fi 和 3G 网络,其运行界面如图 9-2 所示。

图 9-2　PortScan 运行界面

PortScan 的设置和使用都非常简单,参数只需设置目标主机的 IP 地址、扫描的起止端 口号等参数,单击 START 按钮即可进行扫描。

Nessus 被认为是目前使用最广泛的系统漏洞扫描与分析软件之一。Nessus 采用客户/服务器体系结构,客户端提供了运行在 X Window 下的图形界面,接受用户的命令与服务器通信,传送用户的扫描请求给服务器端,由服务器启动扫描并将扫描结果呈现给用户; 扫描代码与漏洞数据相互独立,Nessus 针对每一个漏洞有一个对应的插件,漏洞插件是用 Nessus 攻击脚本语言(Nessus Attack Scripting Language,NASL)编写的一小段模拟攻击 漏洞的代码,这种利用漏洞插件的扫描技术极大地方便了漏洞数据的维护、更新;Nessus 具有扫描任意端口任意服务的能力;以用户指定的格式(ASCII 文本、html 等)产生详细的 输出报告,包括目标的脆弱点、怎样修补漏洞以防止攻击者入侵及危险级别。图 9-3 展示了 Nessus 客户端的运行界面。

ISS Internet Scanner 是 ISS 公司推出的商业安全扫描产品之一。其包括三个组件:

信息安全概论

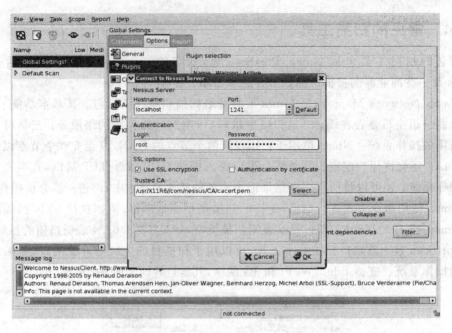

图 9-3　Nessus 客户端运行界面

Intranet Scanner、Firewall Scanner、Web Server Scanner，可以对 UNIX 和 Windows NT 系统的网络通信服务、操作系统和关键应用程序进行有计划和可选择的检测，自动扫描所连接的主机、防火墙、Web 服务器和路由器等设备，生成详细的技术报告或高度概括的管理级报告，协助管理人员进行网络安全审计，并提供软件生产商修补其产品安全漏洞的补丁程序发布站点的链接。图 9-4 展示的是 ISS Internet Scanner 的运行界面。

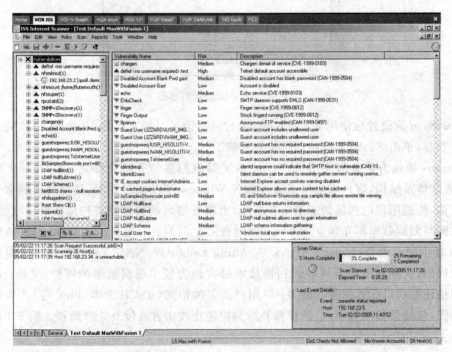

图 9-4　ISS Internet Scanner 运行界面

9.3 网络监听

网络窃听指攻击者通过非法手段对系统活动的监视从而获得一些关键安全信息的技术手段。

9.3.1 网络监听的工作原理

由于以太网等许多网络(例如以共享 Hub 连接的内部网络)是基于总线方式,即多台主机连接在一条共享的总线上,其通信方式在物理上采用广播的方式。所以,在使用共享总线的同一网段中,所有主机的网卡都能接收到所有被发送的数据包。而对于使用交换机连接的内部网络,交换机只会把数据包转发到相应的端口(根据 MAC 地址),因此网卡只能收到发往本地主机的数据和广播数据。

网卡收到传输来的数据,网卡的驱动程序先接收数据头的目标 MAC 地址,根据主机上的网卡驱动程序配置的接收模式判断是否接收。在默认状态下网卡只把发给本机的数据包(包括广播数据包)传递给上层程序,其他的数据包一律丢弃。但是网卡可以设置为一种特殊的工作方式——混杂模式(Promiscuous Mode),在这种状态下,网卡将把接收到的所有数据包都传递给上层程序,这时,上层应用程序就能够获取本网段内发往其他主机的数据包,从而实现了对网络数据的监听。能实现网络监听的软件通常被称为嗅探(Sniffer)工具。

9.3.2 网络监听技术

根据以太网连接方式的不同,监听技术可以分为共享环境下的监听和交换环境下的监听。

在共享环境下,因为所有数据包的发送都是以广播的形式进行,因此只需简单地将网卡设为混杂模式,就可以捕获网络上传输的所有数据包。

在交换环境下,因为数据包的发送是由交换机进行定向转发,因此必须扰乱交换机的定向转发机制,将本该发往其他主机的数据包转发到本地主机上才能实现网络监听。这种情况下最常见的手段是使用 ARP 欺骗的手段,ARP 欺骗攻击的基本原理是,主机中维护着一个 ARP 高速缓存,且 ARP 高速缓存是随着主机不断地发出 ARP 请求和收到 ARP 响应而不断地更新的,ARP 高速缓存的目的是把机器的 IP 地址和 MAC 地址相互映射。使用 arp 命令可以查看本地主机的 ARP 高速缓存。

假设主机 A 的 IP 地址为 10.0.0.2,MAC 地址为 20-53-52-43-00-02,主机 B 的 IP 地址为 10.0.0.3,MAC 地址为 20-53-52-43-00-03,机器 C 的 IP 地址为 10.0.0.4,MAC 地址为 20-53-52-43-00-04。

首先主机 B 向主机 A 发出一个 ARP 应答(Reply),其中的目的 IP 地址为 10.0.0.2,目的 MAC 地址为 20-53-52-43-00-02,而源 IP 地址为 10.0.0.4,源 MAC 地址为 20-53-52-43-00-03,主机 A 会更新本地的 ARP 高速缓存,记录 IP 地址为 10.0.0.4 的主机的 MAC 地址是 20-53-52-43-00-03。此后主机 A 发出一条 FTP 命令时——ftp 10.0.0.4,数据包被送到了交换机,交换机查看数据包中的目的地址,发现 MAC 为 20-53-52-43-00-03,于是交换机把数据包发到了机器 B 上。这样主机 B 就成功获取了发往主机 C 的数据包,实现了网络监听,其过程如图 9-5 所示。

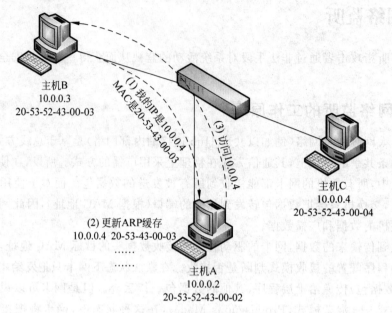

图 9-5　ARP 欺骗原理

　　图 9-5 只是一个简单的 ARP 欺骗过程,在实际的攻击中,攻击者往往将自己的主机伪装成网关,通过 ARP 欺骗将数据包定向到本地主机,然后再转发到真正的网关,并将网关返回的数据包发送给对应的主机,在这个过程中攻击者的主机成为网络通信的"中间人",由于通信过程表面上看是正常的,被监听主机很难发现攻击行为的存在。

9.3.3　网络监听的检测和防范

　　网络监听是很难被发现的,因为运行网络监听的主机只是被动地接收在局域网上传输的信息,不主动地与其他主机交换信息,也没有修改在网上传输的数据包。

　　网络监听的基本检测方法主要有:

　　(1)用正确的 IP 地址和错误的 MAC 地址 Ping 可疑的主机,运行监听程序的主机可能会有响应。这是因为正常的主机不接收错误的 MAC 地址,而处理监听状态的主机能接收并可能响应。

　　(2)向网上发大量不存在的 MAC 地址的包,由于监听程序要分析和处理大量的数据包会占用很多的 CPU 资源,这将导致性能下降。通过比较前后该主机性能加以判断。这种方法需要获取主机的实时运行状态,因此难度较大。

　　(3)使用反监听工具如 Antisniffer、TripWare 等检测工具进行检测,这些软件主要通过分析网络异常来判断是否存在嗅探器,往往对使用者有比较高的要求。

　　由于网络监听的检测比较困难,应对网络监听主要以防范为主,主要技术措施包括:

　　(1)从逻辑或物理上对网络分段。网络分段通常被认为是控制网络广播风暴的一种基本手段,但其实也是保证网络安全的一项措施。其目的是将非法用户与敏感的网络资源相互隔离,从而防止可能的非法监听。

　　(2)以交换式集线器代替共享式集线器。共享环境下的网络监听是最容易实现的,所以应该以交换式集线器代替共享式集线器，使单播包仅在两个节点之间传送，从而降低网络监听的风险。

（3）使用加密技术。数据经过加密后，通过监听仍然可以得到传送的信息，但监听者不能获取原始数据，这是从根本上解决网络监听的途径。使用加密技术的主要缺点是影响数据传输速度。因此往往需要在传输速度和安全性上进行折中。

（4）划分虚拟局域网（VLAN）。运用 VLAN 技术，将以太网通信变为点到点通信，可以防止大部分基于网络监听的入侵。

9.3.4　常见的网络监听工具

目前常见的网络监听工具包括 Sniffer Pro、Ethereal、Libpcap/WinPcap、TCPdump/Windump、Iris 等。

Sniffer Pro 是 NAI 公司推出的一款协议分析软件，具有捕获网络流量进行详细分析、利用专家分析系统诊断问题、实时监控网络活动、收集网络利用率和错误等功能。以下以 Sniffer Pro 为例，简要介绍网络监听软件的使用方法。

在使用前要首先确定使用的网络适配器及选择要工作在混杂模式下的网卡，特别是在主机中存在多块网卡情况时，如图 9-6 所示。

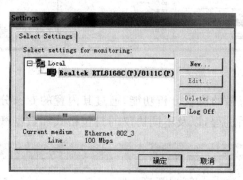

图 9-6　Sniffer Pro 网络适配器选择

然后就可以通过主菜单中的 Capture→Define Filter 命令设置捕获条件，包括需要捕获主机的 IP 地址范围，需要捕获的协议等，如图 9-7 所示。

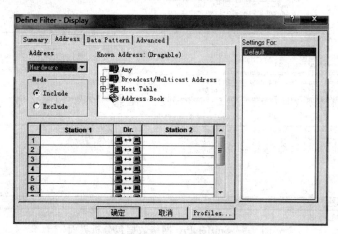

图 9-7　Sniffer Pro 工作参数配置

在完成工作参数设置后,启动 Sniffer Pro 就可以进入网络数据包捕获状态,其工作状态可以在主界面上实时显示,如图 9-8 所示。

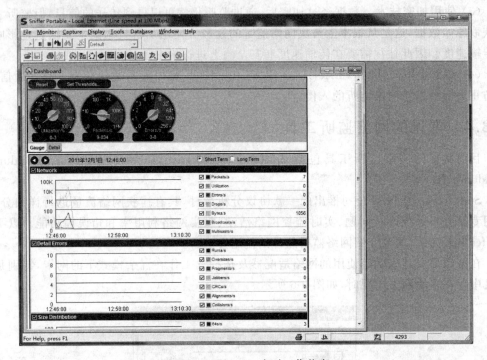

图 9-8 Sniffer Pro 实时工作状态

Sniffer Pro 还提供很强的协议分析功能,通过其内置的专家分析系统,可以详细地展示捕获到数据包的完整会话过程,以及不同协议的封包格式和数据载荷,如图 9-9 所示。

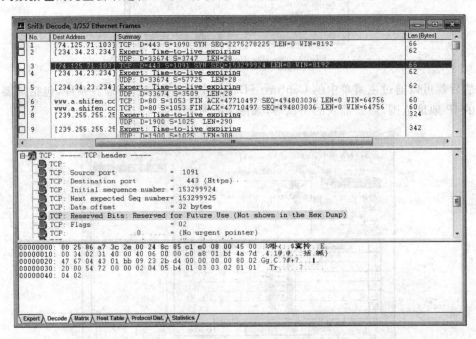

图 9-9 Sniffer Pro 网络数据包分析界面

9.4　网络欺骗

常见的网络欺骗包括 IP 源地址欺骗、DNS 欺骗和源路由选择欺骗。

9.4.1　IP 源地址欺骗

IP 源地址欺骗就是伪造某台主机的 IP 地址的技术。通过 IP 地址的伪造使得某台主机能够伪装成另外一台主机，而这台主机往往具有某种特权或者被另外的主机所信任。

假设已经找到一个攻击目标主机，并发现了该主机存在信任模式，又获得受信任主机 IP。攻击者如果简单使用 IP 地址伪造技术，伪装成受信任主机向目标主机发送连接请求，按 TCP/IP 三次握手的过程，目标主机将发送确认信息给受信任主机，如果受信任主机发现连接是非法的，信任主机会发送一个复位信息给目标主机，请求释放连接，这样 IP 欺骗将无法进行。因此，攻击者为达到欺骗的目的，通常先使用如 TCP SYN 泛洪攻击等技术使受信任主机丧失工作能力。受信任主机不能发送复位信息，目标主机也不会收到连接确认，根据 TCP 协议会认为是一种暂时的网络通信错误，目标主机会认为对方将继续尝试建立连接，直至确信无法连接（出现连接超时）。在这段时间里，攻击者可使用序列号猜测技术猜测出目标主机希望获取的确认序列号，再次伪装成信任主机发送连接确认信息，确认包的序列号设置为猜测得出的序列号，如果猜测正确就可以与目标主机建立起 TCP 连接。一旦连接建立，攻击者就可以向目标主机发送攻击数据，如放置后门程序等。

通过以上的分析可知，IP 源地址欺骗过程主要包含五个步骤：①选定目标主机 A；②发现信任模式及受信任主机 B；③使主机 B 丧失工作能力；④伪装成主机 B 向主机 A 发送建立 TCP 连接请求，并猜测主机 A 希望的确认序列号；⑤用猜测的确认序列号发送确认信息，建立连接。

IP 源地址欺骗存在的主要原因是某些应用中的信任关系是建立在 IP 地址的验证上，而数据包中 IP 的地址是可以很容易伪造的。IP 源地址欺骗攻击过程中难度最大的是序列号估计，估计精度的高低是欺骗成功与否的关键。针对这样的特点，防范 IP 源地址欺骗可采取如下对策。

(1) 不使用基于地址的信任策略。阻止这类攻击的简单办法是放弃以地址为基础的验证。如在 UNIX 操作系统中不允许 R 类远程调用命令的使用，删除 rhosts 文件和/etc/hosts.equiv 文件，要求所有用户使用其他更为安全的远程通信手段，如 SSH 等。

(2) 使用包过滤。如果内部网络是通过路由器接入外部网络的，那么可以利用边界路由器来进行包过滤。确信只有内部网络中可以使用 IP 信任关系，当路由器发现来自外部网络的数据包的源地址和目的地址都是内部网络的 IP 地址就意味着有人要试图使用 IP 源地址欺骗的方式攻击系统。使用这种方法的影响是，如果外部网络存在受信任主机，包过滤将不能防范攻击者伪装成外部网络中的受信任主机实施欺骗。

(3) 使用加密机制。阻止 IP 欺骗的另一种可行的方法是在通信时要求加密传输和验证。例如对发送的数据包进行数字签名，使用伪造 IP 地址的方法就无法对目标主机实施欺骗了。

9.4.2　DNS 欺骗

　　域名系统(Domain Name System,DNS)可以理解为一个用于管理域名地址和 IP 地址信息映射的分布式数据库系统,其功能是将容易记忆的域名同抽象的 IP 地址关联起来,以方便用户的使用。例如访问新浪的网站"http://www.sina.com.cn",首先需要通过 DNS 服务将其翻译成形如"202.108.33.60"的 IP 地址,才能访问到正确的新浪服务器。如果翻译过程出现错误,用户访问的将不是新浪服务器,而很可能是攻击者精心设计的陷阱主机。

　　DNS 服务是大多数网络应用的基础,但因其协议本身设计存在安全缺陷(没有提供适当的信息保护和认证机制),使得 DNS 易受攻击。在 DNS 报文中只使用一个序列号来进行有效性鉴别,未提供其他的认证和保护手段,这使得攻击者可以很容易地监听到查询请求,并伪造 DNS 应答包给请求 DNS 服务的客户端,从而进行 DNS 欺骗攻击。

　　目前所有 DNS 客户端处理 DNS 应答包的方法都是简单地信任首先到达的数据包,丢弃所有后到达的,而不会对数据包的合法性作任何的分析。这样只要能保证欺骗包先于合法包到达就可以达到欺骗的目的。

　　对于 DNS 欺骗攻击的防范通常采用异常检测的方法,通过对合法应答包和欺骗应答包的分析可以发现,欺骗应答包一般来说比较简单,通常只有一个应答域,而不包含授权域和附加域。这符合欺骗攻击者要尽快将欺骗数据包返回给客户端的目的,因为只有尽可能地节约数据包构造的时间才能使欺骗包早于合法包到达。通常合法应答包的信息比较丰富,除了可能有多个应答域之外,通常还带有授权域、附加记录域等。如果根据一定的规则,能够区分开欺骗包和合法包,就可以防范 DNS 欺骗攻击,常见的方法包括以下几种。

　　(1) 加权法:这种方法首先要根据统计分析,给出 DNS 应答包中的各个字段一个相应的可信度阈值,然后根据数据包情况计算最终可信度,最后选择可信度最高的应答包。

　　(2) 贝叶斯分类法:这种方法利用模式分类的思想,设计一个两类贝叶斯分类器来区分合法和欺骗包。首先根据统计信息抽取合法包和欺骗包的特征,然后统计这些特征的概率分布,并据此设计一个简单的两类贝叶斯分类器,用于欺骗包和合法包的识别。

　　(3) 交叉验证法:这种方法是由客户端收到 DNS 应答包之后,向 DNS 服务器反向查询应答包中返回的 IP 地址所对应的 DNS 名字来进行判断。

9.4.3　源路由选择欺骗

　　在通常的 TCP 数据包中只包括源地址和目的地址,即路由只需知道一个数据包是从哪来的要到哪去。源路由是指在数据包首部中列出了所要经过的路由。某些路由器对源路由包的反应是使用其指定的路由,并使用其反向路由来传送应答数据。这种攻击称为源路由选择欺骗(Source Routing Spoofing)。

　　假定主机 A 和主机 B 之间存在某种信任关系,主机 X 想伪装成主机 A 从主机 B(假设 IP 为 10.0.0.2)获得某些服务。首先,攻击者修改距 X 最近的路由器,使得到达此路由器且包含主机 B 目的地址(10.0.0.2)的数据包以主机 X 所在的网络为目的地;然后,攻击者 X 利用 IP 欺骗向主机 B 发送源路由(指定距主机 X 最近的路由器)数据包。当主机 B 回送数据包时,就传送到被攻击者更改过的路由器。这就使得攻击者可以假冒一个主机的名义通过一个特殊的路径来获得某些被保护数据。

　　解决源路由选择欺骗的防范包括两方面：首先攻击者需要对目标主机实施 IP 源地址欺骗，因此只要杜绝了 IP 源地址欺骗，就可防范此类攻击；其次攻击者需要使用路由器的源路由功能，只需简单关闭该功能就可以彻底消除源路由选择欺骗。

9.5　拒绝服务攻击

　　拒绝服务攻击即攻击者设法使目标主机停止提供服务，是常见的一种网络攻击手段。其实主要原理是利用网络协议的缺陷，采用耗尽目标主机的通信、存储或计算资源的方式来迫使目标主机暂停服务甚至导致系统崩溃。拒绝服务攻击可以分为拒绝服务攻击（Denial of Service，DoS）和分布式拒绝服务攻击（Distributed Denial of Service，DDoS）。

9.5.1　常见的拒绝服务攻击

　　常见的 DoS 攻击包括以下几种类型。

1. SYN 泛洪

　　SYN 泛洪（Flooding）是目前最流行的拒绝服务攻击之一，这种攻击利用 TCP 缺陷，发送大量伪造的 TCP 连接请求，使被攻击主机的资源耗尽（CPU 满负荷或内存不足），而停止服务，其攻击过程如图 9-10 所示。

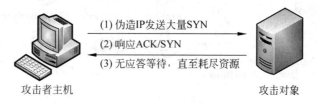

图 9-10　SYN 泛洪攻击

2. UDP 泛洪

　　攻击者利用简单的 TCP/IP 服务，如字符发生器协议（Chargen）和 Echo 来传送占满带宽的垃圾数据。通过伪造与某一主机的 Chargen 服务之间的一次 UDP 连接，回复地址指向开着 Echo 服务的一台主机，这样就在两台主机之间存在很多的无用数据流，这些无用数据流就会导致针对带宽服务的攻击。

3. Ping 泛洪

　　由于在早期的阶段，路由器对包的最大尺寸都有限制，许多操作系统对 TCP/IP 堆栈的实现在 ICMP 包上都是规定 64KB，并且在对包的标题头进行读取之后，要根据该标题头里包含的信息来为有效载荷生成缓冲区。当产生畸形的，声称自己的尺寸超过 ICMP 上限的包，也就是加载的尺寸超过 64KB 上限时，就会出现内存分配错误，导致 TCP/IP 堆栈崩溃，致使接受方主机宕机。

4. 泪滴攻击

　　泪滴（teardrop）攻击是利用在 TCP/IP 堆栈中实现信任 IP 碎片中的包的标题头所包含

的信息来实现自己的攻击。IP 分段含有指明该分段所包含的是原包的哪一段的信息,某些 TCP/IP(包括 Service Pack 4 以前的 Windows NT)在收到含有重叠偏移的伪造分段时将崩溃。

5. Land 攻击

Land 攻击原理是设计一个特殊的 SYN 包,它的源地址和目标地址都被设置成某一个服务器地址。此举将导致接收服务器向它自己的地址发送 SYN-ACK 消息,结果这个地址又发回 ACK 消息并创建一个空连接。被攻击的服务器每接收一个这样的连接都将保留,直到超时。不同的操作系统对 Land 攻击的反应不同,大多数 UNIX 系统将崩溃,Windows NT 则变得极其缓慢(大约持续 5 分钟)。

6. Smurf 攻击

Smurf 攻击的命名是因为第一个实现该类型攻击的软件名为 Smurf,其原理是:通过向一个局域网的广播地址发出 ICMP 回应请求(Echo Request),并将请求的返回地址设为被攻击的目标主机,导致目标主机被大量的应答包(Echo Reply)淹没,最终导致目标主机崩溃。在这种攻击方式中,攻击者不直接向目标主机发送任何数据包,而是引导大量的数据包发往目的主机,因此也被称为"反弹攻击",其攻击过程如图 9-11 所示。

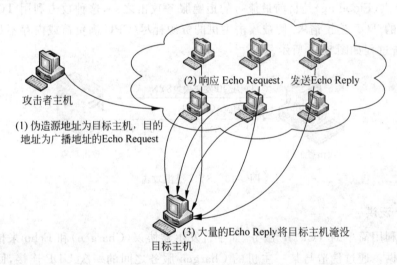

图 9-11　Smurf 攻击过程示意

9.5.2　分布式拒绝服务攻击

分布式拒绝服务攻击(DDoS)是在传统的 DoS 攻击方式上衍生出的新攻击手段。DDoS 攻击指借助于客户/服务器技术,将多台主机联合起来作为攻击平台,对一个或多个目标发动 DoS 攻击,从而成倍地提高拒绝服务攻击的威力。通常,攻击者使用一个主控程序控制预先被植入到大量傀儡主机中的代理程序。代理程序收到特定指令时就同时发动攻击。利用客户/服务器技术,主控程序能在几秒钟内激活成百上千次代理程序的运行,因此能够产生比 DoS 攻击更大的危害后果,其攻击过程如图 9-12 所示。

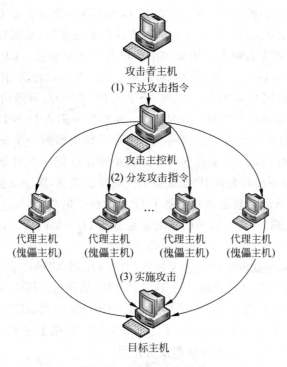

图 9-12　DDoS 攻击示意

9.5.3　拒绝服务攻击的防范

目前防范 DoS/DDoS 攻击的方法主要是从主机设置和网络设备设置两方面来考虑。

1. 主机设置

大多数主机的操作系统都提供了一些抵御 DoS/DDoS 的基本设置,主要包括:①关闭不必要的服务;②限制同时打开的 SYN 半连接数目;③缩短 SYN 半连接的超时等待(Time Out)时间。

除此之外,及时更新系统补丁也非常重要,例如泪滴攻击主要是由于在早期操作系统的 TCP/IP 协议栈实现过程中,未对 IP 包进行合法性检查而直接处理造成的,经过升级后就能防范类似的攻击。

2. 网络设备设置

网络设备设置包括防火墙和路由器两方面。

防火墙的设置主要包括:

(1) 禁止对主机的非开放服务的访问。

(2) 限制同时打开的 SYN 最大连接数。

(3) 限制特定 IP 地址的访问。

(4) 启用防火墙的 DoS/DDoS 的属性。

(5) 严格限制对外开放的服务器的向外访问,这主要是防止服务器被攻击者利用。

路由器的设置主要包括:

(1) 使用扩展访问列表。扩展访问列表是防止 DoS/DDoS 攻击的有效工具。它既可以用来探测 DoS/DDoS 攻击的类型，也可以阻止 DoS/DDoS 攻击。如 Cisco 路由器的命令：Show IP access-list，能够显示每个扩展访问列表的匹配数据包，根据数据包的类型，用户就可以确定 DoS/DDoS 攻击的种类。如果网络中出现了大量建立 TCP 连接的请求，这表明网络受到了 SYN Flood 攻击，这时用户就可以改变访问列表的配置，阻止 DoS/DDoS 攻击。

(2) 使用 QoS。使用 QoS 特征，如加权公平队列(WFQ)、承诺访问速率(CAR)、一般流量整形(GTS)以及定制队列(CQ)等，都可以一定程度上阻止 DoS/DDoS 攻击。

(3) 使用单一地址逆向转发。逆向转发(RPF)是路由器的一个输入功能，该功能用来检查路由器接口所接收的每一个数据包。如果路由器接收到一个源 IP 地址为 10.10.10.1 的数据包，但是路由表中没有为该 IP 地址提供任何路由信息，路由器就会丢弃该数据包，因此逆向转发能够阻止 Smurf 攻击和其他基于 IP 地址伪装的攻击。

(4) 使用 TCP 拦截。Cisco 公司的路由器在 IOS 11.3 版以后，引入了 TCP 拦截功能，这项功能可以有效防止 SYN Flood 攻击内部主机。

(5) 使用基于内容的访问控制。基于内容的访问控制(CBAC)是对传统访问列表的扩展，它基于应用层会话信息，智能化地过滤 TCP 和 UDP 数据包，可以防止 DoS/DDoS 攻击。

由于 DoS/DDoS 通常利用的是网络协议(如 TCP/IP)中的缺陷，想要完全避免除非消除所有协议中的缺陷，在现阶段这种方式是不现实的。使用上述的方法并不能完全避免 DoS/DDoS 攻击，但能起到一定的缓解和预防作用。

9.6 缓冲区溢出攻击

缓冲区溢出攻击(Buffer Overflow)是利用缓冲区溢出漏洞所进行的攻击行动。缓冲区溢出是一种非常普遍、非常危险的漏洞，在各种操作系统、应用软件中广泛存在。利用缓冲区溢出攻击，可以导致程序运行失败、系统关机、重新启动等后果，精心设计的缓冲区溢出攻击甚至可以利用它执行非授权指令，甚至可以取得系统特权，进而进行各种非法操作。

9.6.1 缓冲区溢出的基本原理

缓冲区溢出的基本原理是：攻击者通过向目标程序的缓冲区写超出其长度的内容，造成缓冲区的溢出，从而破坏程序的堆栈，使程序转而执行其他指令，以达到攻击的目的。造成缓冲区溢出的原因是程序中没有仔细检查用户输入的参数。例如下面的程序：

```
void function(char * in)
{
    char buffer[128];
    strcpy(buffer, in);
}
```

在这个简单的函数中，函数 strcpy() 将直接把输入的字符串 in 中的内容复制到 buffer 中。程序在进行函数调用时，首先按顺序将函数参数、返回地址、框架指针(ESP,EBP)、局部变量等数据压入堆栈，如图 9-13 所示。

如果输入 in 的长度大于 128，就会造成缓冲区溢出，即输入数据覆盖了程序的正确返回地址，造成程序运行出错。存在像 strcpy 这样的问题的标准函数还有 strcat()、sprintf()、

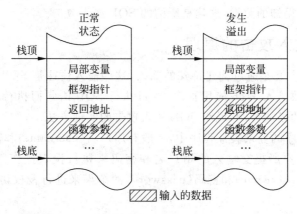

图 9-13 缓冲区溢出示意

vsprintf()、gets()、scanf()等。

通常情况下攻击者往缓冲区中填过多的数据造成溢出只会出现分段错误(Segmentation Fault),而不能达到控制目标主机的目的。常见的手段是通过制造缓冲区溢出使程序转而执行攻击者通过缓冲区溢出植入内存中的特殊指令,如果该受到溢出攻击的程序具有管理权限的话,攻击者可以很容易地获得一个有管理员权限的 shell,从而实现对目标主机的控制。

在程序设计过程中,未对输入数据的合法性(如长度)进行认真检查是导致缓冲区溢出存在的重要原因。缓冲区溢出漏洞在很多软件中都存在,根据计算机应急响应小组(CERT)的统计,超过 50％的安全漏洞都是缓冲区溢出造成的,"红色代码"、"冲击波"、"Slammer 蠕虫"等恶意代码均是利用不同的缓冲区溢出漏洞进行传播和实施攻击的。

9.6.2 缓冲区溢出的防范

对缓冲区溢出攻击的防范,目前有三种直接的保护方法:

(1)通过操作系统控制使接收输入数据的缓冲区不可执行,从而阻止攻击者植入攻击代码。

(2)要求程序员编写正确的代码,包括严格检查数据,不使用存在溢出风险的函数,利用 Fault Injection 等工具进行代码检查等。

(3)利用编译器的边界检查来实现缓冲的保护,这个方法使得缓冲区溢出不可能出现,从而完全消除了缓冲区溢出的威胁,但是相对而言代价比较大。

9.7 SQL 注入攻击

结构化查询语言(Structured Query Language,SQL)是一种用来和数据库交互的文本语言,SQL 注入攻击(SQL Injection)就是利用某些数据库的外部接口把用户数据插入到实际的数据库操作语言当中,从而达到入侵数据库乃至操作系统的目的。是攻击者对数据库进行攻击的常用手段之一。部分程序员在编写代码的时候,没有对用户输入数据的合法性进行判断,使应用程序存在安全隐患。攻击者可以提交一段数据库查询代码,根据程序返回的结果,获得某些想得知的数据,这就是所谓的 SQL 注入攻击。

9.7.1　SQL 注入攻击的原理

SQL 注入攻击主要是通过构建特殊的输入,这些输入往往是 SQL 语法中的一些组合,这些输入将作为参数传入 Web 应用程序,通过执行 SQL 语句而执行入侵者想要的操作。下面以登录验证中的模块为例,说明 SQL 注入攻击的实现方法。

在 Web 应用程序的登录验证程序中,一般有用户名(username)和密码(password)两个参数,程序会通过用户所提交输入的用户名和密码来执行授权操作。其原理是通过查找 user 表中的用户名(username)和密码(password)的结果来进行授权访问。典型的 SQL 查询语句为:

```
Select * from users where username = 'Bob' and password = 'helloworld'
```

如果分别给 username 和 password 赋值"'admin' or 1=1—"和"aaa"。那么,SQL 脚本解释器中的上述语句就会变为:

```
select * from users where username = 'admin' or 1 = 1—and password = 'aaa'
```

该语句中进行了两个判断,只要一个条件成立,则就会执行成功,而 1=1 在逻辑判断上是恒成立的,后面的"—"表示注释,即后面所有的语句为注释语句。同理通过在输入参数中构建 SQL 语法还可以删除数据库中的表,查询、插入和更新数据库中的数据等危险操作。

(1) jo',drop table authors:如果存在 authors 表则删除。

(2) 'union select sum(username) from users:从 users 表中查询出 username 的个数。

(3) '; insert into users values(666,'attacker','foobar',0xffff):在 user 表中插入值。

(4) 'union select @@version,1,1,1:查询数据库的版本。

(5) 'exec master..xp_cmdshell 'dir':通过 xp_cmdshell 来执行 dir 命令。

9.7.2　SQL 注入攻击的一般步骤

SQL 注入攻击可以手工进行,也可以通过 SQL 注入攻击辅助软件如 HDSI、Domain、NBSI 等来实现,其实现可以归纳为以下几个阶段。

(1) 寻找 SQL 注入点。寻找 SQL 注入点的经典查找方法是在有参数传入的地方添加诸如"and 1=1"、"and 1=2"以及"'"等一些特殊字符,通过浏览器所返回的错误信息来判断是否存在 SQL 注入,如果返回错误提示,则表明程序未对输入的数据进行处理,绝大部分情况下都能进行注入。

(2) 获取和验证 SQL 注入点。找到 SQL 注入点以后,需要进行 SQL 注入点的判断,常常采用前文中的语句来进行验证。

(3) 获取信息。获取信息是 SQL 注入中一个关键的部分,SQL 注入中首先需要判断存在注入点的数据库是否支持多句查询、子查询、数据库用户账号、数据库用户权限。

(4) 实施直接控制。以 SQL Server 2000 为例,如果实施注入攻击的数据库是 SQL Server 2000,且数据库用户为 sa,则可以直接执行添加管理员账号、开放 3389 远程终端服务、生成文件等命令。

(5) 间接进行控制。间接控制主要是指通过 SQL 注入点不能执行命令,只能进行数据字段内容的猜测。在 Web 应用程序中,为了方便用户的维护,一般都提供了后台管理功能,其后台管理验证用户和口令都会保存在数据库中,通过猜测可以获取这些内容,如果获取的是明文的口令,则可以通过后台中的上传等功能上传网页木马实施控制,如果口令是明文的,则可以通过暴力破解其密码。

9.7.3　SQL 注入攻击的防范

由于 SQL 注入攻击针对的是应用开发过程中的编程缺陷,因而对于绝大多数安全设施(如防火墙来说),这种攻击是"合法"的。因此解决 SQL 注入问题只有依赖于编程过程中的严格设计和仔细检查。

9.8　计算机病毒与恶意软件

早在 Internet 出现以前,计算机病毒就已经是计算机系统安全的重要威胁。随着网络的普及,计算机病毒技术网络化的趋势明显,出现了诸如蠕虫等专门利用网络进行传播的新型病毒。与此同时,以特洛伊木马为代表的恶意软件也成为网络攻击中的重要手段。这两种手段往往在网络攻击中被综合使用,如通过病毒获取系统控制权,随后植入木马以实现对系统的远程控制或用户信息的窃取。因此在本书中将计算机病毒和恶意软件纳入网络攻击技术之中进行介绍。

9.8.1　计算机病毒

计算机病毒是一种人为制造的、在计算机运行中对计算机信息或系统起破坏作用的程序,本节对计算机病毒相关的基本概念和防范方法进行介绍。

1. 计算机病毒概述

"计算机病毒"出现在 Fred Cohen 1984 年的论文《电脑病毒实验》中。20 世纪 70 年代中期,David Gerrold 在其科幻小说《When Harlie was One》中,描述了一个叫"病毒"的程序和与之对战的叫"抗体"的程序,从此"计算机病毒"一词被广泛接受。真实病毒的雏形出现在 20 世纪 60 年代初,美国麻省理工学院的一些青年研究人员,利用业务时间玩一种他们自己创造的计算机游戏。做法是某个人编制一段小程序,然后输入到计算机中运行,并销毁对方的游戏程序。这样的程序已经具备了病毒初级特征。

简单地说,计算机病毒是一种人为制造的、在计算机运行中对计算机信息或系统起破坏作用的程序,通常这种程序不是独立存在的,它隐蔽在其他可执行的程序之中,既有破坏性,又有传染性和潜伏性。在我国 1994 年发布的《中华人民共和国计算机信息系统安全保护条例》中对病毒的定义是:"编制者在计算机程序中插入的破坏计算机功能或者破坏数据,影响计算机使用并且能够自我复制的一组计算机指令或者程序代码"。

2. 计算机病毒的特性

计算机病毒通常具有以下几个方面主要特性。

(1) 寄生性。通常计算机病毒不是完整的程序,因此需要依附在某种类型的文件上,这种特性称为病毒的寄生性,被病毒依附的文件称为宿主文件。例如著名的 CIH 病毒便把自已拆分成数段,然后寄生在 Windows PE 类可执行文件中。

(2) 可执行性。虽然计算机病毒不是完整的程序,但是通过宿主文件的使用或执行,病毒代码可以在被感染的计算机内得到运行的机会,寻机获得系统的控制权,并实施传染性和破坏性行为等。

(3) 传染性。传染性是病毒的基本特征。同样,计算机病毒也会通过各种渠道从已被感染的计算机扩散到未被感染的计算机,在某些情况下造成被感染的计算机工作失常甚至瘫痪。计算机病毒是一旦进入计算机并得以执行后,就会搜寻其他符合其传染条件的程序或存储介质,确定目标后再将自身代码植入其中,达到自我繁殖的目的。计算机病毒可通过各种可能的渠道进行传播,如早期的病毒主要通过软盘传播,目前病毒传播的主要方式已经转向通过电子邮件、即时通信工具、系统漏洞等网络途径。

(4) 潜伏性。一个精心设计的计算机病毒程序,通常不会在进入系统后马上发作,而是长时间隐藏在合法文件中,对其他系统进行传染。病毒的潜伏性越好,在系统中的存在时间就会越长,病毒的传染范围就会越大。

(5) 可触发性。因某个事件或数值的出现,诱使病毒实施感染或进行攻击的特性称为可触发性。病毒既要隐蔽又要维持潜在的破坏性,就必须具有可触发性。因此病毒具有预定的触发条件,这些条件可能是时间、日期、文件类型或某些特定数据等。病毒运行时,触发机制检查预定条件是否满足,如果满足,启动感染或破坏动作,使病毒进行感染或攻击;如果不满足,使病毒继续潜伏。如著名的"米开朗基罗"病毒的得名,就是因其在著名艺术大师米开朗基罗的生日,每年 3 月 6 日发作。

(6) 破坏性。所有的计算机病毒都是一种可执行程序,当病毒程序执行时都会对计算机系统产生一定的影响,这就是病毒的破坏性。计算机病毒的破坏性主要取决于设计者的目的,如果病毒设计者的目的在于彻底破坏系统的正常运行的话,计算机病毒可以毁掉系统的部分数据,也可以破坏全部数据并使之无法恢复,甚至可以导致系统的完全瘫痪。如 CIH 病毒可通过破坏某些计算机主板上的 BIOS 系统,使计算机硬件系统失效。

(7) 不可预见性。从对病毒的检测方面来看,病毒还有不可预见性。不同种类的病毒,它们的代码千差万别,由于病毒的制作技术在不断地提高,而反病毒技术始终滞后于病毒技术,因此不可能存在一种反病毒技术能够一劳永逸地消除计算机病毒问题。

除上述特性外,一些计算机病毒还具有特殊的属性,主要包括:

(1) 针对性。一些计算机病毒是针对特定的计算机和特定的操作系统的。例如,有针对 IBM PC 及其兼容机的,有针对 Apple 公司的 Macintosh 的,还有针对 UNIX 操作系统的。例如 2010 年首度在伊朗核电站控制系统中发现的"震网"病毒,便是一种专门针对西门子工业控制系统的超级病毒。

(2) 衍生性。这是指利用某种病毒的传染和破坏原理,生成一种不同于原版本的新的计算机病毒(又称为变种),这就是计算机病毒的衍生性。这种特性提供了一种设计新病毒的捷径,病毒的衍生性使得新病毒的开发周期缩短,病毒的查杀难度加大,具有衍生性的病毒往往会造成更大的危害。

3. 计算机病毒的分类

由于计算机病毒技术发展得非常迅速,据国内著名安全公司 360 的《2011 上半年中国网络安全报告》,仅 2011 年上半年就截获各类新增木马病毒 4.48 亿个,因此很难使用统一的分类方法对计算机病毒进行准确划分。现存的常用分类方法主要有以下几种。

（1）按照计算机病毒侵入的系统分类。

① DOS 系统下的病毒：这类病毒出现最早，广泛流行于 20 世纪八九十年代。如"小球"病毒、"大麻"病毒、"黑色星期五"病毒等，随着 DOS 操作系统退出计算机应用领域，目前这类病毒已经销声匿迹。

② Windows 系统下的病毒：随着 20 世纪 90 年代 Windows 的普及，Windows 下的病毒便开始广泛流行。CIH 病毒就是一个经典的 Windows 病毒。

③ UNIX 系统下的病毒：UNIX 系统应用非常广泛，许多大型系统均采用 UNIX 作为其主要的操作系统，Morris 蠕虫是一个 UNIX 下的经典病毒，也是世界上首个网络蠕虫病毒。

（2）按照计算机病毒的链接方式分类。

① 源码型病毒：这种病毒主要攻击高级语言编写的程序，该病毒在高级语言所编写的程序编译前插入到原程序中，经编译成为合法程序的一部分。

② 嵌入型病毒：这种病毒是将自身嵌入现有程序，把病毒的主体程序与其攻击的对象以插入的方式链接。

③ 外壳型病毒：这种病毒将其自身包围在被侵入的程序周围，对原来的程序不做修改。这种病毒最为常见，易于编写，也易于发现，一般测试文件的大小即可查出。

④ 操作系统型病毒：这种病毒利用自己的程序代码加入或取代部分操作系统代码进行工作，具有很强的破坏力，可以使整个系统瘫痪。圆点病毒和大麻病毒就是典型的操作系统型病毒。

（3）按照计算机病毒的破坏性质分类。

① 良性计算机病毒：良性病毒是指其不包含对计算机系统产生直接破坏作用的代码。这类病毒为了表现其存在，只是不停地进行扩散，从一台计算机传染另一台，并不破坏计算机内的数据。有些只是表现为恶作剧。这类病毒取得系统控制权后，会导致整个系统的运行效率降低，系统可用内存总数减少，使某些应用程序暂时无法执行。

② 恶性计算机病毒：恶性病毒是指在其代码中包含损伤和破坏计算机系统的操作，在其传染或发作时会对系统产生直接的破坏作用。这类病毒有很多，如 CIH 病毒。当该病毒发作时，以 2048 个扇区为单位，从硬盘主引导区开始依次往硬盘中写入垃圾数据，直到硬盘数据被全部破坏为止。

（4）按照计算机病毒的寄生部位或传染对象分类。

① 磁盘引导型病毒：磁盘引导区传染的病毒主要是用病毒的全部或部分逻辑取代正常的引导记录，而将正常的引导记录隐藏在磁盘的其他地方。由于引导区是磁盘能正常使用的先决条件，因此，这种病毒在运行之初（如系统启动时）就能获得系统控制权，其传染性较大。由于在磁盘的引导区内存储着需要使用的重要信息，因此，如果对磁盘上被移走的正常引导记录不进行保护，在运行过程中就会导致引导记录的破坏。引导区传染的计算机病毒较多，例如，"大麻"和"小球"病毒就是这类病毒。

② 操作系统型病毒：操作系统是计算机应用程序得以运行的支持环境，由.SYS、.EXE 和.DLL 等许多可执行的程序及程序模块构成。操作系统型病毒就是利用操作系统中的一些程序及程序模块寄生并传染的病毒。通常，这类病毒成为操作系统的一部分，只要计算机开始工作，病毒就处在随时被触发的状态。而操作系统的开放性和不完善性为这类病毒的

出现与传播提供了方便。"黑色星期五"属于这类病毒。

③ 感染可执行程序的病毒：通过可执行程序传染的病毒通常寄生在可执行程序中，一旦程序被执行病毒就会被激活，病毒程序首先被执行，并将自身驻留内存，然后设置触发条件进行传染。

④ 宏病毒：宏病毒是一种寄存于文档或模板的宏中的计算机病毒，主要存在于 Microsoft Office 办公软件中。一旦打开这样的文档，宏病毒就会被激活并转移到计算机上，且驻留在 Normal 模板中。此后，所有自动保存的文档都会感染上这种宏病毒，而且，如果其他用户打开了已感染病毒的文档，宏病毒又会转移到该用户的计算机中。

上述四种病毒也可以归于两大类：一是存在于引导扇区的计算机病毒；二是存在于文件的计算机病毒。

（5）按照传播介质分类。按照计算机病毒的传播介质来分类，可分为单机病毒和网络病毒。

① 单机病毒：单机病毒感染的途径是移动存储介质的交叉使用，如计算机使用带病毒 USB 盘、移动硬盘，病毒传入计算机的硬盘，感染系统；在受感染的计算机上使用 USB 盘和移动硬盘时又被传入存储介质，并以之为中介，传给其他的计算机系统，例如 CIH 病毒便采用这种方式。

② 网络病毒：网络病毒的传播介质不再是移动存储载体，而是计算机网络，利用系统的安全漏洞进行传播，这种病毒的传染能力更强，破坏力更大，例如，"尼姆达"病毒便是一种可通过 IIS Unicode 漏洞传播的网络病毒。

新型的病毒也可能综合了以上的若干特征，这样的病毒常被称为混合型病毒。

4. 计算机病毒的机理

目前，病毒传播方式网络化已经成为主流，并被作为网络攻击的主要手段，甚至被当做一种军事手段加以应用，因此研究和掌握病毒的工作原理，以降低病毒对网络安全的危害具有重要的意义。

病毒的种类和数量巨大，但其基本的程序模块构成和传染机制有共通之处。病毒程序一般由主控模块、感染模块、触发模块和破坏模块构成，如图 9-14 所示。

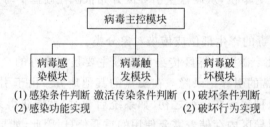

图 9-14　病毒程序模块构成

（1）主控模块。主控模块是整个病毒程序的控制中枢，通过该模块来协调其余模块的工作。当病毒程序获得运行机会时，首先执行的便是主控模块。其完成的基本操作包括以下几个方面：

① 调用感染模块，选择符合条件的目标进行感染；

② 调用触发模块，判断触发条件是否满足；

③ 如果满足触发条件,则调用破坏模块,实施预定的破坏操作;

④ 如果不满足触发条件,则继续执行宿主文件。

在执行上述操作的过程中,主控模块还需要完成运行环境信息收集、运行环境准备、反清除等操作。如扫描系统的软硬件环境,获取 CUP、内存、硬盘等硬件信息,扫描操作系统的安全漏洞、反病毒软件安装情况等。内存驻留型病毒需要完成寻找内存的驻留区域、植入病毒代码和修改中断向量表等操作。

(2) 感染模块。感染模块负责病毒代码的传播工作,为了防止重复感染同一宿主文件,当病毒感染宿主程序时,通常把一个唯一的感染标志写入宿主程序,表明该程序已被感染。在感染模块执行时会根据感染标志以及文件类型等条件来选择感染目标,其过程如下:

① 寻找感染目标。

② 检测目标中是否存在感染标志。

③ 条件满足则实施感染,将病毒代码植入目标。

设定感染标志一方面可以为病毒代码传播提供判断条件,另一方面也为反病毒软件提供了检测病毒的依据。同时根据这一特性,在正常文件中人为地植入特定病毒的感染标志,可以起到对病毒的免疫作用,如针对 CIH 病毒的免疫程序便基于了这样的工作原理。

(3) 触发模块。该模块通过判断预定的触发条件是否满足来控制病毒的感染和破坏活动。常见的触发条件包括时间和日期触发、键盘触发、启动触发、中断访问触发等。其主要的操作为检查预定的触发条件,并返回判断结果。

(4) 破坏模块。该模块负责实施具体的破坏工作,其结构上一般分为两个部分:一部分负责判断破坏条件;另一部分则执行具体的破坏操作。常见破坏操作包括:

① 攻击硬盘主引导区、Boot 扇区、FAT 表、文件目录。

② 占用和消耗内存空间,占用 CPU 时间。

③ 侵占和删除存储空间。

④ 改动系统配置,攻击 CMOS。

⑤ 使系统操作和运行速度下降。

⑥ 格式化整个磁盘,格式化部分磁道和扇区。

⑦ 干扰打印机的正常工作。

⑧ 扰乱计算机键盘的正常操作。

⑨ 干扰、改动屏幕的正常显示。

⑩ 攻击邮件、阻塞网络,攻击文件,包括非法阅读、添加、删除文件和数据。

5. 计算机病毒的实例分析

病毒的种类繁多,不胜枚举,下面以几个典型的病毒实例简要介绍文件型病毒、蠕虫病毒以及针对即时通信软件的网页病毒的工作原理和破坏传播机制。

1) CIH 病毒

CIH 病毒由台湾大学生陈盈豪编写,并于 1998 年从台湾传出。CIH 1.2 是当时最流行的版本,发作日期是每年的 4 月 26 日。

CIH 病毒是一种文件型病毒,又称 Win95.CIH、Win32.CIH 或 PE_CIH。该病毒感染 Windows 9x 中以.EXE 为后缀的可执行文件,但该病毒不会影响 DOS、Windows NT 和 Windows XP 操作系统。

CIH 病毒破坏的具体表现包括：①删除数据，CIH V1.2 及其以上版本的病毒会从硬盘的主引导区开始，依次往硬盘中写入垃圾数据，直到硬盘数据全部被破坏为止；②改写 BIOS，当 CIH 病毒发作时，病毒会在部分厂家生产的主板 Flash ROM 中写入垃圾数据，使 BIOS 失效，计算机无法正常启动。

该病毒的传播方式是：驻留内存随时传染，CIH 病毒会驻留内存，这意味着 Windows 95/98 系统调用任何（打开、关闭、重命名、复制或运行）以.EXE 为扩展名的文件都会感染该计算机病毒，这就加速了 CIH 病毒的传播速度，增加了病毒传播的可能性。

2）尼姆达病毒

尼姆达病毒是一种 2001 年出现并广为传播的蠕虫病毒，用 JavaScript 脚本语言编写，病毒体长度 57 344B，它修改在本地驱动器上的.htm、.html 和 .asp 文件。此病毒可以使 IE 和 Outlook Express 加载 readme.eml 文件。该文件将尼姆达蠕虫作为一个附件包含，因此不需要打开或运行这个附件，病毒就会被执行。由于用户收到带毒邮件时无法看到附件，这样给防范带来困难，病毒也更具隐蔽性。

尼姆达病毒的破坏性主要体现在：使计算机速度逐渐变慢，硬盘在不知情的情况下被共享，Word 和写字板等文档不能够正常地打开、保存或显示内存不足等提示信息。

其传播方式主要包括：①通过 E-mail 将自己发送出去；②搜索局域网内共享的网络资源；③将病毒文件复制到没有打补丁的微软 IIS 服务器；④感染本地文件和远程网络共享文件；⑤感染浏览的网页。

3）震荡波病毒

震荡波病毒是由德国萨克森州 18 岁的高中生斯文·扬森编写的。该病毒通过微软的高危漏洞——Lsass 漏洞进行传播，是一种危害性极大的蠕虫。

其具体表现是：首先生成 C:\WINNT\system32\napatch.exe 文件并且执行它，然后在 C:\WINNT 文件夹下建立文件 napatch.exe，并随即在注册表中建立自己的键值：HKEY_LOCAL_MACHINE\SOFTWARE\Microsoft\Windows\Current Version\Run "napatch.exe"=％WinDir％\napatch.exe。这样病毒在 Windows 启动时就得以运行。

震荡波病毒的主要破坏行为是：在本地开辟后门，监听 5554 端口，作为 FTP 服务器等待远程控制命令。攻击者可以通过这个端口偷窃用户机器的文件和其他信息。

其传播方式是：病毒将开辟 128 个扫描线程，以本地 IP 地址为基础，取随机 IP 地址并试探连接 445 端口，利用 Lsass.exe 缓冲区溢出漏洞进行攻击，攻击成功会导致对方机器感染病毒并进行下一轮的传播，攻击失败也会造成对方机器的缓冲区溢出，导致对方机器系统异常等，如图 9-15 所示。

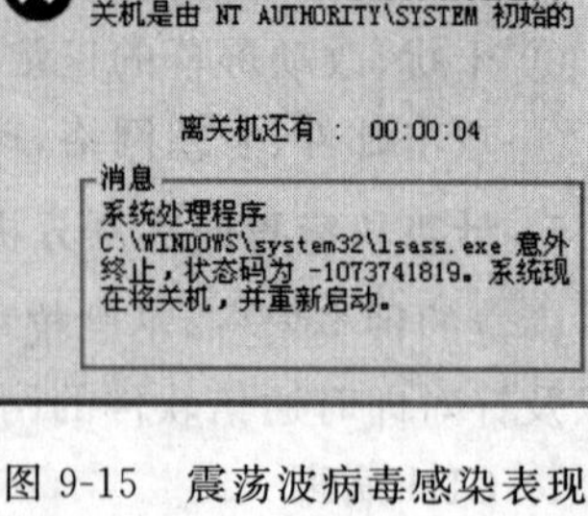

图 9-15　震荡波病毒感染表现

4）QQ 尾巴病毒

随着即时通信（IM）软件的流行，针对 QQ、MSN 等 IM 软件的病毒也随之出现。QQ 尾巴就是在 2003 年发现的一种针对 QQ 软件的网页病毒。

该病毒的主要特征和破坏行为是：这种病毒并不是利用 QQ 本身的漏洞进行传播。它其实是在某个网站首页上嵌入了一段恶意代码，利用 IE 的 iFrame 系统漏洞自动运行恶意木马程序,从而达到侵入用户系统,进而借助 QQ 进行垃圾信息发送的目的。

该病毒的传播方式是:用户系统如果没安装漏洞补丁或没把 IE 升级到最高版本,那么访问这些网站的时候其访问的网页中嵌入的恶意代码即被运行,就会紧接着通过 IE 的漏洞运行一个木马程序进驻用户机器。然后在用户使用 QQ 向好友发送信息的时候,该木马程序会自动在发送的消息末尾插入一段广告词,并诱使用户单击包含网页病毒的链接来进行传播,如图 9-16 所示。

图 9-16　QQ 病毒感染表现

6. 计算机病毒检测与防范

彻底消除计算机病毒在现阶段是不可能的,因此病毒检测与防范对于计算机系统安全显得尤为重要。

常见的病毒检测方法主要有以下几类。

1) 外观检测法

计算机病毒侵入计算机系统后,通常会使计算机系统的某些部分发生变化,进而引发一些异常现象,如屏幕显示的异常现象、系统运行速度的异常、打印机并行端口的异常和通信串行口的异常等。虽然不能准确地判断系统感染了何种计算机病毒,但是可以根据这些异常现象来判断计算机病毒的存在,尽早地发现计算机病毒,便于及时有效地进行处理。外观检测法是计算机病毒防治过程中起着重要辅助作用的一个环节,可通过其初步判断计算机是否感染了计算机病毒。

2) 系统或文件对比法

计算机病毒感染系统和文件时,必然引起系统或文件的变化,既包括长度的变化,又包括内容的变化,因此,将无毒的系统或文件与被检测的系统或文件的长度和内容进行比较,即可发现计算机病毒。长度比较和内容比较法有其局限性,仅检查可疑系统或文件的长度和内容是不充分的,因为存在以下两种情况:

(1) 长度和内容的变化可能是合法的,有些正常的操作可以引起长度和内容变化,如系统文件的升级;

(2) 某些计算机病毒,如 CIH 病毒感染文件时,宿主文件长度可保持不变。

以上两种情况下,长度比较法和内容比较法不能区别程序的正常变化和计算机病毒攻击引起的变化,不能识别保持宿主程序长度不变的计算机病毒,无法判定为何种计算机病毒。

3) 特征代码法

计算机病毒签名是一个特殊的识别标记,它不是可执行代码,并非所有计算机病毒都具备计算机病毒签名。某些计算机病毒判断主程序是否受到感染是以宿主程序中是否有某些可执行代码段落做判断。因此,人们也采用了类似的方法检测计算机病毒。在可疑程序中搜索某些特殊代码,即为特征代码段检测法。

计算机病毒程序通常具有明显的特征代码,特征代码可能是计算机病毒的感染标记(由字母或数字组成串),如"快乐的星期天"计算机病毒代码中包含"Today is Sunday"。特征代码也可能是一小段计算机程序,由若干个计算机指令组成,如"1575"计算机病毒的特征码可以是 OAOCH。

4) 校验和法

由于病毒在感染系统文件时,需要改写宿主文件的内容,检测宿主文件的当前内容的校验和与原始保存的校验和是否一致,就可以发现文件是否被计算机病毒感染,这种方法称为校验和法。采用这种方法既可以发现已知计算机病毒,也可以发现未知计算机病毒。在一些计算机病毒检测工具中,除了采用计算机病毒特征代码法之外,还纳入校验和法,以提高其检测能力。

但是,校验和法不能识别计算机病毒的种类。与系统文件对比法的不足类似,由于计算机病毒感染并非造成宿主文件内容改变的唯一原因,所以校验和法误报率很高,而且针对所有系统文件的内容计算校验和也会影响程序运行的速度。

5) 启发式代码扫描技术

启发式代码扫描也可称为启发式智能代码分析,它将人工智能的知识和原理运用到计算机病毒检测当中,运用启发式扫描技术的计算机病毒检测软件,实际上就是以人工智能的方式实现的动态反编译代码分析、比较器,通过对程序有关指令序列进行反编译,逐步分析、比较,根据其动机判断其是否为计算机病毒。例如,有一段程序以如下指令开始:MOV AH,5 INT,13h。该指令调用了格式化盘操作的 BIOS 指令,那么这段程序就高度可疑,应该引起警觉,尤其是这段指令之前没有从命令行取参数选项的操作,又没有要求用户交互性输入继续进行的操作指令,那么这段程序就显然是计算机病毒或恶意破坏的程序。

6) 其他方法

其他的计算机病毒检测与分析方法还包括虚拟机技术、沙箱技术、动态陷阱技术、预扫描技术以及近年来出现的云杀毒技术等。总之,作为信息安全研究的重要研究领域,反病毒技术将随着计算机病毒技术的发展而不断进步。

从用户的角度出发,为了减少计算机病毒对系统安全的影响,需要做好以下几个方面的防范工作:

(1) 养成及时下载最新系统安全漏洞补丁的安全习惯,从根源上杜绝利用系统漏洞攻击计算机的病毒;

(2) 将应用软件升级到最新版本,避免病毒利用应用软件漏洞进行木马病毒传播;

(3) 选择功能完备的杀毒软件,定期升级杀毒软件病毒库和对计算机进行病毒查杀;

(4) 不要随便打开来源不明的电子邮件特别是邮件中的附件,以免受到病毒的侵害;

（5）上网浏览时一定要开启杀毒软件的实时监控功能，并不要随意访问全陌生网站，以免遭到网页脚本病毒的侵害；

（6）定期做好重要资料的备份，以免造成重大损失。

9.8.2　木马攻击

木马是一种常用于网络攻击的特殊软件，本节将对木马的基本概念、类型和攻击方法进行介绍。

1. 木马概述

木马全称是特洛伊木马（Trojan Horse），该词来源于古希腊诗人荷马在其两部史诗著作《伊利亚特》与《奥德赛》里所记载的特洛伊战争部分——希腊人利用藏身在巨大木马内的勇士，成功地渗入特洛伊城，里应外合取得了最后的胜利。

木马在计算机领域中指的是一种特殊的后门程序，是攻击者用来盗取其他用户的个人信息，甚至是远程控制对方的计算机而制作，然后通过各种手段传播或者骗取目标用户执行该程序，以达到盗取密码等各种数据资料等目的。与病毒相似，木马程序有很强的隐秘性，随操作系统启动而启动。

一个完整的木马程序包含两部分：服务端和客户端。植入目标主机的是服务端，攻击者可利用客户端对安装了服务端的主机进行远程控制。通常在目标主机运行木马程序的服务端以后，会秘密地打开一个特定的端口，用于接收攻击者发出的指令或向指定目的地（某个邮件地址或攻击者的主机）发送数据（如网络游戏的密码、实时通信软件的密码和用户上网密码等）。

木马程序与病毒的主要区别是，其实质上是一种基于客户/服务器模式的远程管理工具，一般不具备自我传播能力，而是被作为一种实施攻击的手段被病毒植入到目标系统的主机中。

木马程序技术发展可以说非常迅速，至今木马程序已经经历了六代的改进。

第一代，是最原始的木马程序。主要是简单的密码窃取，通过电子邮件发送信息等，具备了木马最基本的功能。

第二代，在技术上有了很大的进步，开始具有图形化的远程控制界面，冰河是国产木马的典型代表之一。

第三代，主要改进在数据传递技术方面，出现了 ICMP 等类型的木马，利用畸形报文传递数据，增加了杀毒软件查杀识别的难度。

第四代，在进程隐藏方面有了很大改动，采用了内核插入式的嵌入方式，利用远程插入线程技术，嵌入 DLL 线程。或者挂接 PSAPI，实现木马程序的隐藏，甚至在 Windows NT/2000 下，都达到了良好的隐藏效果。灰鸽子和蜜蜂大盗是比较出名的 DLL 木马。

第五代，驱动级木马。驱动级木马多数都使用了大量的内核（Rootkit）技术来达到在深度隐藏的效果，感染后针对杀毒软件和网络防火墙进行攻击，可将系统服务描述符表（System Services Descriptor Table，SSDT）初始化，导致杀毒防火墙失去效应。有的驱动级木马甚至可驻留 BIOS，很难查杀。

第六代，随着身份认证 UsbKey 和杀毒软件主动防御的兴起，黏虫技术类型和特殊反显技术类型木马逐渐开始系统化。前者主要以盗取和篡改用户敏感信息为主，后者以动态口令和硬证书攻击为主。PassCopy 和暗黑蜘蛛侠是这类木马的代表。

2．木马的类型和攻击方法

随着木马技术的发展衍生出了多种具有不同功能的木马程序，以下对不同类型的木马及其攻击方法作简要的介绍。

（1）破坏型木马。此类木马的唯一的功能就是潜伏在系统内部，并在接收到远程指令时实施对系统的破坏，如执行删除系统文件、格式化系统硬盘等。

（2）密码窃取型木马。此类木马的主要功能是窃取用户的密码并把它们发送到指定的目的地（如攻击者设定的电子邮件地址）。主要窃取密码的手段包括：记录操作者的键盘操作，从记录用户密码的系统文件中寻找密码等。

（3）远程访问型木马。这是一类应用最广泛的木马，只需要在目标主机上植入并运行木马的服务端程序，攻击者便可以根据目标主机的 IP 地址和特定的端口号连接服务端程序，实现对目标主机远程控制。为了绕过防火墙，部分木马软件使用了"反弹"的连接方式，即由木马服务端程序主动连接客户端的端口，使得连接从受防火墙保护的内部网络中发起，而避免防火墙对通信过程的过滤。

（4）代理型木马。这类木马的危害不是体现在被控制的主机上，而是体现在攻击者可以利用它来攻击其他主机，主要有两种情况存在：一是攻击者将被控制主机作为跳板实施对目标主机的攻击，以规避被网络安全技术人员追踪的风险；二是利用被控制主机发起 DDoS 攻击，对攻击目标造成更大的伤害和损失。

3．木马攻击的防范

木马攻击的防范主要包括木马检测、清除和预防三个方面。

1）木马的检测

（1）查看开放端口。当前最为常见的木马通常是基于 TCP/UDP 进行 Client 端与 Server 端之间的通信的，这样我们就可以通过查看在本机上开放的端口，看是否有可疑的程序打开了某个可疑的端口。例如冰河使用的监听端口是 7626，Back Orifice 2000 使用的监听端口是 54320 等。假如查看到有可疑的程序在利用可疑端口进行连接，则很有可能就是被植入了木马。查看端口的方法有如下几种。

① 使用 Windows 本身自带的 netstat 命令：C:\>netstat-an。

② 使用 Windows 下的命令行工具 fport。

③ 使用图形化界面工具 Active Ports，这个工具可以监视到电脑所有打开的 TCP/IP/UDP 端口，还可以显示所有端口所对应的程序所在的路径，本地 IP 和远端 IP 是否正在活动。这个工具适用于 Windows NT/2000/XP 平台，如图 9-17 所示。

（2）查看 win.ini 和 system.ini 系统配置文件。查看 win.ini 和 system.ini 文件是否有被修改的地方。例如，有的木马通过修改 win.ini 文件中 windows 小节中的"load＝file.exe，run＝file.exe"语句进行自动加载。此外可以修改 system.ini 中的 boot 节，实现木马加载。

（3）查看启动程序。如果木马自动加载的文件是直接通过在 Windows 菜单上自定义添加的，一般都会放在主菜单的"开始"→"程序"→"启动"处，在 Windows NT 环境下（如果系统安装目录为 C:\WINNT）的资源管理器里的位置是"C:\WINNT\start menu\programs\启动"处。通过这种方式使文件自动加载时，一般都会将其存放在注册表中下述四个位置上。

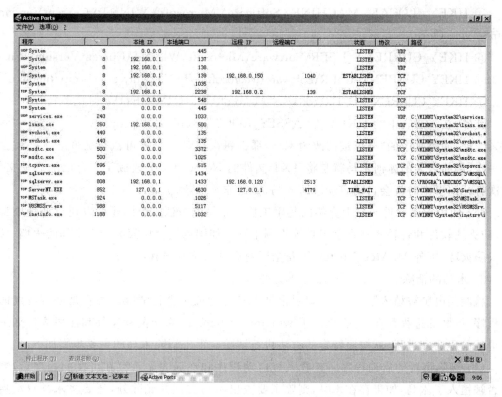

图 9-17 Active Ports 工作界面

① HKEY _ CURRENT _ USER \ Software \ Microsoft \ WINNT \ CurrentVersion \ Explorer\Shell Folders

② HKEY _ CURRENT _ USER \ Software \ Microsoft \ WINNT \ CurrentVersion \ Explorer\User Shell Folders

③ HKEY_LOCAL_MACHINE\Software\Microsoft\WindowsNT\CurrentVersion\ Explorer\User Shell Folders

④ HKEY _ LOCAL _ MACHINE \ Software \ Microsoft \ WINNT \ CurrentVersion \ Explorer\Shell Folders

检查是否有可疑的启动程序,可以判断是否被植入了木马。

（4）查看系统进程。木马即使隐藏得再好,它也是一个应用程序,需要进程来执行。可以通过查看系统进程来推断木马是否存在。在 Windows 系统下,按 Ctrl＋Alt＋Del 键,打开任务管理器,就可查看系统正在运行的全部进程。这要求对系统非常熟悉,了解每个系统进程的功能,才能识别哪个是木马程序的活动进程。

（5）查看注册表。木马程序一旦被加载,一般都会对注册表进行修改。一般来说,木马在注册表中实现加载文件一般是在以下等处:

① HKEY_LOCAL_MACHINE\Software\Microsoft\WINNT\CurrentVersion\Run

② HKEY_LOCAL_MACHINE\Software\Microsoft\WINNT\Current Version\RunOnce

③ HKEY_LOCAL_MACHINE\Software\Microsoft\WINNT\CurrentVersion\RunServices

④ HKEY _ LOCAL _ MACHINE \ Software \ Microsoft \ WINNT \ CurrentVersion \ RunServicesOnce

⑤ HKEY_CURRENT_USER\Software\Microsoft\WINNT\CurrentVersion\Run

⑥ HKEY_CURRENT_USER\Software\Microsoft\WINNT\CurrentVersion\RunOnce

⑦ HKEY_CURRENT_USER\Software\Microsoft\WINNT\CurrentVersion\RunServices

此外，在注册表中的 HKEY_CLASSES_ROOT\exefile\shell\open\command＝"%1" 的％＊处，如果其中的"%1"被修改为木马，那么每次启动一个该可执行文件时木马就会启动一次，例如著名的冰河木马就是将 TXT 文件的 Notepad. exe 改成了它自己的启动文件，每次打开记事本时就会自动启动冰河木马，做得非常隐蔽。

(6) 使用检测软件。以上介绍的是手工检测木马的方法，此外，还可以通过各种杀毒软件、防火墙软件和各种木马查杀工具等检测木马。如国内安全厂商的 360 木马防火墙、瑞星个人防火墙，国外 McAfee、Norton 等安全厂商提供的防木马软件。

2）木马的清除

检测到电脑被植入了木马后，就要根据木马的特征来进行清除。查看是否有可疑的启动程序、可疑的进程存在，是否修改了 win. ini、system. ini 系统配置文件和注册表。如果存在可疑的程序和进程，就按照特定的方法进行清除。手工清除木马的主要步骤如下。

(1) 删除可疑的启动程序。查看系统启动程序和注册表是否存在可疑的程序后，判断是否被植入了木马，如果存在木马，则除了要查出木马文件并删除外，还要将木马自动启动程序删除。查看这些目录，如果有可疑的启动程序，则将之删除。

(2) 恢复 win. ini 和 system. ini 系统配置文件的原始配置。许多木马会将 win. ini 和 system. ini 系统配置文件修改，使之能在系统启动时加载和运行木马程序。例如被植入了"妖之吻"木马后，木马会将 system. ini 中的 boot 节的"Shell＝Explorer. exe"字段修改成"Shell＝yzw. exe"，清除木马的方法是把 system. ini 给恢复原始配置，即"Shell＝yzw. exe"修改回"Shell＝Explorer. exe"，再删除病毒文件即可。

(3) 停止可疑的系统进程。木马程序在运行时都会在系统进程中留下痕迹。通过查看系统进程可以发现运行的木马程序，在对木马进行清除时，当然首先要停掉木马程序的系统进程。例如 Hack. Rbot 木马除了将自身复制到一些固定的 Windows 自启动项中外，还在进程中运行 wuamgrd. exe 程序，修改了注册表，以便木马可随机自启动。在看到有木马程序在进程中运行，则需要马上杀掉进程，并进行下一步操作，修改注册表和清除木马文件。

(4) 修改注册表。查看注册表，将注册表中木马修改的部分还原。

(5) 使用杀毒软件和木马查杀工具进行查杀。目前流行的杀毒软件都提供了木马查杀的功能，大部分杀毒软件厂商还推出了很多专门的防木马软件，如 360 的木马防火墙、瑞星的个人防火墙均将防木马软件作为核心的安全功能。

3）木马预防

在检测清除木马的同时，还要注意对木马的预防，做到防患于未然，主要包括以下几个方面。

（1）不要随意打开来历不明的邮件。现在许多木马都是通过邮件来传播的，当收到来历不明的邮件时，请不要打开，应尽快删除。并加强邮件监控系统，拒收垃圾邮件。

（2）不要随意下载来历不明的软件。最好在一些知名的网站下载软件，不要下载和运行那些来历不明的软件。在安装软件的同时最好用杀毒软件查看有没有病毒，之后才进行安装。

（3）及时修补漏洞和关闭可疑的端口。一般木马都是通过漏洞在系统上打开端口留下后门，以便上传木马文件和执行代码，在把漏洞修补上的同时，需要对端口进行检查，把可疑的端口关闭。

（4）尽量少用共享文件夹。如果必须使用共享文件夹，则最好设置账号和密码保护。注意千万不要将系统目录设置成共享，最好将系统下默认共享的目录关闭。Windows 系统默认情况下将目录设置成共享状态，这是非常危险的。

（5）运行实时监控程序。上网时最好运行反木马实时监控程序和个人防火墙，并定时对系统进行病毒检查。

（6）经常升级系统和更新病毒库。经常关注厂商网站的安全公告，这些网站通常都会及时地将漏洞、木马和更新公布出来，并在第一时间发布补丁和新的病毒库等。

4. 木马攻击实例

"冰河"木马开发于 1999 年，在设计之初，开发者的本意是编写一个功能强大的远程控制软件。但一经推出，就依靠其强大的功能成为攻击者发动网络入侵的工具，并结束了国外木马一统天下的局面，成为国产木马的标志和代名词。本节以"冰河"木马为例简要介绍木马攻击的过程。

"冰河"木马包含可执行文件 win32.exe 和 Y_Client.exe，前者是服务器端程序，后者为客户端程序。其常用的攻击流程是利用系统漏洞将 win32.exe 文件植入目标主机并执行，然后就可以通过 Y_Client.exe 文件来控制远程服务器。客户端界面如图 9-18 所示。

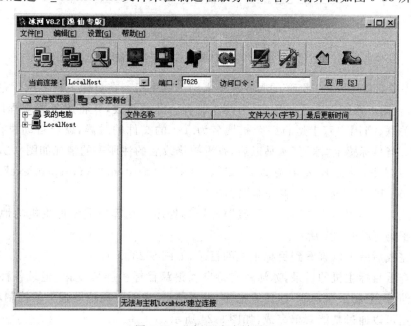

图 9-18　"冰河"客户端界面

　　服务器程序植入到目标主机之前需要对服务器程序做一些设置,比如连接端口,连接密码等。选择客户端程序菜单栏"设置"→"配置服务器程序"命令,可以对服务器端工作参数进行配置,如图 9-19 所示。

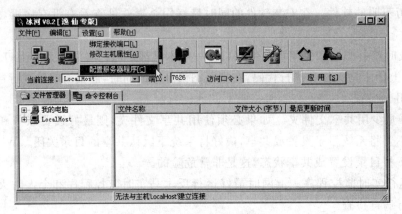

图 9-19　配置"冰河"服务端

　　这时就可以对服务器端进行配置了,配置界面如图 9-20 所示。

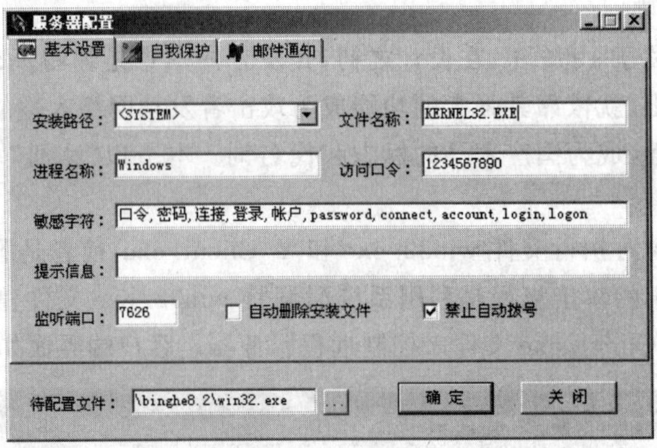

图 9-20　"冰河"服务器端配置界面

　　配置完成后就可以将"冰河"的服务器植入到目标主机。在目标主机上执行完 win32. exe 文件以后,表面上系统没有任何反应,但其注册表已经被修改,并将服务器端程序和文本文件进行了关联,当用户双击运行一个扩展名为. txt 的文件的时候,就会自动执行冰河服务器端程序。当目标感染"冰河"木马以后,查看被修改后的注册表的情况如图 9-21 所示。

　　正常情况下,该注册表项应该是"C:\WINNT\System32\notepad. exe",而图中的 Sysexplr. exe 其实是"冰河"的服务器端程序。

　　这时就可以利用客户端程序来连接服务器端程序。在客户端添加主机的地址信息,输入预设的密码,如图 9-22 所示。

　　连接完成后就可以查看到目标主机的目录,如图 9-23 所示。

　　除了查看目标主机的目录,冰河还支持自动跟踪目标机屏幕变化、记录各种口令信息、获取系统信息、限制系统功能、注册表操作、发送信息、点对点通信等强大的控制功能。这些功能的使用可以通过功能菜单完成,如图 9-24 所示。

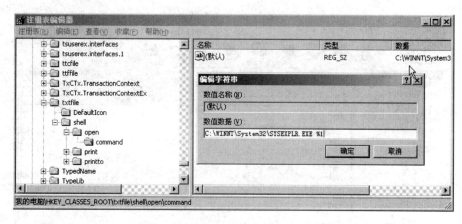

图 9-21 "冰河"修改后的注册表项

图 9-22 连接服务器端程序

图 9-23 "冰河"获取远程主机文件目录

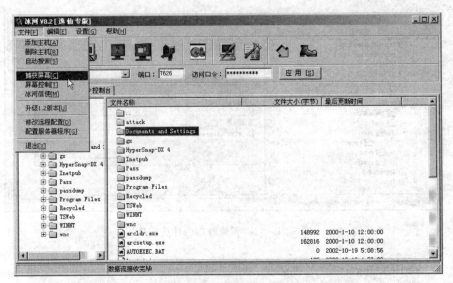

图 9-24 "冰河"远程控制功能

清除冰河木马主要有以下几个步骤。

（1）删除 C:\WINNT\System32 下的 Kernel32.exe 和 Sysexplr.exe 文件。

（2）删除 HKEY_LOCAL_MACHINE\software\microsoft\WINNT\Current Version Run 的键值 C:\WINNT\system\Kernel32.exe。

（3）注册表的 KEY_LOCAL_MACHINE\software\microsoft\WINNT\Current Version/Runservices 键值为 C:\WINNT\System32\Kernel32.exe 的也要删除。

（4）修改注册表 HKEY_CLASSES_ROOT/txtfile/shell/open/command 下的默认值，将木马修改后的值 C:\WINNT/System32/Sysexplr.exe %1 改为正常情况下的 C:\WINNT\System32\notepad.exe %1，即可恢复 TXT 文件关联功能。

习题 9

1. 简述网络攻击的一般流程。

2. 网络攻击是如何分类的？各自的特点是什么？

3. 简述网络扫描的主要功能和主要的扫描技术。

4. 简述共享环境下网络监听的原理。

5. 什么是网络欺骗？列举常见的网络欺骗方法。

6. 简述拒绝服务攻击和分布式拒绝服务攻击的原理。

7. 什么是缓冲区溢出攻击？解决缓冲区溢出的直接方法有几种？

8. 简述 SQL 注入攻击的一般过程。

9. 简述计算机病毒的主要特征。

10. 简述计算机病毒的分类方法。

11. 简述计算机病毒的检测方法。

12. 什么是木马？简述木马的类型。

13. 简述木马预防的基本方法。

环境与系统安全　　第 10 章

计算机物理安全(Computer Physical Security)是指为了保证计算机信息系统安全可靠运行,确保计算机信息系统在对信息进行采集、处理、传输、存储、显示、分发和利用的过程中,不致受到人为(包括未授权使用计算机资源的人)或自然因素的危害,而使信息丢失泄漏或破坏,对计算机系统设备、设施(包括机房建筑、供电、空调等)、环境、人员等采取适当的安全措施。从以上对计算机信息系统的实体安全的定义可以看到,保证计算机信息系统的安全涉及的范围是很广的,而且是一种技术性要求高、投资巨大的工作。计算机信息系统的物理安全主要包括以下内容。

(1) 环境安全:计算机信息系统所在环境的安全保护主要包括区域保护和灾难保护。

(2) 设备安全:计算机信息系统设备的安全保护主要包括设备的防毁、防盗、防止电磁信息辐射泄漏和干扰以及电源保护等方面。

(3) 媒体安全:计算机信息系统媒体安全主要包括媒体数据的安全及媒体本身的安全。"安全"有两层含义:其一指"平安,无危险";其二指"保护,保全"。

10.1　系统的可靠性与容错性

现代信息社会中,许多重要部门如政府、军事、金融、证券、电信、医院、运输等,都需要维持一个快速稳定的数据中心,建立一个真正成功的、高度有效的计算机信息系统,这是信息社会最具关键性的任务之一。要保证系统的资源完整性,形成一个高可用性的系统工作环境。可靠性是系统安全的最基本要求之一,是所有网络信息系统建设和运行的目标。

10.1.1　系统的可靠性

系统的可靠性定义为:在特定时间内和特定条件下系统正常工作的相应程度,即(Degree of Suitability)。可靠性的测量方式为系统的可用性

（Availability），即利用率。可用性的平均值即平均利用率，其计算方法为：

$$A = \mathrm{MTBF}/(\mathrm{MTBF} + \mathrm{MTTR})$$

式中，MTBF 指故障间隔平均时间（MeanTime Between Failures），MTTR 指系统平均修复时间（MeanTime To Repair）。因此，增大可靠性的有效思路是增大平均故障间隔时间或者减少平均故障修复时间。

增加可靠性的具体措施包括：提高设备质量，严格质量管理，配备必要的冗余和备份，采用容错、纠错和自愈等措施，选择合理的拓扑结构和路由分配，强化灾害恢复机制，分散配置和负荷等。

一个系统的可靠性由如图 10-1 所示的情况获得。

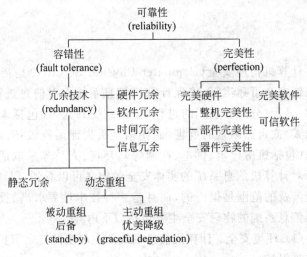

图 10-1　系统的可靠性

10.1.2　完美性与避错技术

完美性追求一种避错技术，即避免出错。提高完美性，可以通过元器件的精选、严格的工艺、精心的设计来实现。它要求组成系统的各个部件、器件具有高可靠性，不允许出错，或者出错率降至最低。完美性分为硬件完美性与软件完美性，硬件的可靠性与完美性是指元器件的完美性、部件的完美性、整机与系统的完美性；软件的可靠性与完美性是指软件的正确性、完美性、兼容性。

软件可靠性与硬件可靠性之间主要存在以下区别。

（1）最明显的是硬件有老化损耗现象，硬件失效是物理故障，是器件物理变化的必然结果，有浴盆曲线现象；软件不发生变化，没有磨损现象，有陈旧落后的问题，没有浴盆曲线现象。

（2）硬件可靠性的决定因素是时间；受到设计、生产、运用的所有过程影响，软件可靠性的决定因素是与输入数据有关的软件差错，是输入数据和程序内部状态的函数，更多地决定于人。

（3）硬件的纠错维护可通过修复或更换失效的系统重新恢复功能，软件只有通过重新设计。

(4) 对硬件可采用预防性维护技术预防故障,采用断开失效部件的办法诊断故障,而软件则不能采用这些技术。

(5) 事先估计可靠性测试和可靠性的逐步增长等技术对软件和硬件有不同的意义。

(6) 为提高硬件可靠性可采用冗余技术,而同一软件的冗余不能提高可靠性。

(7) 硬件可靠性检验方法已建立,并已标准化且有一整套完整的理论,而软件可靠性验证方法仍未建立,更没有完整的理论体系。

(8) 硬件可靠性已有成熟的产品市场,而软件产品市场还很新。

(9) 软件错误是永恒的,可重现的,而一些瞬间的硬件错误可能会被误认为是软件错误。

总地说来,软件可靠性比硬件可靠性更难保证,其可靠性比硬件可靠性估计要低一个数量级。

10.1.3 容错性与容错技术

随着计算机科学的发展,计算机规模和复杂性的迅速提高,计算机应用极大地普及,尤其是计算机在关键场合的应用,都使计算机的可靠性问题面临着十分严峻的局面。首先,如果不采取相应措施,计算机的可靠性有可能下降;其次,如果计算机失效,可能造成无法估量的损失。例如,银行系统中的计算机失效,将意味着巨大的经济损失;军事系统的计算机失效亦将意味着战争的失败。因此,计算机系统必须可靠。

容错技术赋予了计算机系统这样一个能力:当计算机内部出现故障的情况下,计算机系统仍能正确工作。这就是所说的"容错能力"。无疑,容错技术的提出,将为计算机系统可靠性的提高找到一个强有力的技术支撑。

1. 容错系统的概念

能够在一定程度上容忍故障的技术称为容错技术,采用容错技术的系统称为容错系统。当系统因某种原因出错或者失效,系统能够继续工作,程序能够继续运行,不会因计算机故障而中止或被修改,执行结构也不包含系统中故障引起的差错。因此,容错技术也称为故障掩盖技术(Fault Masking)。

冗余技术是容错技术的重要结构,它以增加资源的办法换取可靠性。由于资源的不同,冗余技术分为硬件冗余、软件冗余、时间冗余和信息冗余。这样,资源与成本按线性增加,而故障概率则可按对数规律下降。冗余要消耗资源,因此,在满足所需可靠性的前提下,尽可能减少资源消耗,应当在可靠性与资源消耗之间进行权衡和折中。冗余技术的主要类型如下。

(1) 硬件冗余:以增加线路、器件、部件、设备形成备份,多数表决方式检测差错,判断正确值,使工作继续。例如宇航计算机使用 5 个 CPU,其中 1 个做备份,4 个 CPU 组成 4 中取 1 的多数表决系统。

(2) 软件冗余:在软件中设定一些定时检测点,若运行正常,则此点的现场数据存到备份机上,工作继续在主机上进行;若下一检测点发现出错,则工作转到备份机进行,备份机从上一检测点和上一点的现场数据重新运行。

(3) 时间冗余:通过指令重复执行和程序重试的方法来检测系统有无故障或渡过暂时性故障,使系统功能不受影响。

(4) 信息冗余:设置冗余位,并通过编码纠错来检测计算机中的差错。

2. 容错系统工作方式

容错系统的工作过程一般分为三个阶段：自动侦测、自动切换和自动恢复。

（1）自动侦测（Auto-Detect）：容错系统中的软件通过专用的冗余侦测线路，通过监测程序、逻辑判断侦测系统的运行情况，或者在运行系统和后备系统间相互侦测，以期发现可能的错误和故障，进行严谨的判断与分析，确认主机出错后，启动后备系统。侦测程序需要检查主机硬件（处理器与外设部件）、主机网络、操作系统、数据库、重要应用程序、外部存储子系统（如磁盘阵列）等。为了保证侦测的正确性，防止错误判断，系统可以设置安全侦测时间、侦测时间间隔、侦测次数等安全系数，通过冗余通信连线，收集并记录这些数据，做出分析处理。数据可信是切换的基础。

（2）自动切换（Auto-Switch）：当确认某一主机出错时，正常主机除了保证自身原来的任务继续运行外，将根据各种不同的容错后备模式，接管预先设定的后备作业程序，进行后续程序及服务。系统的接管工作包括文件系统、数据库、系统环境（操作系统平台）、网络地址和应用程序等。如果不能确定系统出错，容错监控中心通过与管理者交互进行有效的处理。

（3）自动恢复（Auto-Recovery）：故障主机被替换后，离线进行故障修复。修复后通过冗余通信线与正常主机连线，继而将原来的工作程序和磁盘上的数据自动切换回修复完成的主机上。这个自动完成的恢复过程用户可以预先设置，也可以设置为半自动或不恢复。

3. 容错系统与部件

在容错系统中分为系统级容错和部件级容错，系统级容错通常包括多种容错后备模式，如系统热备份等，部件级容错多指冗余或后备的部件模式，如磁盘阵列等。容错性还体现在网络存储与数据转储机制，如磁盘阵列（RAID）技术、磁盘双工技术、磁盘镜像技术，保证在不关闭系统的情况下，更换磁盘，转储数据。

容错后备模式主要有下列模式：

（1）双机双工热备份（Mutual Backup）。

（2）主从热备份（Master/Slave）。

（3）热备份（Hot-Standby）。

（4）双网卡单网段（Dual Active/1net）。

（5）双网卡双网段（Dual Active/2net）。

其中，双机双工热备份（Mutual Backup）的工作原理是两机同时运行，分不同作业，各自资源负载，故障、接管、修复、交还。具体工作过程是：①双主机通过一条 TCP/IP 网络线以及一条 RS-232 电缆线相连；②双主机各自通过一条 SCSI 电缆线与 RAID 磁盘阵列相连；③双主机各自运行不同的作业，彼此独立，并相互备援；④主机 A 故障后，主机 B 自动接管主机 A 运行；⑤主机 A 的作业将在主机 B 上自动运行；⑥主机 A 修复后，主机 B 将把 A 的作业自动交还主机 A；⑦主机 B 故障时，主机 A 接管主机 B 的作业和数据；⑧主机 B 修复时，主机 A 再将原来接管的作业和数据交还主机 B。

主从热备份（Master/Slave）的工作原理是主从式（M/S），M 运行，S 后备，M 故障，S 接管并升级为 M，原 M 修复后作为 S。建议两个主机使用规格相同的主机。具体工作过程是：①双主机通过一条 TCP/IP 网络线以及一条 RS-232 电缆线相连；②双主机各自通过一条 SCSI 电缆线与 RAID 相连；③主机 A 为 Master，主机 B 为 Slave；④主机 A 处理作业和数据，主机 B 作为热备份机；⑤主机 A 故障后，主机 B 自动接管主机 A 的作业和数据；⑥主机 B 同时接管 A 的主机名（Host）及网络地址（IP）；⑦主机 A 的作业将在主机 B 上自动运行；⑧主机 A 的客户（client）可继续运行，无须重新登录；⑨主机 B 现为 Master，主机 A 修复后作为 Slave，作为热备份机。

　　热备份（Hot-Standby）的工作原理是 M 运行，S 后备，M 故障，S 接管作 M，原 M 修复，S 归还 M。例如图 10-2 是网络模式下双机热备份的工作示意图。

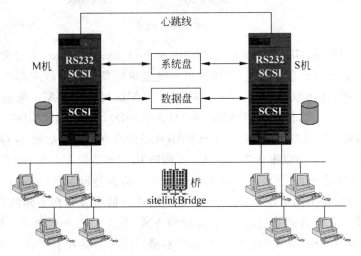

图 10-2　网络模式下双机热备份的工作示意

　　在这种方案中，需采用双机热备份软件，用于提高服务器可靠性。选用离线数据备份及灾难恢复软件，保证数据可靠性。还需要用到的硬件设备包括磁带机/磁带库和磁盘阵列。

　　部件级容错模式主要有下列模式。

　　（1）IDE 模式：该模式仅支持两个盘，如图 10-3 所示。IDE 接口是由 Western Digital 与 COMPAQ Computer 两家公司所共同发展出来的。一般也称 IDE 硬盘为 ATA 硬盘。IDE 接口有两大优点：易于使用与价格低廉。但是随着 CPU 速度的增快以及应用软件与环境的日趋复杂，IDE 的缺点也开始慢慢显现。

　　（2）EIDE 模式：该模式可支持四个盘，如图 10-4 所示。Enhanced IDE（加强型 IDE，简称为 EIDE）就是 Western Digital 公司针对传统 IDE 接口的缺点加以改进之后所推出的新接口。使用扩充 CHS（Cylinder-Head-Sector）或 LBA（Logical Block Addressing）寻址的方式，突破 528MB 的容量限制，使用容量达到数十 GB 硬盘。最高传输速度可高达 100MB/秒。

　　（3）SCSI 模式：可支持多个盘，如图 10-5 所示。SCSI 是一种连接主机和外围设备的接口，支持包括磁盘驱动器、磁带机、光驱、扫描仪在内的多种设备。它由 SCSI 控制器进行数据操作，SCSI 控制器相当于一块小型 CPU，有自己的命令集和缓存。

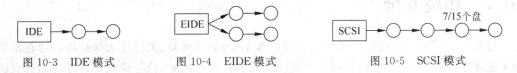

图 10-3　IDE 模式　　　　图 10-4　EIDE 模式　　　　图 10-5　SCSI 模式

（4）DAC 模式：可支持多分组、多个磁盘，如图 10-6 所示。磁盘阵列（Disk Array）是一种外部存储装置，以并行方式在多个硬盘驱动器上工作，被系统视作一个单一的硬盘，以冗余技术增加其可靠性。

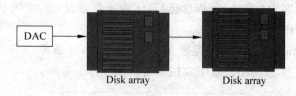

图 10-6　DAC 模式

（5）RAID 系统：RAID（Redundant Arrays of Inexpensive Disks，廉价磁盘冗余阵列），以多个低成本磁盘构成磁盘子系统，提供比单一硬盘更完备的可靠性和高性能。利用重复的磁盘来处理数据，使得数据的稳定性得到提高。RAID 可分为 RAID 级别 1 到 RAID 级别 6，通常称为：RAID0，RAID1，RAID2，RAID3，RAID4，RAID5，RAID6。每一个 RAID 级别都有自己的强项和弱项，其中 RAID2 至 RAID6 设计有奇偶校验功能，保存用户数据的冗余信息，当硬盘失效时，可以重新产生数据。下面以 RAID5 为例介绍 RAID 系统工作原理。

RAID5 又名循环奇偶校验阵列，如图 10-7 所示。数据是以扇区（sector）交错方式存储于各台磁盘，校验数据不固定在一个磁盘上，而是循环地依次分布在不同的磁盘上，也称块间插入分布校验。它是目前采用最多、最流行的方式，至少需要 3 个硬盘。RAID5 的读出效率很高，写入效率一般，块式的集体访问效率不错。因为奇偶校验码在不同的磁盘上，一个磁盘失效，分布在其他盘上的信息足够完成数据重建，所以提高了可靠性。但是它对数据传输的并行性解决不好，而且控制器的设计也相当困难。数据重建会降低读性能；每次计算校验信息，写操作开销会增大，是一般存储操作时间的 3 倍。

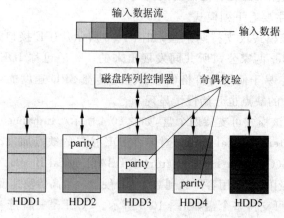

图 10-7　RAID5 示意

10.2　环境安全

计算机需要在适宜的环境条件下才能正常工作，如果太热、太冷或无保护地浸泡在水里都不能正常工作，在这点上计算机与人类极其相似。糟糕的是，计算机也许可以在不适宜的环境中继续工作,但是会不规律地产生一些不正确的结果或者破坏有价值的数据。因此,环境对计算机系统安全有着至关重要的作用,它影响着计算机系统是否能够安全稳定地运行,甚至影响到计算机系统的使用寿命。计算机系统器件、工艺、材料等因素用户无法改变,但工作环境是用户可以选择、决定和改变的。

对计算机安全有影响的环境因素有很多,例如火、烟、灰尘、地震、爆炸、温度、臭虫、电子噪音、闪电、共振、湿度、水等。我们大致地将环境因素分为四类。

(1) 安装条件:计算机安装的各种条件,包括场地安全、配电与接地、环境干扰与破坏。

(2) 运行条件:温度、湿度、电压、频率、粉尘、电磁场、空调等,静电与感应电,有害气体。

(3) 人为影响:误操作、盗窃、故意破坏等。

(4) 自然影响:雷击、火灾、鼠害、虫害(白蚁)等自然灾害。

对于上述因素,《计算机场地通用规范》国家标准 GB/T 2887—2000、《电子计算机机房设计规范》GB 50174—93、《计算站场地技术条件》GB 2887—89、《计算站场地安全要求》GB 9361—88 具体地对包括机房位置、布局、装修、洁净与温湿度、灾害防御系统等因素提出了建议。下面重点对机房安全、配电安全以及设备互连安全做一个简单的介绍。

10.2.1 机房安全

1. 机房位置及组成

电子计算机机房在多层建筑或高层建筑物内宜设于第二、三层,机房位置选择应符合下列要求。

(1) 水源充足,电力比较稳定可靠,交通通信方便,自然环境清洁。

(2) 远离产生粉尘、油烟、有害气体以及生产或贮存具有腐蚀性、易燃、易爆物品的工厂、仓库、堆场等。

(3) 远离强振源和强噪声源。

(4) 避开强电磁场干扰。当无法避开强电磁场干扰或为保障计算机系统信息安全,可采取有效的电磁屏蔽措施。

电子计算机机房组成应按计算机运行特点及设备具体要求确定,一般宜由主机房、基本工作间、第一类辅助房间、第二类辅助房间、第三类辅助房间等组成。电子计算机机房的使用面积应根据计算机设备的外形尺寸布置确定。在计算机设备外形尺寸不完全掌握的情况下,电子计算机机房的使用面积应符合下列规定。

一、主机房面积可按下列方法确定。

1. 当计算机系统设备已选型时,可按下式计算:

$$A = K \sum S$$

式中:A 为计算机主机房使用面积(m^2);K 为系数,取值为 5~7;S 为计算机系统及辅助设备的投影面积(m^2)。

2. 当计算机系统的设备尚未选型时,可按下式计算:

$$A = KN$$

式中:K 为单台设备占用面积,可取 4.5~5.5(m^2/台);N 为计算机主机房内所有设备的总台数。

二、基本工作间和第一类辅助房间面积的总和,宜等于或大于主机房面积的 1.5 倍。

　　三、上机准备室、外来用户工作室、硬件及软件人员办公室等可按每人 3.5～4m² 计算。

2. 设备布置

计算机设备宜采用分区布置,一般可分为主机区、存储器区、数据输入区、数据输出区、通信区和监控调度区等。主机区一般包括中央处理机柜、各种扩充机柜、非风冷中央处理机的冷媒分配系统等;存储器区一般包括磁盘机、磁带机、光盘机等;数据输入区一般包括软盘输入设备、读卡机、键盘输入设备等;数据输出区一般包括各种打印机、凿孔机、绘图仪、硬拷贝设备等;通信区一般包括通信控制器、调制解调器、网络控制器等。具体划分可根据系统配置及管理而定。需要经常监视或操作的设备布置应便利操作。产生尘埃及废物的设备应远离对尘埃敏感的设备,并宜集中布置在靠近机房的回风口处。产生尘埃及废物的设备主要指各类以纸为记录介质的输出设备、输入设备。对尘埃敏感的设备主要指磁记录设备。

主机房设备之间距离需依据设备制造厂家技术手册给出的维修间距,并允许相邻设备的维修间距部分重叠的原则,其次应满足操作人员巡回检查及维修时放置测试仪器的需要。主机房内通道与设备间的距离应符合下列规定:

　　一、两相对机柜正面之间的距离不应小于 1.5m;

　　二、机柜侧面(或不用面)距墙不应小于 0.5m,当需要维修测试时,则距墙不应小于 1.2m;

　　三、走道净宽不应小于 1.2m。

3. 机房安全等级

参照 GB 9361—88《计算站场地安全要求》,机房的安全等级分为 A 类、B 类和 C 类三个基本类别。

（1）A 类:对计算机机房的安全有严格的要求,有完善的计算机机房安全措施。

（2）B 类:对计算机机房的安全有较严格的要求,有较完善的计算机机房安全措施。

（3）C 类:对计算机机房的安全有基本的要求,有基本的计算机机房安全措施。

表 10-1 列出了三个类别的安全要求。

表 10-1　机房安全等级

安全项目	安全类别		
	C 类	B 类	A 类
场地选择	－	＋	＋
防火	＋	＋	＊
内部装修	－	＋	＊
供配电系统	＋	＋	＊
空调系统	＋	＋	＊
火灾报警和消防设施	＋	＋	＊
防水	－	＋	＊
防静电	－	＋	＊
防雷击	－	＋	＊
防鼠害	－	＋	＋
防电磁泄露	－	＋	＋

注:"－"表无要求;"＋"表示有要求或增加要求;"＊"表示要求与前级相同。

　　下面以场地选择为例介绍安全项目的具体要求。对于机房的场地选择,B 类机房的选择要求是:

（1）应避开易发生火灾危险程度高的区域。

（2）应避开有害气体来源以及存放腐蚀、易燃、易爆物品的地方。

（3）应避开低洼、潮湿、落雷区域和地震频繁的地方。

（4）应避开强振动源和强噪音源。

（5）应避开强电磁场的干扰。

（6）应避免设在建筑物的高层或地下室，以及用水设备的下层或隔壁。

（7）应避开重盐害地区。

C 类机房无要求，但可参照 B 类要求执行；A 类安全机房除要满足上述要求外，还应将其置于建筑物安全区内。

4．机房的三度要求

机房的三度是指温度、湿度和洁净度，它们是保障计算机系统正常工作的基本运行条件，《计算站场地安全要求》GB 9361—88 中对此三度有明确的规定。

计算机系统内的元器件对环境温度非常敏感且自身散热。温度过低，硬盘无法启动；温度过高，元器件性能发生变化，不能正常工作。因此，通常机房温度控制在 22 摄氏度。

湿度同样会影响计算机系统的正常运转。湿度过高，金属器件易被腐蚀，且引起电气部分绝缘性能下降。此外过高的湿度还会增强灰尘的导电性能，从而电子器件失效的可能性也随之增大；相反地，湿度过低，可能会导致印刷电路板变形，静电感应增加，严重时损坏芯片，从而给计算机系统带来严重危害。因此，机房的相对湿度一般控制在 50%。

开机时电子计算机机房内的温、湿度，应符合表 10-2 的规定。

表 10-2　开机时电子计算机机房的温、湿度

级 别 项 目	A 级		B 级
	夏季	冬季	全年
温度	23±2℃	20±2℃	18～28℃
相对湿度	45%～65%		40%～70%
温度变化率	<5℃/h 并不得结露		<10℃/h 并不得结露

停机时电子计算机机房内的温、湿度，应符合表 10-3 的规定。

表 10-3　停机时电子计算机机房的温、湿度

级 别 项 目	A 级	B 级
温度	5～35℃	5～35℃
相对湿度	40%～70%	20%～80%
温度变化率	<5℃/h 并不得结露	<10℃/h 并不得结露

开机时主机房的温、湿度应执行 A 级，基本工作间可根据设备要求按 A、B 两级执行，其他辅助房间应按工艺要求确定。

灰尘过多对计算机元器件会产生很多危害，例如，导致插件的接触不良，降低元件的散热效率和电器元件的绝缘性能。因此，通常要求机房内尘埃颗粒直径小于 $0.5\mu m$，空气中的颗粒不超过 10 000（粒/dm³）。

为了达到上述规定的要求，空调系统、去湿机以及除尘器是必不可少的机房设备。要保

持机房的清洁卫生,必要时除湿或增湿。

5. 机房的安全防护

机房的安全防护主要是针对自然灾害以及人为蓄意破坏采取的安全措施,通常是指防火、防水、防盗等。因此,机房内应配备相应的火灾报警系统、消防设施和防盗系统。

参照《计算站场地安全要求》GB 9361—88,A、B 类安全机房应设置火灾报警装置。在机房内、基本工作房间内、活动地板下、吊顶里、主要空调管道中及易燃物附近部位应设置烟、温感探测器。

A 类安全机房应设置卤代烷 1211、1301 自动消防系统,并备有卤代烷 1211、1301 灭火器。B 类安全机房在条件许可的情况下,应设置卤代烷 1211、1301 自动消防系统,并备有卤代烷 1211、1301 灭火器。C 类安全机房内应设置卤代烷 1211 或 1301 灭火器。A、B、C 类计算机机房除纸介质等易燃物质外,禁止使用水、干粉或泡沫等易产生二次破坏的灭火剂。

防盗系统应具备监视、报警、记录、锁定功能。为了防止人为破坏,机房大楼除必要的门卫 24 小时警卫外,重要部位还需要警卫系统,用于防止有人通过门窗闯入。对于门窗防盗除采用安全门锁外,还可以采用电磁式的防盗报警系统。对于秘密级以上的文件资料和记录媒体的保存,应有安全可靠的保险柜和保险箱,钥匙和密码号应有专人负责,以防丢失和被盗。

鼠虫害也是造成计算机设备特别是网络设备故障的原因之一,主要是鼠虫咬坏电缆引起通信中断或电源短路。解决的方法有:①堵塞鼠虫洞口;②在易受鼠虫害的场所,机房内的电缆和电线上应涂敷驱鼠虫药剂;③在计算机机房内应设置捕鼠虫或驱鼠虫装置,投放毒饵。

10.2.2　电气安全

机房的配电与接地的问题是计算机正常工作的基本因素。影响电源可靠性因素很多,如电压瞬变、断电、欠压、过压、频率稳定和电源干扰等,电压和频率可以通过各种稳频稳压设备解决,电源干扰可以通过良好的接地解决。电压瞬变在 1 个周期或 30 个周期(半秒)内,电压降至 0 然后又回升,正负电压尖峰持续几微秒或者一个周期。频繁断电和突然停电将会对计算机系统和其中的电压敏感部件造成很大影响,持续发生将使部件损坏。而欠压和过压都会对负载产生重要影响。

1. 配电系统

电子计算机机房用电负荷等级及供电要求按现行国家标准《供配电系统设计规范》的规定执行。电子计算机供电电源质量根据电子计算机的性能、用途和运行方式(是否联网)等情况,可划分为 A、B、C 三级(见表 10-4)。

表 10-4　供电电源质量分级

等级 项目	A	B	C
稳态电压偏移范围/%	±2	±5	+7　−13
稳态频率偏移范围/Hz	±0.2	±0.5	±1
电压波形畸变率/%	3～5	5～8	8～10
允许断电持续时间/ms	0～4	4～200	200～1500

电子计算机机房供配电系统应考虑计算机系统有扩散、升级等可能性,并应预留备用容量。具体要求如下:

(1) 电子计算机机房宜由专用电力变压器供电。由于电子计算机机房供电可靠性要求较高,为了防止其他负荷对电源的干扰,及维护运行管理上的方便,当机房用电容量较大时,一般设置专用电力变压器供电。当机房用电容量较小时,也可采取专用低压馈电线路供电。

(2) 机房内其他电力负荷不得由计算机主机电源和不间断电源系统供电。机房其他电力负荷系指非计算机用电负荷,如空调器、通风机、吸尘器、电梯、电烙铁、电焊机、维修电动工具等。为了防止它们对计算机的干扰,保证计算机电源系统不受污染,应禁止使用计算机电源系统供电,更不得接入交流不间断电源系统供电。机房内一般工作照明和应急照明均应由单独的低压照明线路供电。

为便于维护管理和安全运行,机房内一般设置专用动力配电箱。

(3) 当电子计算机供电要求具有下列情况之一时,应采用交流不间断电源系统供电:

① 对供电可靠性要求较高,采用备用电源自动投入方式或柴油发电机组应急自启动方式等仍不能满足要求时。

② 一般稳压稳频设备不能满足要求时。

③ 需要保证顺序断电安全停机时。

④ 电子计算机系统实时控制时。

⑤ 电子计算机系统联网运行时。

交流不间断电源装置是设置在正常工作电源和电子计算机之间的隔离缓冲设备。需要连续供电的重要负荷,在正常工作电源发生故障而短时不能恢复时,交流不间断电源可替换故障的工作电源暂时维持连续供电,并具有改善电源质量和隔离、消除干扰的作用。一般蓄电池的容量可按满负荷供电 $10 \sim 15\mathrm{min}$ 选用。

应按照现行国家标准《不间断电源设备》、现行国际电工标准《不间断电源技术性能标定方法和试验要求》及有关产品技术条件和用电负荷性质要求等确定交流不间断电源系统。由于不间断电源设备购置费用和日常维护运行费用昂贵,选用时必须进行多方面的分析比较。

(4) 当采用表态交流不间断电源设备时,应按现行国家标准《供配电系统设计规范》和现行有关行业标准规定的要求,采取限制谐波分量措施。

静态交流不间断电源对城市交流电网是一种非线性负荷。在它的交流输入侧有大量谐波电流反馈到电网,使电网遭受严重污染。

(5) 当城市电网电源质量不能满足电子计算机供电要求时,应根据具体情况采用相应的电源质量改善措施和隔离防护措施。

当城市电网电源质量不能满足要求时,应根据具体工程技术要求,结合当地情况,经技术经济分析,采用一种或数种组合的、有针对性的电源隔离防护措施。例如滤波器能滤除电源中某些高频噪声,浪涌吸收器能吸收浪涌电压,隔离变压器能隔离除去一个持续时间非常短的高频瞬变信号,铁磁稳压变压器具有稳压和滤波的功能,飞轮发电机组可以很有效地消除大部分瞬变信号和短时的电压偏差。最完善可靠的办法还是选用交流不间断电源设备。它能够使计算机负荷或其他重要负荷与城市电网隔离开,消除电压和频率的偏差及各种干扰。

(6) 电子计算机机房低压配电系统应采用频率 $50\mathrm{Hz}$、电压 $220/380\mathrm{V}$ TN-S 或 TN-C-S 系统。电子计算机主机电源系统应按设备的要求确定。

（7）单相负荷应均匀地分配在三相线路上，并应使三相负荷不平衡度小于20％。为保证电源运行时三相平衡，设计时应尽可能将单相负荷均匀分配在各相上。电子计算机机房低压配电系统的三相负荷不平衡度应控制在5％～20％。

（8）电子计算机电源设备应靠近主机房设备。为减小线路压降，减少线路干扰和便于维护管理，计算机电源设备（如交流稳压器、电源滤波器、隔离变压器、不间断电源、蓄电池等）除各种发电机组外，均应靠近主机房布置。

（9）电子计算机机房电源进线应按现行国家标准《建筑防雷设计规范》采取防雷措施。电子计算机机房电源应采用地下电缆进线。当不得不采用架空进线时，在低压架空电源进线处或专用电力变压器低压配电母线处，应装设低压避雷器。

为防止闪电雷击及操作过电压对设备造成的危害，电子计算机机房电源进线宜采用地下直接埋设电缆。当采用架空进出线时，在低压架空电源进线处或专用电力变压器低压配电母线处应装设低压避雷器。主机房专用动力配电箱内低压配电母线上宜装设浪涌吸收装置（如压敏电阻等），以消除线路上产生的瞬时高压尖峰脉冲。

（10）主机房内应分别设置维修和测试用电源插座，两者应有明显区别标志。测试用电源插座应由计算机主机电源系统供电。其他房间内应适当设置维修用电源插座。

分别设置测试与维修用插座的目的是避免维修用手动工具误插入测试插座内影响计算机正常运行。

（11）主机房内活动地板下部的低压配电线路宜采用铜芯屏蔽导线或铜芯屏蔽电缆。主机房内低压配电线路供电可靠性和抗干扰性要求较高，一般采用铜芯屏蔽导线或电缆。

（12）活动地板下部的电源线应尽可能远离计算机信号线，并避免并排敷设.当不能避免时，应采取相应的屏蔽措施。

2．接地系统

电子计算机机房接地装置的设置应满足人身的安全及电子计算机正常运行和系统设备的安全要求。接地分为环境接地和设备接地。环境接地包括楼层网格接地、水管、铜板或网格接地等。不允许采用避雷线、煤气管道等做接地线。设备接地包括各种电气电子设备为安全防护进行的接地。接地电阻随季节而变化，要综合考虑。参见《电子计算机线性滤波器设置标准》。

整个接地系统中包含了如下方式：

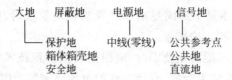

电子计算机机房应采用下列四种接地方式：

（1）交流工作接地，接地电阻不应大于4Ω。

（2）安全工作接地，接地电阻不应大于4Ω。

（3）直流工作接地，接地电阻应按计算机系统具体要求确定。

（4）防雷接地、应按现行国家标准《建筑防雷设计规范》执行。

接地具体要求如下：

（1）交流工作接地、安全工作接地、直流工作接地、防雷接地等四种接地宜共用一组接地装置，其接地电阻按其中最小值确定；若防雷接地单独设置接地装置时，其余三种接地宜共用一组接地装置，其接地电阻不应大于其中最小值，并应按现行国家标准《建筑防雷设计规范》要求采取防止反击措施。

为了防止雷击电压对电子计算机系统设备产生反击，要求防雷装置与其他接地物体之间保持足够的安全距离，但在工程设计中有时很难做到。如多层建筑的防雷接地一般利用钢筋混凝土中的钢筋作为接地线和接地体，无法满足与其他接地体之间保持安全距离的要求，可能产生反击现象，而采用共用一组接地体，降低了雷击时相互间的电位差，可以防止这种反击现象，保证人员和计算机设备的安全。共用接地装置的接地电阻应按最小值的一种要求确定，并按现行国家标准《建筑防雷设计规范》的要求采取相应措施。

当工程能满足防雷接地装置的接地体与其他接地体之间安全距离的要求时，可单独设置防雷接地的接地装置。

（2）对直流工作接地有特殊要求需单独设置接地装置的电子计算机系统，其接地电阻值及与其他接地装置的接地体之间的距离，应按计算机系统及有关规定的要求确定。

电子计算机各种不同机型对直流工作接地电阻值及接地方式的要求各异，接地体之间的距离，应按产品说明书的要求及有关规范的规定确定。

（3）电子计算机系统的接地应采取单点接地并宜采取等电位措施。

为了避免对电子计算机系统的电磁干扰，宜采用将多种接地的接地线分别接到接地母线上，由接地母线采用一根接地线单点与接地体相连接的单点接地方式。由计算机设备至接地母线的连接导线应采用多股编织铜线，且应尽量缩短连接距离；并采取格栅等措施，尽量使各接地点处于同一等电位上。

（4）当多个电子计算机系统共用一组接地装置时，宜将各电子计算机系统分别采用接地线与接地体连接。

多个电子计算机系统中的接地系统，除各电子计算机系统单独采用单点接地方式外，也可共用一组接地装置。为避免相互干扰，应将各电子计算机系统的接地母线分别采用接地线直接与共用接地装置的接地体相连接。

地线的具体要求如下：

（1）电源接插座的地线。

在三相四线电源供电方式中，三根相线被标为"火线"L（light 或 live），一根中线被标为"零线"N（neutral）。按照我国的配电方式，单相供电两孔插座设置为"左零右火"，单相三孔插座还加上了一根"地线"，这根地线是真正的大地线，必须接入大地，而不能接入零线。

（2）交流电源的地线。

在三相四线电源供电方式中，中线（零线）不是地线，它的接地点通常是在变电所的中线处，只有当三相平衡时，中线电流才等于 0。然而，用户的用电是随机的，依靠负载的自动调节，最多只能是动态的相对平衡。由于三相很难绝对平衡，因此，这个中线（假"地"）是在不断波动的。实际上，中线上的电流往往不小，而且，由于中线的铜阻，它对大地间存在"中线电压"。如果把交流电源的中线当做地线，或者与机箱、机壳相连，是不妥当的。当电源插头反插，将形成机箱、机壳带电，形成危险。

3．电源系统安全标准

国标 GB 2887—2000 和 GB 9361—88 对机房安全配电做了明确的要求。GB 2887—2000 将供电方式分为三类，分别如下。

（1）一类供电：建立不间断供电系统。

（2）二类供电：建立带备用的供电系统。

（3）三类供电：一般用户供电。

GB 3961—88 中规定 A、B 类机房应满足下列要求。

（1）计算站应设专用可靠的供电线路。

（2）计算机系统的电源设备应提供稳定可靠的电源。

（3）供电电源设备的容量应具有一定的余量。

（4）计算机系统的供电电源技术指标应按 GB 2887《计算站场地技术要求》中的第 9 章的规定执行。

（5）计算机系统独立配电时，宜采用干式变压器。安装油浸式变压器时应符合 GBJ 232《电气装置安装工程规范》中的规定。

（6）从电源室到计算机电源系统的分电盘使用的电缆，除应符合 GB 232 中配线工程中的规定外，载流量应减少 50%。

（7）计算机系统用的分电盘应设置在计算机机房内，并应采取防触电措施。

（8）从分电盘到计算机系统的各种设备的电缆应为耐燃铜芯屏蔽的电缆。

（9）计算机系统的各设备走线不得与空调设备、电源设备的无电磁屏蔽的走线平行。交叉时，应尽量以接近于垂直的角度交叉，并采取防延燃措施。

（10）计算机系统应选用铜芯电缆，严禁铜、铝混用。若不能避免时，应采用铜铝过渡头连接。

（11）计算机电源系统的所有接点均应镀铅锡处理，冷压连接。

（12）在计算机机房出入口处或值班室，应设置应急电话和应急断电装置。

（13）计算站场地宜采用封闭式蓄电池。

（14）使用半封闭式或开启式蓄电池时，应设专用房间。房间墙壁、地板表面应做防腐蚀处理，并设置防爆灯、防爆开关和排风装置。

（15）计算机系统接地应采用专用地线。专用地线的引线应和大楼的钢筋网及各种金属管道绝缘。

（16）计算机系统的几种接地技术要求及诸地之间的相互关系应符合 GB 2887 中的规定。

（17）计算机机房应设置应急照明和安全口的指示灯。

C 类安全机房应满足 GB 2887 中规定的三类供电要求。

10.2.3　设备互连与安全性

如果计算机设备不互连或者互连设备和计算机系统设备都锁在同一间屋子里，那么设备互连相对而言是比较安全的。然而设备互连的通信线路往往连接到室外，这样安全问题就产生了。首先是通信线路的安全，其次是通信互连设备的安全。

对于通信线路的安全，现在是通过一种简单而昂贵的技术加压电缆来实现物理安全。

该技术的基本原理是：将通信电缆密封在塑料套管中，并在电缆的两端充气加压。电缆线上连接了可测量线缆压力的报警监视器。如果压力下降，技术人员可检测到破坏点位置，以便及时修复。光纤线缆没有电磁辐射，且断破处易被检测，因此人们一度认为光纤通信线很安全。但光纤的最大长度有限制，需要一个信号复制转换器，将光信号转换成电脉冲，然后再恢复为光脉冲，输入到另一条光纤继续传输。因为对手可以在信号复制转换器处窃听信号，所以光纤线路通信也不是 100％的安全。为了解决这个问题，通常距离大于最大长度限制的系统之间不采用光纤通信；或者在信号复制转换器采用警报系统、加压电缆等措施。

通信互连设备主要有通信交换设备（交换机、程控机）、网络互连设备（如调制解调器、中继器、集线器、网桥、路由器、网关等）、存储设备等，在网络系统集成中，它们的可靠性和安全性必须自始至终考虑。

在考虑网络互联设备安全时，必须注意互连设备及其工作层次。下面列出网络各层相关的互连设备。

物理层：中继器（repeater）、集线器（hub）。

链路层：网桥（bridge）、桥路器（brouter）、交换机（switcher）。

网络层：路由器（router）、路桥器（roudger）。

传输层：网关（gateway）、防火墙（firewall）。

1. 中继器及物理层的安全性

中继器作为一个双向放大器用于驱动长距离通信，只能用于连接具有相同物理层协议的局域网，主要用于扩充 LAN 电缆段（Segment）的距离限制。它不具有安全功能，不具备任何过滤功能，不能隔离网段间不必要的网络流量和网络信息。

2. 网桥及链路层的安全性

网桥通过数据链路层的逻辑链路子层（LLC）来选择子网路径，接收完全的链路层数据帧，并对帧作校验，同时，在源地址表中查找介质存取控制子层（MAC）的源和目的地址，以决定该帧是否转发或者丢弃。网桥通过存储转发功能实现信息帧交换，通过自学习功能建立源 MAC 地址表，从而在逻辑上分开网络段，减轻各个逻辑网段上的流量。

网桥通过 MAC 地址判断选径，实现数据链路层上的数据分流，隔离功能较弱。安全性弱点在于可能导致"广播风暴"（Broadcast Storm），如果一个帧的源地址是网桥未学习过的 MAC 地址，它会将该帧转发到它所连接的所有局域网上，从而产生大量的扩散帧。而且，它无法解决同一介质网络段上可能出现的具有不同 IP 子网号的主机之间的互访问题。

3. 路由器及网络层的安全性

路由器完成网内地址选径，防止网内"广播风暴"的产生，也能实现不同或者相同局域网段上不同 IP 网号或者子网号主机间的互访，并提供远程互连。由于它涉及物理、数链、网络三个层次数据处理，处理时间长（延迟约 100～500ms），且价格昂贵。路由器的隔离功能强于网桥，通过自学习和人工设置方式对数据进行严格过滤。

给网桥加上类似于路由器的隔离功能，使其能够阻拦网间不必要的信息交换，就可以防止"广播风暴"。将路由器的某些思想、实现方法用于网桥，就形成了所谓"桥路器"（Brouter），而将路由器内部对 IP 地址的操作改为对 MAC 地址的操作，就形成了所谓"过滤网桥"，也称"路桥器"。它通过信息过滤（避免无用信息广播传送）和权限设定（防止无权用户访问主网和其他网络资源)来增强安全性。

4. 交换机及链路层的安全性

由于路由器的配置技术和管理技术较复杂,成本昂贵,数据处理时间延迟较大,在一定程度上降低了网络性能。此外,在局域网中使用路由器的局限性促进了交换式以太网技术的发展,导致了交换机对路由器的替换。交换机工作在数据链路层,可看作网桥的硬件延伸,该层中数据交换在硬件中完成,因而可以实现比较高的交换速度。

5. 网关及网络高层的安全性

网关并没有确定的实际产品,目前,安全重点研究的防火墙,实际就是一种带有不同过滤器的网关。

6. 调制解调器的安全性

调制解调器是拨号上网的关键设备之一。调制解调器的主要安全漏洞在于它提供了用户网络的另一个入口点,因为有电话和调制解调器的任何人都可能非法进入网络系统。对于安全性要求较高的内部网,应该严格控制拨号上网服务,并应该有严格的身份验证系统来保证其安全。如果一个黑客通过拨号服务器登录到用户的网络中,那么他就可以窃听到用户的内部网络信息。

增强拨号上网安全性的手段主要有:

(1) 不要把拨号号码广泛流传,只把号码告诉需要使用该服务的人。

(2) 使用用户名和口令来保护拨号服务器。口令可以是静态的,但最好是一次性口令。用户口令要妥善保管。

(3) 在一些特殊情况下,应建立基于位置的严格的身份验证机制。这种身份验证机制要求用户必须在规定的位置进行拨号入网,其他位置的拨号入网都会被拒绝。

(4) 使用安全性好的调制解调器,如回拨调制解调器、安静调制解调器。前者在连接时要求用户输入用户名和口令,然后它会断开连接,并查找该用户的合法的电话号码,然后,回拨调制解调器会回拨到该电话号码,并建立起连接。之后,用户就可以输入用户名和口令而进入该系统。后者在登录完成之前不会发出特殊的连接建立信号,这可以防止有人按顺序搜索计算机拨号系统的电话号码。

(5) 在局域网上加一个用于身份核实的服务器,只有用户身份被该服务验证后才允许用户进入该系统,并且服务器可以对登录情况进行审计。

(6) 严格控制拨号接入服务器的开放时间,只在使用时段开放,其他时段要确保服务器已被关闭。

10.2.4 噪声、电磁干扰、振动及静电

关于噪声、电磁干扰、振动及静电应注意以下几点。

(1) 主机房内的噪声,在计算机系统停机条件下,在主操作员位置测量应小于 68dB(A)。噪声测量方法应符合现行国家标准《工业企业噪声测量规范》的规定。

(2) 主机房内无线电干扰场强,在频率为 0.15MHz～1000MHz 时,不应大于 126dB。

(3) 主机房内磁场干扰环境场强不应大于 800A/m。这是指外界的无线电干扰场强和磁场对主机房的辐射干扰。即在主机房内、计算机系统不工作条件下所测得的外界无线电

辐射干扰场强(0.15MHz~1000MHz 时)和干扰磁场的上限值。

（4）在计算机系统停机条件下主机房地板表面垂直及水平向的振动加速度值,不应大于 $500mm/s^2$。主机房场地环境振动值是根据对国内一些大中型计算机房的场地振动进行实测分析后提出的。在这些机房内安装有主机、磁盘机、磁带机、宽行打印机、激光打印机、凿孔机、终端机及整体式空调机等。测试时,设备均在工作,测点位置为机房内活动地板表面,多点采样。此外,对机房内设备本身振动及外界振动对设备的影响,也作了测试,测点位置是设备顶部。

（5）主机房地面及工作台面的静电泄漏电阻,应符合现行国家标准《计算机机房用活动地板技术条件》的规定。

规定主机房地面及工作台面的静电泄漏电阻最高值是为了有效地泄漏静电荷,防止高电位静电干扰计算机的正常工作,同时又规定最低的泄漏电阻值以保障工作人员的人身安全。

（6）主机房内绝缘体的静电电位不应大于 1kV。据有关资料记载,静电电压达到 2kV 时,人会有电击感觉,容易引起恐慌,严重时能造成事故及设备故障。因此,本规范确定主机房内绝缘体的静电电位不应大于 1kV。

10.2.5　静电防护

静电是引起计算机系统故障的重要原因之一,也是系统维护维修中引起部件器件损坏的主要原因之一。静电具有下列特点:静电引起的故障往往是随机的,重复性不强,难以排除;静电放电在一定条件下会成为引火源;静电会损坏集成电路部件;静电会引起系统误动作。接地是防静电采取的最基本措施。正确的接地系统对计算机系统的安全运行、设备以及人身的安全等,有着极其重要的关系。系统管理员必须了解系统接地的概念,并建立正常的接地系统。接地是指采用金属导电体与大地作电气连接,使它与大地处于相等电位。计算机机房的所有设备都必须接地。接地电阻必须小于规定值,一般小于 3W,精密设备必须小于 0.1Ω。

（1）工作间不用活动地板时,可铺设导静电地面,导静电地面可采用导电胶与建筑地面粘牢,导静电地面的体积电阻率均应为 $1.0\times10^7\sim1.0\times10^{10}\Omega\cdot cm$,其导电性能应长期稳定,且不易发尘。

（2）主机房内采用的活动地板可由钢、铝或其他阻燃性材料制成。活动地板表面应是导静电的,严禁暴露金属部分。单元活动地板的系统电阻应符合现行国家标准《计算机机房用活动地板技术条件》的规定。

参照现行国家标准《计算机机房用活动地板技术条件》中第 4.1 活动地板电性能技术要求:在温度为 15~30℃、相对湿度为 30%~75% 时活动地板系统电阻值为 $1.0\times10^7\sim1.0\times10^{10}\Omega$。

活动地板的底面及侧面一般由导电材料制成,上表面则贴有导静电材料面层,所以,活动地板的系统电阻取决于导静电地面的电阻值。

（3）主机房内的工作台面及坐椅垫套材料应是导静电的,其体积电阻率应为 $1.0\times10^7\sim1.0\times10^{10}\Omega\cdot cm$。

（4）主机房内的导体必须与大地作可靠的连接,不得有对地绝缘的孤立导体。

（5）导静电地面、活动地板、工作台面和坐椅垫套必须进行静电接地。

（6）静电接地的连接线应有足够的机械强度和化学稳定性，导静电地面和台面采用导电胶与接地导体粘接时，其接触面积不宜小于 $10cm^2$。

（7）静电接地可以经限流电阻及自己的连接线与接地装置相连，限流电阻的阻值宜为 $1M\Omega$。

静电接地装置是清除静电的基本措施。为保证工作人员的安全，接地系统要串联一个 $1M\Omega$ 限流电阻。

10.2.6　电磁防护

计算机及其外部设备工作时会产生电磁辐射，在空间中以电磁波的形式传播。当电磁辐射能量达到一定的量就会干扰计算机自身以及计算机周围的电子设备的正常工作，即电磁干扰（Electro-Magnetic Interference，EMI）。同时由于各种电磁波在地球空间长期存在，计算机要在如此浩瀚的电磁干扰环境中工作，不仅自身的可靠性、稳定性、安全性受到影响，而且，计算机也会干扰其他的电子设备。所以，与其他电子设备一样，计算机也必须解决电磁兼容性（Electro-Magnetic Compatibility，EMC）问题。

计算机的电磁兼容性是指计算机在电磁环境中的适应性，也就是计算机系统在电磁环境中能够保持其固有性能，完成规定功能的能力。要求计算机在同一时空环境中与其他电子设备相容兼顾，既不受外部干扰，也不干扰外部，这就是防电磁干扰的两个方面。然而，要完全做到这两个方面是非常困难的。它涉及物理空间、环境因素等各种情况，计算机系统所面临的电磁干扰也包括计算机本身产生的干扰和来自外部的干扰。

1. 计算机系统的电磁干扰

计算机的电磁干扰包括来自计算机内部的干扰和来自计算机外部的干扰。

1）计算机系统内部的电磁干扰

计算机系统内部的电磁干扰是一类随机的、瞬态的干扰，这些干扰的表现是多种多样的。一般情况下，系统内部的干扰包括了机器内部元器件噪声干扰、寄生耦合干扰、信号反射干扰、高频电路辐射干扰和地线接地干扰等。

（1）元器件噪声干扰。计算机的主机板、I/O 接口和控制板都是电子元器件集成所在，由于电子元器件的不完整性、元器件随时间的衰变性、元器件特性的偏离和数值误差带来的不稳定性，从而产生噪声特性。任何元器件，无论是无源元件（如电阻、电容等）还是有源元件（如 TTL、ECL、MOS、CMOS 等芯片）都存在不同程度的噪声干扰。

（2）寄生耦合干扰。计算机内的电路板上的每个器件和每根导线都具有一定的电位，它们的周围形成一定大小的电磁场。当电路板上的元器件或者电路线路布局不合理，线路走向不合理，都会产生分布电容、电感，从而耦合进计算机，使信号产生畸变。

（3）信号反射干扰。计算机电路中，当信号线阻抗与负载阻抗不匹配时，脉冲信号就会在传输线中产生反射现象，形成传导波或驻波，会对信号波形产生瞬时冲击，容易造成逻辑故障。例如，PCB 板金属化孔不良、印制线路粗细不当、弯转不当等都会产生干扰。网络中的终端匹配电阻不良，也会产生反射干扰。

（4）高频电路辐射干扰。电路板上的高频元器件、振荡器、晶振、视频电路、射频电路、调制解调电路等，均会引起高频干扰。

（5）地线接地干扰。计算机系统中，如果接地不妥，例如，交直流地线混接或接地线自成闭和回路，就会产生"地环路"。地环路会产生很大电流，产生地线干扰，对计算机部件相当有害。

2）计算机系统外部的电磁干扰

计算机系统在运行中时刻受到来自外部的电磁干扰，位于雷电区域、变电站、发电厂、超高压输电线较近的计算机系统，受到的电磁干扰尤其厉害，系统防护更为重要。这一类外部干扰源包括外部电气设备干扰、自然干扰、静电干扰等。

（1）电气设备干扰。电器设备干扰是外部电磁干扰的主要来源，按干扰性质可分为工频干扰、开关干扰、放电干扰和射频干扰。

工频干扰：指工业频率的电流互感器、整流器、高压输电线、交流稳压器中的交流电产生的电磁干扰。计算机机房必须远离高压输电线、电气化铁路线、强发射功率的广播天线、雷达系统等。如果环境周围有上述场源，必须离开规定的距离，或者采取系统屏蔽措施。例如，机房建筑在建设和综合布线时可以考虑总体屏蔽。

开关干扰：大功率开关、继电器、点焊机、整流器、大型电机、吸尘器、电钻等设备的开关会使电流发生急剧变化，产生脉冲式干扰。因此，计算机系统所在的供电环境中，应当避免接入频繁启停的电力设备，如电力拖动设备、搅拌设备、电炉电磁设备、电机设备等。因为这类设备负载容易产生突变，产生较大的瞬间冲击电流，从而对在线的计算机设备产生干扰。

放电干扰：高频辐射、电压电流冲击产生的干扰。

射频干扰：空间中的无线电波、广播、电视、雷达、焊接等电子设备的电磁场产生的电磁波辐射。

（2）自然干扰。形成自然干扰的原因有：雷电、弧光放电、尖端放电产生的干扰；宇宙干扰、太阳能无线辐射；电磁脉冲、核爆炸等。这些自然干扰轻则使计算机信息出错；重则击穿计算机元器件，损坏计算机设备。

雷电干扰主要经电力线、引雷线入地，产生强大电磁波，其感应产生的尖峰电压可达 10kV 以上，电流强度极大，严重威胁计算机设备安全。为了避免雷电干扰，在机房规划和网络规划时要考虑配备下述设施：

① 良好的接地系统。

② 良好的引雷、避雷系统。

③ 交流稳压、纯净电压，UPS。

④ 防雷管、防雷部件。

⑤ 减少架空线。

在网络规划和建设中，由于网络布线的地域关系，具有长传输线问题，此时，雷电是一个严重的问题。因此，当网络布线有架空线和外线时，可以采用光缆传输。计算机系统和网络段供电也可以采用防雷电的隔离变压器。

（3）静电干扰。我们知道，静电是在两个不同物体相互摩擦的瞬间产生的，所以也称为摩擦电，而物体独立存在时，其内部正负能量保持平衡，因而保持稳定状态。但是，稳定物体的正负两极也必定有一方更强，因此在一定条件下会产生两个物体间的静电放电。静电是对电子器件影响最大的安全因素。对 CMOS 器件影响最大，由于 CMOS 器件的电容性结构和二氧化硅（SiO_2）的高绝缘性能，很小电量也会感应出很高的静电电压，从而产生击穿现象。

与静电关系最密切的环境因素是湿度,如果大气中的湿度一直持续很低,就会经常因摩擦产生静电并发生静电放电现象。如果湿度适当,人身上的静电就可以很容易地放射到空气中去。例如,据测量在湿度为 $10\%\sim20\%$ 的非常干燥的气候下,人在地毯上走动会产生近 3.5 万伏的高压,而当湿度上升为 $65\%\sim90\%$ 的时候,所产生的电压仅有 1500 伏左右,且很容易被释放掉。

静电产生的原因包括:①身体摩擦,静电积累,尖端放电;②静电感应,电力线,感应电荷;③电磁感应,电磁场,电机电感等;④空间电荷积累,空气带电,风扇机内温升。

解决静电的方法有多种,例如接地、放电、屏蔽(手套、工具、环)等。防静电机制可以采用机房静电释放门框、金属桌边框等方式接地,方便操作者随时在有意或无意中将自身所带的静电释放掉。

2. 电磁干扰的防护

防电磁干扰主要解决两个方面的问题:①防止计算机系统受外部电磁场和辐射的干扰,即系统可靠性问题;②防止计算机系统产生电磁辐射,形成信息泄漏,即保密性问题。

电磁干扰可通过电磁辐射和传导两条途径影响电子设备的正常工作。电磁辐射是电子设备辐射的电磁波通过电路耦合去干扰另一台电子设备的工作;而电磁传导通过电子设备间连接的导线、电源线等耦合引起干扰。

为了避免外部的电磁干扰,目前的防护措施主要针对上述两类干扰方式。对于电磁传导产生的干扰,主要采取对电源线和导线加装滤波器,减小传输阻抗和导线间的交叉耦合。而对电磁辐射产生的干扰,主要是采取各种电磁屏蔽措施,例如,对设备的金属进行屏蔽,对机房的下水管、暖气管和金属门窗进行屏蔽。

计算机主机及其附属电子设备如视频显示终端、打印机等在工作时不可避免地会产生电磁波辐射,这些辐射中携带有计算机正在进行处理的数据信息。尤其是显示器,由于显示的信息是给人阅读的,是不加任何保密措施的,所以其产生的辐射是最容易造成泄密的。1985 年在法国举行的"计算机与通信安全"国际会议上,一位来自荷兰的工程师用一套稍加改装的设备和黑白电视机,还原了 1 公里以外的机房内计算机显示屏上的信息,证明了电磁辐射产生信息泄漏危险的真实性。

经过对电磁辐射泄密问题的多年的研究,逐渐形成了 TEMPEST(Transient Electromagnetic Pulse Emanation Standard)技术,即抑制信息处理设备的噪声泄漏技术。TEMPEST 最早起源于美国国家安全局的一项绝密计划,它是控制电子设备泄密发射的代号。该项计划主要包括:电子设备中信息泄漏(电磁、声)信号的检测;信息泄露的抑制。TEMPEST 技术是在传统的电磁兼容理论基础上发展起来的,但比传统的抗电磁干扰的要求高得多,技术实现更为复杂。TEMPEST 技术包括泄漏信息的分析、预测、接收、识别、复原、防护、测试、安全评估等多项技术,采用的主要措施包括滤波、屏蔽、干扰、接地、隔离等,而且这些措施也可以结合起来使用。

以美国为首的一些西方发达国家先后更新制定了一系列的防信息泄漏标准,如美国 1981 年发布的主要有 NACSIM5100 和 NACSIM5200 系列,1991 年美国推出了 TEMPEST 标准 NSTISSAM TEMPEST/1—91,之后美国又推出了 NSTISSAM TEMPEST/1—92 标准。我国也在 1999 年推出了防信息泄漏标准 GGBB 1—1999《计算机信息系统设备电磁泄漏发射限值》,但由于技术保密原因,各国都对最新制定的相关标准技术内容和数据参数进行了保密。

习题 10

1. 硬件和软件的可靠性与完美性分别是指什么？两者有什么区别？

2. 冗余技术主要有哪几类？

3. 容错后备模式中,哪种模式的工作原理是 M 运行,S 后备,M 故障,S 接管 M,原 M 修复,S 归还 M?

4. 部件级容错模式有哪几种？分别支持多少个硬盘？

5. 试描述机房的安全等级分为几级,分别有什么安全要求。

6. 机房的三度要求是哪三度？

7. 网桥(Bridge)、桥路器(Brouter)、交换机(Switcher)是哪一层的网络互连设备？

8. 路由器能完成什么样的网络层安全功能？

CHAPTER 11

第 11 章　　　操作系统安全

操作系统(Operating System)是计算机系统的灵魂,它是一组面向机器和用户的程序,充当着用户程序与计算机硬件之间的接口,负责提供用户与计算机系统的交互界面和环境,其目的是最大限度地、高效地、合理地使用计算机资源,同时对系统的所有资源(软件和硬件资源)进行管理。它既是一座安全屏障,也是入侵者的首要目标。我们既要防止操作系统本身的隐患和不安全漏洞,也要防止非法者对操作系统的滥用、破坏和窃取服务。操作系统是计算机系统运行的基础,它的安全性成为计算机系统、网络系统以及在此基础上建立的各种应用系统成败的关键。本章将讨论计算机操作系统的安全性,以及安全操作系统的设计问题。

11.1　操作系统安全概述

操作系统是计算机系统安全的原始基石,现代操作系统支持许多程序设计概念,允许多道程序及资源共享,同时也限制各类程序的行为。操作系统的功能和权力如此之大,使它也成为攻击的首要目标。因为一旦攻破操作系统的防御,就获得了计算机系统保密信息的存取权。

系统安全的主要威胁,来源于各个方面,有自然的、硬件的、软件的,也有人为的疏忽、失误,还有恶意的攻击等。一个没有设防的系统或者防御性不好的系统,对合法用户与非法用户实际上提供了同样的计算和通信能力,两者都直接面对系统信息资源。这样,合法用户将难以信赖系统的安全价值,产生了系统的可信度问题。

随着开放性、标准化的广泛应用,在未来的开放系统中,采用统一总线、统一编程接口、统一信息处理格式、统一系统管理、统一应用支撑环境、标准的协议等,这对系统集成(硬件集成与软件集成)提供了极好的条件,但同时也带来了新的安全性威胁,产生了一些新的安全隐患。例如,在标准的网络和计算机系统内,计算机病毒和恶意程序的攻击范围扩大,传播过程简化,成本下降。系统被攻击的入口增多、破坏面增大、检测困难且开销很大。所以,系统愈是开放,应用范围愈宽,安全问题也愈突出。在一个开放式系统中,如果没有恰当的安全控制,极会为入侵者打开方便之门。此外,计算机网络的普及使任何一台计算机都可以通过某种途径与网络相连,通过各个站点而进入网络系统,基于本机操作系统和网络操作系统的各种应用软件,将与各种恶意的和非法的程序共存,各类计算机犯罪(如滥用、伪造、篡改、误导、窃取等)也容易乘虚而入。如果操作系统本身的安全机制不能抵挡入侵者的攻击,所造成的损坏和范围将是严重的和广泛的。

11.1.1　操作系统的安全问题

计算机系统的安全极大地取决于操作系统的安全,计算机操作系统的安全主要是利用安全手段防止操作系统本身被破坏,防止非法用户对计算机资源(如软件、硬件、时间、空间、数据、服务等资源)的窃取。操作系统安全的实施将保护计算机硬件、软件和数据,防止人为因素造成的故障和破坏。

操作系统不安全主要是由操作系统的系统设计带来的"破绽"引发的。例如,操作系统的驱动程序和系统服务通过动态链接进行打"补丁"升级,这种动态链接的方式易被黑客利用,也是计算机病毒产生的环境。其次,操作系统支持的一些功能也是外部恶意攻击的主要渠道。例如,操作系统的隐蔽通道,即为开发人员提供的便捷入口,是黑客的入侵通道;操作系统支持进程的远程创建与激活以及支持被创建进程继承创建进程的权利,提供了远端服务器上安装"间谍"软件的条件。此外,多用户操作系统支持多道程序和多个用户同时使用系统,会产生用户之间有意或无意的干扰。

在详细讨论操作系统安全机制前,我们首先要明确计算机系统中有哪些被保护实体,操作系统能够进行什么样的保护和采用什么样的方法保护。下文中,我们使用"实体"一词代表计算机系统中的被保护体,如内存、文件、硬设备、数据结构及保护机制本身。而用"主体"一词来代表用户、程序员、程序、另一实体或者其他使用实体的事务。

被保护实体属于敏感实体,即能够影响操作系统正常工作、使系统最终混乱和停止运行的关键实体部位。计算机系统中的共享实体则是安全的关键因素,这些共享实体有计算机主存(内存)、可共享的 I/O 设备(如磁盘、磁带、打印机等)、可共享的程序及子过程、可共享的数据,以及安全机制本身等。操作系统在被授权控制这些实体并完成共享时,必须保护它们,建立必要的安全机制。操作系统设计除了要避免自身缺陷之外,还要能防御系统外部的各种恶意攻击,以保证自身的完整性。

11.1.2　操作系统的安全方法

一个计算机系统(广义化为计算系统)的安全性可以建立如下的安全策略,这些策略按照其实现复杂度递增和提供安全性递减的次序排列如下。

(1) 物理分离:在物理设备或部件一级进行隔离,使不同的进程使用不同的物理对象。例如把不同的打印机分配给不同安全级别的用户。

(2) 时间分离:对不同安全要求的进程分配不同的运行时间段,允许高级别的进程独占计算机进行运算。

(3) 逻辑分离:多个用户进程可同时运行,但限定程序存取范围,使进程彼此间不相互干扰。

（4）加密分离：进程以一种其他进程不了解的方式加密其数据和计算，使对其他进程不可见。例如，对用户的口令信息或文件数据以密码形式存储，使其他用户无法访问。

在上述四种措施中，前两种是直接有效的，但会导致资源利用率下降；后两种方法主要依赖操作系统的功能实现；这几种安全分离策略也可以彼此结合。因此，在操作系统的设计中，必须恰当地考虑安全机制的设立，既要避免由建立安全机制而引入的系统负担和开销，又必须允许具有不同安全需求的进程并发执行。

试图分离用户和对象只解决了问题的一半，因为用户同时希望能够共享某些对象。例如，位于不同安全层的两个用户希望能够共享一些函数而不危及各自的安全。因此需要操作系统提供解决上一问题的保护措施。操作系统可以在任何层次上提供保护，一个特定的操作系统也可能为不同的实体、用户或者环境提供不同层次的保护措施。现存的操作系统都采用了各种方式支持上述策略的实施，这里，我们按照其实现的难度和提供的安全性能递增的顺序列出这些保护方式。

（1）无保护：它适合于敏感进程运行于独立的时间环境。

（2）隔离保护：并发运行的进程彼此不会感觉到对方的存在，也不会影响干扰对方，每一进程具有自己的地址空间、数据、文件及其他实体。

（3）共享或非共享保护：在这种保护形式中，实体分为公有或私有实体两类。任何进程都可以访问公有实体，而只有实体的所有者能访问私有实体。例如，系统资源分为"公有"和"私有"两类。

（4）存取权限保护：操作系统借助于某种数据结构，在特定用户和特定实体上实施存取控制，检查每次存取的有效性，保证只有授权的存取行为发生。

（5）权能共享保护：它是存取权限共享的扩展，操作系统为实体动态地建立共享权限，共享的程度依赖于用户或主体、计算环境和实体本身。

（6）实体使用限制保护：它不仅限制对实体的存取，也限制存取后对实体的使用。例如，某个文件可以被查看，但不能被复制。

上述的安全措施可以彼此结合，形成多种层次、多种程度的安全机制，为达到控制的灵活和可靠性，采用了安全控制粒度（granularity）的概念。即按照不同的安全需求和实体类型，决定安全控制的程度。例如，对数据的存取，可以分别控制在比特、字节、单元、字、字段、记录、文件或者文卷一级。这里，实体控制的层次越高，存取控制越容易实现。然而这样，操作系统给用户的存取权限多于用户的实际需要。例如，对某些大型实体，若用户只需存取其中的一部分，但作为系统，也必须允许控制对整个实体的存取。

11.1.3　安全操作系统的发展

世界上的第一个安全操作系统是 Adept-50，这是一个分时系统。安全 Adept-50 的工作始于 20 世纪 60 年代中后期，而安全 Multics 的工作始于 20 世纪 70 年代初期。世界上第一个操作系统（批处理系统）诞生于 20 世纪 50 年代中期，第一个分时操作系统 CTSS 诞生于 20 世纪 60 年代初期。从 CTSS 到安全 Adept-50，相距约 5 年，可以说，安全操作系统的研究在分时系统诞生后不久就开始了。

安全操作系统研究的历程划分为奠基时期、食谱时期、多政策时期和动态政策时期等四个发展阶段。奠基时期始于 1967 年安全 Adept-50 项目启动之时。在这个时期，安全操作系统经历了从无到有的探索过程,安全操作系统的基本思想、理论、技术和方法逐步建立。食谱时期始于 1983 年美国的 TCSEC 标准颁布之时,这个时期的特点是人们以 TCSEC 为蓝本研制安全操作系统。多政策时期始于 1993 年,这个时期的特点是人们超越 TCSEC 的范围,在安全操作系统中实现多种安全政策(security policy)。动态政策时期始于 1999 年,这个时期的特点是使安全操作系统支持多种安全政策的动态变化,实现安全政策的多样性。

四个时期的划分主要目的在于刻画安全操作系统研究演化的主流特点,力图反映技术进步的特征,虽然以时间为线索,但并不意味着以时间为绝对界限,比如,在多政策时期,安全操作系统的研制完全可能采用食谱时期的技术和方法,其他类推。

11.2　操作系统安全机制

随着计算机技术、通信技术、微电子技术在硬件设计、体系结构、存储系统以及软件设计等方面的最新发展,系统安全机制的实现已经采用了各种技术,例如认证技术、访问控制技术、密码技术、完整性技术、安全协议等,以及上述技术的彼此配合,在系统中形成了多种安全机制,以确保系统可信地自动执行系统安全策略,从而保护系统的信息资源、能力资源不受破坏,不被窃取和滥用,使系统提供相应的安全性服务。

安全机制有多种,每种又可细分为若干子类,在计算机操作系统、数据库系统、各类信息系统和网络系统中的安全机制也不尽相同,限于篇幅,本节仅介绍与操作系统本身密切相关的最基本的安全机制,它们是内存保护机制、文件保护机制、存取控制机制、鉴别机制、恶意程序防御机制等。

11.2.1　内存保护机制

多道程序技术是操作系统中的一个基本的和重要的特征,由于在计算机主存中可以同时存放若干道程序,那么,必须防止一道程序在存储和运行时影响其他程序的内存。幸运的是,计算机硬件系统内置了保护措施,以控制内存的有效使用。操作系统利用硬件系统提供的硬保护机制进行存储器的安全保护。目前,最常用的是界址(Fence)、界址寄存器(Fence Register)、重定位、特征位、分段和分页机制。下面从操作系统安全的角度对上述机制予以说明。

1. 界址、重定位与限界

界址、重定位与限界是最简单的内存保护机制,它是将操作系统所用存储空间与用户空间分开,并将每个用户限制在他自己的地址范围中。界址是一个预定义的内存地址,它可以由系统预先设定(固定界址),或者在操作系统引导装入过程中将此地址计算出(活动界址)后放入一个硬件寄存器中,即界址寄存器(Fence Register)中。这个地址作为一个限界,是操作系统(或者是操作系统加上其他系统驻留程序)的结束处地址,当用户程序每次修改数据的地址时,该地址自动地与界址进行比较,若地址位于用户区,则执行指令,否则产生异常或出错条件。

重定位是程序编译时假定所有程序地址均从 0 开始(获得程序的相对地址),但在程序装入系统内存时,根据实际的装入地址改变程序中所有地址的过程(获得程序的绝对地址)。一般情况下是利用重定位因子实现上述过程,重定位因子是程序装入内存的起始地址,将重

信息安全概论

定位因子加到程序的每个相对地址上即可获得程序的绝对地址。界址寄存器提供了程序重定位的可能,它作为硬件重定位机制,存放一个起始地址,以后,每个程序地址只需加上该寄存器的内容即可实现地址重定位,建立多用户环境。

但是,界址仅在一个方向上实现了主存保护,它可以保护单用户,但不能保护用户间的彼此干扰,也不能识别程序的特定区域是否受到侵犯。要克服这个缺点,可以引入第二个寄存器,即界限寄存器(Bound Register),也称基址寄存器。基址寄存器存储向下的地址界限,而界限寄存器存储向上的地址界限,每个程序的地址被强制在基址上,而程序地址完全局限在基址与界限寄存器指定的空间内。这样,就保护了程序内存免受其他用户的修改,当从一个用户程序切换到另一个用户程序时,操作系统必须改变基址和界限寄存器内容,以反映该用户的实际地址空间,这是由操作系统的调度程序在进行文本转接时实现。

借助这一对寄存器,用户可以完全被保护而免遭其他用户干扰,用户地址空间内的不正确地址也只能影响程序本身。在有的系统中,将用户程序代码和数据存储地址分开,分别用一对界址寄存器来实现存储保护,第一对寄存器对程序指令进行重定位和检查,第二对寄存器对存取数据进行重定位和检查。尽管两对寄存器不能防止程序出错,但它把数据干扰和操纵指令的影响限制在数据区,而且,将程序分成了两部分可分别重定位的块。其示意图如图 11-1 所示。

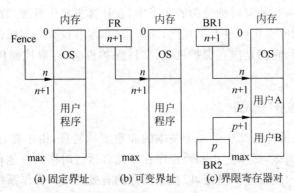

(a) 固定界址   (b) 可变界址   (c) 界限寄存器对

图 11-1　界址保护

2. 特征位

界限寄存器对把存取操作限制在一系列顺序的地址空间内,对这一空间范围的共享,要么是全部共享,要么全不共享。也就是说,一个程序要么将其所有可用数据作为可存取、可修改的,要么禁止任何存取。这种控制简单,但对于需要保护某些而非所有数据的情况则不太适合,尤其考虑到程序设计中的信息隐藏及模块化等良好设计风格,要求一个程序模块在共享另一程序模块时,仅仅使用能够使它们运行的最少的必需数据。因此,为了保证特定数据的完整性,在程序初始化时允许写入这些数据,以后则禁止程序修改,以防止程序自身代码错误。

要实施这种全部或者部分数据安全控制,可采用特征位结构,即内存的每个字中有一个或者多个附加位作为该字的存取权限,附加特征位只能由操作系统的特权指令设置,而指令存取时都对这些位进行测试。其中,某一段内存单元不允许存取,其特征位为 X(只执行),只读为 R,只写为 W,可读写为 RW。采用不同的特征位可将不同类的数据(如数字、字符、地址、指针、其他)分开,形成数据在内存中的保护。如果将特征位的概念扩展到特征字或特征单元,则可以实现对某一区域、段或堆栈的安全保护。特征位结构曾在 IBM S/38、Burroughs B6500/7500 系统中得以应用。

3. 分段与分页

程序分段提供了类似于无数个界限寄存器对的功效,程序本身被划分为许多具有不同存取权限的独立块,每块是一个逻辑实体,其代码与数据间存在联系。每段具有唯一的名字,段内代码或数据基于的段起始地址,以位移量(偏移量)描述。每个段都可以被分别重定位,一个段可存放在任何可用的内存单元内,系统通过段表等结构查找并得到实际地址。用户程序并不知道,也无须知道它所使用的实际内存地址,这种地址隐藏特性对操作系统来说有如下优点:

(1) 操作系统可将任何分段移到任何内存单元中,段的移动只需修改段表参数;

(2) 对于当前或长期未使用的段,操作系统可将其移出主存,让出存储空间;

(3) 操作系统对每次地址引用,进行安全保护检查。

因此,对未列入表中的分段,进程将推迟存取,从而防止了非法进程存取该段。

程序分段是通过硬件和软件共同完成的,操作系统与硬件的配合可以很容易地将特定级别的保护和特殊的分段联系起来,进行存取时的检查和保护。从保护的角度来看,每个地址的引用都要作保护检查,不同层次的数据可赋予不同的保护级别,多个用户既可共享存取段,但又具有不同的存取权限,而且,用户不可能产生地址或者企图访问不允许访问的分段,这就是分段的优点。

与程序分段类似,许多操作系统采用了分页机制。分页的地址转换处理与分段非常类似,操作系统通过一张页表将用户程序地址转换为内存实际地址。与分段不同的是,所有页的大小是一样的,因此不存在“碎片”问题,也不存在地址超出页尾的问题,超出特殊页尾的位移将改变地址页号,从而改变地址。对程序员来说,可以感觉到段,但无法感觉到页,不存在页的逻辑实体,因此,也不可能将页中的内容设定为只读或只执行。鉴于分页在实现上的有效性和分段产生的逻辑保护特性,将两者结合就形成了段页式内存管理。

11.2.2　文件保护机制

文件系统是操作系统中一个重要部分,文件系统的结构体现了操作系统的特色,也极大地影响操作系统的性能,是操作系统设计中的基础与难点。文件(包括以文件形式存放的各类数据文档、用户程序、图文声像资料等)是操作系统处理的资源,文件存放在磁盘、磁带这些可随机存取的辅助存储介质上。因此,对文件系统的保护机制就分为对文件系统本身和对文件存储载体的安全保护。

所有多用户操作系统都必须提供最小的文件保护机制,防止用户有意或者无意对系统文件和其他用户文件的存取或修改,用户数越多,保护模式的复杂性也越大。下面列出几种基本的文件保护方法。

1. 一般性有无保护

在早期操作系统中,文件被认为是公用的,任何用户均可存取系统和其他用户的文件,这是基于信任的保护原则。然而,对于某些特定文件和敏感文件,一般采用口令的方式进行文件保护,将口令用于控制所有存取操作(读、写和删除等操作),采用允许或者禁止的方式进行控制,这种干预一般是通过系统操作员进行的。

一般性有无保护机制在实施过程中遇到了一些问题,基于可信用户保护原则的假设不一定合理,对用户数很少且彼此了解的系统,相互是可信的,而对用户数较多的大型系统,用户间并不了解,不存在信任的基础。即使标识了一系列可信用户,也无法允许仅对他们开放存取权。所以,一般性有无保护机制较适合于批处理系统,而不适合于分时系统。因为前者用户很少有机会相互接触,用户彼此按照自己的思路使用系统,而后者用户间相互接触多并可选择程序的执行时间,可能将计算任务都安排在共享一个程序或者其他用户数据的时候。而且,用户知道系统中所有文件,可以浏览任何未被保护的文件。

2. 成组保护

成组保护主要用于标识一组具有某些相同特性的用户。例如,通常将用户分为三类,即普通用户、可信组用户和其他用户(简称用户、组和其他)。UNIX、VMS 操作系统中则采用此类保护方式。

所有授权用户都被分为组,组可以包括在一个相同项目上工作的成员、班级、部门或单个用户,共享是选择分组的基础,组中成员具有相同的兴趣,能够彼此共享文件或数据,但一个用户不能属于多个组。

分组方式很简单,使用两个标识符 ID 即可标识用户 ID 和组 ID,标识符保存在每个文件的目录记录中。建立文件时,用户为自己、组中用户以及其他普通用户定义存取权限,由操作系统记录。这个存取权限的选择是一个有限集合,如读、写、执行、删除,根据不同情况设置三类用户不同的存取权限。因此,检查用户是否具有对某个文件的存取权限,只需检查其组 ID 和要存取的文件的组 ID 是否匹配。

成组保护实现简单,但具有一些新的问题。其一,组隶属问题是个敏感问题,如果一个用户属于两个组,会产生二义性。例如,用户 A 与 B 在一组,若 A 又与 C 在另一组,若 A 将一文件设定为组内只读,是否对两组中用户都有效? 因此,操作系统一般限制每个用户只能属于特定的组。其二,为克服每人一组的限制,某个用户可能有多个账号,其效果类似于多用户。例如,用户 A 得到两个账号 A1 和 A2,分别属于两个组,那么,在 A1 账号下开发的任何文件、程序及工具,只有在它们可用于整个系统时才能由 A2 使用。这样,会导致账号猛增,文件冗余,系统开销增加,使用不便。

3. 单独许可保护

单独许可保护是指允许用户对单个文件进行保护,或者进行临时权限设置。在这种类型的文件保护措施中,口令得到了简单的应用。

文件的口令保护机制是,用户将口令赋给一个文件,对该文件的存取只限于提供正确口令的用户。口令既可用于任何存取权限,也可只限于一种权限,还可以为每个文件产生出不同的口令。文件口令的设置必须考虑类似于身份鉴别口令一样的问题,例如口令的丢失、泄漏、取消等问题。如果用户口令丢失(忘记),不能一般地替换,系统管理员通常也不能确定用户的口令,但可采取特殊的手段去掉或者设置新口令。如果口令泄漏给非授权者,文件就不安全,用户则需改变口令重新保护文件,并将新口令通知组内和其他所有合法用户。若要撤回用户对某一文件的存取权,也必须改变口令。而且,考虑安全的时效性,用户可以阶段性地对重要文件改变并设置新的口令。

临时权限获取是另一类单独许可。在 UNIX 系统中，文件保护为三个层次，即用户、组和其他用户。UNIX 提供了一种设置用户标识 suid 的许可。对要执行的文件设置这种保护，其保护级别为文件的属主而非执行者。例如，用户 A 拥有一个文件并允许用户 B 执行，那么，用户 B 执行该文件时应当有 A 的保护权限，而非自己的权限。这种独特许可方式是很有用的，它允许用户建立一个仅能通过特定过程才能存取的文件。又如，用户 A 编写了一个应用程序，仅 A 有存取权，并借助 suid 保护。如果用户 B 运行该程序，他仅在程序运行时临时获得 A 的许可权，当 B 从该程序退出时，他重新获得其自身的存取权而放弃 A 所赋予的权限。这种安全机制适用于普通用户以事先规定的方式所完成的系统功能。即只有系统才能修改用户的口令文件，单个用户则能任意改变自己的口令。借助 suid 特性，口令改变程序为系统所有，它有权存取整个系统的口令表，该程序本身也具有 suid 保护。

将单许可保护扩展，可形成单实体及单用户保护。利用前述的存取控制表或存取控制矩阵，可以提供非常灵活的保护方式。例如，VMS_SE 操作系统采用存取控制表（ACL），可对任何文件建立 ACL，指定能存取该文件的主体和拥有的存取类型。对位于不同组中的用户，系统管理员使用普通标识符建立一个有效组，允许其中的成员存取某个文件。例如，一个软件开发项目，程序员 A 属于第一组，B 属于第二组，C 和 D 属于第三组，从软件开发目的出发，系统用一个标识符 PROJ 包含这四个程序员，允许 PROJ 下的成员存取某个或某些文件，而不让同在第一、二、三组中的其他成员存取该文件，从而形成了一种实体保护。在 VMS 操作系统中，也可以将 ACL 用于特定设备或者设备类型，允许用户访问特定的打印机、电话线路、调制解调器以及限制网络存取等。IBN MVS 操作系统增加了资源存取控制设施（RACF）为其数据集提供了类似的保护方式，系统允许文件属主给文件赋予默认保护（允许所有用户存取），然后为特定用户赋予存取保护类型。

11.2.3　用户鉴别机制

操作系统中许多保护措施都是以确认用户的身份，即判断是否系统的合法用户为基础的。身分鉴别是操作系统中相当重要的一个方面，也是用户获取权限的关键。为防止非法用户存取系统资源，操作系统采取了切实可行的、极为严密的安全措施。身份认证和鉴别目前可以通过多种媒体手段实现，例如证件、文件、图片、声音等，基于这些鉴别媒体的系统已经开发出并付之应用。用户认证机制包括两个方面，即用户识别和验证。

用户识别是"一对多"的搜索和发现过程。例如，日常生活中遇见一个人，人们就会反复搜索脑中的记忆，直至明确他或她的身份。当然也有失败的时候，会认错人，这种错认是识别的弱点。识别的安全问题一般是基于知识、财产、特征等识别项或者它们的组合来考虑的。知识是个人所已知的某些东西，如口令、个人身份代码等。财产是个人具有的某些东西，如 ID 卡、护照、钥匙等。特征则是个人的生理特征，如面孔、声音、指纹等。生理特征不会轻易地被忘记、遗失和盗窃，而知识、财产项则可能被窃取和欺骗，因此，基于生理特征的识别和验证机制已经进入实用。

用户验证没有识别所具有的弱点，因为它是"一对一"的过程。通过一对一的声明、提问、应答，能够证实我们不曾相识的、自称为某人的人是真实的。当然，也存在特征与标志的伪造，因此，验证不会简单地给出是与不是的回答，而是给出识别某人的可信等级。在安全性系统验证中,一般给出两种错误率,即错误拒绝率(PRR)和错误接受率(PAR)。错误拒绝率(用户被拒绝)约小于十万分之一,而错误接受率(黑客入侵)则允许在 1：20 左右。高可靠性的系统要求错误接受率几乎为零,仅允许极低的错误拒绝率。限于篇幅,本节仅讨论常用鉴别机制。

随着多用户终端系统(也称终端网络)和计算机网络的普及,计算机系统在许多场合是不安全的,容易受到入侵和攻击,任何人都可以试图登录进入系统。所以,身份鉴别机制必须基于计算机系统和人双方都能够认可的鉴别媒体和知识。最常见的身份鉴别机制是口令(password)。此外,数字签名、指纹识别、声音辨识等操作系统安全机制也正在建立之中。

1. 口令

口令是计算机和用户双方都知道的某个"关键字"(Keyword),是一个需要严加保护的对象,它作为一个确认符号串只能由用户和操作系统本身识别。然而,口令的实际使用往往降低了其安全性。下面,我们着重讨论口令设置、选择、认证与鉴别,以及口令使用中的问题。口令是相互认可的编码、单词或关键字,并保证只被用户和系统知道。在某些场合,由用户选择设置口令,而在另一些场合,由系统设置和指派口令。口令的长度及格式随系统的不同而异。口令的使用相当简单,当用户输入某一标识,如姓名或者用户标识号后,系统再提示用户输入口令。前者是公开或者容易猜到的,未真正提供系统安全。用户再输入的口令若与系统记录的口令相匹配,则该用户被系统所认证,若口令匹配失败,用户可能输错口令,系统将提示再次输入。

1) 口令的安全性

口令的安全性是操作系统设计时需要认真考虑的问题,它包括口令字符串的选择、口令数据的存放、口令的查找匹配等。系统入侵者往往采用下面的几种方式试探和套出口令对系统进行攻击。如:采用穷举法尝试所有可能的口令、利用经验法尝试最常用和可能的口令、搜索系统中的口令表、询问用户、编程截取套用口令等。

由于口令所包含的信息位较少,因此,它作为一种保护机制是很有限的。一个短的和明显的口令很容易被识破,使入侵者破坏安全注册有了可乘之机。在穷举攻击中,入侵者尝试所有可能的口令,其数目依赖于特定系统的实现。这种办法对临时入侵者是很难实现的,对专业破译者也被局限在计算复杂性中。例如,如果规定口令为 A～Z 的字符组成,长度在 1～8 个字符之间,那么,一个字符的口令有 26 个,2 个字符的口令有 26^2 个,8 字符的口令有 26^8 个,可见,整个系统可能的口令总数为

$$Np = \sum_{i=1}^{8} 26^i \approx 2.17 \times 10^{11}$$

若试探者每千分之一秒尝试一个口令,测试完所有口令也将花去约 7 年(还不包括大写字母),这实际上是不可行的。

如果口令均匀分布,查找期望口令的搜索次数为口令总数的一半,然而口令常常并不是均匀分布的。由于人的思考记忆方式和心理因素,常常选择那些简单、易记、有某种规律和特征、或者对自己有某种意义的字词作口令。攻击者利用人们的这些习惯,有目的地、分类地尝试获取口令。例如,只测试长度小于或者等于 3 的口令仅需 18 秒。若假定口令为常用英文单词,对含有 8 万常用单词字典的检查仅需要 80 秒。如果用户采用与自身有关的

东西作为口令,如亲友名、动物、街道、重要日期等,尝试成功的可能性就更大。研究表明,采用这种相关性进行口令探查的成功概率甚至达到 86%。

2)口令记录与查找

系统口令表或口令文件也是攻击者的目标。因为口令验证需要将用户输入的口令与系统记录的口令进行比较确认,如果攻击者找到系统记录的口令,就不必去花费心机猜测。系统中用户的口令与用户 ID 一起形成一个列表,这个表是一个关键数据结构,根据系统设计不同,它可以作为一个文件存放在磁盘等辅助存储器中,也可作为一个特殊块存放在磁盘某个区域,而且,为了加快系统响应,该口令表的副本还可能调入内存。入侵者可能利用操作系统的某个漏洞找到这个表,从而盗取口令。

口令表的安全保护是强制性的,仅允许操作系统本身存取,或者进一步强制为仅允许那些需要访问该表的系统模块(如用户身份鉴别模块、用户登录注册或注销模块)存取,不允许其他无关的系统模块(如调度程序、记账程序或存储管理模块)存取。对于采用文件或数据区方式存放的口令集来说,必须防止入侵者采用磁盘分析程序、磁盘诊断工具等软件查找口令,对敏感磁盘区域进行保护。而对于查找内存口令副本的入侵者,要防止利用内存转储、内存映像等方式套出全部内存数据,经过搜索分析找到看似口令表的数据。此外,为了在出错时恢复系统,有的系统要求周期性地后备某些文件,由于后备信息存放在磁盘或者磁带等并不具有专门存取控制的介质上,对这些后备数据信息的分析也可能导致口令表文件泄密。所以,一般情况下,口令表以明文形式存放是不允许的,对口令的加密存放将大大加强口令的安全系数。

系统口令的记录除了存放在磁盘上,还可以存放在可写非易失存储器中,例如,存放在 CMOS 芯片的寄存器或存储器中,系统关机后可由电池维持记录。用户输入口令既可放入内存,也可存入磁盘中。

3)口令的选择

口令的选择是一个重要问题,必须选择合适的口令,并使口令很难被猜出且很难确定。对口令选择的建议如下:

第一,增加组成口令的字符种类。除采用 A~Z 的字母外,增加字符种类可增加口令的破译难度。例如,仅采用大写 A~Z 字母,只有 26 种口令,加上大小写和数字后成为 62 种,若采用这些字符的组合,则大大增加了口令的选择度和破译难度。检测仅由一种方式(如大写字母)的字母组成的所有 6 字母单词将花费约 100 小时,而检测由大小写和数字字符组成的所有 6 字符口令将需要 2 年。从而使此种攻击方法失去吸引力。

当口令的字符数超过 5 时,其组合数将呈爆炸型增长趋势。口令越长,被发现和破译的可能性就越低。

第二,避免使用常规名称、术语和单词。非常规的字符组合会增大攻击者穷举搜索的难度,而不能使用简单的字典搜索。因此,既要选择不太可能的字符串作口令,又需要易于记忆。这是一对矛盾,因此,可以采用用户的私人词汇中对自己有意义,而对别人似无意义的字符串,例如:采用 2Brn2B,看似无意义,其实它是"to be or not to be"的缩写变换,很难被识破。为帮助用户选择口令,有的操作系统(如 VMS)随机地产生一些口令让用户挑选,这些口令虽无意义但可以拼读,可以有效地使用。

第三,保护口令秘密。不要将口令书面记录,也不要告诉任何人,并且定期更换口令,放弃过时的口令。有的操作系统在口令到期后提示并告警用户改换口令,或在口令失效后禁止用户操作和存取,或者强迫用户修改口令,这就更增大了口令使用的安全性。更换口令时,为了防止口令的重用,操作系统会拒绝最近使用过的口令,防止重复使用导致失密。

第四,采用一次性口令。一次性口令是每次使用后都作更换的口令。这里,由操作系统指定一个数学函数,提供该函数的一个变量,用户计算并返回函数值,按照用户的响应判断其真实性。这种口令的机密性能好,而且,在网络的主机通信中可使用非常复杂的函数代替简单的口令函数。例如,采用函数 $f(x) = x+1$,系统实施时提示用户一个 x 值,而用户输入 $x+1$,系统根据响应确认。又如,采用函数 $f(a_1a_2a_3a_4a_5a_6) = a_1a_3a_4a_6$,此时,操作系统提供特征串,用户必须以某种方式变换此字符串,输入后进行口令认证,它同样可以有多种不同的字符操作。采用一次性口令进行身份鉴别是相当保密的,因为截取到的口令是无用的,不过,要求用户记住给出口令响应值的算法,受到记忆算法的复杂性限制。

4) 口令的加密

口令或口令文件加密后,文件内容对入侵者将毫无用途,通常采用的加密口令表的方法是传统加密法和单向加密法。

传统加密法加密整个口令表或者只加密口令序列,当系统收到用户输入的口令后,所存储的口令被解密,然后将两者进行比较。该方法的缺陷在于,在某一瞬间会在内存中得到用户口令的明文,任何人只要拥有对内存的存取权即可获得。

单向加密法是更常用的更安全的口令加密法,它是一种加密相对简单但解密却相当难的加密函数。例如,函数 X 很容易计算,但其逆函数 $\sqrt{X}$ 却很难计算。口令表中的口令以密文形式存放,用户输入的口令也被加密,然后将两种加密形式进行比较,若相等则口令认证成功,该算法必须保证两个口令不能有相同的密文。采用单向加密的口令文件可以以一种可见形式存放,此时,用户均可读口令表,口令表的后备也不再是一个问题,然而要破译口令表则不是一件容易的事。

如果两个用户选择了同样的密钥,会在口令表中建立两个相同的记录,此时,即使这些记录是加密的,用户也会知道它们的明文是相同的。如何克服这一缺陷呢? UNIX 操作系统中对口令进行了扩展,用称为"保留信息"的方法来克服此缺陷。保留信息是由系统时间和进程标识符组成的 12 位数字,因此,它对每个用户来说是唯一的。用户选择口令时也将保留信息加到口令上存储,由于用户选择口令的时间和用户标识不同,其保留信息也不一样,于是,两个用户口令虽同,但加密后的结果将完全不同。若此时查看口令表,两者的口令加密形式将不再一样。

口令表也可以施以伪装、加上存取限制,使表的内容和存取控制提供两层安全,即使入侵者进入系统,他也无法获取有用信息。

口令的设置是非常巧妙的,正确有效地利用口令机制能够有效地保护计算机系统不受攻击和入侵,而研究口令的记录、存放、搜索和比较方法,更增加了口令的机密性和安全性,因此,几乎每个操作系统都将口令机制作为首选的身份鉴别机制。

2. 其他身份鉴别机制

下面介绍其他身份鉴别机制。

(1) 多重鉴别机制。采用多重口令是防止入侵者进入系统的一种方法,在系统登录的各个环节、系统操作的某个层次,都可以设置口令和关键字,只有每次口令都正确,才能真正进入系统。即使入侵者窃取到了开始的登录口令,也很难获取所有口令。而在多口令中的每一处口令若失败,也可以退回到最开始登录过程,或者给出安全报警。DEC 的 VMS 操作系统就提供了多口令保护技巧,这些技巧可以由用户使用或者由安全管理员提供,并且能限制入侵者猜测口令的次数。将身份鉴别与存取权限等其他机制相结合,可以形成多种多重鉴别机制。例如,辅助以存取权限,当用户无任何正当理由企图存取其他用户或者系统保密区域时,该用户被鉴别为非法用户,系统检测到这些违章存取操作时,可以记录、停止、断开或挂起这些操作,给出警告,直到系统安全管理员清除这一现象。

（2）登录应答机制。这是利用一次性口令的概念,与用户口令配合使用的身份鉴别。我们知道,登录通常是不随时间变化的,除了更换口令外,每次登录都没有什么差异。如果采用应答机制,系统对用户的响应在用户每次登录时都不一样。例如,系统显示一个四位数字,每个用户采用不同的应答函数进行运算,并给出回答,确认后再进入系统,或者再输入口令。由于存在许多种应答函数,即使入侵者窃取了用户标识和口令,也不一定能够推导出相应的应答函数。

（3）辅助身份鉴别。采用某些物理设备可以进行辅助身份鉴别。这些设备包括笔迹鉴别器、声音识别器、指纹识别器、视网膜识别器等,这些设备的身份鉴别具有不可伪造特性,虽然目前价格昂贵,但随着市场需求的增加,价格将会逐渐降低,并与操作系统配合可以获得极高的安全性,可用于极端保密环境。将用户限制在特定物理终端和机位上、或者限制在特定的时间内使用机器,也是辅助身份鉴别的一种方法。它便于系统管理和以后的系统安全审计。

3. 身份鉴别机制存在的问题

在用户身份鉴别过程中,会存在一些缺陷,最常见的则是口令或标识的窃取。对于口令机制,我们假定知道口令的人是口令的拥有者,然而,口令可能被猜中、推导或者推想出来,或者在用户使用时窥视、窃取到。那么,口令的真实性就成为身份鉴别本身的一个问题:口令的真实性需要有更令人信服的证据。由于在常规系统中,证据是单方面的,系统需要用户特定的标识,而用户必须信任系统。入侵者采用假冒登录过程,就会很容易地套取口令和用户标识。例如,入侵者用一段简单的程序仿效系统登录和屏幕提示,程序建立后,故意离开终端或者站点机,等待天真的受骗者登录。此时,假登录程序记录用户所输入的口令及标识,并保存在入侵者指定的文件中,同时提示用户登录错误而退出回到系统真正登录过程。这种攻击是一种特洛伊木马,天真的用户不会怀疑他的口令和标识已经泄漏、被窃取。要防止这类攻击,用户应当确信进入系统的路径每次都被初始化。例如,系统采用一个热键（如 Break）按下后终止该终端所运行的任何进程,并启动初始登录进程。此外,用户也要确认系统的合法性,在此之前不会输入保密数据或口令。例如,系统可提示用户最近登录的时间（此时间也可加密）,用户在输入口令之前先证实日期和时间是否正确,确认在以前的登录中未有口令截取,于是输入该时间标志及口令。

11.2.4　存取控制机制

内存保护是实体保护中的特例,随着多道程序概念的扩展,可共享的实体种类和数目不断上升,需要保护的实体也扩展到存储器、可执行程序、文件目录、I/O 硬设备、系统数据结构（堆栈、表、特权指令等）、口令及身份鉴别以及保护机制本身。存取是保护机制的关键,存取点的数目很大,且所有存取不可能通过某个中心授权机制进行,存取的种类也不只限于读、写和执行。存取一般通过程序来完成,因此,程序可被看作存取的媒介。存取控制机制对保护实体实现如下目标。

(1) 设置存取权限:为每一主体设定对某一实体的存取权限,具有授权和撤权功能。

(2) 检查每次存取:超越存取权限的行为被认为是非法存取,予以拒绝、阻塞或告警,并防止撤权后对实体的再次存取。

(3) 允许最小权限:最小权限原则限定了主体为完成某些任务必须具有的最小数目的实体存取权限,除此之外,不能进行额外的信息存取。

(4) 存取验证:除了检查是否存取外,应检查在实体上所进行的活动是否是适当的,是正常的存取还是非正常的存取。

上述权限保护机制在操作系统中得到了广泛应用,下面的讨论针对一般实体的保护机制,它们可以用于前述的任何种类的实体。

1. 目录控制表

我们以文件目录保护来说明这种简单权限,其概念可推广至任意实体及主体。由前所述,对文件的主要权限是读、写和执行,此外,还有另外一种权限即授权和撤权,它属于某个主体(属主(owner))。每个文件具有唯一的属主,拥有大多数存取权限,包括对其他主体赋予权限和随时撤回权限。

以文件目录为例,系统不允许任何用户写入文件目录,以防伪造存取文件。于是,禁止用户直接对目录存取,但用户可通过系统进行合理的目录操作。目录机制使每个用户有一张表,表中列出该用户允许存取的所有实体。对某些共享实体(如子程序库和公用表格)所有用户均可存取,即使他们不用,也仍然列入目录表中。所以,目录机制是最简单的存取权限控制。

授权与撤权是权限控制中的重要问题,两者代表了一种可信任度。例如,属主 A 将文件 F 的读权限赋予(传递给)用户 S,则必须在 S 的目录中记录 F,此时,A 和 S 具有相同的可信任级别。属主 A 也可以随时撤回 S 的这种权限,操作系统只需简单地删除 S 对 F 的存取权限,删除该目录下的这个记录即可。当然,在大型系统中这种搜索会增加系统开销,如果 S 又将存取 F 的权限传递给另一用户,则可能造成撤权不彻底。

目录存取权限会产生别名问题和多存取权限,使目录机制不适应复杂的系统。例如,有两个用户 A 和 B,分别有两个不同的文件被命名为 F,它们又同时可被 S 存取,但在 S 的目录中不能同时有两个相同文件名,必须对这两个文件采用唯一的标识。于是,就产生了属主名成为文件名的一部分,如 A:F 和 B:F 形式,有的系统称为路径名(pathname)。如果 S 为避免重名将 A:F 重新命名为 G,它可能忘记 G 来自 A,并在某个时候再向 A 请求 F,A 也可能再向 S 授权存取 F。此时,S 目录中就有了不同的对 F 的存取权限集,一个用 G,另一个用 F。因此,允许使用别名将产生多次请求的可能,每次请求也并非一样,使目录机制变得更复杂,反而影响了安全性。

2. 存取控制表与控制矩阵

存取控制表(Access Control List)是实体记录所有可存取该实体的主体及存取方式的一类数据结构。每个实体都有这样一张表,它不同于目录表,目录是由每个主体建立的,而存取控制表是对每个实体建立的。因此,可将目录控制表看作单个主体能存取的实体表,而将存取控制表看作能存取单个实体的主体表,所有数据在两种表示中是等价的,区别在于它们适用的场合。

采用存取控制表,可以对所有用户采用一般的默认记录（默认权限集）,而对特定用户赋予某个显式权限。这样,公共文件或程序就可为系统中所有用户共享,而无须在每个用户的目录下记录该实体,使公共实体的控制表可以非常小。存取控制表可以按分类次序组织,存取许可检查仅找出第一个满足条件的记录。例如,主体 A 与 B 同时存取实体 F,操作系统只维护 F 的存取表。MULTICS 操作系统采用这种方式建立存取权限,表中每个用户属于三个不同保护类,即用户、组和隔离组。用户表示特定主体,组包括具有共同兴趣或关系的多个用户,隔离组用于限制非信任实体。

如果将存取表以另一种方式表示,可以形成存取控制矩阵（Access Control Matrix）。矩阵的行表示主体,列表示实体,每个记录则表示主体对实体的存取权限集。通常,存取控制矩阵是很稀疏的,大多数主体对大多数实体并无存取权限。由于它是一个三维向量（主体、实体和权限）,当搜索数目很大时系统开销也很大,使系统效率降低,实际实现中很少使用这种方式。

3. 权能

权能（capability）是一个提供给主体对实体具有特定权限的不可伪造标志。其原理是主体可以建立新的实体,并指定这些实体上允许的操作。它作为一张凭证,允许主体在某一实体上完成特定类型的存取,而且该凭证是不可伪造的。也就是说,系统不直接将此凭证给用户,而是操作系统以用户的名义拥有所有凭证,仅在用户通过操作系统发出特定请求时才建立权能,每个权能也标识可允许的存取。例如,用户可以创建文件、数据段、子进程等新实体,并指定它们可接受的操作种类（读、写或执行）,也可以定义以前未定义的存取类型（如授权、传递等）。

具有转移或传播权限的主体可以将其权能的副本传送给其他实体,该权能同样具有一张许可存取类型的表。例如,进程 A 将权能副本传递给 B,B 也可将权能传递给 C,但为防止权能的进一步扩散,B 在传递权能副本给 C 时可移去其中的转移权限,于是,C 将不能继续传递权能。权能也是一种在程序运行期间直接跟踪主体对实体的存取权限的方法。一个进程具有自己运行时的作用域,即存取的实体集,如程序、文件、数据、I/O 设备等。当运行进程调用子进程时,它可以将存取的某些实体作为参数传递给子进程,而子进程的作用域不一定与调用它的进程相同。即调用进程仅将其实体的一部分或部分存取权限传递给子进程,子进程也拥有自己能够存取的其他实体。由于每个权能都标识了作用域中的单个实体,因此,权能的集合就定义了作用域。当进程调用子进程并传递特定实体或权能时,操作系统形成一个当前进程的所有权能组成的堆栈,并为子进程建立新的权能。权能也可以集成在系统的一张综合表（如存取控制表）中,每次进程请求都由操作系统检查核实该实体是否可存取,若是,则为其建立权能。

权能必须存放在内存中不能被普通用户存取的地方,如系统保留区、专用区或者被保护区域内,在程序运行期间,只有被当前进程存取的实体的权能能够很快得到,这种限制提高了对存取实体权能检查的速度。由于权能可以被收回,操作系统必须保证能够跟踪应当删除的权能,彻底予以回收,并删除那些不再活跃的用户的权能。

4. 面向过程的存取控制

存取控制既控制对某个实体的存取主体,也控制对该实体的存取方式。大多数操作系统对读、写控制容易实施,但对复杂的控制较难达到。如果采用面向过程(Procedure Oriented)的保护,即存在一个对实体进行存取控制的过程,它将在实体周围形成一个保护层,只允许特定的存取。这样,过程可以通过可信任接口请求存取实体,并通过过程自身的检查保证调用是合法的。面向过程的保护实现了信息隐藏,对实体控制的实施手段仅由控制过程所知,但当实体频繁调用时,会影响系统速度。

对存取控制的研究正在积极进行,机制从简单到复杂,保护也更加灵活,而实际操作系统中对存取控制的采用,仍然是在保护功能和系统开销之间进行平衡。

11.2.5 恶意程序防御机制

恶意程序防御机制是一类新的、在原操作系统设计时并未考虑的安全机制。恶意程序是所有含有特殊目的、非法进入计算机系统并待机运行、能给系统或者网络带来严重干扰和破坏的程序的总称。它一般可以分为独立运行类(细菌和蠕虫)和需要宿主类(病毒和特洛伊木马)。细菌(Germ)是一种自身连续复制的恶意程序,它不停地运行,抢占 CPU 时间和磁盘空间,最终使系统瘫痪。蠕虫(Worm)是一种可利用网络传播的恶意程序,它利用网络资源共享的特点来扩散错误,独立运行并自身复制,抢占信道和内存,导致网络阻塞。特洛伊木马(Trojan Horse)则是一种在正常程序中隐藏特殊指令的程序,它平时不影响系统完成原有任务,但能使计算机执行一些非授权功能,或者在特殊条件(时间或逻辑条件)满足时执行恶意操作(也称逻辑炸弹)。计算机病毒(Computer Virus)是人为编制的短小程序,它附着在其他程序或者代码块上运行、复制和传播,具有潜伏性和较大的破坏性。目前,计算机病毒这个术语常用于代表各类恶意程序。

计算机病毒的出现突破了计算机安全早期的防御策略,许多早期的安全模型在进行深入研究后发现有问题,尤其当计算机病毒和某些恶意程序以"合法"程序的机制交叉融合后,产生了变异性、多形性和隐蔽性,使得操作系统在防御恶意程序和计算机病毒方面处于一个十分严峻的形势。恶意程序高度依赖于它们所运行的操作系统,因此防御措施也因系统不同而异。目前,各类新型操作系统都增加了对计算机病毒的防御措施,但并没有统一的标准,总体上包含三个部分,即计算机病毒的防御、检测和消除。

1. 病毒防御机制

病毒防御机制是针对病毒的运行特征而采取的层层设防、级级设防措施。众所周知,病毒的运行特征和过程是:入侵→运行→驻留(潜伏)→感染(传播)→激活→破坏。可见,在上述链中的任何一处采取措施,均可进行防御。病毒防御机制的实施通常与系统的存取控制、实体保护等安全机制配合,由专门的防御程序模块完成。防御的重点在操作系统敏感数据结构、文件系统、数据存储结构、I/O 设备驱动结构上。

操作系统的敏感数据结构包括系统进程表、关键缓冲区、共享数据段、系统记录、中断矢量表和指针表等关键数据结构,病毒会试图篡改其中的数据,甚至删除某些记录,使系统运行出错。文件是病毒攻击的重点,尤其是可执行文件,它也是病毒附着和潜伏的宿主之一。病毒侵入文件、将病毒体附着于文件上、修改文件长度、篡改文件指针,当文件执行时激发病毒体继续传染或破坏。数据存储结构也是攻击对象,病毒改动磁盘结构、修改数据记录、破坏文件系统在磁盘上的存取结构。此外,病毒也篡改设备驱动程序、修改指针,破坏设备操作。针对上述攻击,病毒防御机制采用了存储映像、数据备份、修改许可、区域保护、动态检疫等方式。

存储映像是保存操作系统关键数据结构在内存中的映像,以防病毒破坏或便于系统恢复。例如,将系统中断矢量表、设备链表、系统配置参数表等做一映像,形成一个副本,在系统运行过程中比较或恢复这些关键数据。数据备份类似于映像,但主要针对文件和存储结构,将系统文件、操作系统内核、磁盘主结构表、文件主目录及分配表等建立副本,保存在磁盘上以作后备。修改许可是一种认证机制,在用户操作环境下,每当出现对文件或关键结构的写操作时,提示用户要求确认。这也是防止病毒感染传播的一种基本手段。区域保护借助禁止许可机制,对关键数据区、系统参数区、系统内核禁止写操作。基于一般用户不具有对这些区域的写权限考虑,它很容易地对某些实体(如磁盘、文件)设置标记,并不让用户知道,用户被限制在他们允许的区域内操作。动态检疫将主动性引入了防御机制,在系统运行的每时每刻,它都监视某些敏感的操作或者操作企图,一旦发现则给出提示并予以记录,它可以与病毒检测软件配合,发现病毒的随机攻击。上述的机制都是嵌入操作系统模块中或者以系统驻留程序实现,对操作系统设计来说起到一种打"补丁"的效果,并不是非常严格。更深入的病毒防御机制将在操作系统设计初期予以考虑。

2. 病毒检测与消除

目前的操作系统本身并不提供病毒检测和消除功能,而把它留给与操作系统配套的软件去实现。这是因为理论上已经证明:不存在通用的检测计算机病毒的方法和程序,而且大多数计算机病毒不能被精确检测。同时,计算机病毒的检测与消除与所运行的操作系统有密切的关系,由于操作系统的复杂性,病毒被发现和消除后的系统恢复是一项非常困难的工作,对感染病毒或者病毒清除后的系统的可信度的验证,也是正待解决的问题。以独立软件套件出现的病毒检测消除软件,在一个方面保证了系统的安全性。

病毒检测分为系统静态检测和动态检测。静态检测指的是系统处于待机状态或连网状态,利用病毒检测软件检查和扫描系统主存空间和外存(磁盘)空间,查找可能驻留在内存或者隐藏在磁盘区域、磁盘文件中的病毒程序、带毒文件等。这种检查多基于病毒特征码扫描方式,也针对系统文件、数据结构、指针指向等关键数据是否被改动等因素检测病毒。动态检测是在系统运行过程中,利用防御机制和病毒检测软件,当病毒试图攻击系统、感染系统文件、修改系统数据时给出报警。病毒检测中的重要问题是动态检测,关键是如何区别正常的、合法的操作和病毒的非法的、不正常的操作,需要解决漏报、误报和错报的问题。

检测的正确才是清除的基础,否则,病毒的清除会产生一系列的副作用。轻者使被清除病毒的文件破坏、程序失效,重者使系统关键数据丢失,或者未完整恢复,造成系统崩溃。此外,由于操作系统的版本间的兼容性、机器的兼容性、软件版本的兼容性,在病毒清除后的系统恢复问题上遇到了很大的困难。

鉴于病毒防御的细节问题已超出本章内容,这里不再赘述。

11.3　安全操作系统设计

1972 年,作为承担美国空军的一项计算机安全规划研究任务的研究成果,J. P. Anderson 在一份研究报告中提出了引用监控机(reference monitor)、引用验证机制(reference validation mechanism)、安全核(security kernel)和安全建模(modeling)等重要思想。这些思想是在研究系统资源受控共享(controlled sharing)问题的背景下产生的。

把授权机制与能够对程序的运行加以控制的系统环境结合在一起,可以对受控共享提供支持,授权机制负责确定用户(程序)对系统资源(数据、程序、设备等)的引用许可权,程序运行控制负责把用户程序对资源的引用控制在授权的范围之内。这一思想可以形象地表示为图 11-2 所示的形式。

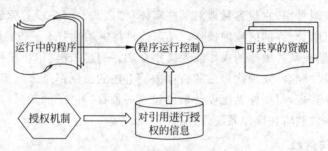

图 11-2　系统资源的受控共享

引用监控机思想是为了解决用户程序的运行控制问题,其目的是在用户(程序)与系统资源之间实施一种授权的访问关系。J. P. Anderson 把引用监控机的职能定义为:以主体(用户等)所获得的引用权限为基准,验证运行中的程序(对程序、数据、设备等)的所有引用。对应到图 11-2,引用监控机是在"程序运行控制"的位置上发挥作用的。

引用监控机是一个抽象的概念,它表现的是一种思想。J. P. Anderson 把引用监控机的具体实现称为引用验证机制,它是实现引用监控机思想的硬件和软件的组合。引用验证机制需要同时满足以下三个原则:

(1) 必须具有自我保护能力。

(2) 必须总是处于活跃状态。

(3) 必须设计得足够小,以利于分析和测试,从而能够证明它的实现是正确的。

第一个原则保证引用验证机制即使受到攻击也能保持自身的完整性。第二个原则保证程序对资源的所有引用都得到引用验证机制的仲裁。第三个原则保证引用验证机制的实现是正确的和符合要求的。

在受控共享和引用监控机思想的基础上,J. P. Anderson 定义了安全核的概念。安全核是系统中与安全性的实现有关的部分,包括引用验证机制、访问控制机制、授权(authorization)机制和授权的管理机制等成分。

J. P. Anderson 指出,要开发安全系统,首先必须建立系统的安全模型。安全模型给出安全系统的形式化定义,正确地综合系统的各类因素。这些因素包括系统的使用方式、使用环境类型、授权的定义、共享的客体(系统资源)、共享的类型和受控共享思想等。这些因素应构成安全系统的形式化抽象描述,使得系统可以被证明是完整的、反映真实环境的、逻辑上能够实现程序的受控执行的。完成安全系统的建模之后，再进行安全核的设计与实现。

11.3.1　安全操作系统模型

安全模型（Security Model）用来描述计算系统和用户的安全特性，是对现实社会中一种系统安全需求的抽象描述。其过程是，首先用自然语言描述应用环境的安全需求特性，再用数学工具进行形式化描述。由于存取是计算系统安全需求的核心，存取控制则是这些模型的基础。也就是说，存取控制策略决定了某个用户是否被允许存取某个特定实体，而模型则是实现策略的机制。研究安全模型的动机一方面是确定一个保密系统应采取的策略，达到保密性和完整性应采取的特定条件。另一方面通过对抽象模型的研究，了解保护系统的特性，如可判定性或不可判定性。它是安全操作系统设计者应当了解的过程，下面介绍四类模型。

1. 单层模型

单层模型是最简单的二元敏感安全模型，是体现有限型访问控制的模型。在单层模型中，用户对实体的存取策略简单地设置为"允许"或者"禁止"（"是"与"非"）。实现这种存取控制的最简单模型是监督程序，它是用户和实体间的通道，监督程序对每个被监督的存取进行检查，决定是否准许存取。由于监督程序进程被频繁地调用，它将成为系统的一个瓶颈。而且，它仅对直接的存取进行控制，无法控制间接存取。例如，考虑如下程序行：

```
if P≤0 then delete file F
        else write file F
```

可见，程序借助文件 F 的存在性传送有关 P 的信息，然而，用户可以不存取 P，而通过存取 F 达到获取 P 值的目的。

为弥补监督程序方式的不足，提出了信息流模型，即信息的流向控制。该模型的作用类似于一个筛选程序，它控制允许存取的实体的信息发送。在一些情况下，信息流向比较清楚，如：$a := b$；$a := b+c$；$a := a+b$；这里，信息流是从 b 到 a 的。而对于

```
if b = 0 then a: = 0 else a: = 1
```

则信息流向是较难确定的。用户不用直接存取 b 就可知道 b 是否为 0，因为 b 的有关信息可以由 a 推出。

信息流模型可以用来描述潜在的存取，信息流分析能够保证操作系统模型在对敏感数据进行存取时不会将数据泄漏给所调用的模块。因此，识别信息流是开发可信操作系统的重要步骤。

单层模型有一定的局限性，在现代安全操作系统设计中，提出了多级安全模型的概念，信息流模型在其中得到了更深入的应用。如著名的 Bell-La Padula 模型和 Biba 模型，前者主要用于实现保密，后者主要用于保证信息的完整性。这些模型的细节，可参阅有关文献，在下面的章节中我们只做简单的介绍。

2. 多层"格"模型

多层"格"模型（Lattice Model）突破了单层模型的二元敏感性，为实体和用户考虑了更大范围的敏感层次，适应于那些在不同敏感层次上并行处理信息的系统。多层"格"模型的

思想源于军队的安全需求和对保密信息级别的处理方式,目前已被广泛地采用为操作系统中的数据安全模型。

多层"格"模型把用户(主体)和信息(客体)按密级和类别划分,以数学结构"格"组织用户和信息。信息密级从低到高分为公开级、秘密级、机密级和绝密级。这些级别描述了信息的敏感性,绝密信息最敏感,机密其次,秘密再次,公开级信息不敏感。类别是根据工作范围或工作项目划分的范围,描述了信息的主体对象,类别之间可互不相关,也可交错、重叠或包含。单块的信息按照其相关的密级被编入一个类别,信息与类别相互间关联。敏感信息的安全原则是最少权限原则,主体只存取完成其工作所需的最少客体。信息的存取由"需知(need to know)"准则限制,仅允许需要用此数据来完成其工作的主体存取某一敏感数据。每一密级的信息都与一个或者多个类别有关,用于实施"需知"约束。因而,一个主体可以存取位于不同类别中的某个密级的信息。

对敏感信息的存取必须获得批准,通常采用存取权限中的许可证机制。它表示某个用户可以存取特定敏感级别(密级)以上的信息,以及该信息所属的特定类别。在操作系统中将许可证按照<密级;类别>的组合方式设定。若引入符号 O 代表实体,S 代表主体,$\leqslant$ 代表敏感实体与主体的关系,我们有:

$$O \leqslant S \text{ 当且仅当 } \quad \text{密级 } O \leqslant \text{ 密级 } S \quad \text{ 并且 } \quad \text{类别 } O \leqslant \text{ 类别 } S$$

这里,关系$\leqslant$限制了敏感性及主体能够存取的信息内容,只有当主体的许可证级别至少与该信息的级别一样高,且主体必须知道信息分类的所有类别时才能够存取。例如,分类信息<机密;核武器>可以被具有<绝密;核武器>和<机密;核武器;密码学>许可的用户存取,但不能被具有<绝密;密码学>或<秘密;核武器>许可的用户存取。

"格"是一个其元素在关系运算符操作下的数学结构,其中元素按半定序$\leqslant$次序排列,具有传递性和非对称性,即对任意三个元素 a, b, c 有

(1) 传递性:若 $a \leqslant b$ 且 $b \leqslant c$ 则 $a \leqslant c$

(2) 非对称性:若 $a \leqslant b$ 且 $b \leqslant a$ 则 $a = b$

"格"表达了自然的安全级别递增。多层"格"模型同时强调了敏感性和需知性需求,前者是层次需求,后者是非层次的约束需求。因此,安全专家将它作为安全系统的基础,及多种不同的计算环境的安全模型。

3. Bell-La Padula 模型

Bell-La Padula 模型是一种保证保密性基于信息流控制的多层模型,它的访问控制遵循两条原则,即"简单安全性原则"和"安全性星原则"。假定安全系统具有主体集 S 和客体集 O,S 和 O 中的每一个主体 s 和客体 o 的密级和分类等级分别为 $C(s)$ 和 $C(o)$,则有如下原则。

简单安全性原则:仅当 $C(o) \leqslant C(s)$,主体 s 才可以对客体 o 有"读"访问权。也就是说主体只能读密级等于或低于它的客体,主体只能从下读,而不能从上读。

安全性星原则:仅当 $C(o) \leqslant C(p)$,对客体 o 有读访问权的主体 s 才可以对客体 p 有"写"访问权。也就是说主体只能写密级等于或高于它的客体,主体只能向上写,而不能向下写。对星原则的一个解释是:得到某个等级信息的人只能将这条信息传递给那些等级不低于这条信息等级的人。

图 11-3 演示了 Bell-La Padula 模型安全信息流两个特性。

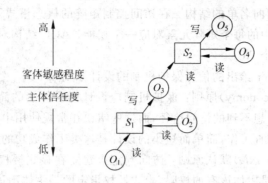

图 11-3　安全信息流

Bell-La Padula 模型控制主体向上读和向下写,其目的是防止信息泄露,但不能防止主体对客体的非授权篡改,即该模型只处理了信息的保密问题,而没解决信息的完整性问题。

4. Biba 模型

Biba 模型是 Bell-La Padula 的对偶问题,是可以保证信息流完整性的控制模型。Biba 模型定义了主体和客体的完整级别,完整级别是一个由低到高的序列,模型的访问控制级别遵循"简单完整性原则"和"完整性星原则"。假定安全系统具有主体集 S 和客体集 O,S 和 O 中的每一个主体 s 和客体 o 的完整等级分别为 $I(s)$ 和 $I(o)$,则有如下原则。

简单完整性原则:仅当 $I(s) \geqslant I(o)$,主体 s 能够有权写客体 o。也就是主体只能写完整性等于或低于它的客体。

完整性星原则:仅当 $I(o) \geqslant I(p)$,对具有完整级别 $I(p)$ 的客体 p 有"写"权的主体 s 有权"读"客体 o。也就是主体只能读完整性级别等于或高于它的客体。

Biba 模型保证了高完整性文件不会被低完整性文件或低完整性主体中的信息所损害,解决了完整性问题,却忽略了保密性。当前的趋势是将完整性和保密性结合起来应用到安全系统中,尽管现在还没有找到一个广泛接受的形式化模型兼顾这两方面。

11.3.2　保护机制结构与设计原则

1975 年,J. H. Saltzer 和 M. D. Schroeder 以保护机制的体系结构为中心,探讨了计算机系统的信息保护问题,重点考察了权能(capability)实现结构和访问控制表(access control list)实现结构,给出了信息保护机制的八条设计原则。

为讨论信息保护问题,从概念上,可以为每一个需保护的客体建立一个不可攻破的保护墙,保护墙上留有一个门,门前有一个卫兵,所有对客体的访问都首先在门前接受卫兵的检查。在整个系统中,有很多客体,因而有很多保护墙和卫兵。对客体的访问控制机制的实现结构可分为两种类型:面向门票(ticket-oriented)的实现和面向名单(list-oriented)的实现。在面向门票的实现中,卫兵手中持有一份对一个客体的描述,在访问活动中,主体携带一张门票,门票上有一个客体的标识和可访问的方式,卫兵把主体所持门票中的客体标识与自己手中的客体标识进行对比,以确定是否允许访问;在整个系统中,一个主体可能持有多张门票。在面向名单的实现中,卫兵手中持有一份所有授权主体的名单及相应的访问方式,在访问活动中,主体出示自己的身份标识,卫兵从名单中进行查找,检查主体是否记录在名单上,以确定是否允许访问。权能结构属于面向门票的结构,一张门票也称为一个权能。访问控制表(ACL)结构属于面向名单的结构。在访问控制矩阵的概念模式下,权能结构对应访问控制矩阵的行结构,行中的每个矩阵元素对应一个权能;ACL 结构对应访问控制矩阵中的列结构,每一列对应一个 ACL。

Saltzer 和 Schroeder 给出的信息保护机制的设计原则如下。

(1) 机制经济性(economy)原则:保护机制应设计得尽可能的简单和短小。有些设计和实现错误可能产生意想不到的访问途径,而这些错误在常规使用中是察觉不出的,难免需要进行诸如软件逐行排查工作,简单而短小的设计是这类工作成功的关键。

(2) 失败-保险(fail-safe)默认原则:访问判定应建立在显式授权而不是隐式授权的基础上,显式授权指定的是主体该有的权限,隐式授权指定的是主体不该有的权限。在默认情况下,没有明确授权的访问方式,应该视作不允许的访问方式,如果主体欲以该方式进行访问,结果将是失败,这对于系统来说是保险的。

(3) 完全仲裁原则:对每一个客体的每一次访问都必须经过检查,以确认是否已经得到授权。

(4) 开放式设计原则:不应该把保护机制的抗攻击能力建立在设计的保密性的基础之上。应该在设计公开的环境中设法增强保护机制的防御能力。

(5) 特权分离原则:为一项特权划分出多个决定因素,仅当所有决定因素均具备时,才能行使该项特权。正如一个保险箱设有两把钥匙,由两个人掌管,仅当两个人都提供钥匙时,保险箱才能打开。

(6) 最小特权原则:分配给系统中的每一个程序和每一个用户的特权应该是它们完成工作所必须享有的特权的最小集合。

(7) 最少公共机制原则:把由两个以上用户共用和被所有用户依赖的机制的数量减少到最小。每一个共享机制都是一条潜在的用户间的信息通路,要谨慎设计,避免无意中破坏安全性。应证明为所有用户服务的机制能满足每一个用户的要求。

(8) 心理可接受性原则:为使用户习以为常地、自动地正确运用保护机制,把用户界面设计得易于使用是根本。

11.3.3　操作系统保护理论

1976 年,M. A. Harrison、W. L. Ruzzo 和 J. D. Ullman 提出了操作系统保护(protection)的第一个基本理论 HRU 理论。HRU 理论形式化地给出保护系统模型的定义,并通过三个定理给出有关保护系统的一些结果。Harrison 等还用该模型对 UNIX 系统的保护系统进行了刻画。

定义 HRU1　一个保护系统由以下两个部分构成:

(1) 一个以普通权限(generic right)为元素的有限集合 R。

(2) 一个以命令为元素的有限集合 C,命令的格式为

```
command α (X₁, X₂, …, Xₖ)
if r₁ in (Xₛ₁, Xₒ₁) and
r₂ in (Xₛ₂, Xₒ₂) and
…
rₘ in (Xₛₘ, Xₒₘ)
then
```

```
op₁, op₂, ⋯, opₙ
end
```

或者,如果 m 为 0,命令格式为

```
command α (X₁, X₂, ⋯, Xₖ)
op₁, op₂, ⋯, opₙ
end
```

其中,α 是命令名,$X_1, \cdots, X_k$ 是形式参数,每个 op_i 是以下原语操作之一:

```
enter r into (Xₛ, Xₒ)
delete r from (Xₛ, Xₒ)
create subject Xₛ
create object Xₒ
destory subject Xₛ
destory object Xₒ
```

$r, r_1, \cdots, r_m$ 是普通权限,$s, s_1, \cdots, s_m$ 和 $o, o_1, \cdots, o_m$ 是 1 至 k 间的整数。

定义 HRU2 一个保护系统的一个配置(configuration)是一个三元组(S, O, P),其中,S 是当前主体的集合,O 是当前客体的集合,$S \subseteq O$,P 是访问矩阵,P[s, o]是 R 的子集,是主体 s 对客体 o 的权限的集合。

定义 HRU3 设(S, O, P)和(S′, O′, P′)是一个保护系统的两个配置,op 是原语操作,以下式子表示(S, O, P)在操作 op 下转换成(S′, O′, P′):

$$(S, O, P) \Rightarrow_{op} (S', O', P')$$

定义 HRU4 设 Q=(S, O, P)是一个保护系统的一个配置,保护系统包含以下命令:

```
command α (X₁, X₂, ⋯, Xₖ)
if r₁ in (Xₛ₁, Xₒ₁) and
⋯
rₘ in (Xₛₘ, Xₒₘ)
then op₁, op₂, ⋯, opₙ
end
```

定义配置 Q′如下:

(1) 如果命令 α 的条件得不到满足,则定义 Q′为 Q;

(2) 如果命令 α 的条件得到满足,则设存在配置 $Q_0, Q_1, \cdots, Q_n$,使得

$$Q = Q_0 \Rightarrow_{op1*} Q_1 \Rightarrow_{op2*} \cdots \Rightarrow_{opn*} Q_n$$

其中,op_i* 表示用实际参数 $x_1, x_2, \cdots, x_k$ 分别代替形式参数 $X_1, X_2, \cdots, X_k$ 后得到的原语操作 op_i 的对应表示。定义 Q′为 Q_n。

11.3.4 安全操作系统的设计方法

众所周知,操作系统的设计是异常复杂的,它要处理多任务、多中断事件,进行低层文本切换操作,又必须尽可能地减少系统开销,提高用户计算和响应速度。如果在操作系统中再考虑安全因素,则更增加了设计难度。本节我们首先了解通用操作系统的设计方法,然后讨论用户资源共享及用户域分离问题,探讨在操作系统内核中提供安全性的有效途径。

通用操作系统除了提供前述的内存保护、文件保护、存取控制和用户身份鉴别等基本的

安全功能外,还提供诸如共享约束、公平服务、通信与同步等安全功能。共享约束表明系统资源必须对相应的用户开放,具有完整性和一致性要求。公平服务通过硬件时钟和调度分配保证所有用户都能得到相应服务,没有用户永久等待。通信与同步则当进程通信和资源共享时提供协调,推动进程并发运行,防止系统死锁。从存取控制的基点出发,常规操作系统中已经建立了基本的安全机制。

我们从三个方面讨论安全操作系统的设计方法,即隔离设计:基于最少通用机制的方法;内核化设计:基于最少权限及经济性原则的方法;分层结构设计:基于开放式设计及完全检查原则的方法。

(1) 隔离设计:操作系统的进程间彼此隔离方法有物理分离、时间分离、密码分离和逻辑分离,一个安全系统可以使用所有这些形式的分离。常见的有虚拟存储空间和虚拟机的方式。虚存最初是为提供编址和内存管理的灵活性而设计的,但它同时也提供了一种安全机制。多道程序操作系统必须将用户之间进行隔离,仅允许严格控制下的用户交互作用,大多数操作系统采用系统副本的方式为多个用户提供单个环境,采用虚拟存储空间机制提供逻辑分离。每个用户的逻辑地址空间通过存储映像机制与其他用户的分隔开,用户程序看似运行在一个单用户的机器上。IBM VMS 操作系统便提供了这种多虚存空间机制。

如果将虚存概念扩充,系统通过给用户提供逻辑设备、逻辑文件等多种逻辑资源,就形成了虚拟机的隔离方式。我们知道,系统的硬件设备传统上都是在操作系统的直接控制下,而给每个用户提供虚拟机就使每个用户不但拥有逻辑内存,而且还拥有逻辑 I/O 设备、逻辑文件等其他逻辑资源。虚存只给用户提供了一个与实际内存分离的,且比实际内存要大的内存空间,而虚拟机则给用户提供了一个完整的硬件特性概念、一个本质上完全不同于实际机器的机器概念。虚拟硬件资源也同样在逻辑上从其他用户处分离出来。IBM 的 VMS 操作系统则采用此种方式。可见,两种方式都是将用户和实际的计算系统分离开,因而减少了系统的安全漏洞,改善了用户间及用户与系统硬件间的隔离性能,当然,也增加了这些层次上的系统开销。

(2) 内核化设计:内核(nucleus 或 core)是操作系统中完成最低层功能的部分,在通用操作系统中,内核操作包含了进程调度、同步、通信、消息传递及中断处理。安全内核则是负责实现整个操作系统安全机制的部分,它提供硬件、操作系统及计算系统其他部分间的安全接口。安全内核通常包含在系统内核中,而又与系统内核分离,其原因如下。

① 分离性:安全机制与操作系统其余部分以及用户空间分离,防止操作系统和用户侵入安全机制。

② 均一性:所有安全功能都可由单一的代码集完成,这样追踪由于这些功能引起的任何问题的原因就会容易些。

③ 可修改性:安全机制易于改变、易于测试。

④ 紧凑性:安全内核只执行安全功能,则相对较小。

⑤ 验证性:由于安全内核相对较小,可进行严格的形式化证明其正确性。

⑥ 覆盖性:每次对被保护实体的存取都经过安全内核,可保证每次存取的检查。

此外,由于安全内核在系统内核中增加了用户程序和操作系统资源间的一个接口层,它的实现会在某种程度上降低系统性能,而且,不能保证内核包含所有安全功能。安全内核的设计和使用在某种程度上依赖于设计的方法,一种方法是在系统内核中加入安全功能,另一种方法是完整地设计安全内核。

对于已实现的操作系统,其最初可能并未考虑安全设计,设计需要将安全功能加入到原有的操作系统模块中。由于安全活动可以在系统的许多不同的场合完成,与各种存取有关,组成操作系统的各个模块也就要求同时具有安全功能和其他功能。这种加入可能会破坏已有的系统模块化特性,而且使加入安全功能后的内核的安全验证很困难。折中的方案是从已有的操作系统中分离出安全功能,建立单独的安全内核。

较为合理的方案是先设计安全内核,再围绕它设计操作系统。目前,大多数安全操作系统的设计是如此进行的,它称为基于安全的设计。此时,安全内核为接口层,仅位于系统硬件的顶端,它管理所有操作系统硬件存取并完成所有保护功能。安全内核依赖于支持它的硬件,并允许操作系统处理大多数与安全无关的功能,这样,安全内核可以很小、很有效,从而形成硬件、安全内核、操作系统和用户四层运行区域。安全内核必须维护每个区域的保密性和完整性,并管理进程激活、运行区域切换、内存保护、I/O 操作的相互作用。

(3) 分层结构设计:分层结构设计方法被认为是一种较好的操作系统设计方法,每层使用几个作为服务的中心层,每层为外层提供特定的功能服务和支持,安全操作系统的设计也可采用这种方式,在各个层次中考虑系统的安全机制。最敏感的操作位于最内层,进程的可信度及存取权限由其临近中心裁定,更可信的进程更接近中心。有的保护功能,如用户身分鉴别等是在安全内核之外实现的,这些可信模块必须能提供很高的可信度。由于可信度和存取权限是分层的基础,单个安全功能可在不同层的模块中实现,每层上的模块完成具有特定敏感度的操作。

如果将这种分层描述成围绕系统硬件的环,则形成一种称为环结构的运行保护模式,如图 11-4 所示。每个数据区或者过程被称为段(segment),一个环是进程运行的区域,并指定一个进程所拥有的权限,从内核开始以数字编号,内核为 0,向外逐次类推。每个进程在特定的环区域内运行,可信度高的进程在环域编号较小的区域上运行。例如,如果环编号 $j > i$,那么,运行在环 i 上的进程就包括了所有环 j 的权限,环编号越小,进程能存取的资源越多,操作要求的保护也越少。两个环编号间形成一个存取域 (i, j),假定内核具有存取域 $(0, 4)$,表示

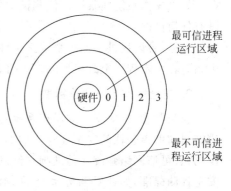

图 11-4　安全操作系统的环结构

在 0 和 4 层的进程可以在其上自由运行,假定某个用户段具有存取域 $(4, 6)$,表示它只由用户进程存取。这样,环区域就表示了一种可信度,可信度高的段具有起始号较小的存取域,可信度低的段则具有起始号较大的存取域,可信度低的段也很少被高可信的内核进程调用。MULTICS 操作系统就采用了这种安全结构。

11.3.5　安全操作系统的可信度验证

在完成操作系统安全机制的设计与实现后,必须检查或者验证它所强制或者提供的安全性尺度,即评估操作系统的可信度和在什么样的可信级别上评估操作系统。由于操作系统可用于不同的环境,因此,不同操作系统可接受的安全层次是不同的。验证(Certification)是

对已经完成的测试的定量评估,并且给系统的正确性赋予一个可信尺度。验证操作系统安全性的方法通常采用形式化验证、非形式化确认和系统入侵分析三种,这些方法是独立使用的,并综合起来评估操作系统的安全性。此外,国际上很多组织研究并制定了一些计算机系统的安全评价准则可作为操作系统可信度的评价标准。

1. 可信度验证方法

形式化验证是分析安全性的最精确的方法,在这里,操作系统被简化为一个被证明的"定理",它被断言是正确的,应当提供所要求的安全性,而不提供任何其他功能。但这种正确性证明是极其复杂的,其实施是费时的,对某些大型系统,甚至描述和验证断言都是很困难的,它可以由人工或者机器辅助进行证明。

非形式化确认包括了一些虽不太严格,但使人们相信程序正确性的方法。例如,其一,进行需求检查,通过对操作系统的源码检查和对运行状态的检查,确认系统所做的每件事是否都在功能需求表中,但它不能保证系统不做它不应做的事。其二,进行设计及代码检查,检查系统设计或代码以发现错误,如不正确的假设、不一致的动作或错误的逻辑等。其三,进行模块及系统测试,精心地组织和选择数据检查系统的正确性,检查每条运行线路、条件转移通道、变量替换与更改,以及各种报表输出等。各种软件工程技术都可运用于系统的确认。

系统入侵分析是一种攻击性测试,测试专家了解操作系统和计算系统的典型的漏洞,试图发现并利用系统存在的缺陷。测试针对可能的缺陷,尽可能地多次检查,以决定错误的存在。如果操作系统在某一入侵测试中失效,说明系统内部有错,当然,不失效并非保证系统没有任何错误。

可见,验证提供了操作系统正确性方面最有说服力的依据,不同的测试方法可以证明一个系统在一定程度上是可信的,但可信程度并非 100%。

2. 安全操作系统评价标准

应当明确,绝对安全的操作系统是不存在的。在对操作系统进行安全评估时,仍然需要遵循目前世界公认的安全准则。例如,美国国防部的《可信计算系统评估准则》(TCSEC 桔皮书)、《可信网络系统评估准则》(红皮书),以及各国和各行业针对不同应用领域的专门的安全评测标准,如针对商务系统的 MSFR、针对综合通信网的 SDNS 等、针对管理系统的 SMFA、针对数据库的 TCSEC/TDI 等。由于信息安全产品和系统的安全评价事关国家的安全利益,因此许多国家都在充分借鉴国际标准的基础上,积极制定本国的计算机安全评价标准。

1) 美国可信计算机安全评估标准(TCSEC)

TCSEC(Trusted Computer System Evaluation Criteria)是第一个有关信息安全评估的标准,由美国国防部于 1983 年公布,该准则最初只是军用标准,后来扩展至民用领域。

TCSEC 标准是在基于安全核技术的安全操作系统研究的基础上制定出来的,标准中使用的可信计算基(Trusted Computing Base,TCB)就是安全核研究结果的表现。

1979 年,G. H. Nibaldi 在描述一个基于安全核的计算机安全系统的设计方法时给出了 TCB 的定义,该方法要求把计算机系统中所有与安全保护有关的功能找出来,并把它们与系统中的其他功能分离开,然后把它们独立出来,以防止遭到破坏,这样独立出来得到的结果就称为 TCB。Nibaldi 在同年提交的计算机安全评价建议标准中运用了 TCB 的思想。

　　TCB 在 TCSEC 中的定义是：一个计算机系统中的保护机制的全体，它们共同负责实施一个安全政策，它们包括硬件、固件和软件；一个 TCB 由在一个产品或系统上共同实施一个统一的安全政策的一个或多个组件构成。安全核在 TCSEC 中的定义是：一个 TCB 中实现引用监控机思想的硬件、固件和软件成分；它必须仲裁所有访问、必须保护自身免受修改、必须能被验证是正确的。

　　TCSEC 提供 D、C1、C2、B1、B2、B3 和 A1 等七个等级的可信系统评价标准，每个等级对应有确定的安全特性需求和保障需求，高等级的需求建立在低等级的需求的基础之上，可形象地表示成图 11-5 的形式。

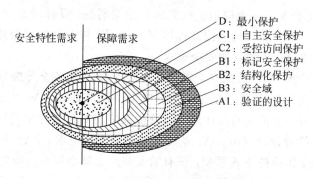

图 11-5　TCSEC 的构成与等级结构

　　(1) D 类安全等级：只包含 D1 类别，是最低的安全等级。D1 系统只为文件和用户提供安全保护。D1 系统最普通的形式是本地操作系统，或者是一个完全没有保护的网络。

　　(2) C 类安全等级：该类安全等级能够提供审慎的保护，并为用户的行动和责任提供审计能力。C 类安全等级可划分为自主安全保护 C1 和可控访问保护 C2 两类。C1 系统的可信任计算基础（Trusted Computing Base，TCB），通过将用户和数据分开来达到安全的目的。在 C1 系统中，所有的用户以同样的灵敏度来处理数据，即用户认为 C1 系统中的所有文档都具有相同的机密性。C2 系统比 C1 系统加强了可调的审慎控制。在连接到网络上时，C2 系统的用户分别对各自的行为负责。C2 系统通过登录过程、安全事件和资源隔离来增强这种控制。C2 系统具有 C1 系统中所有的安全性特征。

　　(3) B 类安全等级：B 类安全等级可分为标识安全保护 B1、结构安全保护 B2 和安全域保护 B3 三类。B 类系统具有强制性保护功能。强制性保护意味着如果用户没有与安全等级相连，系统就不会让用户存取对象。

　　① B1 系统满足下列要求：系统对网络控制下的每个对象都进行灵敏度标记；系统使用灵敏度标记作为所有强迫访问控制的基础；系统在把导入的、非标记的对象放入系统前标记它们；灵敏度标记必须准确地表示其所联系的对象的安全级别；当系统管理员创建系统或者增加新的通信通道或 I/O 设备时，管理员必须指定每个通信通道和 I/O 设备是单级还是多级，并且管理员只能手工改变指定；单级设备并不保持传输信息的灵敏度级别；所有直接面向用户位置的输出（无论是虚拟的还是物理的）都必须产生标记来指示关于输出对象的灵敏度；系统必须使用用户的口令或证明来决定用户的安全访问级别；系统必须通过

审计来记录未授权访问的企图。

② B2 系统必须满足 B1 系统的所有要求。另外，B2 系统的管理员必须使用一个明确的、文档化的安全策略模式作为系统的可信任运算基础体制。B2 系统必须满足下列要求：系统必须立即通知系统中的每一个用户所有与之相关的网络连接的改变；只有用户能够在可信任通信路径中进行初始化通信；可信任运算基础体制能够支持独立的操作者和管理员。

③ B3 系统必须符合 B2 系统的所有安全需求。B3 系统具有很强的监视委托管理访问能力和抗干扰能力。B3 系统必须设有安全管理员。B3 系统应满足以下要求：除了控制对个别对象的访问外，B3 必须产生一个可读的安全列表；每个被命名的对象提供对该对象没有访问权的用户列表说明；B3 系统在进行任何操作前，要求用户进行身份验证；B3 系统验证每个用户，同时还会发送一个取消访问的审计跟踪消息；设计者必须正确区分可信任的通信路径和其他路径；可信任的通信基础体制为每一个被命名的对象建立安全审计跟踪；可信任的运算基础体制支持独立的安全管理。

（4）A 类安全等级：A 系统的安全级别最高。目前，A 类安全等级只包含 A1 一个安全类别。A1 类与 B3 类相似，对系统的结构和策略不作特别要求。A1 系统的显著特征是，系统的设计者必须按照一个正式的设计规范来分析系统。对系统分析后，设计者必须运用核对技术来确保系统符合设计规范。A1 系统必须满足下列要求：系统管理员必须从开发者那里接收到一个安全策略的正式模型；所有的安装操作都必须由系统管理员进行；系统管理员进行的每一步安装操作都必须有正式文档。

2）国内的安全操作系统评估标准

为了适应信息安全发展的需要，我国也制定了计算机信息系统等级划分准则：《信息技术安全性评估准则》GB/T 18336—2001。该准则将操作系统安全分为五个级别，分别是用户自主保护级、系统审计保护级、安全标记保护级、结构化保护级和访问验证保护级。五个级别对操作系统具备的安全功能有不同的要求，如表 11-1 所示。

表 11-1　操作系统的五个级别

安 全 策 略	用户自主保护级	系统审计保护级	安全标记保护级	结构化保护级	访问验证保护级
自主访问控制	√	√	√	√	√
身份鉴别	√	√	√	√	√
数据完整性	√	√	√	√	√
客体重用		√	√	√	√
审计		√	√	√	√
强制访问控制			√	√	√
标记			√	√	√
隐蔽信道分析				√	√
可信路径				√	√
可信恢复					√

上述五个级别从低到高，每个级别都实现上一级的所有功能，并且有所增加。由于篇幅有限，这里不再详细描述上述的安全功能和五个级别的具体含义，读者可参考《信息技术安全性评估准则》GB/T 18336—2001。

11.3.6　安全 Xenix 系统的开发

1986 和 1987 年,IBM 公司的 V. D. Gligor 等发表了安全 Xenix 系统的设计与开发成果。安全 Xenix 是以 Xenix 为原型的实验型安全操作系统,属于 UNIX 类的安全操作系统,它要实现的是 TCSEC 标准 B2-A1 级的安全要求。

1. 系统开发方法和保障目标

Gligor 等把 UNIX 类的安全操作系统的开发方法划分为仿真法和改造/增强法两种方式。按照仿真法开发的 UNIX 类安全操作系统由一个安全核、一组可信进程和一个 UNIX 仿真环境组成。UNIX 仿真环境由一组可信程序或进程组成。安全核实现引用监控机的功能,向上提供一个小型操作系统的接口。UNIX 仿真环境和可信进程在安全核之上构成另一个软件层,它们实现 UNIX 的安全政策和提供 UNIX 系统接口。

改造/增强法对 UNIX 系统的原有内核进行改造和扩充,使它支持新的安全政策和 UNIX 的安全政策,并保持相应的系统接口。安全 Xenix 的开发采用这种方法。

在安全保障方面,安全 Xenix 项目重点考虑实现以下目标:

(1) 系统设计与 BLP 模型之间的一致性;

(2) 实现的安全功能的测试;

(3) 软件配置管理工具的开发。

2. 访问控制方式

按照 BLP 模型实现访问控制,主体是进程,客体是进程、文件、特别文件(设备)、目录、管道、信号量、共享内存段和消息。访问权限有 read、write、execute 和 null。

在自主访问控制中,传统 Xenix 的 owner/group/others 访问控制机制与 ACL 访问控制机制并存,对于确定的客体,只能有一种机制起作用,由用户确定使用传统 Xenix 机制或 ACL 机制。

由强制访问控制带来的诸如 /tmp 等共享目录的访问问题,通过隐藏子目录的方法解决,隐藏子目录在用户 login 时由系统建立。

3. 安全等级的确定

安全 Xenix 的强制访问控制的安全判断以进程的当前安全等级、客体的安全等级和访问权限为依据。

进程的当前安全等级(CPL)在创建进程时确定,在进程的整个生存期内保持不变。login 时生成的会话进程的 CPL 值由用户在 login 过程中根据需要自行指定,但必须满足以下条件:

```
System_Low≤CPL≤PML
```

其中,System_Low 是系统的最小安全等级,由安全管理员赋值。PML 是进程的最大安全等级,由下式确定:

```
PML = greatest_lower_bound(UML, GML, TML)
```

greatest_lower_bound 是最大下界函数。UML、GML 和 TML 分别是用户、用户组和终端的最大安全等级,由安全管理员赋值。

其他进程的 CPL 值等于其父进程的 CPL 值。

设备的安全等级由安全管理员指定。文件、管道、目录、信号量、消息和共享内存段等的安全等级等于创建它们的进程的 CPL 值。目录的安全等级也可以在创建时指定,但其值必须在创建它的进程的 CPL 和 PML 之间。

4. 安全注意键与可信路径

安全 Xenix 的可信通路(Trusted Path)是以安全注意键(Secure Attention Key,SAK)为基础实现的。SAK 是由终端驱动程序检测到的键的一个特殊组合。每当系统识别到用户在一个终端上输入的 SAK,便终止对应到该终端的所有用户进程,启动可信的会话过程。

5. 特权用户

对系统的管理功能进行分割,设立可信系统程序员、系统安全管理员、系统账户管理员和系统安全审计员等特权用户,通过不同的操作环境和操作界面限定各特权用户的特权。

可信系统程序员具有超级用户的全部特权,但只能在系统的维护模式下工作,负责整个系统的配置和维护。系统安全管理员负责管理系统中有关的安全属性,如安全等级等。系统账户管理员负责用户账户的设立、撤销及相关的管理工作。系统安全审计员负责配置和维护审计机制和审计信息。

11.3.7 System V/MLS 系统的开发

1988 年,AT&T Bell 实验室的 C. W. Flink II 和 J. D. Weiss 发表了 System V/MLS 系统的设计与开发成果。System V/MLS 是以 AT&T 的 Unix System V 为原型的多级安全操作系统,以 TCSEC 标准的安全等级 B 为设计目标。

1. BLP 模型在 Unix System V 中的解释

系统按照 BLP 模型提供多级安全性支持,主体是进程,客体包括文件、目录、i-节点、进程间通信(IPC)结构和进程。BLP 模型的 ss-特性和 *-特定在 Unix System V 中的映射如表 11-2 所示。

表 11-2 BLP 模型在 Unix System V 中的映射

操 作	条 件
Read/Search/Execute	$label(S) \geqslant label(O)$
Write(Overwrite/Append)	$label(S) = label(O)$
Create/Link/Unlink	$label(S) = label(Od)$
Read-status	$label(S) \geqslant label(O)$
Change-status	$label(S) = label(O)$
Read-ipc	$label(S) \geqslant label(O)$
Write-ipc	$label(S) = label(O)$
Send-signal	$label(S) = label(O)$

其中,label 表示安全等级标记,S 表示主体,O 表示客体,Od 表示目录客体,实际上指被操作的客体所在的目录。

在强制访问控制下,共享目录问题采用隐藏子目录的方法解决。

2．安全标记机制设计

Unix System V 提供 owner/group/others 方式的保护机制，支持用户组的概念，用户组由组标识（GID）表示。在系统中，每个主体的进程表中、每个客体的 i-节点中、每个 IPC 的数据结构中，都有一个 GID 域。为保持系统兼容性，不修改 UNIX 的底层数据结构，System V/MLS 利用系统中的 GID 域表示强制访问控制的安全等级标记。为扩大安全等级标记和用户组的取值范围，采用间接标记方式，即，在 GID 域中存放的是索引，索引指向的数据结构存放安全等级标记、自主访问控制的 GID 和其他信息。

3．多级安全性实现方法

通过在内核中加入多级安全性（MLS）模块实现对多级安全性的支持。MLS 模块是内核中可删除、可替换的独立模块，负责解释安全等级标记的含义和多级安全性控制规则，实现强制访问控制判定。在原系统的与访问判定有关的内核函数中插入调用 MLS 模块的命令，实现原有内核机制与 MLS 机制的连接。

11.4 主流操作系统的安全性

安全操作系统的具体实施与该操作系统的设计目标和应用目标有关，也与其运行的平台有关。并非所有的应用都需要 A1 级的安全性，而且也很少有操作系统具有能够使应用达到 A1 级的特性。在实际的实施中，仍然主要考虑安全内核及存取控制，重点在广泛使用的系统上。在下面的两小节中，我们主要介绍目前使用最广泛的两类操作系统的安全特性。

11.4.1 UNIX/Linux 的安全

UNIX 是一个强大的多用户、多任务操作系统，支持多种处理器架构，最早由 Ken Thompson、Dennis Ritchie 和 Douglas McIlroy 于 1969 年在 AT&T 的贝尔实验室开发。UNIX 的开发者在初期并不打算使 UNIX 拥有很高的安全性，因为其应用基于相互信任的环境，如研究所、实验室、大学等。在这些场所，共享带来的好处远远大于不友好的访问。因此，系统中采用了一般的安全机制，文件、数据、设备、存储卷的共享相对简单，不采用强保护机制。UNIX 的超级权限是"超级用户"，它集系统大权于一身，能完成系统中的任何操作，因此，它也成为攻击的对象。只要获得超级用户权限，哪怕是几分钟，入侵者则可建立在以后任何时间提供超级用户存取的密钥。UNIX 系统存在的隐蔽通道已经暴露出了一些漏洞，莫里斯（R. T. Morris）蠕虫正是利用了这些安全缺陷。用于特殊环境的安全 UNIX 操作系统实际是通过重写 UNIX 内核，并提供具有不同内部结构的 UNIX 外部功能实现的。

UNIX 系统的安全性在不断增强，并出现了许许多多的安全检测工具，例如 Quest、UXA、Alert/Inform、Sfind、USECURE、Kerberos 等，这些工具可以帮助系统管理员检查安全机制、权限和安全域设置、可疑入侵、特洛伊木马等。在目前已经推出的 UNIX 系统中，常规 UNIX 具有 C1 级安全级别，OSF/1 具有 B1 安全级别，USL 的 SVR4/ES 则具有 B2 安全级别。

Linux 系统是芬兰赫尔辛基大学的一名学生 Linus Torvalds 于 1991 年开发的。作为类 UNIX 系统，由于其源码开放、免费使用和可自由传播而深受人们的喜爱。经过二十多年的发展,Linux 的安全机制日趋完善,按照 TCSEC 的评估标准,目前 Linux 的安全级基本达到了 C2 级。Linux 的安全机制主要有 PAM 机制、文件系统加密、入侵检测机制、安全日志文件机制、强制访问控制、防火墙机制等。

(1) PAM 机制:PAM(Pluggable Authentication Modules)是一套共享库,提供一个框架和一套编程接口给系统管理员,由系统管理员在多种认证方法中选择适宜的认证方法,并能够改变本地认证方法而不需要重新编译与认证相关的程序。PAM 的主要功能有:①口令加密;①根据需要限制用户对系统资源的使用,防止拒绝服务攻击;③支持 Shadow 口令;④限制特定用户在指定时间从指定地点登录;⑤引入概念"client plug-in agents",使 PAM 支持 C/S 应用中的"机器-机器"认证成为可能;⑥PAM 为更有效的认证方法的开发提供了便利,在此基础上可以很容易地开发出替代常规的用户名加口令的认证方法,如智能卡、指纹识别等认证方法。

(2) 文件系统加密:加密技术在现代计算机系统安全中扮演着越来越重要的角色。文件系统加密就是将加密技术应用到文件系统,从而提高计算机系统的安全性。目前 Linux 已有多种加密文件系统,如 CFS、TCFS、CRYPTFS 等,较有代表性的是 TCFS(Transparent Cryptographic File System)。它通过将加密服务和文件系统紧密集成,使用户感觉不到文件的加密过程。TCFS 不修改文件系统的数据结构,备份与修复以及用户访问保密文件的语义也不变。TCFS 能够做到让保密文件对以下用户不可读:①合法拥有者以外的用户;②用户和远程文件系统通信线路上的偷听者;③文件系统服务器的超级用户。而对于合法用户,访问保密文件与访问普通文件几乎没有区别。

(3) 入侵检测机制:入侵检测技术是一项相对比较新的技术,很少有操作系统安装了入侵检测工具,事实上,最近的 Linux 标准发布版本才配备了这种工具,目前比较流行的入侵检测系统有 Snort、Portsentry、Lids 等。利用 Linux 配备的工具和从因特网下载的工具,就可以使 Linux 具备高级的入侵检测能力,这些能力包括:①记录入侵企图,当攻击发生时及时通知管理员;②当预先定义的攻击行为发生时,采取预定义的措施处理;③发送一些错误信息,比如伪装成其他操作系统,这样攻击者会认为他们正在攻击一个 Windows NT 或 Solaris 系统,以增加攻击的难度。

(4) 安全日志文件机制:即使系统管理员十分精明地采取了各种安全措施,还会有新漏洞出现。攻击者在漏洞被修补之前会迅速抓住机会攻破尽可能多的机器。虽然 Linux 不能预测何时主机会受到攻击,但是它可以记录攻击者的行踪。这些信息将被重定向到日志中备查。

日志是 Linux 安全结构中的一个重要内容,它是提供攻击发生的唯一真实证据。因为现在的攻击方法多种多样,所以 Linux 记录网络、主机和用户级的日志信息。例如,Linux 可以记录以下内容:①记录所有系统和内核信息;②记录每一次网络连接和它们的源 IP 地址、长度,有时还包括攻击者的用户名和使用的操作系统;③记录远程用户申请访问哪些文件;④记录用户可以控制哪些进程;⑤记录具体用户使用的每条命令。在调查网络入侵者的时候,日志信息是不可缺少的,即使这种调查是在实际攻击发生之后进行。

(5) 强制访问控制:由于 Linux 是一种自由操作系统,目前在其上实现强制访问控制的就有好几种产品,其中比较典型的包括 SElinux、RSBAC、MAC 等,采用的策略也各不相同。NSA 推出的 SELinux 安全体系结构称为 Flask,在这一结构中,安全性策略的逻辑和通用接口一起封装在与操作系统独立的组件中,这个单独的组件称为安全服务器。SELinux 的安全服务器定义了一种混合的安全性策略,由类型实施(TE)、基于角色的访问控制(RBAC)和多级安全(MLS)组成。通过替换安全服务器,可以支持不同的安全策略。SELinux 使用策略配置语言定义安全策略,然后通过 checkpolicy 编译成二进制形式,存储在文件/ss_policy 中,在内核引导时读到内核空间。这意味着安全性策略在每次系统引导时都会有所不同。策略甚至可以通过使用 security_load_policy 接口在系统操作期间更改(只要将策略配置成允许这样的更改)。RSBAC 的全称是 Rule Set Based Access Control(基于规则集的访问控制),它是根据 Abrams 和 LaPadula 提出的 Generalized Framework for Access Control(GFAC)模型开发的,可以基于多个模块提供灵活的访问控制。所有与安全相关的系统调用都扩展了安全实施代码,这些代码调用中央决策部件,该部件随后调用所有激活的决策模块,形成一个综合的决定,然后由系统调用扩展来实施这个决定。RSBAC 目前包含的模块主要有 MAC、RBAC、ACL 等。MAC 是英国的 Malcolm Beattie 针对 Linux 2.2 编写的一个非常初级的 MAC 访问控制,它将一个运行的 Linux 系统分隔成多个互不可见的(或者互相限制的)子系统,这些子系统可以作为单一的系统来管理,MAC 是基于传统的 Biba 完整性模型和 BLP 模型实现的。

(6) 防火墙机制:防火墙是在被保护网络和因特网之间,或者在其他网络之间限制访问的一种部件或一系列部件。Linux 防火墙系统提供了如下功能:①访问控制,可以执行基于地址(源和目标)、用户和时间的访问控制策略,从而可以杜绝非授权的访问,同时保护内部用户的合法访问不受影响;②审计,对通过它的网络访问进行记录,建立完备的日志、审计和追踪网络访问记录,并可以根据需要产生报表;③抗攻击,防火墙系统直接暴露在非信任网络中,对外界来说,受到防火墙保护的内部网络如同一个点,所有的攻击都是直接针对它的,该点称为堡垒机,因此要求堡垒机具有高度的安全性和抵御各种攻击的能力;④其他附属功能,如与审计相关的报警和入侵检测,与访问控制相关的身份验证、加密和认证,甚至 VPN 等。

11.4.2　Windows 2000/XP 的安全

Windows NT 是美国 Microsoft 公司于 1992 年发布的 32 位操作系统,其安全级别达到 TCSEC 的 C2 级。Windows NT 的安全模型由本地认证、安全账号管理和安全参考监视器以及注册、访问控制和对象安全服务等构成。作为 Windows NT 的后续版本,Windows 2000/XP 提供更多的新的安全机制。下面我们就这些安全机制做一个简单的介绍。

(1) 活动目录(Active Directory)服务:活动目录服务在网络安全中具有极其重要的作用。活动目录为用户、硬件、应用以及网络上的数据提供一个存储中心。活动目录也存储用户的授权和认证信息。与 Windows NT 采用的平-文件目录形式不同,Windows 2000 活动目录以一种逻辑分层结构存储信息(图 11-6),这样具有很好的扩展性和简化管理。活动目录使用域(Domains)、组织单元(Organizational Units)和对象组织网络资源,这与 Windows 用文件夹和文件组织 PC 本地信息类似。

一个域是一个网络对象,是组织单元、用户账号、组和计算机的集合,多个域组成域树。组织单元是把对象组织成逻辑管理组的容器,可包含一个或多个对象。一个对象是一个独立的个体,如用户账号、计算机、打印机等。Windows 2000 以域间的信任关系控制用户对网

信息安全概论

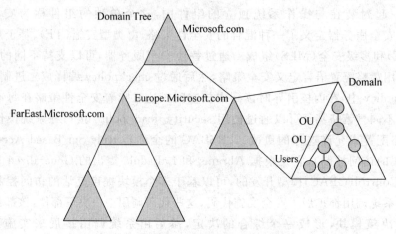

图 11-6 活动目录服务的分层结构

络资源的访问权限。通过建立域间的信任关系,可以允许用户和计算机在任何一个域中进行身份认证从而使用经过授权的资源,这种横穿多个域保持的信任关系也称为穿越信任。采用穿越信任关系可以大大地减少网络中单向信任关系的量,从而简化网络管理。

(2) Kerberos 审计协议:Windows 2000 使用互连网标准 Kerberos V5 协议(RFC 1510)进行用户审计。Kerberos 协议定义了客户端和密钥分配中心的认证服务之间的安全交互。Kerberos 协议为客户/服务器建立连接前提供一种交互审计的机制,其特点如下。

① 在建立初始连接时增强服务器认证性能。应用服务器不需要连接到域控制器认证客户端,这样应用服务器可处理大量的客户连接请求,同时具有良好的可伸缩性。

② 多层客户机/服务器应用的认证委派。

③ 具有穿越信任关系的域间认证。

Kerberos 认证基于票据(tickets),当一个客户登录到基于 Windows 2000 的域中时,会获得一个票据,该票据用于验证客户正在访问的网络资源的合法性以及客户能访问的网络资源。Kerberos 协议依赖于共享密钥的认证机制,客户和服务器都需要注册到 Kerberos 的认证服务器上。其基本过程是:客户登录并从 KDC(Key Distribution Center,密钥分配中心)得到一个许可票据(Granting Ticket);客户用许可票据在 KDC 处为每种网络资源访问的会话获取会话票据(Session Tickets);客户在与应用服务器建立连接时提交会话票据;应用服务器验证 KDC 签发的会话票据的合法性以确定是否建立客户/服务器连接。

(3) PKI (Public Key Infrastructure,公钥基础设施):公钥加密主要用在互连网一类的开放网络,可以允许用户通过证书进行数据加密、数据签名和验证身份。公钥加密技术的挑战在于跟踪证书。PKI 提供使用、管理和发现公钥证书的服务。Windows 2000 PKI 为用户提供基于 PKI 技术的超强安全系统,支持公钥加密而用户和应用无须知道证书如何存储和工作,完全与活动目录以及操作系统分布式安全服务集成,其基本组件包括:

① 证书服务,允许组织和企业建立自己的 CA(Certificate Authority,认证中心)系统,发布和管理数字证书。

② 活动目录,提供查找网络资源的唯一位置,提供证书和信息发布的服务。

③ 基于 PKI 的应用,包括 Internet Explorer、Internet Information Server、Outlook Express 等,以及一些第三方 PKI 应用。

④ 交换密钥管理服务（Exchange Key Management Service），允许应用存储和获取用于加密 E-mail 的密钥。

Windows 2000 PKI 提供的安全功能具有互操作性、安全性、灵活性以及易用性等特点。

（4）智能卡：智能卡是一种相对简单的方式使非授权人更难获得访问网络的权限。因此，Windows 2000 为智能卡安全提供内在支持。与口令认证方式不同，采用智能卡进行认证时，用户把卡插入连接到计算机的读写器中，并输入卡的 PIN（Personal Identification Number，个人标识号），Windows 使用卡中存储的私钥和证书向 Windows 域控制器的 KDC 认证用户，认证完毕后，KDC 返回许可票据。智能卡认证比口令认证具有更高的安全性，因为：

① 智能卡方式需要一个物理卡来认证用户。

② 智能卡的使用必须提供一个个人标识号来保证只有经过授权的人在使用该智能卡。

③ 因为不能从智能卡中提取出密钥，所以有效地消除了通过盗用用户证书而对系统产生的威胁。

④ 没有智能卡，攻击者就不能访问智能卡保护的资源。

⑤ 没有口令或任何可重用信息的传输。

（5）加密文件系统（Encrypting File System）：除了保护存储在网络中的资源，如何保护存储在本地计算机中的数据安全呢？Windows 的加密文件系统支持用户对指定的本地计算机中的文件或文件夹进行加密，非法用户不能对加密文件进行读写操作。此外，当计算机物理丢失时，EFS 系统可防止敏感信息的丢失和泄漏。

Windows 使用 CryptoAPI 提供的公钥和对称密钥加密算法对文件或文件夹进行加密。虽然 EFS 的内部实现机制非常复杂，但用户使用起来非常方便简单，仅仅需要选中文件或文件夹后，单击鼠标右键，在属性菜单中选中相应的菜单项完成加密，合法用户再次打开文件时自动解密。EFS 对合法用户的操作是透明的，而对攻击者却是加密的。

（6）安全配置模板（Security Configuration Templates）：为了方便一个组织网络的建立和管理，Windows 提供安全模板工具（Security Templates Tool）。系统管理员使用管理控制台定义标准模板并统一地应用到多个计算机和用户中。

一个安全模板是一个安全配置的物理表示，即是存储一组安全设置的文件。Windows 包含了一组标准安全模板，从低安全的客户端配置到高安全的域控制器配置，用于不同的场合和不同角色的计算机。这些模板可直接使用、修改或作为用户定制安全模板的基础。一个模板中一般包括下列安全设置项：

① 账号策略，包括密码、账号锁定和 Kerberos 策略的安全性。

② 本地策略，用户权限和记录安全事件。

③ 事件日志，定义事件日志的安全性。

④ 受限组，本地组成员的管理。

⑤ 注册表，本地注册表项的安全性。

⑥ 文件系统，本地文件系统的安全性。

⑦ 系统服务，本地服务的安全性和启动模式。

习题 11

1. 说明操作系统所面临的安全威胁。

2. 计算机系统可建立哪些安全策略?

3. 操作系统采用了哪些安全控制方法? 简述各安全控制方法的基本原理。

4. 什么是安全操作系统?

5. 常见的安全操作系统模型有哪几种? 说明其基本原理。

6. 简述安全操作系统设计的一般原则。说明基于上述原则的安全操作系统设计方法的基本原理。

7. 说明操作系统的可信度验证方法。

8. 什么是 TCSEC? 说明其主要内容。

9. 试述我国的安全操作系统标准包含哪些级别以及相应的安全策略要求。

10. 说明主流操作系统 UNIX/Linux、Windows 2000/XP 采用的安全机制。

计算机软件安全性　　第 12 章

　　各种大型软件、专用软件(如金融财务软件,军用软件,统计规划软件,地理、气象、能源、航空航天软件等)的使用,大型数据库的联网开放,都使软件和数据的重要性和地位日益重要和不可缺少。对软件和数据的依赖性日益严重,软件中任何一个小的纰漏、一种不完善的功能、一次微细的修改都可能对系统造成极大的影响。软件自身也给那些具有恶意企图的人、企图利用软件来达到非法目的的人带来一个攻击对象,所以,对软件的保护和对系统的保护一样至关重要,是十分迫切需要解决的问题。

12.1　软件安全的概念

　　软件安全的概念如下:软件安全是在软件生命周期中,运用系统安全工程的技术原则保证软件采取正确的措施以增强系统安全,确保那些使系统安全性降低的错误已被消除或已被控制在一个可接受的危险级别内。所谓软件安全工程,即采用工程的概念、原理、技术和方法,在操作效果、时间和耗费的约束下,把科学的管理技术和当前能够得到的最好的方法结合起来以获得足够的安全性能。

　　在软件安全中,危险(Hazard)是一个专门的术语,指导致或可能引起一个失误的已存在或潜在的条件。失误(Miscap)可认为是任意组合的一系列连续的并发的相关事件,在满足危险发生的条件情况下,这一系列事件的发生会导致系统失去控制并产生损失。

　　软件安全性除了包括软件的完整性、可用性、保密性外,还包括了软件的运行安全性。众所周知,来自系统外部的恶意攻击的主要目标是计算机系统,其直接的重点目标是信息和数据,以及包含、记录和存储这些信息数据的软件(程序)。软件的丢失、篡改、窃取、非法复制、滥用等对系统造成的后果是灾难性的,对社会造成的影响可以是严重和深远的。

　　软件的安全防护可以分为外部和自身保护,包含了如下几个方面。

　　(1) 软件自身安全:防止软件丢失、被破坏、被篡改、被伪造。

（2）软件存储安全：可靠存储，保密存储，压缩存储，备份存储。

（3）软件通信安全：安全传输、加密传输、网络安全下载、完整下载。

（4）软件使用安全：合法用户与非法用户，授权访问，防止软件滥用，防止软件窃取，软件的非法复制。

（5）软件运行安全：确保软件正常运行，功能正常。

如今，影响计算机软件安全的因素太多，几乎不可能建立一个绝对安全保密的信息系统。一方面要加强人为因素的控制，如制定相关法律、法规，加强管理；另一方面，加强技术性措施的运用，如系统软件安全保密、通信网络安全保密、数据库系统以及软件安全保密等。

12.1.1　软件自身安全

软件安全保护的另一方面是软件自身的完整性，这就是软件抵御外部攻击的能力。自身安全的研究包括软件自身完整性、程序自诊断、软件加密、软件压缩、软件运行控制等方面，已经推出了若干实用的安全工具软件和安全运行控制部件（如"软件狗"等）。尽管如此，软件的盗用、非法复制、破析等依然存在。反盗用、反破析、防范非法复制之间的对抗也是长期的，所以，软件的反跟踪、反破析、自毁技术也在软件开发过程中逐渐发展起来。

软件自身安全的另一个重大隐患是软件中存在的隐蔽通道，以及有意无意设置的陷阱（trapdoor），隐蔽通道是指一个秘密的和未公开发表的进入软件模块的入口。这些入口可以是软件程序为了功能扩充而保留的程序接口；为软件测试而有意留下，但测试后又忘记删除的接口或入口；为今后软件维护而有意留下的程序入口；软件产品化后提供的公共调用入口等。

通过提高软件的可靠性可以加强软件运行过程中的安全性。软件可靠性可以定义为：软件按规定的条件，在规定的时间内运行而不发生故障的能力。同样，软件的故障是由于它固有的缺陷导致错误，进而使系统的输出不满足预定的要求，造成系统的故障。所谓按规定的条件主要是指软件的运行（使用）环境，它涉及软件运行所需要的一切支持系统及有关的因素，如支持硬件、操作系统及其他支持软件、输入数据的规定格式和范围、操作规程等。和硬件可靠性相似，在软件的寿命周期中，也有早期故障期和偶然故障期。早期故障率也高于偶然故障期的故障率，但软件不存在故障率呈增长趋势的耗损故障期，软件的缺陷纠正一个就减少一个，不会重复出现。

12.1.2　软件存储安全

软件和数据的宿主是各类存储介质（磁盘、磁带、光盘等），对软件的访问、修改、复制等都需要经过存储介质和设备，国外在软件安全保护技术研究中的一个重点是对存储介质的安全性进行研究，研究领域包括了存储设备的可靠性、存储设备（磁盘）的加密解密、存储设备的访问控制等。一般而言，软件存储安全的基本信息如下。

（1）磁盘组织结构：分区表、引导区、保留区、磁盘参数、磁盘访问模式。

（2）文件系统组织结构：文件在磁盘上的存储方式，文件分配表，目录结构、路径等。

（3）软件存储方式：可靠存储，保密存储，压缩存储，备份存储。

（4）软件存储安全：防暴露程序隐藏、程序加密、程序压缩。

1. 存储设备的可靠性

随着存储技术的发展,目前存储系统发展方向是进行存储整合、构建虚拟化的存储系统以及自动化的存储维护。随着数据整合、存储整合的实施,数据中心(一般由 SAN、NAS 和 DAS 等多种连接方式组成的存储系统)聚集了各种关键数据和各类应用系统。如何确保底层存储系统的稳定可靠运行,保证数据的安全性,提高管理的效率,是目前和下一阶段数据管理和系统管理的主要目标。

如果把上述功能移植到网络上,便是基于网络的虚拟化——这种虚拟化在多厂商阵列之间建立了一个存储池,也可以与不同的主机平台相连,对主机来说看到的是不同的阵列的统一映像,从而实现了不同主机和存储之间的真正的互连和共享。在高性能的存储域网络(SAN)的基础上,即在物理层实现基于数据块的虚拟化和基于文件系统的虚拟化存储(SAN 上的统一文件系统)。

在内网系统中数据对用户的重要性越来越大,实际上引起电脑数据流失或被损坏、篡改的因素已经远超出了可知的病毒或恶意的攻击,用户的一次错误操作,系统的一次意外断电以及其他一些更有针对性的灾难可能对用户造成的损失比直接的病毒和黑客攻击还要大。为了内网数据的安全,必须对重要资料进行备份,以防止因为各种软硬件故障、病毒的侵袭和黑客的破坏等原因导致系统崩溃,进而蒙受重大损失。

2. 存储设备(磁盘)的加密解密

存储设备的加密/解密技术可以一定程度上保证软件存储的安全。下面介绍几个磁盘加/解密的例子。

(1) 修改磁盘分区表信息。硬盘分区表信息对硬盘的启动至关重要,如果找不到有效的分区表,将不能从硬盘启动,或从软盘启动也找不到硬盘。通常,第一个分区表项的第 0 字节为 80H,表示 C 盘为活动 DOS 分区,它是硬盘能否自举的关键。若将该字节改为 00H,系统将不能从硬盘启动,但从软盘启动后,硬盘仍然可以访问。分区表的第 4 字节是分区类型标志,第一分区的此处通常为 06H,表示 C 盘为活动 DOS 分区,若对第一分区的此处进行修改可对硬盘起到一定加密作用。

(2) 对硬盘启动加口令。通常,在 CMOS 中可以设置系统口令,使非法用户无法启动计算机,当然也就无法使用硬盘。但这并未真正锁住硬盘,因为只要将硬盘挂在别的计算机上,硬盘上的数据和软件仍可使用。要对硬盘启动加口令,可以首先将硬盘 0 柱面 0 磁头 1 扇区的主引导记录和分区信息都储存在硬盘并不使用的隐含扇区,比如 0 柱面 0 磁头 3 扇区。然后用 Debug 重写一个不超过 512 字节的程序(实际上 100 多字节足够)装载到硬盘 0 柱面 0 磁头 1 扇区。该程序的功能是执行它时首先需要输入口令,若口令错误则进入死循环;若口令正确则读取硬盘上存有主引导记录和分区信息的隐含扇区(0 柱面 0 磁头 3 扇区),并转去执行主引导记录。

由于硬盘启动时首先是 BIOS 调用自举程序 INT 19H 将主硬盘的 0 柱面 0 磁头 1 扇区的主引导记录读入内存 0000:7C00H 处执行,而此处内容已经被人为更改(变为我们自己设计的程序)。这样从硬盘启动时,首先执行的不是主引导程序,而是我们设计的程序。在执行设计的程序时,口令不对则无法继续执行,系统也就无法启动。即使从软盘启动,由于 0 柱面 0 磁头 1 扇区不再有分区信息,硬盘也不能被访问。

（3）对硬盘实现用户加密管理。UNIX 操作系统可以实现多用户管理，在 DOS 系统下，将硬盘管理系统进行改进，也可实现类似功能的多用户管理。该管理系统可以满足这样一些要求。

① 将硬盘分为公用分区 C 和若干专用分区 D。其中"超级用户"管理 C 区，可以对 C 区进行读写和更新系统；"特别用户"（如机房内部人员）通过口令使用自己的分区，以保护自己的文件和数据；"一般用户"（如到机房上机的普通人员）任意使用划定的公用分区。后两种用户都不能对 C 盘进行写操作，这样如果把操作系统和大量应用软件装在 C 盘，就能防止在公共机房中其他人有意或无意地对系统和软件的破坏，保证了系统的安全性和稳定性。

② 在系统启动时，需要使用软盘钥匙盘才能启动系统，否则硬盘被锁住，不能被使用。此方法可通过利用硬盘分区表中各逻辑盘的分区链表结构，采用汇编编程来实现。

③ 对某个逻辑盘实现写保护。通常，软盘上有写保护缺口，在对软盘进行写操作前，BIOS 要检查软盘状态，如果写保护缺口被封住，则不能进行写操作。而写保护功能对硬盘而言，在硬件上无法进行，但可通过软件来实现。

3. 存储安全中的其他因素

存储安全中的其他因素包括人、电源和克隆技术。

（1）人：在各种安全要素中，如果人的要素没有解决好，也同样会引发意外事故。用户与他人共享认证信息是一种常见的非常恶意案例隐患。产生这种现象的原因可能是无害的，但它所带来的结果可能是灾难性的。另一个非常实际的安全问题就是采用人工的方式执行包括配置、更新、升级和测试在内的多种任务。因此，通过制定可靠的安全规划来对这些人工操作进行控制，包括制定正式的修改以及数据备份恢复规程。

（2）电源：电源是人们在考虑确保存储安全时经常被忽视的一个环节。正常情况下，需要考虑为关键用户提供备份电源。

（3）克隆技术：克隆是另一种提高数据可用性的方法。由于数据可用性的关键之一就是保护数据，确保数据的随时可用，而克隆技术则可以提供完整的数据复制。因此克隆技术既属于数据可用性技术，又属于数据保护技术。

12.1.3 软件通信安全

1. 安全传输

安全传输应注意以下几点。

（1）操作系统的安全：从终端用户的程序到服务器应用服务以及网络安全的很多技术，都是运行在操作系统上的，因此，保证操作系统的安全是整个系统安全的根本。除了不断增加安全补丁之外，还需要建立一套对系统的监控系统，并建立和实施有效的用户口令和访问控制等机制。

（2）使用代理网关：使用代理网关的好处在于，网络数据包的交换不会直接在内外网络之间进行。内部计算机必须通过代理网关才能访问到 Internet，这样操作者便可以比较方便地在代理服务器上对内外网络访问的切换进行限制。通过在代理服务器两端采用不同协议标准，也可以阻止外界非法访问的入侵。此外，代理网关具备对数据封包进行验证和对密码进行确认的安全管制。

（3）设置防火墙：防火墙的选择应该适当，对于微小型的企业网络，可从诸如 Norton

Internet Security、PCcillin、天网个人防火墙等产品中选择适合于微小型企业的个人防火墙。而对于具有内部网络的企业来说,则可选择在路由器上进行相关的设置或者购买更为强大的防火墙产品。对于几乎所有的路由器产品而言,都可以通过内置的防火墙防范部分的攻击,而硬件防火墙的应用,可以使安全性得到进一步加强。

(4) 信息保密防范:为了保障网络的安全,也可以利用网络操作系统所提供的保密措施。以 Windows 为例,进行用户名登录注册,设置登录密码,设置目录和文件访问权限和密码,以控制用户只能操作什么样的目录和文件,或设置用户级访问控制,以及通过主机访问 Internet 等。同时,可以加强对数据库信息的保密防护。通常,网络中的数据组织形式有文件和数据库两种;由于文件组织形式的数据缺乏共享性,数据库现已成为网络存储数据的主要形式。由于操作系统对数据库没有特殊的保密措施,而数据库的数据以可读的形式存储其中,所以数据库的保密也要采取相应的方法。电子邮件是企业传递信息的主要途径,电子邮件的传递应进行加密处理。针对计算机及其外部设备和网络部件的泄密渠道,如电磁泄露、非法终端、搭线窃取、介质的剩磁效应等,也可以采取相应的保密措施。

(5) 从攻击角度入手:目前,计算机网络系统的安全威胁有很大一部分来自拒绝服务(DoS)攻击和计算机病毒攻击。对付"拒绝服务"攻击有效的方法,是只允许跟整个 Web 站点有关的网络流量进入,从而预防此类的黑客攻击;尤其对于 ICMP 封包,包括 ping 指令等,应当进行阻绝处理。通过安装非法入侵侦测系统,可以提升防火墙的性能,达到监控网络、执行立即拦截动作以及分析过滤封包和内容的动作,当窃取者入侵时可以立刻有效终止服务,以便有效地预防企业机密信息被窃取。同时应限制非法用户对网络的访问,规定具有 IP 地址的工作站对本地网络设备的访问权限,以防止从外界对网络设备配置的非法修改。

2. 加密传输

用户数据在网上传输,必须防止用户数据,例如投资者网上证券交易的委托数据等被窃密、篡改和伪造。互联网上软件安全传输的方法主要是使用加密技术,比如数字签名技术、时间戳、数字凭证技术等。其中,最常用的技术为安全套接层协议(Secure-Sockets-Layer,SSL)协议——是由 Netscape 公司研究制定的网络安全协议。SSL 协议向基于 TCP/IP 的客户/服务器应用程序提供客户端和服务器的鉴别、数据完整性及信息机密性等安全措施,可在服务器和客户端同时实现安全传输支持。SSL 目标是为用户提供互联网和企业内联网的安全通信服务,它已经成为一个事实的工业标准。SSL 提供以下三种基本的安全服务:信息加密、信息完整性和相互认证。

3. 网络安全下载

互联网是一个神奇的世界,里面蕴涵的信息包罗万象、丰富多彩。人们经常会碰到自己喜欢的东西:软件、书籍、电影、音乐等,这个时候理所当然地会想到下载。但是,因为网上资源安全的不可确定性,因此为了确保下载的安全,必须注意两点:一是下载前的安全设置,二是下载后的安全检查。

(1) 下载前的安全设置:可以通过对下载工具的有关属性的设置,来增强下载的安全性。在常用的下载软件 FlashGet 和网络蚂蚁(NetAnts)中,都有使用代理服务器的功能。而诸如 Download Mage 则可以通过在下载前预览 zip 文件的内容来提高下载内容的安全性。同时,下载中要注意代理服务器的使用。可以通过代理服务器隐藏自己的 IP 地址,从而保障主机的安全。

（2）下载后的安全检查：在一些常用下载工具中，都有关于文件下载后进行病毒检查的设置，如网际快车和网络蚂蚁。

4. 完整下载

完整下载主要指的是下载的完整性检验。软件可以用于检查数据是否被篡改、含有错误或者被遗漏。此类技术包括一致性检查和合理性检查以及数据输入和处理期间的正确性检查。这些技术在数据输入和处理时检查数据值是否同预期值或取值范围相吻合，或对数据值之间的预期关系进行检查。一般完整性检验包含一系列重要步骤从而发现有意或者无意文件更改。最为常见的是 MD5（message-digest algorithm 5）文件校验法，它被广泛用于加密和解密技术，可以说是文件的"数字指纹"。任何一个文件，无论是可执行程序、图像文件、临时文件或者其他任何类型的文件，也不管它体积多大，都有且只有一个独一无二的MD5 信息值，并且如果这个文件被修改过，它的 MD5 值也将随之改变。因此，可以通过对比同一文件的 MD5 值，来校验这个文件是否被"篡改"过，或相比最初这个文件是否完整。

12.1.4 软件运行安全

一个程序要运行，必须要有环境，一旦您知道了身处什么环境，就可以确定您的安全性目标。软件系统运行时需要各种支持要素，包括：支持硬件、操作系统、其他支持软件、输入数据格式和范围以及操作规程等。不同的环境条件下，软件的可靠性是不同的。具体地说，规定的环境条件主要是描述软件系统运行时计算机的配置情况以及对输入数据的要求，并假定其他一切因素都是理想的。有了明确规定的环境条件，软件的运行才更可靠。

对于 Von Numan 存储程序式计算机来说，运行环境包括：程序代码（指令）有地方存放，处理器能够从这里取得，指令能够按照顺序执行，而且程序和数据要求完整。

1. 软件运行正确性

计算机系统的安全有赖于在其上运行的软件操作的无错，即软件既要确保能够正常运行，还应具有非常高的运行正确性，在执行时其功能不应出现差错，一旦出现差错，则要有出错处理能力和容错能力。此外，还应当要求软件在运行过程中，不能破坏别的运行软件，也不允许别的软件来破坏自己。

2. 输入的可信性认证

在几乎所有安全的程序中，第一道防线就是检查程序所接收到的每一条数据。如果能不让恶意的数据进入程序，或者至少不在程序中处理它，那么程序在面对攻击时将更加健壮。这与防火墙保护计算机的原理很类似：它不能预防所有的攻击，但它可以让一个程序更加稳定。这个过程叫做输入的检查、验证或者过滤，确保输入可信的最重要的规则是所有的数据必须在使用之前被检查。

（1）限制程序暴露的部分。如果程序分为若干块，应该尽量设计得让攻击者不能与大多数块通信。这包括不能让他们利用各块之间的通信路径。对有些较难控制的情况，比如，当程序块之间使用网络通信时，则可以使用加密等机制来确保运行安全。

（2）限制暴露部分所允许的输入类型。可以修改设计，从而只接受少数的输入。

（3）严格检查不可信的输入。真正"安全"的程序应该没有任何输入，但这只是一种理想情况。因而,需要对来自不可信源的输入路径的数据进行严格的检查。通常的做法是至少检查所有的数据一次,并且至少在数据第一次进入时进行一次检查。

3. 运行日期和时间

日期和时间是计算机内常用的定时基础,在计算机内常称为时钟,系统具有三种时钟概念,即:①系统时钟(system clock),控制中央处理器和其他逻辑器件和部件工作的时钟;②实时时钟(realtime clock),根据实时事件和定时方式完成各种控制操作的定时时钟;③日历时钟(calendar clock),一种与日历日期和时钟同步的工作时钟。后一种时钟记录了计算机工作的日期和时间,记录下了文件和数据存取、注册登录操作、传输接收的日期和时间,某些软件(如金融、银行、统计、交易、气象、商务、军事等)对日期和时间非常敏感,对日期和时间具有很大的依赖性。比如,最引起人们注意的 Y2K 问题和 9999 问题。

1) Y2K 问题

2000 年 1 月 1 日标志着一个新世纪的开始,记年的数字从 1999 增加到了 2000。然而,就是这个数字的变动,在全世界引起了一场轩然大波。一时间,"2000 年问题"、"Y2K"问题、"千年虫"问题喧闹得不可开交。实际上,这个问题的起因早至 20 世纪 60 年代。当初计算机程序设计人员为节省存储空间,将日期的年份设定仅仅采用了两位字符,默认年份的开头两个数字总是 19,即 1998 年被简记为 98。而在读出年份时,又自动地在其前面加上数字 19。而当时的几乎所有计算机系统沿袭了这种简化日期记录、表达和计算方式。因此,2000 年在已有系统中只能输入和记录为 00,读出和计算时自动加上 19 会成为 1900,使 2000 年和 1900 年没有区别。这种错误表达,尤其是在计算中将会引起严重的后果,它可能引发金融混乱、统计错误、交易失效,甚至整个计算机系统和信息系统崩溃。

Y2K 的主要敏感日期是 1999 年 12 月 31 日—2000 年 1 月 1 日、2000 年 2 月 28—29 日、2 月 29 日—3 月 1 日、2000 年 10 月 10 日、2001 年 1 月 1 日和 2001 年 12 月 31 日。硬件 2000 年问题关键所在是电脑主板上的实时时钟电路(RTC)。通常用的 RTC 芯片(如 MC146818)只表示四位年份值的后两位数,而前两位世纪位"19"单独固定存放在 CMOS 中。在电脑启动时,将 RTC 时钟的年份和 CMOS 中的世纪位合并起来,形成四位日期传递到 BIOS 中。由此产生了 2000 年变为 1900 年的 2000 年问题。计算机硬件 BIOS 千年虫问题解决方案很多,常用的是 BIOS 升级法、补丁程序法和硬件插卡法等。第一种方法有很大的风险,针对不同机器的 BIOS 升级,很有可能造成原 BIOS 芯片被坏,从而使系统无法正常工作。实际实施时会遇到很多问题,所以几乎所有厂商申明不承担"升级 BIOS"造成系统崩溃的责任。补丁程序是一种较好的办法,此类软件有 fix2000.sys 或畅行 2000。用户只要在电脑的 CONFIG.SYS 文件中加入 DEVICE=FIX2000.SYS 一行,即可做到"查虫、灭虫"。硬件插卡有 2000 世纪卡、求真 2000 卡和 Smart2000 等。

2) 9999 问题

另一个与计算机日期时间有关的错误问题是所谓的 9999 问题,这是旧计算机系统软件设计中的一个隐患。以前的计算机程序设计员通常将 1999 年 9 月 9 日定为软件的运行时限,当这些软件到达终止日期时,计算机中的日期和时间 99/9/9 会改变成 10/10/10 或者 00/00/00,从而将软件"锁"死,出现死机,导致大量数据丢失和系统崩溃。因此,在系统软件中防止这样一种隐患也是势在必行的。

4. 软件补丁

给软件打"补丁"是一种软件错误补偿方法,用于正规软件已经发布,在实际运行中发现了原来测试之前未发现的问题。但是版本已无法修改,因此,只能采取用另一种外部程序的方式来弥补这种不足或改正这种错误,使软件能够正常运行。很多大型软件,包括微软的操作系统,如 Windows、Win NT、IE、Office 等几乎都具有补丁程序。这是不奇怪的,因为一个大型软件,尤其是具有并发、并行机制的大型系统软件,不可能百分之百严密和正确,只能证明其可用、可信。

例如,补丁程序范例:解决 IE 浏览器中 Cuartango 安全漏洞的补丁程序。Guartango 漏洞使用户文件在 Web 站点经营者和电子函件发送者前暴露无遗。通过开发脚本应用程序,攻击者可以利用浏览 Web 站点机会,或向用户发送基于 HTML 的电子函件,从网络或者硬盘上盗取文件。在无法获得补丁程序时,可以简单关闭 IE 的启动活动脚本选项,以避免可能的入侵。补丁程序可从微软站点(http://www. microsoft. com/windows/ie/security/paste. htm)下载。

12.2　软件安全保护机制

软件作为一种知识密集的商品化产品,在开发过程中需要大量的人力,为开发程序而付出的成本往往是硬件价值的数倍乃至数百倍。然而,软件具有易于复制和便于携带的特性;同时,由于社会、法律为软件产品提供的保护不充分,迫使一些软件公司和开发人员采取了自卫手段,从而出现了软件保护技术。

软件保护需要研究多种软件保护技术和机制,保持软件的完整性及黑盒功能特点,防止软件的非法移植、盗用、运行、复制,防止对系统安全有关的软件的功能的破解。软件保护早期致力于软件加密,研究软件的加密和解密技术、密文技术、软件的压缩与还原技术、固化与存取技术、运行安全技术(含硬件运行控制机制)、软件的反跟踪与反破析技术、软件自身保护技术和软件访问控制技术。任何一个软件保护系统都并非不可攻破的,但是,一个好的软件保护系统会使攻击者付出很大的代价,直至放弃对软件的非法获取。软件保护主要解决四个问题,即软件的防复制、防执行、防篡改、防暴露,各种安全技术和机制在实施中贯穿始终。

12.2.1　软件防复制(存储访问技术)

计算机软件极易被复制,软件保护目的之一是防止软件的非法复制。由于软件是存储在存储设备和载体中的,保护和阻止存储载体的操作是防止复制的简单方法。软件防复制技术是计算机数据安全的研究领域之一,数据的存储介质是各种物理的可存储和记录的设备与器件。目前,最主要的存储设备是磁盘,此外,还有磁带、光盘等,它们既是信息的载体,也是信息传递的媒介。这些存储设备上的信息是由程序、文件和数据构成的,而这些程序、文件和数据是有价的、有特殊用途的,有的是专用的、未经授权不能公开和使用的。由于存储介质的可复制性和可交换性,这些程序、文件和数据就可能被复制、盗窃、出卖,甚至滥用。

1. 磁盘加密

软件防复制技术的重点在于存储介质的安全机制与其上的程序、数据和文件的防复制。

磁盘(含其他存储介质)的加解密技术是防复制的关键技术之一,由于磁盘的可加密性和可破解性,使得磁盘的复制和反复制成为可能。所以,首先要研究磁盘(含其他存储介质)的结构和特殊性。磁盘本身是无特殊性的,只是由于人们在盘体上做出了物理的或者逻辑的标记,作为磁盘的"指纹",使得磁盘本身可以被识别,成为防复制的标记。通过专门的识别程序,可以分辨和识别是原盘还是复制盘。这种标记识别型磁盘防复制技术的关键在于"标记"的不可复制性,否则,防复制是没有意义的。

用磁盘加密方式阻止软件复制是软件商常用的方法,此项技术的研究可包括盘区部分加密、相关磁道加密、磁盘关闭和锁定、扇区锁定、专门复制程序、软件复制标记和复制权限等。可以采用激光加密、指纹加密、非正常磁道加密、磁隙加密等。这些方法简单易行、价格低廉,但使用不便,因为系统必须识别是正常读写、复制还是非法读写、复制,甚至合法用户也不能作备份,存储设备由于频繁读写容易损坏。而且,采用专门的软件仍然可以复制这种特殊的磁盘。整个软盘复制,尤其是钥匙盘的复制,是防护的重点。防复制标记可以采用数字水纹来确保其不可复制性。

例如,磁盘加密的应用技术(以主流微机为例)有很多种,如额外磁道加密、磁道扇区乱序、CRC 校验加密、物理标记加密、磁盘穿孔、激光、电磁、掩膜加密、磁道接缝与扇区间隙加密等。

例如使用激光穿孔法实现软件防复制这种方法主要利用程序设计中的"陷阱技术"来实现。基本原理:在软盘表面穿孔,使部分扇区遭到物理破坏(无法用工具软件修复)。设计者在开发软件以前,用通用的检测工具对磁盘表面全面扫描,找到并记录已被损坏的扇区。以后,通过软件判断这些记录扇区是否损坏就能判断软件是否已被复制。对于生产少量的软件产品而言,这种方法不失为一种经济有效的加密方法,但是如果大量生产,这种方法就变得更加繁杂:每次穿孔的位置不一定一样,软件所要判断的扇区编号也不一样,实现相当困难。

例如特殊磁道防复制加密技术,这种技术实现简单,能够很好地对软件起到加密作用。在此仅对软盘进行讨论。磁盘的一个扇区由标识区和数据区以及两个间隙组成,一些磁道(柱面)的 ID 信息被保存在非数据区中。在 DOS 系统启动的时候,软盘磁盘基数表被装载到起始地址为 0000:0525 的内存单元中,INT 13H 的许多操作都是根据这一基数表来确定扇区大小的。只要修改磁盘基数表,再用普通的 INT 13H 来操作磁盘,就能很容易将软件密钥写到磁盘扇区间隙处。一般情况下,对于这种特殊扇区,磁盘控制器无法在磁盘上写出,这样,一般的复制程序也就无法将其复制,但在被加密的软件程序中可以将间隙处的密钥作为特殊扇区的一部分读出,判断密钥信息就可以确定软件是否已被复制。对特殊磁道加密的实现原理:INT 13H AH=05H 功能是根据 BX 所指向的内存单元的参数来对磁盘进行格式化的。每个扇区都有一个 ID,由柱面号、磁头号和扇区字节长度组成,因此只要修改 ID 参数,并用这种参数格式化磁盘,就会产生特殊磁道。剩下的工作和对特殊扇区的操作相同:将密钥写入特殊磁道,即可实现软件防复制。

2. 不完整软件技术

不完整软件技术在应用中也称为程序分块技术,如程序覆盖与交换、转储等。覆盖与交换:程序运行时不全部调入内存,而采用运行一部分,再调入一部分的办法。防止窃取者利用内存映像对程序进行窃取。同时,也缩小了可执行程序段,而以覆盖或压缩文件方式保存

信息安全概论

另外的可执行段。覆盖与交换技术是在多道环境下用来扩充内存的两种方法。下面主要介绍覆盖与交换的基本思想。

1）覆盖

覆盖（overlay）的目标是在较小的可用内存中运行较大的程序。常用于多道程序系统，与分区存储管理配合使用。原理：一个程序的几个代码段或数据段，按照时间先后来占用公共的内存空间。将程序的必要部分（常用功能）的代码和数据常驻内存；可选部分（不常用功能）在其他程序模块中实现，平时存放在外存中（覆盖文件），在需要用到时才装入内存；不存在调用关系的模块不必同时装入内存，从而可以相互覆盖（见图 12-1）。

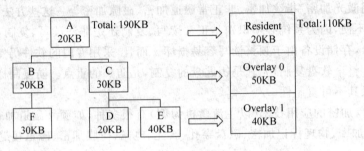

图 12-1　覆盖技术

缺点：编程时必须划分程序模块和确定程序模块之间的覆盖关系，增加编程复杂度。从外存装入覆盖文件，以时间延长来换取空间节省。从实现的角度：函数库（操作系统对覆盖不得知），或操作系统支持。

2）交换

交换（swapping）是指多个程序并发执行，可以将暂时不能执行的程序送到外存中，从而获得空闲内存空间来装入新程序，或读入保存在外存中而目前到达就绪状态的程序。原理：暂停执行内存中的进程，将整个进程的地址空间保存到外存的交换区中（换出（swap out）），而将外存中由阻塞变为就绪的进程的地址空间读入内存，并将该进程送到就绪队列（换入（swap in））。

其优点是，增加并发运行的程序数目，并且给用户提供适当的响应时间；编写程序时不影响程序结构。缺点是，对换入和换出的控制增加处理机开销；程序整个地址空间都进行传送，没有考虑执行过程中地址访问的统计特性。应该考虑的问题：程序换入时的重定位；减少交换中传送的信息量，特别是对大程序。

3）转储

在内存不同的空间内存放程序，然后再映射到可执行区。使用内存转储技术，可以在软件遇到重大问题时，系统首先把内存中的数据保存到一个转储文件中，然后再重新启动，而软件管理员就可以通过分析转储文件了解系统的故障。

有一些常用的内存转储技术。

（1）"小内存转储"记录帮助标识问题的最少信息。该选项需要计算机的启动卷上有一个至少 2MB 的页面文件，并指定在每次系统意外终止时 Windows 都将创建新的文件。这些文件的历史记录列在"小内存转储"下。

（2）"核心内存转储"只记录内核内存，该选项在系统出现意外 STOP 错误时加速将信息记录到日志文件的过程。随计算机物理内存的不同,可能需要在启动卷上为页面文件提供 50MB 到 800MB 的可用空间。文件存储在"转储文件"下面列出的目录中。

(3)"完全内存转储"在系统出现意外 STOP 错误时记录整个系统内存的内容。如果选中了该选项,则必须使系统分区上的页面文件足够大,以便容纳所有的物理内存数据,另外附加 1MB 的空间。文件存储在"转储文件"下面列出的目录中。

例: Windows 2000/XP 中使用的内存转储技术。

禁止 Windows 创建转储文件的步骤如下:打开"控制面板"→"系统",找到"高级",然后单击"启动和故障恢复"下面的"设置"按钮,将"写入调试信息"这一栏设置成"(无)"。类似于转储文件,Dr. Watson 也会在应用程序出错时保存调试信息。禁用 Dr. Watson 的步骤是:在注册表中找到 HKEY_local_machine\software\Microsoft\WindowsNT\CurrentVersion\AeDebug,把 Auto 值改成"0"。然后在 Windows 资源管理器中打开 Documents and Settings\All Users\Shared Documents\DrWatson,删除 User. dmp 和 Drwtsn32. log 这两个文件。

例:软件安装过程中典型的替换实例。

在安装软件时,软件检测到需要写入的 DLL 或其他程序文件正在使用时,会把要写入的 DLL 文件先定一个临时的文件名,然后在 WINDOWS 目录中往 WININIT. INI 写入一个改写项。比如,一个叫 ABCD. DLL 的动态链接库现在正在使用中,而安装程序要往系统中写入新版本的 ABCD. DLL,这时安装程序会把新版本 ABCD. DLL 先定一个临时文件名,例如 AAAA. LLL,然后在 WININIT. INI 中的[rename]一节中写入这一项: C:\windows\system\abcd. dll=C:\windows\system\aaaa. lll。在重启时,进入 Windows 图形界面之前,WININIT. EXE 在检测到 WINDOWS 目录中有 WININIT. INI 存在时,就执行里面的操作。在上面的例子中,是用 C:\windows\system\aaaa. lll 去替换掉 C:\windows\system\abcd. dll 这个文件,并且把 WININIT. INI 改名为 WININIT. BAK。

3. 软件安装机制

可以通过某些安装参数的限制来实现软件的防复制。

(1)安装次数:限定软件使用,规定软件版本安装,限制软件复制和备份次数。

(2)安装时间:限定软件使用时效,便于软件更新,防止软件复制和无限制使用运行。

(3)安装标记:每安装一次系统,进行一次记录,设定值超过规定值,拒绝安装。

(4)用户登记:软件采用用户登记制,只有用户 ID 才能安装或者运行系统。

(5)软件序列号:采用软件序列号安装软件,系统更新和升级也同样需要序列号。

(6)口令:利用口令机制限制软件的安装和使用。

单一的软件防复制技术具有一定的局限性,在实际应用中,多采用综合防复制技术。综合性软件防复制技术将磁盘(含其他存储介质)防复制技术与软件单一防复制技术结合,形成带有智能型的防复制技术,使软件的复制和盗窃难以进行。这些技术结合了软件和数据的密文技术、反跟踪技术和自毁技术。

随着软件功能的增强,软件规模和尺寸增大,程序和数据在存储设备中占据很大的存储空间,商品软件和备份软件逐渐采用光盘方式提供。大型程序利用一般软盘是无法复制的,于是有了硬盘偷窃。

12.2.2 软件防执行(运行控制技术)

软件保护的另一方法是使非法使用者不能正常使用软件,当非法复制的软件开始执行时,采用各种方式阻止程序运行,这就是软件运行控制技术。众所周知,程序的执行依赖于系统硬件部件,只有相应的硬件存在,软件的正常功能才能正常地执行。阻止执行的优点在于软件加密可靠,合法备份不受限制,而非法用户即使能够得到复制软件,也不能使用软件。用于阻止软件执行的硬件控制机制有"软件狗"、运行加密卡等。

1. 软件狗与软件锁

"软件狗"是安装在计算机并行口上的一个硬件部件,作为一种硬件"钥匙",被保护的软件中设置了许多判定和计算机制,称为"软件锁",当钥匙与锁相配合时,软件才能正常运行。目前,软件狗可分为 USB 狗与微狗,USB 狗插在计算机的 USB 口上使用;而微狗插在计算机的并行口上,两种使用的是相同的接口模块。微狗由于是插在并行口上,而计算机的并行口只有一个,而一般都会连接打印机,容易与打印机引起冲突;而 USB 是专门为多设备连接而设计的,有着严格的规范,从接口本身就避免了设备间的冲突。

1) 软件狗的保护机制

软件狗保护机制是利用软件锁和硬件钥匙相配合完成的。

    软件程序   硬件部件
① 读写数据 →→→ 存储区
                  ↓
③ 判定数据 ←←←②获得数据
        →→是:正常运行
        →→否:出错处理

可见,硬件部件内部存储的数据和对数据进行判定的机制是保护软件运行的关键。软件锁由三部分组成,即发送数据、接收数据和判断决策。软件狗中的数据可以由用户程序任意写入,存储器可以多次写入并长期保存。读写程序针对各种高低级编程语言采用接口函数来构建软件锁。软件狗内部有一个存储区域(从几十字节到 100 字节),用户程序可以对这个存储区进行读写操作,这个存储区掉电后可以保持存储数据,时间可长达 10 年。这个内部存储区域也可以作为程序相互调用时的参数传递区域,成为一种可以卸载和保护的参数传递区。还可以将软件狗中的某个单元作为软件运行次数、软件版本标志和运行时间记录,保证软件运行版本的期限和软件升级标志。软件狗采用 Centronics 标准并行端口,采用部分数据线作为读取信号线。不同的软件狗之间可以级联使用,但相同的软件狗之间不能级联。

2) 软件狗的工作机制

由 Intel 8255 芯片控制对并行口进行编程。一个并行口有三个端口。

(1) 数据口,地址:3BCH,可读写,各位表示如下:

7	6	5	4	3	2	1	0

数据输出

（2）状态口，地址：3BDH，可读写，各位表示如下：

| 7 | 6 | 5 | 4 | 3 | 2 | 1 | 0 |

数据输入

0	保留	1	保留
2	IRQ 有请求	3	出错
4	选中状态	5	缺纸（paper out）
6	应答（ACK）	7	系统忙（busy）

（3）控制口，地址：3BEH，可读写，各位表示如下：

| 7 | 6 | 5 | 4 | 3 | 2 | 1 | 0 |

0	选择	1	自动回车
2	初始化（init）	3	选择
4	IRQ 有效	5	未用
6	未用	7	未用

这些端口可以随意使用，为了不影响打印机，一般采用数据口作输出，状态口作输入。对具有 STD、EPP、ECP 模式的并行接口，需要注意数据方向。

并行口工作原理参见图 12-2。

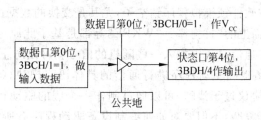

图 12-2　并行口工作原理

一个简单例子如下。

程序：

```
MOV AL,1
MOV DX,3BCH
OUT DX,AL        从 3BC 地址/0 位输出"1",接上模拟电源,Vcc"非"门上电
MOV AL,3
OUT DX,AL        从 3BC 地址/1 位,对"非"门输入"1"高电平
INC DX
IN AL,DX         从 3BD 地址/4 位,取出"非"门输出,应当为"0"
DEC DX
TEST AL,10H      退回 3BC 地址,测试寄存器中第 4 位(10)是否为"0"
JNZ ERROR        如果不为"0",测试失败,转错误处理
```

注意：LPT1 并行口的负载能力有限，要防止烧毁，因此可以不用 TTL 而改用 EEPROM。

3）软件狗与软件锁的安全问题

软件狗本身的安全也是一个重要问题，最容易受到攻击的是软件中的软件锁。软件锁

的数量和复杂性直接影响着攻击难度。软件狗的保护程度和复杂性可以视用户的需要而定,增加软件锁虽然可以提高软件的保护强度,但要增大软件尺寸、增加存储量和执行效率,因此要认真选择软件狗的设置。增加软件锁和多次访问软件狗是一种保护策略,将锁和访问分散到软件的各个部分,既提高了保护程度,也增加了被攻击和破解的难度。

从软件狗的硬件方面来看,因为其依靠计算机并口微弱的电压工作,而计算机并口的电压没有严格统一的标准,从 2V 到 5V 都有可能,这对于软件狗中的元器件的采用有很大的限制。最早一批软件狗的核心中只有一个 EEPROM 能够在计算机掉电后仍然保持原有的记录,因此只要能够找到相同的 EEPROM,就能够完全复制软件狗。其后出现了 EEPROM+计算机芯片的组合,软件锁不仅能够记录信息,而且能够做一些数学上的变换。有些软件狗厂家甚至把 EEPROM 和计算机芯片合而为一,制成专用的芯片,大大增加了软件狗硬件上的加密程度,但这种方法由于生产上的大批量要求,芯片内的设计不可能修改,一旦被解密者破解了一个芯片,所有同类型的软件狗即被破解。近年来的软件狗设计大多采用了低电压 CPU 为基础的设计,CPU 内部的程序由厂家自行写入,由于 CPU 程序是一次写入而且不可修改、不可读出的,安全性也比较高;另外 CPU 程序是由厂家来写入,厂家可以根据自己的要求随时修改软件锁内部的程序,灵活性也比较高。

其次在软件锁方面,实际上大多数破解者攻击的只是软件锁和客户的软件方面,真正从硬件角度来破解软件锁的比较少。从结构上来说,一个使用软件锁进行加密的软件分为三个部分。

(1) 驱动程序:软件锁驱动程序负责计算机用软件锁交换数据,如果这个环节的安全性比较差,那么很容易被软件锁模拟程序钻空子,尤其是交换的数据比较固定而存在未加密的情况时更是如此。市面上的“打狗棒”、“WKPE”等都是基于此原理做出来的。其实这个问题很容易防范,只要在通信过程中加入一些随机的信号就可以防止这种程序的有效运行。

(2) 软件锁提供的负责同驱动程序进行通信的具体语言模块(OBJ、DLL 等):如果驱动程序过于简单或通信协议过于清晰,可以通过制作一个假的驱动程序来模拟所有软件锁的操作,但这种方法过于复杂,不但要对如何编制设备驱动程序有所了解,还要完全理解软件锁驱动程序的工作原理与通信方式。所以有些破解者从客户端程序所要调用的具体语言的通信模块入手。因为有些客户端模块非常大(大于 10KB),而且在不同程序中的表征都相同,破解者完全可以写一段小的仿真程序来替换原来的软件锁客户端模块,也能达到破解的目的。

(3) 客户软件:此部分往往是破解者攻击的主要部分。因为软件锁的其他部分都是由软件锁的厂家来完成的,都有不同程度的加密和反跟踪成分,只有客户自己的程序是相对简单的,如果在用户使用时没有仔细规划一下加密方案的话,所有其他的方面的努力将付之东流。

综上,软件锁的使用环节很多,任何一个环节出了问题,都会造成整个加密方案的失败。厂家设计的部分相对要严密一些,而客户的使用方法往往是加密成败的关键。如果某个软件锁的访问最后可以归结为某个条件判别的话,那么一旦在这里被跳过,那么整个加密也就失去作用了。规划一套真正行之有效的加密方案,才能更好地发挥软件锁的保护功效。

2. 加密卡

加密卡类似于其他的 I/O 扩展卡,是安装在计算机机箱内部扩展槽中的硬件部件,其优点是加密变化多，反跟踪措施多，保护机制较完备，但安装不方便。硬加密卡对软件进行加密，软件运行时，必须要有这个特殊的硬件存在，否则软件不能运行。若非法复制软件，则必须同时复制该硬件加密卡，而硬件加密卡复制相当困难，因此，硬加密卡方法是防止大型软件被非法盗用的理想方法，一般为系统集成商采用，一般软件的加密不采用这种方式。

例如一种智能硬加密方法：可以利用 8 位单片机、PCI 总线结构设计一种直接插在计算机总线上的硬件加密卡。加密程序设为中断程序，以陷阱中断的方式启动该中断程序。采用随机数实时核对加密方法，加密卡中随机数生成电路经 A/D 转换后、通过外部中断方式存入片内 RAM 中，成为被加密数。因为该数是随机产生的，所以解密很困难。单片机与 PC 间数据传输的端口地址译码采用 GAL16V8 完成，既具有保密性，又减少成本，节省了系统地址资源。

还有其他一些常用的基于硬件的软件防执行设备，比如基于网络的智能卡、基于无驱型的 USB KEY、基于生物特征的终端设备（指纹仪）等。

3. 软件固化技术

对于有重要价值的软件使用软件固化的方法是计算机应用中的一项重要工作。固化的应用软件可以提高计算机的运行速度、节省内存和防止信息丢失、病毒侵害，确保计算机系统的正常运行。软件的固化与一般的数据文件固化不同（比如汉字库），一般情况下，其固化的是可执行程序。比如：DOS 系统下 . EXE 文件的固化，由于 . EXE 文件的装入执行由 COMMAND. COM 负责，但 COMMAND. COM 只能处理磁盘文件；因此，必须设计一个控制程序模拟 COMMAND. COM 处理固化程序的装入执行，这是实施软件固化技术的关键所在。

固化存取技术、研究软件固化、软件运行控制机制（安全卡、软件狗等），是软件防暴露、防复制的硬实施技术，必须予以重视。软硬件安全技术的相互配合是很有前途的，软硬结合的加解密技术，在提高加解密速度、节省时间、减少存储空间和运行空间、防止跟踪破析等方面都是非常有效的，也是今后研究的重点。

12.2.3　软件防暴露（加解密与限制技术）

防暴露（防泄漏）是信息安全性的必要保证，也是信息可用性的必要因素。其目的是保护软件，防止非法查阅、修改、复制、分析、盗用、移植。软件防暴露技术包括了软件加密、软件压缩、软件反跟踪等。配合软件固化、软件运行加密卡、软件狗等运行控制机制，达到防泄露的目的。

加密软件的工作方式主要有以下几种。

（1）外壳式：加密软件把一段加密代码附加到执行程序上，并把程序入口指向附加代码。当加密程序调入内存，首先执行附加代码，检查是否有跟踪程序，若没有则再检查密钥是否正确。如果全部通过，则转入原来程序执行。此种方式优点是简单，不需要修改源程序；最大的缺点是附加代码的安全（易于被破解）。

（2）内含式：加密代码以 OBJ 文件形式存在，和要加密的软件程序编译连接在一起。这种方式需要修改源码，较为可靠，但容易被跟踪；主要用于软件狗、加密卡的加密程序。

（3）结合式：外壳式和内含式的结合。用 OBJ 检查外壳的可靠性。

1. 软件加解密技术

软件防暴露的软实施技术之一是软件加解密技术,利用密文技术是加解密的关键,现代密码技术,如 DES 算法、RSA 算法、陷门背包算法等都是先进密码技术,然而,密码技术的使用和加解密技术的实施,不应影响软件性能和功能,尤其是对时间、空间、速度等敏感的软件和程序,实时软件以及某些多媒体软件要进行专门的加解密研究,取得应有的加密功效和实用功效。软件加密和数据加密不同,方法不同,目的也不同,但软件加密离不开数据加密。

软件加密可以分为数据加密和运行程序加密两类。

1) 数据加密

最典型的是网络通信中的数据加密。此外,软件系统的源程序和其他文档资料都是字符、图形的某种集合,可以看成数据,故它们的加密也属于此类。数据加密的基本原理是:设法将明文(加密前的数据)进行适当的变换,使之成为"面目全非"的密文,这些密文经过还原变换(解密)后重新变成明文方能使用,这样就达到了数据保护的目的。其中计算机密码学就是专门研究数据加密技术的一门学科。数据加密的一般方法大致可分为代码法(如密码词典)和密码法(如位移法)两类。

2) 运行程序加密

运行程序加密主要针对存储设备(如软盘)上的软件本身进行加密。一般分为硬加密和软加密两种方式。一方面,加过密的程序在运行时译码后仍能如常运行;另一方面,对运行程序所加之密是不可复制的。

(1) 硬加密

硬加密是指采用硬件(物理)的方法在某些存储设备(如软盘)上做某种记号或者软件的运行依赖于某些特殊硬件。这种永久性不可恢复的记号或者对硬件的依赖基本上是不可复制的,所以一般硬件加密方法较难破解。硬加密通常有激光法、固化部分程序法和掩膜法。

① 激光加密法:利用激光技术在对软盘进行格式化的同时在数据区或扇区标识符上烧若干个痕迹,使磁盘的某些点失去磁性,形成激光孔,同时配上加密软件,使复制工具无法识别,不能正常工作,从而达到防复制的目的。

② 固化部分程序法:这种方法通常是将用户必须运行的某些程序段、数据或密钥等固化在某些存储器集成芯片上,这使得用户运行程序时离不开这些芯片,从而难于实现复制软件的目的。例如软件狗就是这种加密方式。

③ 掩膜加密法:其与激光法的原理是一样的,只是其实施途径不同而已。它是用镀膜的方法屏蔽掉数据地址,使复制工具无法识别。

(2) 软加密

软加密是指用软件工具在软盘上产生隐藏的特殊的格式化数据作为检测记号,这种记号可以恢复但不可复制。目前市场上的软件大多采用的是软加密方法,例如 KV3000、瑞星杀毒软件等。以下列举几种常见的软加密方法。

① 错磁区法:这种方法是在软盘上写入一个或若干个错误磁区,即使磁区的总检查区与其测试值不吻合,可能会因为读数据错误而立即停止复制。但 KingCopy 2000 等可以识别错误磁区,从而可以复制这种加密软件。

② 多扇区法:设法增加扇区的密度,在空隙较大、可以存放较多数据的外围磁道,每个磁道可挤入 19 或 20 个扇区。而一般的复制程序只能读写 0~18 个扇区。所以正常复制是

无法复制的。

③ 多余磁道法：在磁盘格式化时，使盘片具有多余标准的磁道数。而一般的复制程序只能复制 0～80 道。这样多余的磁道便无法复制，若在这些磁道上放入一些关键程序则可使复制者因得不到完整的程序而复制失败。这种方法的保密性能与多扇区法一样，若能找到多余的磁道，也将解密。

④ 道间隐蔽软指纹保护法：这种方法是将特殊扇区隐藏在正常的格式磁盘的某相邻两磁道之间，并通过特殊的读写方式来识别此处的指纹信息，以分辨授权标志。这种加密方法可以在间隙上做一异常格式化的扇区，如建立超级扇区标记场地址，即使整个磁道的有效长度小于扇区标记长度，使得读该扇区时，一次读入具有指纹特征的道首尾接缝信息，由于磁性材料的均匀度、弱磁位写时转速的波动和道长偏差等多种因素的影响，各扇区长的循环冗余码、断点吸收码和各道首尾接缝处的信息均是不同的。所以这种加密方法不能被任何工具直接写到磁盘上，从而起到加密作用。

磁盘扇区结构参见表 12-1。

表 12-1　磁盘扇区结构

域	标　志　域					数　据　域					
字段	GAP1	SYNC	AM1	ID	CRC	GAP2	SYNC	AM2	DATA		CRC
字节数	80	12	3	1	4	2	22	12	3	1	512	2
内容	4EH *	00	A1H	FEH	CHRN *	*	4EH	00	A1H	FBH	*	*

其中：

GAP1——扇区之间间隙区；

SYNC——磁盘控制器的压频振荡器同步用的同步信号区；

AM1——扇区检索标志；

ID——扇区地址标识(C 表示磁道号；H 表示磁头号；R 表示扇区号；N 表示扇区字节数)；

CRC——循环冗余校验值；

GAP2——标志域与数据域间隙区；

AM2——数据区标志，第四字节正常值为 FBH，异常值为 F8H；

DATA——长度可变，由基数表中 N 值决定，在通常情况下，格式化后写入数据前，数据区内容都填充为 F6H 字节。

正常情况下，一张 3 寸软盘必须经过格式化后才能正常读写。而每个盘每面有 80 个磁道，每个磁道有 18 个扇区，每个扇区有 512 个字节。即这里的参数由表 12-1 中的 ID 号来决定。而实际上软盘的真正物理空间要大于这种标准的构造所占用的空间。因此，可以利用 Debug 等工具将磁盘的 ID 号某磁道或者是某扇区随意加以修改，然后将密钥信息写入这些经过特殊格式化的扇区。这样一般的 Copy、Diskcopy 以及 Pctools 和 Hd-Copy、Windows 是无法复制的，从而达到加密的目的。

3）其他常用软件加密方法

可以充分利用操作系统的特性和提供的 API 使软件加密更加安全。这些方法简单快捷，对于普通软件的加密行之有效。

（1）利用 Windows 注册表实现软件注册加密。Windows 系统注册表有六个主键：HKEY_CLASS_ROOT、HKEY_CURRENT_USER、HKEY_LOCAL_MACHINE、HKEY_USERS、HKEY_CURRENT_CONFIG 和 HKEY_DYN_DATA。每个主键下面又分若干个子键，每个子键下又可新建子键和项，整个注册表呈树状结构。每个项都有名称和值，值可以是二进制、十进制、十六进制和字符串型。用程序实现注册表的操作是相当简便的。

大多数软件都是采用这种方法来实现软件注册加密功能。Windows 系统注册表信息量相当大，几乎所有 Windows 系统和计算机系统配置信息都保存在注册表中。如果软件密钥被写入注册表，那么寻找密钥保存位置无异于海底捞针，不采用一定的技术（如线程跟踪等）是无法得到密钥的。

（2）计算机"指纹"加密。一般是在计算机体系范围内，采用某种手段利用计算机系统已经存在的或加入某些特征信息作为标志，在软件启动或运行时，先检验这些信息标志来判断是否具有合法性。比如利用被称为"计算机指纹"的 CPU ID、硬盘分区卷标、硬盘大小、网卡号等信息将任意两台机器区分出来，从而可以生成一段唯一的序列号，作为一台计算机的特征信息。在安装应用软件前，可通过某种方法获得计算机指纹信息，考虑到唯一性和稳定性，通常将硬盘的序列号和网卡的物理地址作为一台计算机的指纹信息。软件开发者利用相应的加密算法进行加密并将加密后的密码或序列号等数据通知用户；用户在安装软件过程中根据安装提示，将软件商提供的密码或注册号输入，安装程序将其写入系统软件的注册表中；应用程序在启动或运行过程中，先检测获取硬盘序列号或网卡的物理地址，再采用同一加密算法将其加密，并将加密后的密码或注册号等数据与系统软件注册表中的数据比较，如相同则继续运行，否则，则停止或显示软件未经授权，无法使用等信息，从而达到软件保护的目的。由此可见，采用计算机指纹实现软件的加密关键步骤为：首先获取计算机指纹信息，其次对计算机指纹信息进行加密，最后向用户提供授权信息。

根据应用的实际情况，通常计算机指纹信息采用硬盘序列号、网卡物理地址（MAC）实现计算机身份的唯一标识。理想的加密程序应该本身具有提取计算机指纹信息的功能，而且软件每次运行时应该先提取计算机指纹信息，然后通过加密算法验证软件施用的合法性。在 VC++ 中，获取硬盘序列号可以通过 GetVolumeInformation()函数实现；而网卡物理地址的获取要通过 Windows 中内置的 NetApi32.DLL 的功能来实现。

例：利用 VC++语言提供的函数可以获取计算机硬盘的空间、类型、卷标、序列号等信息。通常不同的硬盘这些信息相同概率很小，利用这些信息形成密文，加入应用软件，可实现对用软件的加密，防止软件被非法使用。利用函数 GetVolume Information 以获取盘符为 C 的硬盘参数为例，该函数及其参数的意义如下。

```
GetVolumeInformation ("C:\", /* 被读取磁盘或文件目录,参数类型:L PCTSTR */
lpVolumeNameBuffer ,          /* 输出的文件系统的卷标名,参数类型:L PTSTR */
nVolumeNameSize ,             /* 缓冲的最大长度,参数类型:DWORD */
&dwVolumeSerialNumber ,       /* 硬盘序列号,参数类型:L PDWORD */
&LpMaximumComponentLengt h ,  /* 文件或目录字符串的最大长度,参数类型:L PDWORD */
&Lp FileSystemFlags ,         /* 文件系统标识号:参数类型:L PDWORD */
lp FileSystemNameBuffer ,     /* 文件系统名称,参数类型:L PTSTR */
nFileSystemNameSize           /* 文件系统名的缓冲大小,参数类型:DWORD */
)
```

其中用变量 dwVolumeSerialNumber 存取硬盘的序列号。

2. 软件压缩还原技术

另一种软件防暴露技术是软件压缩技术,它既可以反查阅、反分析、反跟踪,也可以节省存储空间,如何有效地应用压缩技术和还原技术是研究的重点,但也不能影响软件本身功效与效能。

在我们备份软件的时候,一般都习惯于备份为压缩格式,这样不仅节省硬盘空间,而且还易于管理。当然,采用压缩工具软件中的文件加密功能进行软件备份是一种很好的保护备份软件的方式。在 WinZip 工具中,文件的加密非常简单,在压缩文件的时候,只需要单击设置对话框中的 PassWord 按钮,然后在弹出的对话框中设置需要的密码,并在类似的对话框中进行确认即可。这样,即可实现简单的口令压缩备份。

在 WinRAR 工具中,也可以像 WinZip 一样进行加密。在使用 WinRAR 时当出现压缩文件设置对话框的时候,选择设置对话框中的 Advanced 页面,然后在其中执行"Set password/"命令,在弹出的对话框中设置密码即可。

3. 软件反跟踪技术

软件的反跟踪技术是防止软件被非法地剖析、分析、盗用、移植,以及对专用软件,如军用软件、金融软件等的逆向工程的研究。反跟踪技术采用破坏跟踪、反穷举法达到软件保护目的,使入侵者不能跟踪或者跟踪困难。研究针对相应系统平台的破坏跟踪方式,如检测跟踪法、键盘锁定法、干扰视频法、循环启动和系统死锁法等,也可以采用迷宫程序法、隐蔽程序流、废指令与逆指令流、反汇编法等。与软件加密和硬件加密相结合的反跟踪技术的研究则是新颖的和效率高的。反跟踪技术包括屏蔽中断法、定时时序法、调试程序抑制技术、功能封锁、程序设计技巧等。

1) 跟踪工具及其实现

DOS 系统中的 DEBUG.COM 动态调试程序,是一个使用简单且非常有用的工具程序,它是一个强有力的跟踪工具。它既可以用于对任何格式的文件进行观察和修改,也可以对软盘和硬盘的任何区域进行直接读写。尤其是可以用于对执行程序的跟踪分析和把二进制代码转换为汇编指令,还可以查看内存状态,分析程序出错原因、病毒感染情况等。

其中,DEBUG 中,U 命令可以将程序的机器码反汇编语句显示出来;T 和 G 命令可以单步或段式跟踪程序运行;R 命令可以随时查看程序运行。因此只要了解 DEBUG 运行环境以及各种命令执行原理,即可采取相应的反跟踪措施。

2) 软件运行中的反跟踪技术

软件运行中的反跟踪技术有如下几种。

(1) 抑制跟踪中断。DEBUG 在执行 T 命令和 G 命令时,分别要运行系统单步中断和断点中断服务程序。在系统中断向量表中,这两种中断的中断向量分别为 1 和 3,中断服务程序入口地址分别存放在内存 0000:0004 和 0000:000C 起始的 4 个字节中,其中前 2 个字节是偏移地址,后 2 个字节是段地址。因此,当这些单元的内容被改变后,T 命令和 G 命令就不能正常执行,从而抑制跟踪命令。为此有以下方法。

① 在这些单元中送入无关的值。

② 将这些单元作为软件运行必需的工作单元。

③ 将某个子程序的偏移地址和段地址送入此单元。当需要调用该子程序时,使用 INT1 和 INT3 指令来代替 CALL 命令。

④ 在 0000:000C 处送入一段特定程序的地址,当跟踪者输入 G 命令就会运行该段程序,可对跟踪者进行惩罚,如清除磁盘上的信息等。

⑤ 改变键盘中断服务程序的入口地址,键盘中断向量为 9,其服务程序的入口地址存放在 0000:0024 处,改变该处的内容,键盘信息就不能正常输入。

(2) 封锁系统输入输出设备。各种跟踪调试软件在工作时,都要从键盘上接收操作者发出的命令,而且还要从屏幕上显示调试跟踪的结果,这也是各种跟踪调试软件对运行环境的最低要求。因此反跟踪技术针对跟踪调试软件的这种"弱点",在加密系统无须从键盘或屏幕输入、输出信息时,关闭了这些外围设备,以破坏跟踪调试软件的运行环境。

① 禁止键盘中断。主板上的 8259 中断控制器管理定时器、键盘、软硬盘等设备与 CPU 的信息交换。控制键盘的是中断屏蔽寄存器的第 1 位,只要将该位置 1,即可关闭键盘的中断。用如下三条指令即可实现:

```
IN AL,21H
OR AL,02H
OUT 21H,AL
```

需要放开键盘中断时,也要用三条指令:

```
IN AL,21H
OR AL,0FDH
OUT 21H,AL
```

② 禁止接收键盘数据。键盘数据的接收由主板 8255A 并口完成。其中 PA 口用来接收键盘扫描码,PB 口的第 7 位用来控制 PA 口的接收,该位为 0 表示允许键盘输入,为 1 则清除键盘。通常,来自键盘的扫描码从 A 口接收以后,均要清除键盘然后再允许键盘输入。为了封锁键盘输入,只需将该位设置为 1 而不是 0 即可。代码如下:

```
IN AL, 61H
OR AL, 80H
OUT 61H, AL
```

当需要恢复键盘输入时,执行以下三条指令:

```
IN AL,61H
AND AL,7FH
OUT 61H,AL
```

③ 改变 CRT 显示特性。DEBUG 各种命令被执行后,其结果均要在屏幕上显示出来,供人们查看。因此,当程序运行时而不需要屏幕显示时,可以将屏幕前景和背景色设置成同一颜色。代码如下:

```
MOV AH, 0BH
MOV BH, 0
MOV BL, 0
INT 10H
```

另外,DEBUG 在显示信息时,必然会出现屏幕上卷、换页等。因此可以通过程序检查这些信息的状态,从而判定是否存在跟踪。获取屏幕信息的方法如下:

```
MOV AH, 2
MOV BH, 0
MOV DH, 行光标值
MOV DL, 列光标值
MOV 10H
MOV AH, 8
INT 10H
```

(3) 定时技术。设程序中有两点 A 和 B,在正常情况下,从 A 到 B 所需的运行时间为 C,而在跟踪运行时,速度较慢,所需时间将远远超过 C,这样便可利用这种时间差判明是否有人在跟踪程序。如何知道 A、B 两点间的实际运行时间呢? PC 主机板上设有 8253 计时器,其中通道 0 为通用计时器提供了一个固定的实时计数器,用来实现计时。在 ROM BIOS 中,软中断 1AH 提供了读取当前时钟值的功能。

```
MOVAH,0
INT1AH
```

通常情况下,程序跟踪时,跟踪者需要边运行边查看运行结果。因此,通过分析程序的实际运行时间和设计程序时估算运行时间,即可判定程序的执行是否被跟踪。

当然,上述反跟踪技术只能在程序被实时跟踪的过程中起到相应作用,而对于某些跟踪者在跟踪程序之前采用反汇编技术事先将程序代码打印并通过静态分析对反跟踪技术进行破解的情况,则无能为力了。

(4) 其他反跟踪技术。

① 数据交换随机噪声技术:有效地对抗逻辑分析仪分析及各种调试工具的攻击。

② 迷宫技术:在程序入口和出口之间包含大量判断跳转干扰,动态改变执行次序,提升狗的抗跟踪能力。

③ 时间闸:某些狗内部设有时间闸,各种操作必须在规定的时间内完成。狗正常操作用时很短,但跟踪时用时较长,超过规定时间狗将返回错误结果。

④ 单片机:硬件内置单片机,固化的单片机软件保证外部不可读,从而保证狗不可仿制。

⑤ 对程序分块加密执行:为了防止加密程序被反汇编,加密程序最好以分块的密文形式装入内存,在执行时由上一块加密程序对其进行译码,而且在某一块执行结束后必须立即对它进行清除,这样在任何时刻内不可能从内存中得到完整的解密程序代码。这种方法除了能防止反汇编外还可以使解密者无法设置断点,从而从一个侧面来防止动态跟踪。

⑥ 设置大循环:程序越简单,就越易读,跟踪也就越方便,因此,在加密系统中设置大循环,可以在精力上消耗解密者,延长跟踪破译加密系统的时间。这种反跟踪技术已经被广泛应用,而且取得了较好的效果。它的具体实现方法是:在加密程序中设置多重循环,并使上一层循环启动下一层循环,下一层循环启动下下一层循环,如此循环,而且还可以频繁地调用子程序,要保证不能有一层循环被遗漏不执行。

⑦ 废指令法:在加密程序中设置适当的无用程序段,而且在其中设置如大循环等程序,这种方法在反跟踪技术中被称为废指令法。要实现废指令法有三点要保证:①废指令

要精心组织安排,不要让解密者识破机关,这是废指令法应具备的基本点,因为它的目的是诱导解密者去研究破解自身,并在破解过程中拖垮解密者,所以废指令法本身的伪装十分重要;②所用的废指令应大量选用用户生疏的指令或 DOS 内部功能的调用,以最大程度地消耗解密者的精力和破译时间;③要确保不实现任何功能的废指令段不能被逾越,这是废指令法要注意的一个重要问题,因为它如果能被轻易逾越,那么就说明加密系统所采取的废指令法是失败的反跟踪技术。

⑧ 程序自生成技术:程序的自生成是指在程序的运行过程中,利用上面的程序来生成将要执行的指令代码,并在程序中设置各种反跟踪措施的技术。这样可以使得反汇编的指令并非将要执行的指令代码,同时还可以隐蔽关键指令代码,但由于实现代价较高,一般只对某些关键指令适用。

⑨ 逆指令流法:指令代码在内存中是从低地址向高地址存放的,CPU 执行指令的顺序也是如此,这个过程是由硬件来实现的,而且这个规则已经被人和跟踪调试软件牢牢接收。针对这个方面逆指令流法特意改变顺序执行指令的方式,使 CPU 按逆向的方式执行指令,这样就使得解密者根本无法阅读已经逆向排列的指令代码,从而阻止解密者对程序的跟踪。因为顺序执行指令是由硬件决定的,所以如果用软件的方式设计 CPU 按逆向执行指令,就显出相当困难和烦琐了,不过逆指令流法是一个非常有吸引力和使用前景的反跟踪技术,如果能把这种技术成功地运用在磁盘加密技术中,势必会给解密者造成巨大的压力和威慑。

⑩ 混合编程法:破译加密系统的首要工作是读取程序和弄清程序思路,并针对其中的弱点下手。为了阻挠解密者对加密程序的分析,可以尽量将程序设计得紊乱些,以降低程序的可读性。这种方法具体在反跟踪技术中使用的就是混合编程法。因为高级编译语言的程序可读性本身就较差,如果再将几种高级语言联合起来编写使用,一定会极大地降低程序的可读性。

12.2.4　软件防篡改(完整可用技术)

软件防篡改是信息完整性的必要条件,也是信息可用性的基础。计算机犯罪活动,通常是由篡改计算机应用程序入手,通过改变程序中的某些代码,删除和改动某些文件数据,替换某些文件来进行。恶意程序的进入和传播,也常常通过感染程序、附着在程序或数据之中,进行潜伏和再传播,这些被非法修改的程序还通过携带、交换和通过网络传播到远方,它们是信息系统不安全的重要因素。

软件防篡改研究的目标与内容涉及面很广,包括软件自身完整性的理论与机制研究、软件自保护技术(含自诊断、自检测技术、自毁技术)研究,软件防病毒技术研究,磁盘(含其他存储介质)的防篡改、防破坏技术。

1. 软件自保护技术

防篡改首先要求软件能够自保护,软件自保护技术包括了自诊断、自检测技术,防病毒技术,自毁技术,研究软件本身是否已受到攻击、受到改动,通过诊断、比较、分析而得以确认,同时阻止对软件代码的修改。这个工作可以由系统和其他专用软件程序承担,也可以由软件自己完成,具有自保护功能的软件是研究的重点。对软件代码的未预期修改包括用户对代码的手工改变和病毒对代码的自动改变两种。一旦检测到这些修改,防篡改机制将使程序功能的一部分或全部变得无用。例如,可以采用程序校验和保护技术、程序自生成技术等。

基于软件的防篡改技术仅仅依靠软件机制来防范篡改,主要有校验和、软件哨兵。软件老化、断言检查、密码技术、代码模糊等。

1) 校验和

一种直观的防篡改技术就是通过检验校验和是否一致。其实现方式是:将正常文件的内容,计算其校验和,将该校验和写入文件或写入别的文件中保存。在文件使用过程中,定期地或每次使用文件前,检查文件现在内容算出的校验和与原来保存的校验和是否一致,如果不一致,则说明文件被篡改。这种技术也是发现病毒的有效方法。但是,这种方法很难隐藏校验的性质,一旦发现,攻击者很容易去除它或修改它,或者通过伪造校验码来防止自己的非法入侵行为被发现。

2) 软件哨兵

软件哨兵是一些非常小的程序,它们运行在软件片段中,执行不同的任务(如代码模糊、加密、检测校验和、反汇编等),以帮助维持它们所嵌入软件的完整性和安全。一个软件所拥有的哨兵数量可从少数几个到几百个不等,它们位于软件的位置不同,其作用也不相同。如果使用了软件哨兵,则攻击者在访问和篡改软件前,必须绕过或去除每一个哨兵。即使攻击者绕过或去除了某些哨兵,剩下的哨兵将发现这种篡改,并阻止程序的运行。由于哨兵能设置监视软件代码的某块区域,这使得篡改更加困难。另外,一旦哨兵发现代码被修改,能立即将代码修改回来,变成一种能自我修复的软件形式。因此,如果软件中嵌入了许多哨兵,则攻击者即使能绕过每一个哨兵,也需要大量时间。而哨兵的自我修复能力也将使攻击者的篡改寸步难行。

3) 软件老化

软件老化是指软件运行一段时间之后性能下降甚至崩溃的现象,这种现象广泛存在于各种长期运行的软件之中。解决软件老化的重要技术是软件再生技术,这种技术的基本思想是在适当的时间终止一个应用程序,然后清理其内部错误、更新其功能,并重新启动这个应用程序。利用软件老化方法防止软件被盗版和被篡改,就是指要定期对软件进行更新。更新可修改错误,为用户增加新特性,也可保持程序与它所依赖的软件同步。通过提供适时的更新,以减少软件老版本的使用周期,软件开发商能强迫盗版者和篡改者也更新其盗版软件,增加发现盗版者和篡改者的可能性。软件老化技术在增加软件被篡改难度的同时,也可能给用户带来不方便,开发商应提供自动下载和安装更新等相应的服务。

4) 断言检查

断言是一种逻辑表达式,用于特别说明一个条件或程序变量之间的关系。程序员可在程序中的某特定点设置此表达式的值为真。断言检查就是检验断言是否正确。对程序中的某种假设,或防止某些参数的非法值,利用断言来帮助查错是一种好的方法。例如,程序变量 i 在程序的某特定点的值必须为正,则当在此特定点之前分配其值为 -1 时,程序运行到此就会出错。事实上,断言是对程序进行验证和调试的一种工具。可以在任何时候启用或禁用断言检查,可以在测试时启用断言检查而实施时禁用断言检查。同样,程序投入运行后,最终用户在碰到问题时可以重新启用断言。因此,可以在软件中使用断言检查技术,防止程序被篡改。但这种方法存在几个缺陷。首先,变量的非期望值可能来自程序错误,而不是来自程序篡改。程序本来可从错误中恢复,但这种防篡改技术可能会终止程序的运行,降低了程序的容错性。其次,大量的断言检查可能影响程序的执行效率。最后,由于这种技术很难实现自动化,因此将大大提高人工劳动强度。

5)密码技术

防止某人修改软件的最可靠方法就是阻止他看到软件代码。代码加密技术就是利用密码技术,防止恶意攻击者窥探和访问软件。从技术的角度来看,加密是利用加密算法将软件代码转换为不可读的格式,从而达到保护数据的目的。普遍采用的方法之一是利用公钥算法实现的数字签名技术来防止应用软件被篡改。应用程序的源代码在连接编译时,利用程序发布方的私钥对其进行加密,即对程序进行签名,签名与程序绑定在一起,就有了对该程序是否被篡改进行检验的依据。签名一旦成功,就具有确定性,无法伪造,也不可否认。当然,程序发布方的公钥应该公开,以此作为程序使用者验证签名来自正确发布方的依据。

另外一种方法是利用散列函数能对报文进行鉴别的特点,来有效监控数据文件是否被非法篡改。常用的散列函数是 MD5 和 SHA-1。其原理是:系统周期性地对数据文件利用散列函数产生一个报文摘要,并存储起来;周期性地将新的报文摘要与旧的报文摘要进行比较,如果新旧数据有任何不同,则说明所监控的文件已被篡改。

6)代码模糊技术

攻击软件知识产权的方法之一是采用软件逆向工程方法。软件逆向工程,就是通过分析软件目标系统,认定系统的构件及其相互关系,并经过高层抽象或其他形式来展现软件目标系统的过程。逆向工程人员通过反汇编器或反编译器可以反编译应用程序,然后去分析它的数据结构和控制流图。这既可以用手工完成,也可以借助一些逆向工具。只要应用程序被反编译过来,程序就会一览无遗,易于被修改。为防止逆向工程的威胁,最有效的办法是代码模糊,反编译和反汇编则是另外两种方法。

代码模糊,就是以某种方式转换代码,使它对于攻击者变得难以阅读和理解。模糊处理的根本思想是让恢复源代码变得极其困难。模糊处理的目的主要有两个:一是让程序难以被自动反编译,二是程序即使被成功反编译,也不容易被阅读理解。被模糊过的程序代码,依然遵照原来的档案格式和指令集,执行结果也与模糊前一样,只是被模糊后的程序代码变得无规则,难以成功地被反编译。同时,模糊是不可逆的,在模糊的过程中一些不影响正常运行的信息将永久丢失,这些信息的丢失使程序变得更加难以阅读和理解。

代码模糊的基本方法:模糊工具运用各种手段达到这一目标,但主要的途径是让变量名字不再具有指示其作用的能力、加密字符串和文字、插入各种欺骗指令使反编译得到的代码不可再编译。

模糊的一种常见形式是以任意的名称重新命名代码中的所有变量,例如将所有的变量从 ABC-001 开始编号。但是,事实证明这种模糊不太有效;为了解决字符串明文带来的安全问题,大多数模糊处理运用了加密字符串的技术。由于解密操作需要一定的开销,所以运行时访问字符串的性能肯定会有所降低。

控制流模糊是一种用来误导反编译器的技术,它在原始的代码中插入许多 GOTO 指令,虽然程序最终执行的指令序列仍跟原来的一样,但太多的"迂回动作"使得分析程序实际的逻辑流程非常困难。控制流模糊的基本方法可归纳成如表 12-2 所示。

表 12-2　控制流模糊的基本方法

常用模糊方法	符号模糊	控制模糊		数据模糊	字符串加密
	（函数、参数、变量、方法、类等的重命名）	简单"包装"	重构控制流（不可再现）	控制流被展开重整		
反编译的代码	标识符变得没有意义		得到无用代码	隐藏了实际的代码逻辑	程序使用的数据存储方式被打乱	敏感文本被加密
破坏代码难度	代码很难理解，不能重用	容易	较难	较难	中等	中等

2. 软件访问控制技术

防篡改的另一途径是系统必须具有相应的软件访问控制技术。专用软件(如军用软件、金融软件等)和涉及国家与部门核心机密、重要信息系统的软件都必须进行访问控制。所以，除了建立系统(操作系统)的访问控制技术外，要研究软件自身访问控制技术，这些技术可以相互参照，如运行口令、关键字、数字指纹与签名等。此外，访问控制技术也针对软件在存储介质上的标记和物理结构布局，防止入侵者通过对存储介质的直接读写获取、篡改和破坏软件，这是结合磁盘文件保护的研究课题。

3. 软件自毁技术

自毁技术是为某些特殊敏感性软件而研究的，作为一种特殊的软件保护机制，自毁技术研究的重点是自毁码的保密、自毁条件的确认与控制技术，以防止不应有的误触发、误毁。不得以任何借口在程序中设置有破坏计算机系统功能的特殊程序，这种特殊程序也就是常说的"逻辑锁"、"时间锁"，它们实际上就是逻辑炸弹(Logic Bomb)。例如，1997 年 9 月中国公安部调查鉴定处理的北京江民公司的计算机病毒清除软件 KV300-L++网络升级版中的"逻辑锁"行为，因其程序中含有破坏计算机功能(锁死硬盘)的子程序，该公司的这一行为违反了《中华人民共和国计算机信息系统安全保护条例》的规定。因此，网络安全、计算机信息系统安全是关系到国家、集体和个人利益的重要问题，从事计算机信息系统安全专用产品研制的单位和个人必须具有高度的责任心和高尚的职业道德，并严格按照法律、法规和规章从事商业活动。

12.3　软件安全性测试

软件安全性测试是确定软件的安全特性实现是否与预期设计一致的过程，包括安全功能测试、渗透测试与验证过程。软件安全性测试有其不同于其他测试类型的特殊性，安全性相关缺陷不同于一般的软件缺陷。一个很难发现的软件安全漏洞可能导致大量用户受到影响，而一个很难发现的软件缺陷可能只影响很少一部分用户。安全性测试不同于传统测试类型最大的区别是它强调软件不应当做什么，而不是软件要做什么。非安全性缺陷常常是违反规约，即软件应当做 A，它却做了 B。安全性缺陷常常由软件的副作用(side-effect)引起,即软件应当做 A,它做了 A 的同时,又做了 B。传统测试类型强调软件的肯定需求(positive requirements),例如用户账户三次登录失败则关闭此账户。安全性测试更强调软件的否定需求(negative requirements),例如未授权用户不能访问数据。

软件安全性测试可分为安全功能测试(security functional testing)和安全漏洞测试(security vulnerability testing)两个方面。安全功能测试基于软件的安全功能需求说明,测试软件的安全功能实现是否与安全需求一致,需求实现是否正确完备。软件安全功能需求主要包括数据机密性、完整性、可用性、不可否认性、身份认证、授权、访问控制、审计跟踪、委托、隐私保护、安全管理等。安全漏洞测试从攻击者的角度,以发现软件的安全漏洞为目的。安全漏洞是指系统在设计、实现、操作、管理上存在的可被利用的缺陷或弱点。漏洞被利用可能造成软件受到攻击,使软件进入不安全的状态,安全漏洞测试就是识别软件的安全漏洞。

12.3.1 软件安全功能测试

功能测试就是对软件需求中确定的有关安全模块的功能进行测试验证。作为网络信息系统自身安全建设的需要,设计者会在软件设计和开发过程中增加一些必要的安全防护措施,如权限管理模块、数据加密模块、传输加密模块、数据备份和恢复模块等。对安全的功能测试可以采用与一般的程序功能测试相似的方法,如黑盒测试方法、白盒测试方法或灰盒测试方法等用例来进行测试。

1. 形式化安全测试

形式化方法的基本思想是建立软件的数学模型,并在形式规格说明语言的支持下,提供软件的形式规格说明。形式化安全测试方法可分为两类,即定理证明和模型检测。定理证明方法将程序转换为逻辑公式,然后使用公理和规则证明程序是一个合法的定理。模型检测用状态迁移系统 S 描述软件的行为,用时序逻辑、计算树逻辑或演算公式 F 表示软件执行必须满足的性质,通过自动搜索 S 中不满足公式 F 的状态来发现软件中的漏洞。

NASA(National Aeronautics and Space Administration)的一个实验室 JPL(Jet Propulsion Laboratory)开展过形式化安全测试方面的项目。主要思路是建立安全需求的形式化模型,例如状态机模型。输入输出序列决定安全状态转换。安全测试即搜索状态空间,看是否能从起始状态找到一条路径到达违反规约的不安全的状态。随着模型大小与复杂性增长,状态空间呈指数增长,JPL 开发了一种基于 SPIN 的形式化建模框架(Flexible Modeling Framework,FMF)来解决状态爆炸问题,并开发了基于属性的测试工具(Property Based Tester,PBT)。

2. 基于模型的安全功能测试

基于模型的测试方法是对软件的行为和结构进行建模,生成测试模型,由测试模型生成测试用例,驱动软件测试。常用的软件测试模型有有限状态机、UML 模型、马尔可夫链等。

Mark Blackburn、Robert Busser 研究了基于模型的安全功能测试。主要项目支撑是 NIST CSD(Computer Security Division)部门的项目 Automated Security Functional Testing。主要思路是利用 SCRModeling 工具对软件的安全功能需求进行建模,使用表单方式设计软件的安全功能行为模型,将表单模型转换为测试规格说明模型,利用 T-VEC 工具生成测试向量(由一组输入变量、期望输出变量组成),开发测试驱动模式和目标测试环境的对象映射,将测试向量输入测试驱动模式执行测试(如图 12-3 所示)。这种方法是一种一般的安全功能测试方法,它的适用范围取决于安全功能的建模能力,特别适用于建模用与或子句表达逻辑关系的安全需求,对授权、访问控制等安全功能测试比较适用。

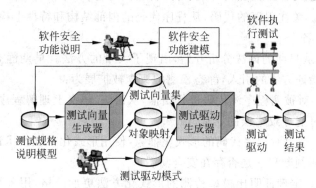

图 12-3　自动化安全功能测试处理流程

3. 语法测试

语法测试是根据被测软件的功能接口的语法生成测试输入,检测被测软件对各类输入的响应。接口可以有多种类型,如命令行、文件、环境变量、套接字等。语法测试基于这样一种思想,软件的接口或明确或隐含规定了输入的语法,语法定义了软件接受的输入数据的类型、格式。语法定义可采用 BNF 或正则表达式。语法测试的步骤是识别被测软件接口的语言,定义语言的语法,根据语法生成测试用例并执行测试。

生成的测试输入应当包含各类语法错误、符合语法的正确输入、不符合语法的畸形输入等。通过察看被测软件对各类输入的处理情况,确定被测软件是否存在安全缺陷。语法测试适用于被测软件有较明确的接口语法,易于表达语法并生成测试输入的情况。语法测试结合故障注入技术可得到更好的测试效果。

4. 基于故障注入的安全性测试

将故障注入技术用于软件安全性测试,建立软件与环境交互(Environment-Application Interaction,EAI)的故障模型。故障注入针对应用与环境的交互点,主要包括用户输入、文件系统、网络接口、环境变量等引起的故障。相关项目有 OUSPG(University of Oulu,Secure Programming Group)的项目 PROTOS Security Testing of Protocol Implementations,该项目的目标是测试协议实现的安全性。主要思路是通过构造各类协议数据包测试目标软件是否能正确处理。实质是在各类协议数据包中植入故障,如修改某些协议字段的值等,支持的协议有 HTTP、SIP、WAP、SNMP 等。故障注入可以有效地模拟各种各样的异常程序行为,通过故障注入函数能够强制性地使程序进入某些特定的状态,而这些状态在采用常规的标准测试技术的情况下一般是无法到达的。

12.3.2　软件安全漏洞测试

漏洞指软件设计实现过程中被引入的、在数据访问或行为逻辑等方面的缺陷,它可能被攻击者利用从而使程序行为违背一定的安全策略。

　　按照检测过程中是否需要执行程序的标准,软件安全漏洞检测技术分为以下几种。

　　(1) 动态测试。在程序运行过程中注入测试数据,观察程序运行是否正常、输出是否符合程序意图,达到寻找程序漏洞的目的。动态测试仅关注程序运行的外部表现,因此,其定位不准确、漏报率高。

　　(2) 静态检测。关注程序的代码,从程序代码的内部结构和特性上检测漏洞,适当地弥补了动态测试的缺陷。

　　静态检测技术从早期的词法分析开始,出现了大量的方法。早期静态检测主要指静态分析,随着形式化验证方法的引入,静态检测的概念被扩展为:

　　① 静态分析。对被测程序源代码进行扫描,从语法、语义上理解程序行为,直接分析被测程序特征,寻找可能导致错误的异常。

　　② 程序验证。通过对程序代码的形式化抽象,使用形式化验证技术证明程序是否符合特定安全规则,从而判断程序是否存在安全漏洞。

　　(3) 定理证明。定理证明比模型检测的形式化方法更加严格,用各种判定过程来验证程序抽象公式是否为真。判别的方法取决于公式的形式,如不等式的合取:首先由合取式构造成一个图,合取式中每个条件对应于图中的一个节点,然后利用给出的等式将对应的顶点合并,在顶点合并的过程中对合取式中的不等式进行检查,如发现不成立,则该合取式不可满足。

　　(4) 符号执行。符号执行的基本思想是将程序中变量的值逻辑转换成抽象符号,模拟路径敏感的程序控制流,通过约束求解的办法,检测是否有发生错误的可能。由程序执行前的条件 P 出发,在程序中某程序点,可推出约束条件 $c_1 \wedge c_2 \wedge \cdots \wedge c_n$,因此在该点有 $P \wedge c_1 \wedge c_2 \wedge \cdots \wedge c_n \rightarrow R$ 这样的规约式,其中 R 是程序结束后要满足的条件。对该规约式的否命题求解,如有一组解满足,说明在这个程序点上存在一组变量状态,使运行程序的结果不符。

　　符号执行求解工具的约束条件集合及求解能力决定了其发现错误的能力。理论上很多约束问题在可接受时间级内是不可解的,因此,符号执行求解的方法只适用于某些特定问题求解。缓冲区模型其实就是将符号模型局限于缓冲区数据上,对其进行程序模拟并在每一步试图求解约束(缓冲区访问长度小于缓冲区长度),其效率在可接受时间内。

1. 检测漏洞的分类

　　静态检测关注程序内部特征,其技术特点与所检测漏洞的特征密切相关。软件安全漏洞的分类方法很多。按已有分类方法,漏洞的区分较为细致,大部分现有静态检测技术覆盖的漏洞类型都很零散,很难在漏洞类型上发现其共性。

　　为便于比较,漏洞分为:

　　(1) 内存安全相关漏洞。关注数据流上的错误,通常由某些不正确的内存存储状态或使用情况导致。

　　(2) 内存相关的安全漏洞。涉及数据和类型的正确性,因此,对于这一类漏洞的检测关键在于存储空间的建模。

　　时序安全相关漏洞关注控制流上的错误,往往由某些安全相关行为之间的不正确执行顺序导致。时序相关的安全漏洞涉及程序行为的时间关系,因此,只有偏序特性的方法才能检测。

　　根据这种划分,由于静态检测方法的技术特征不同和对漏洞的理解不同,某些方法只进行一类漏洞的检测,而有些方法则可以检测两类漏洞。

2. 检测技术

从早期的缓冲区溢出检测开始,十几年来出现了各种检测技术,以下分程序静态分析和程序抽象验证两类来介绍。

1) 静态分析

静态分析方法直接扫描程序代码,提取程序关键语法,解释其语义,理解程序行为,根据预先设定的漏洞特征、安全规则等检测漏洞。

(1) 词法分析。词法分析是最早出现的静态分析技术,它仅仅进行语法上的检查。词法分析把程序划分为一个个片断,再把每个片断与一个"嫌疑数据库"进行比较,如果属于嫌疑,则进一步实行启发式判断。词法分析可以检查的漏洞较少,往往只是一些已知的固定漏洞代码,漏报率相当高。

(2) 规则检查。程序本身的安全性可由安全规则描述。程序本身存在一些编程规则,即一些通用的安全规则,也称之为漏洞模式,比如程序在 root 权限下要避免 exec 调用。规则检查方法将这些规则以特定语法描述,由规则处理器接收,并将其转换为分析器能够接受的内部表示,然后再将程序行为进行比对、检测。

(3) 类型推导。自动推导程序中变量和函数的类型,来判断变量和函数的访问是否符合类型规则。静态漏洞检测的类型推导由定型断言、推导规则和检查规则三个部分组成。定型断言定义变量的初始类型,推导规则提供了推论系统的规则集合,检查规则用于判定推论结果是否为"良行为"。

基于类型推导的静态分析方法适用于控制流无关的分析。但对于控制流相关的特性则需要引入类型限定词和子类型的概念来扩展源语言的类型系统,使得新类型系统在源语言的数据类型上加以扩展并表示出类型之间的关系。类型限定词将变量类型表示的值的集合划分为几个互不相交的子集(子类型),表示不同安全级别。子类型变量可在任何时候替换父类型变量,反之不可。利用类型限定关系可检测出越权限的访问错误。

2) 程序验证

程序验证方法通过抽象程序得到形式化程序或模型,然后使用形式化验证技术进行检验证明,通过验证正确性的方式来检测漏洞。

(1) 模型检测。模型检测对有限状态的程序构造状态机或有向图等抽象模型,再对模型进行遍历以验证系统特性。一般有两种验证方式。

① 符号化方法将抽象模型中的状态转换为语法树描述的逻辑公式,然后判定公式是否可满足。

② 模型转换成自动机,并将需要检查的安全时序属性转换为等价自动机,再将这两个自动机取补,构成一个新的自动机,判定问题就变成检查这个新自动机能接受的语言是否为空。

模型检测需要列举所有可能状态,由于软件本身的高复杂度,对所有程序点进行建模可能会使模型规模庞大,因此一般只针对程序中某一方面属性构造抽象模型。近期出现的一种模型检测方法通过对内存状态的建模,从而使原先主要检测时序相关漏洞的模型检测方法可对内存相关漏洞进行相关检测。

(2) 定理证明。定理证明比模型检测的形式化方法更加严格,用各种判定过程来验证程序抽象公式是否为真。判别的方法取决于公式的形式,如不等式的合取:首先由合取式构造成一个图,合取式中每个条件对应于图中的一个节点,然后利用给出的等式将对应的顶点合并,在顶点合并的过程中对合取式中的不等式进行检查,如发现存在不成立,则该合取式不可满足。

(3) 符号执行。符号执行的基本思想是将程序中变量的值逻辑转换成抽象符号,模拟路径敏感的程序控制流,通过约束求解的办法,检测是否有发生错误的可能。由程序执行前的条件 P 出发,在程序中某程序点,可推出约束条件 $c_1 \wedge c_2 \wedge \cdots \wedge c_n$,因此在该点有 $P \wedge c_1 \wedge c_2 \wedge \cdots \wedge c_n \rightarrow R$ 这样的规约式,其中 R 是程序结束后要满足的条件。对该规约式的否命题求解,如有一组解满足,说明在这个程序点上存在一组变量状态,使运行程序的结果不符。

符号执行求解工具的约束条件集合及求解能力决定了其发现错误的能力。理论上很多约束问题在可接受时间级内是不可解的,因此,符号执行求解的方法只适用于某些特定问题求解。

3. 检测方法的比较

大多数静态检测方法往往不是独立使用的,目前使用的很多检测工具常常同时使用多种检测方法。例如,常说的"数据流分析"工具,其实是类型推导和规则检查两种技术的共同运用,同时伴有符号执行的某些特征。表 12-3、表 12-4 比较了主要静态检测方法适用的漏洞类型和优缺点。

表 12-3　程序分析

检测方法	检测漏洞	优　点	缺　点
词法分析	内存相关	效率高	分析不精确,漏洞覆盖有限
类型推导	大部分内存相关,少量时序相关	能处理大规模程序,效率高	可检查漏洞有限,引入安全属性需重新定义类型
规则检查	内存相关,时序相关	能根据不同规则对不同系统进行分析,大规模程序检测高效	受规则描述机制局限,只能分析特定类型漏洞,扩展性差

表 12-4　程序验证

检测方法	检测漏洞	优　点	缺　点
模型检测	大部分时序相关,少量内存相关	能够严格检测程序时序上的漏洞,通过模型将漏洞放大	可能造成状态空间爆炸
定理证明	内存相关,时序相关	使用严格的推理证明控制检测的进行,误报率低	对某些域上的公式推理缺乏适用性,对新漏洞扩展性不高
符号执行	内存相关	精确地静态模拟程序执行,能发现程序中细微的逻辑错误	程序执行的可能路径随着程序规模增大呈指数级增长

程序验证比程序分析的理论基础更加严格,但其运行成本也更高。在程序全局性的检测上,程序验证的效果更加突出,而在程序局部性的检测上,程序分析更为高效。

在程序分析中,词法分析关注程序表面特征,过于简单;类型推导和规则检查需要人工进行辅助定义类型和规则,扩展性自动性差,可检查漏洞也有限,但检测效率更高。

程序验证方面,模型检测的实用性已经得到实践证明,但其时序特性决定了其漏洞类型的局限性；定理证明需要使用者具有良好的理论素质，专业性较强，目前还没有较广泛地实现，效率也有待改进；符号执行将程序验证的严谨证明和程序分析的模拟扫描结合起来，但同样具有验证复杂、效率不高的缺点。

静态检测只能检测已知的漏洞类型。由于缺乏通用的漏洞描述机制，因此：

（1）对未知的漏洞，无法利用已知的漏洞特征对其进行规范描述；

（2）对于已知的漏洞，目前也很难有一种检测技术可以达到完全的覆盖率。

静态检测另外一方面的缺点是性能不足。静态检测的精确度同运行时间和空间消耗成正比，因此，提高检测质量的同时会增加运行成本。

静态检测技术衡量的两个重要指标为漏报率（false negative rate）和误报率（false positive rate）。

降低其中之一的同时往往会造成另外一个指标的增高。

4. 静态检测工具

从 2000 年开始，静态检测工具大量出现。在此之前，曾经出现了 Lint(1978)、ESC(1995) 和 LClint(1994)，这些为后来的大部分工具起了奠基作用，但其本身并没有太多的实际使用价值。

（1）Lint 提供了最初的规则检查思想。

（2）LClint 在其上加以了改进，但需要用户手动加入注释以描述意图。

（3）ESC 则提供了抽象数据流符号执行的早期思想。

2000 年，出现了词法分析工具 ITS4、符号执行的工具 BOON 和 PREfix、一个简单的模型检测工具 Bandera。此时的符号执行仅仅只是简单地抽象数据，而模型检测 Bandera 也只是针对 Java 语言建立简单的有穷状态模型。

2001—2002 年，静态检测工具迅速发展。词法分析出现了分析更加准确的 RATS，符号执行方面则出现了抽象更加完备的 Mjolnir，在模型检测方面出现了 MOPS 和 SLAM 等经典工具，规则检查方面也出现了更为自动化的 MC 和 Splint。

同时还出现了定理证明工具 Eau Claire 和几个类型推导工具 CQual、CCured、ESP。静态检测主要技术在这两年都已经具有雏形。

（1）2003 年，出现了 BLAST 和 RacerX，BLAST 在模型检测方面进行了优化，而 RacerX 为竞争条件漏洞检测提供了更好的方法。

（2）2005 年出现了 STLlint 和 Check'n'Crash，再次推动了符号执行技术的发展。

（3）2005 年出现了定理证明工具 Cogent。

按所述技术对常见静态检测工具进行了归类，对应关系见表 12-5。

表 12-5　静态检测工具使用技术

静态检测技术	主要静态检测工具
词法分析	ITS4，Rats
类型推导	CCured，ESP，CQual
规则检查	MC，LCLint，Lint，RacerX，Splint
模型检测	Bandera，BLAST，MOPS，SLAM
定理证明	Cogent，EauClaire
符号执行	Mjolnir，ESC，C'n'C，BOON，STLlint，PREfix

静态检测技术目前的发展趋势是将静态检测的各种技术进行结合,以提高性能。

结合有以下两种方法。

(1) 提供一个框架,使用不同检测技术对程序进行检测,获取大量检测结果之后进行分析。从误报率来说,使用多种技术的检测结果的交集来进行漏洞判断决策,可减少误报率;从漏报率来说,对于同一种漏洞,使用多种检测技术的结果的并集可以减少漏报率。

(2) 直接在检测技术上结合,通过技术的结合来得到新的方法,如在符号执行的过程中加入类型推导的技术,在变量模拟执行的过程中增加其类型特征的推导,可获取更高的漏洞检测率。

除了多种静态检测技术的结合,还出现了动态和静态检测相结合的方法。SD(Static-Dynamic)方法先使用静态方法对程序进行分析得到程序内部特征,从而筛选测试数据集以指导下一轮的动态测试。DSD方法在第一轮静态测试前进行一次动态测试,以排除某些不可能达到的输入情况,简化静态检测的复杂度。

12.3.3 安全性测试工具分类与功能

安全性测试工具以自动化或半自动化的方式验证系统安全功能运行是否正确、安全机制是否有效和查找潜在的安全漏洞,可有效提高测试效率,降低软件安全风险,近年来涌现了大量功能强大的安全性测试工具。

安全性测试工具可采取多种分类方法。一个好的分类方法应满足明确性、正交性、客观性、易使用性、广泛性等要求。根据测试对象的层次可分为主机安全测试工具、网络安全测试工具、应用安全测试工具,但以上分类方法粒度较粗且对每类工具的功能、特点、属性难以识别,不利于测试人员对测试工具的选择。本书根据安全测试工具的不同功能将安全测试工具分为11类,分别是源代码分析器、字节码扫描器、二进制代码扫描器、数据库脆弱性扫描器、网络漏洞扫描器、Web应用漏洞扫描器、Web服务扫描器、动态分析工具、配置分析工具、需求验证工具、设计模型验证工具。

静态源代码分析器扫描源代码匹配安全缺陷代码模式,可检测缓冲区溢出、格式化字符串、竞争条件等安全漏洞。较高级的源代码分析器对代码执行数据流分析、控制流分析以降低误报率,并根据安全漏洞类型或优先级生成问题报告。字节码扫描器工作原理与源代码分析器类似,不同的是它的扫描对象是Java字节码,通过扫描字节码中漏洞模式发现可能的安全漏洞。二进制代码扫描器采用反汇编技术与模式识别技术扫描可执行的二进制代码或DLL文件发现安全漏洞。优点是可以脱离源代码,执行更低层次的安全性测试。缺点是受限于逆向工程与反汇编技术,误报率较高。数据库脆弱性扫描器是一类专用于查找数据库应用程序安全问题的工具,典型地充当SQL客户端执行各种SQL查询,查找数据库安全配置相关弱点,例如弱口令、授权、访问控制等。数据库脆弱性扫描器存在两种典型工作模式,即渗透攻击模式和审计模式。这种工具优点是易于使用,发现数据库用户管理、权限管理、认证等配置管理相关安全漏洞比较有效,缺点是对数据库中敏感数据缺乏语义上的理解。网络漏洞扫描器远程扫描目标主机开放的端口、运行的服务、操作系统类型等,发现操作系统、服务软件、网络协议相关的安全漏洞。Web应用漏洞扫描器模拟Web客户端,执行特权URL扫描、脆弱CGI扫描等。典型地记录HTTP交互,并在后续交互中注入恶意负载,观察响应数据。Web应用漏洞扫描器可有效发现跨站脚本、SQL注入、目录遍历、

Cookie 中毒等安全漏洞。Web 服务扫描器是一类较新的安全测试工具,专用于测试 Web 服务的安全功能并识别 Web 服务的安全漏洞。典型功能有扫描 WSDL 文件,列举 Web 服务提供的方法,生成各种输入参数操纵方法调用,测试 XML 消息加密、XML 消息签名、签名验证等安全功能,WSSecurity 安全规范一致性测试。动态分析工具是在软件运行时构造异常场景,测试软件是否存在安全缺陷。典型功能有截获系统调用,记录函数执行信息,执行边界检查,执行文件系统、网络接口、系统资源等故障注入,识别内存泄漏、竞争条件、不可达代码、类型不匹配等安全问题。配置分析工具对应用程序配置文件、主机配置文件、应用服务器配置文件执行静态分析,发现配置相关安全问题。需求验证工具用来验证软件安全需求说明的正确性、完备性、一致性、准确性。设计模型验证工具用来验证软件的设计模型是否存在安全缺陷。各类安全性测试工具如表 12-6 所示。

表 12-6　主流安全性测试工具分类

工具类型	商　　用	开源或免费
源代码分析器	Fortify Software 公司的 Source Code Analysis Suite; Ounce Labs 实验室的 Prexis; Secure Software 公司的 CodeAssure; Klocwork 公司的 K7; Coverity 公司的 Prevent; Compuware 公司的 DevPartner SecurityChecker; Parasoft 公司的 C++ Test、JTest、TEST、WebKing; CenterLine Systems 公司的 CodeCenter; CodeScan Labs 实验室的 CodeScan; GrammaTech 公司的 CodeSonar; SPI Dynamics 公司的 DevInspect; SofCheck 公司的 SoftCheck Inspector; PolySpace Technologies 公司的 PolySpace	Rough Auditing Tool for Security (RATS); lawFinder; BOON; ASTREE; C Code nalyzer(CCA); Csur; CQual; Jlint; ITS4; Splint; UNO; LAPSE; PHP-Sat; PMD
字节码扫描器	LogicLab 公司的 BugScan	FindBugs
二进制代码扫描器	Aspect Security 公司的 AspectCheck; Security Innovation 公司的 BEAST; LogicLab 公司的 BugScan	FxCop; BugScam
数据库脆弱性扫描器	Application Security 公司的 AppDetective; Internet Security Systems 公司的 Database Scanner	MetaCortex
网络漏洞扫描器	Internet Security Systems 公司的 Internet Security Scanner; NTObjectives 公司的 NTOSpider; GFI 公司的 GFILANguard; eEye 公司的 Retina; Advanced Research Corporation 公司的 Security Auditor's Research Assistant (SARA); Saintcorporation 公司的 SAINT	NMAP; Nessus; SuperScan; Metasploit Framework
Web 应用漏洞扫描器	SPI Dynamics 公司的 WebInspect; Watchfire 公司的 AppScan; N-Stalker 公司的 N-Stalker Web Application Security Scanner; Acunetix 公司的 Acunetix Web Vulnerability Scanner; portswigger. net 公司的 Burp suite	OWASP WebScarab; OWASP Berretta; Nikto; Wikto; Paros ProxySpike Proxy; EOR; Pantera
Web 服务扫描器	Parasoft 公司的 SOATest; Vordel 公司的 SOAPbox; Optimyz 公司的 WebServiceTester; CrossCheck 公司的 SOAPSonar; Forum Systems 公司的 XRay Diagnosis; MindReef 公司的 SOAPScope; Empirix 公司的 e-TEST suite for Web ServicesTesting; AdventNet 公司的 QEngine; ITKO 公司的 LISA Complete SOA Test Suite	FoundstoneWSDigger; Pushtotest TestMaker
动态分析工具	Compuware BoundsChecker	Foundstone . NETMon; CLR Profiler; NProf
配置分析工具	Desaware CAS/Tester	Foundstone SSLDigger; PermCalc
设计验证工具	SDMetrics 公司的 SDMetrics	

12.4　软件安全工程

软件安全工程的任务是:

(1) 运用系统安全工程的原则来优化软件安全,并通过分析、设计和管理进程来识别和控制与软件相关的危险。危险分析包括两个方面:①分析会进入一个危险状态的可能性;②分析导致一个 miscap 的危险及其后果的严重性。前者称为危险可能性分析,后者称为危险关键性分析。

(2) 清除设计中达到不可接受等级的并已识别的危险,如果不能消除,则应将危险的关键性等级降低到一个可接受的水平。

软件安全工程的活动,按系统与软件开发的各生命周期的阶段来划分,主要分为软件安全需求分析与制定、软件安全设计、软件安全编码、软件安全检测、安全培训和安全监理等。

12.4.1　软件安全需求分析与制定

软件安全需求分析与制定阶段有三个任务:①写出软件安全需求定义;②对潜在的危险进行软件需求危险分析(Soft-ware Requirements Hazard Analysis,SRHA);③根据①②,写出(或修订)初步的较详细的软件安全需求文档。

软件需求危险分析开始于系统生命周期的需求阶段。基本临界危险表(Preliminary Hazard List,PHL)和基本危险分析(Preliminary Hazard Analysis,PHA)中的数据是软件需求危险分析的输入数据。PHL 建立于系统生命周期的概念定义阶段。它用来识别系统危险的可能发生区域。PHA 用来评估一个系统的危险(即可能性、关键性)。SRHA 用于确定软件安全需求定义的正确性。SRHA 开始于系统生命周期的系统需求阶段,检查系统和软件需求文档和程序文档。SRHA 的分析结果将应用到系统说明、软件需求说明、软件设计文档、软件测试计划、软件配置管理计划和工程管理计划中去。

12.4.2　软件安全设计

软件安全设计阶段有两个任务。

(1) 进行软件设计危险分析(Software Design Hazard Analysis,SDHA),识别对于安全性至关重要的软件组件,确保设计的正确性和完整性。PHA、PHL、设计信息、SRHA 都是软件设计危险分析的输入数据。SDHA 定义和分析对于安全性至关重要的软件组件(即评估它们的危险程度和与其他组件的关系),分析设计与测试计划(确保设计中正确地定义了安全需求),更新软件设计文档(消除危险或减轻危险的程度),并把安全需求集成到软件测试计划中,提出编码建议。

(2) 软件安全设计。仅靠分析和证实不可能确保一个系统的安全,还需进行专门的软件安全设计。软件安全设计的三个原则为:防止危险发生或尽量降低危险发生率;假如危险发生,使用自动化的安全设备控制危险发生率;提供有关危险的警告设备、过程和有助于人为反应的训练。

软件安全设计时,还应注意两个方面:①设计时提供的证明措施必须具备最小化的证实量和尽量简化的证实过程;②提高安全性的设计时必须仔细考虑所增加的复杂度。

12.4.3　软件安全编码

经过良好设计的、具有良好习惯的编程风格的代码,相对来说,也具有较好的安全性。通常良好的编码风格有:使用安全的函数;对输入的参数进行校验;开发完成后,进行完备的单元测试,包括边界测试、语句覆盖测试;开发完成后,确认错误和异常情况被正确地处理;修改代码的同时,确保注释和文档进行了相应的修改;在代码集成和引用方面还应注意不使用没有许可证权限的代码。

1．使用安全的函数

在调用某些函数时有一些常见问题。尽管某种函数的调用可能与安全性无关,但如果使用不当,仍会导致不易发觉的安全隐患。如 CopyMemory、CreateProcess、CreateProcessAsUser、CreateProcessWithLogon、memcpy、sprintf、swprintf 等函数在安全性方面尤其要值得注意。

2．控制程序改动的步骤

为最小化信息系统的错误,执行改动时要进行严格控制。应当实行正规的改动控制步骤,确保安全和控制步骤不被损害。负责支持的程序员应只对那些对工作必要的部分系统享有访问权,并且确保改动已获得正式批准和同意。该过程应包括:

（1）保留一份已达成协议的授权级别的记录。

（2）确保改动由经过授权的用户提出。

（3）对控制和步骤的完整性进行复审,确保不会因为改动而受到损害。

（4）检查所有需要修改的计算机软件、信息、数据库实体和硬件。

（5）在改动前,应获得对详细建议的批准。

（6）确保在任何改动实施前,被授权的用户接受这些改动。

（7）确保实施改动是为了减少业务中断。

（8）确保系统文档组在每一个改动完成后都做了更新,旧文档被存入档案或被处理。

（9）为所有软件更新保留一个版本控制。

（10）对所有的改动请求保留一份以备审查。

（11）确保在正确的时间进行改动,不能扰乱所涉及的业务过程。

3．对操作系统改动的技术复审

定期地改动操作系统是有必要的,如为了安装一个新的软件版本或补丁。在改动后,应当对应用系统进行复审和测试,确保改动对操作或安全没有负面影响。这个过程应当包括:

（1）对应用程序控制和步骤完整性的复审,确保它们不因操作系统的改动而受到损害。

（2）确保年度的支持计划和财政预算中包括了对这些操作系统改动的复审和系统测试。

（3）确保及时通知对操作系统的改动,使得在改动实施前能够进行适当的复审。

（4）确保业务连续性计划做了恰当的改动。

4．对软件包改动的限制

在使用中应当尽量不要修改厂商提供的软件包。如果实在要修改,应当考虑以下几方面:

（1）软件内置的控制和完整性步骤被损害的风险。

（2）是否应当得到厂商的同意。

（3）从厂商那里得到所需改动的程序更新的可能性。

（4）将原来的软件保留，对该软件的副本实进行改动。

5．隐蔽通道和特洛伊程序

隐蔽通道可以通过一些间接的、隐藏的手段来暴露信息，它可以通过改变一个参数来被激活，而这些参数无论对于安全的还是不安全的计算系统都是可访问的，也可以通过在数据流中嵌入信息来激活隐蔽通道。特洛伊程序被设计成以一种非法的、不易被注意的、不是程序用户和接收人所必需的形式来侵入系统。应考虑从以下方面进行控制：

（1）只从声誉好的程序提供者处购买程序。

（2）以源代码的形式购买程序，使得程序可以被检验。

（3）使用经过安全评估的产品。

（4）在操作使用前审查所有源码。

（5）程序安装好后，对它的访问和修改要进行控制。

（6）聘用经过安全考核的员工进行关键系统的管理。

6．外包软件的开发

软件开发的工作由外部的人员或单位承担时，应当从以下几方面进行安全考虑：

（1）许可证问题，程序的所有权和知识产权问题。

（2）对所进行工作的质量和准确度的保证问题。

（3）对软件开发的质量和准确度审查的权利。

（4）关于程序质量的合约要求。

（5）在安装软件前进行测试，以防止特洛伊程序的植入。

7．程序中的出错和异常处理

正确输入的数据可能会由于处理错误或故意行为而出错，因此，程序的设计应当采取措施，以将导致完整性损失的风险降至最低。需要考虑的因素包括：

（1）程序中用来执行对数据改动的加入与删除函数的使用情况和位置。

（2）防止程序在错误指令下运行。

（3）使用正确的程序进行处理失效的恢复，以保证程序正确地处理数据。

8．代码安全性的维护

如果对代码进行修改，填写修改记录能帮助我们在代码安全性维护上起很大的作用。入口参数、数据结构、引用代码、代码改动的注释应该是清楚、完备的。

12.4.4 软件安全检测

软件的安全检测方法通常包括静态检测、动态检测、文档检查、接口安全性检测、出错处理检测、异常情况检测。

1．静态检测方法和工具

静态检测指在程序没有运行的情况下，检查程序的正确性。静态检测工具不需要执行所测试的程序，它扫描所测试程序的上下文，对程序的数据流和控制流进行分析，然后给出测试报告。静态检测方法如下。

（1）"重读"代码。"重读"的时候要注意检查以下几项：是否检查了入口参数的类型；是否检查了入口参数的值域；是否有无用的代码和变量；分配的空间是否都"干净"地释放了；释放的指针是否都指向了 NULL；条件循环是否出现无限循环的情况。

（2）使用各种编译工具，检查程序。

（3）使用专门的静态检测工具，如检测 C 程序的 lint、splint 等。

2．动态检测方法和工具

动态测试通过选择适当的测试用例，实际运行所测程序，比较实际运行结果和预期结果，以找出错误。动态检测需要在动态检测程序运行的情况下，执行所测试的程序，通过对程序运行时的内存、变量、内部寄存器等中间结果进行记录，来检测程序运行态的正确性。单步跟踪、设置断点是其基本的方法。动态检测工具方法包括：

（1）基于符号表的 DEBUG 工具，如 gdb。

（2）跟踪程序，如 strace/ltrace。

3．文档检查

文档检查主要包括：

（1）规格说明书中是否有安全性的需求定义。

（2）概要设计说明书、详细设计说明书、技术白皮书中是否有对安全性的设计和描述。

（3）概要设计说明书、详细设计说明书、技术白皮书中对安全性的描述是否和需求一致。

（4）用户文档中是否提示了用户安全性相关事项。

4．接口安全性检测

入口检测主要包括如下内容。

（1）命令行输入的参数是任意的，尤其是 setuid/setgid 程序，一定要检查参数的有效性和合法性。

（2）文件描述符的安全性，如文件权限读、写函数的安全性，标准输入、输出、出错的安全性。

（3）文件内容的安全性。直接读取的文件，如果不被信任的用户能访问该文件或任何它的父目录，都是不可信任的。

（4）所有的 Web 输入都是不被信任的，都需要进行严格的有效性验证。

（5）字符集问题。如果是新写代码，使用 ISO 10646/Unicode，如果需要处理旧字符集，确保非法用户不能修改此字符集。

（6）是否过滤可能被重复解释的 html/url。

（7）基于 Web 的应用程序，应该禁止 http 的"get"和"HEAD"，除非能限定它们只用于查询。

（8）设置输入数据的超时和加载级别限制，特别是对于网络数据更应如此。

出口检测主要包括：

（1）最小化反馈信息，使得黑客不能获得详细信息。

（2）反馈不要包含注释信息，特别是产生 html 文件的 Web 程序。

（3）是否处理了阻塞或响应缓慢的输出情况。

（4）是否控制了输出的数据格式（pringf 系列函数问题）。

(5) 控制输出的字符编码。

(6) 基于 Web 的应用程序,不要运行用户访问 Include 和配置文件。

5. 出错处理检测

出错处理检测主要包括:

(1) 各种出错情况都被处理。

(2) 给用户的出错信息,不会泄漏程序信息的细节。

6. 异常情况检测

异常情况检测主要包括:

(1) 软件的各种异常情况都被处理。

(2) 软件的异常情况不会导致程序进入不可知情况。

12.4.5 安全培训

在软件开发整个过程中,都要对开发人员进行安全培训。

(1) 对环境、网络、代码、文档等方面的管理培训主要培养员工维护开发环境、网络、代码的安全意识,了解开发规范的安全要求。

(2) 对配置管理的培训,使员工熟悉项目的配置管理工具、版本管理方法、变更管理方法等,对负责备份的人员进行备份方法、灾难恢复方法的培训,保证项目的正常进行。

(3) 对安全编程的培训,包括系统设计中的安全要素和可能出现的安全漏洞、编程中的常见安全问题、良好的编程习惯、进程的安全性、文件的安全性、动态链接库的安全性、指针的安全性、Socket 和网络通信的安全性、避免缓冲区溢出、验证所有的输入、避免随意的输出信息、界面安全性、调用函数库的安全性。

(4) 对安全性测试的培训,包括在单元测试中测试代码的安全性、系统安全性测试的内容和方法、网络程序的安全性测试内容和方法、容错性和可靠性测试方法。

(5) 对知识产权意识的培训,培养员工使用第三方资源的知识产权意识,避免在设计和开发中引入法律纠纷的隐患。

12.4.6 安全监理

安全监理的主要作用是:检查和控制开发流程,确保开发流程中各项安全措施的遵守。安全监理应该由第三方担任,可以外包,也可以由公司的其他部门承担,不应由开发者担任这个角色。安全监理的内容主要包括如下五部分。

(1) 开发环境的安全性。主要检查内容包括:项目文档、代码存放是否安全;是否有完善的备份制度;是否有灾难恢复机制;项目文档和代码的访问是否受控;是否有代码和文档的版本管理;开发的网络环境是否安全;开发人员使用的邮件组是否安全。

(2) 开发流程的安全性检查和评估。主要检查内容包括:程序员是否使用了"危险"的代码;程序员的函数是否都检查了入口参数的合法性;是否使用了未经授权的代码;是否对第三方代码,没有进行安全性评估、测试,就直接使用;测试用的"后门",是否在发布版中去除;程序员是否在代码中隐藏"恶意"的代码;代码中是否有无用的代码。

(3) 开发各个环节的安全性措施是否被实施。主要检查内容包括,是否对开发人员的邮件进行检查；是否检查了代码和文档的访问权限。

（4）开发各个环节的安全性要求是否被遵守。主要检查内容包括：需求分析阶段，是否确认用户的安全性需求；设计阶段，是否做了安全性的设计；编码阶段是否采用良好的风格进行编程；测试阶段，安全性测试是否执行；安全性测试是否充分。

（5）对出现的安全问题提出响应策略。主要检查内容包括：是否有应对泄密的安全策略；是否有发现软件中的安全漏洞的响应策略；是否有软件完整性损坏的响应策略。

在软件开发过程中，遵循安全开发模型，开发人员将养成良好的编码风格和文档习惯，从而开发出安全可靠的软件。

习题 12

1. 软件安全防护包含了哪些方面？

2. 软件安全保护机制包含哪些内容？各自包含哪些技术？简要说明。

3. 设计一个安全工具程序，它可以实现将另一个文本程序进行加密/解密，加密算法可采用教材中的任何一种。

4. 举例说明几种软件自保护技术的原理及其解决的问题。

5. 简述防动态跟踪技术的方法。

6. 试描述几种软件运行控制技术的工作原理。

7. 软件检测技术分为哪两大类？其中程序静态分析有哪些技术？

8. 比较程序分析和程序验证有什么不同？

9. 软件安全编码的主要内容有哪些？

10. 简述安全检测的方法。

第 13 章　数据及数据库系统安全

数据库(Database)是按照数据结构来组织、存储和管理数据的仓库,它产生于距今五十多年前。随着信息技术和市场的发展,数据库不再是仅仅存储和管理数据,而转变成用户所需要的各种数据管理的方式。

数据库系统是计算机技术的一个重要分支,从 20 世纪 60 年代后期开始发展,近几十年来已成为一门新兴的学科,应用涉及面很广,几乎所有的领域都要用到数据库。因此,确保数据及数据库系统安全非常重要。数据库系统的安全性主要是针对数据而言的,一旦发生硬件故障、黑客入侵或者数据库系统所处的环境发生变故等情况,则可能丢失数据,其损失是难以估计的。因此,为了预防上述情况,我们需要相应的数据备份技术、设备和数据恢复技术。

除此之外,数据库系统安全还包括数据完整性、数据保密性和数据的可用性。为了确保三个安全性需求,我们需要建立数据库审计机制来监视和记录用户对数据库所施加的各种操作。

13.1　数据备份与恢复

13.1.1　备份与恢复概述

1. 数据备份

1) 备份概述

当长时间不用计算机时,可能发生数据丢失的现象,给用户带来很大的烦恼。备份作业的目的就是有效地恢复丢失的数据。备份作业就是备份数据的简单过程。通常情况下在客户机和服务器上备份数据可以防止磁盘驱动器出现故障、电源断电、感染病毒和发生其他事故时丢失数据。如果发生了数据丢失,但是你已经在仔细计划的基础上进行了定期的备份作业,那么就可以恢复数据,恢复整个硬盘或恢复单个文件。

用户可以利用备份工具完成以下工作:

（1）备份硬盘上选定的文件或文件夹；

（2）将备份的文件和文件夹还原到硬盘或可以访问的任何其他磁盘上；

（3）复制计算机的系统状态，包括注册表、系统文件和启动文件；

（4）制作紧急修复盘，在系统文件被意外删除或被破坏时，它可以快速修复这些文件；

（5）计划定期地备份，使备份的数据保持最新。

备份程序支持如下五种备份类型。

（1）普通备份：复制所有选中的文件，并标志每个备份后的文件为已备份。使用普通备份，只需要最近备份的文件或磁带的副本来还原所有文件。第一次创建备份集时，通常执行普通备份。

（2）每日备份：复制进行备份中的当天修改的所有的被选中的文件，并且已备份的文件不再重新做标记；它可以保存一天的工作而不会影响正常的日常备份工作。

（3）增量备份：只复制被选定的自最近一次正常或增量备份后创建或改变的文件，并且备份后对已备份的文件进行标记。因此，一次普通备份之后的第一次增量备份将复制自普通备份以来改变过的所有文件；第二次增量备份则只复制第一次增量备份以来改变过的所有文件，依此类推。

（4）副本备份：复制所有选中的文件，但不将这些文件标记为已经备份。

（5）差异备份：指上次正常或增量备份后，创建或修改的差异备份副本文件。备份后的文件不标志为已备份文件。

选择一个备份类型一方面要涉及安全性，另一方面要涉及时间及介质空间的适中。如果安全性占主要地位，那么可以每小时备份一次，但这会花费大量的时间及备份空间。如果关心的是时间及介质空间的利用，那么可以一个月或更长的时间备份一次重要文件。

一个比较好的方案是把普通备份和差异备份结合起来使用，具体方法是：

（1）以一个固定的间隔进行普通备份，在两个普通备份之间以固定间隔进行一次差异备份。

这种结合的备份方案有一个优点是，容易还原数据，因为备份集通常只存储在少量磁盘和磁带上。但是它又有一个缺点是，备份数据更加耗时，尤其当数据经常更改时。

（2）另一个组合的备份方案是使用普通备份和增量备份来备份数据。因为增量备份只复制被选定的自最近一次正常或增量备份后创建或改变的文件，所以这种备份组合只需要很少的存储空间，并且它是最快的备份方法。但它也有一个缺点就是，这种备份是非常耗时和困难的，因为备份的数据可能存储在多个磁盘或磁带上。

2）常见的数据备份设备

常见的数据备份设备有以下几种。

（1）磁盘阵列。磁盘阵列又叫 RAID(Redundant Array of Inexpensive Disks，廉价磁盘冗余阵列)，是我们见得最多，也是用得最多的一种数据备份设备，同时也是一种数据备份技术。它是指将多个类型、容量、接口，甚至品牌一致的专用硬磁盘或普通硬磁盘连成一个阵列，使其能以某种快速、准确和安全的方式来读写磁盘数据，从而达到提高数据读取速度和安全性的一种手段。

磁盘阵列读写方式的基本要求是，在尽可能提高磁盘数据读写速度的前提下，必须确保在一张或多张磁盘失效时，阵列能够有效地防止数据丢失。磁盘阵列的最大特点是数据存取速度特别快,其主要功能是可提高网络数据的可用性及存储容量,并将数据有选择性地分布在多个磁盘上,从而提高系统的数据吞吐率。另外,磁盘阵列还能够免除单块硬盘故障所带来的灾难后果,通过把多个较小容量的硬盘连在智能控制器上,可增加存储容量。磁盘阵列是一种高效、快速、易用的网络存储备份设备。

这种磁盘阵列备份方式适用于对数据传输性能要求不是很高的中小企业选用。

磁盘阵列有多种部署方式,也称 RAID 级别,不同的 RAID 级别,备份的方式也不同,目前主要有 RAID0、RAID1、RAID3、RAID5 等几种,也可以是几种独立方式的组合,如 RAID10 就是 RAID0 与 RAID1 的组合。

磁盘阵列需要有磁盘阵列控制器,在有些服务器主板中就自带有这个 RAID 控制器,提供了相应的接口。而有些服务器主板上没有这种控制器,这样,需要配置 RAID 时,就必须外加一个 RAID 卡(阵列卡)插入服务器的 PCI 插槽中。RAID 控制器的磁盘接口通常是 SCSI 接口,不过目前也有一些 RAID 阵列卡提供了 IDE 接口,使 IDE 硬盘也支持 RAID 技术。同时,随着 SATA 接口技术的成熟,基于 SATA 接口的 RAID 阵列卡也是非常之多的。

(2) 光盘塔。CD-ROM 光盘塔(CD-ROM Tower)是由多个 SCSI 接口的 CD-ROM 驱动器串联而成的,光盘预先放置在 CD-ROM 驱动器中。受 SCSI 总线 ID 号的限制,光盘塔中的 CD-ROM 驱动器一般以 7 的倍数出现。用户访问光盘塔时,可以直接访问 CD-ROM 驱动器中的光盘,因此光盘塔的访问速度较快。

由于所采用的是一次性写入的 CD-ROM 光盘,不能对数据进行改写,光盘的利用率低,所以通常只适用于不需要经常改写数据的应用环境选用,如一次性备份和一些图书馆之类的企业。

(3) 光盘库。CD-ROM 光盘库(CD-ROM Jukebox)是一种带有自动换盘机构(机械手)的光盘网络共享设备。它带有机械臂和一个光盘驱动器的光盘柜,它利用机械手从机柜中选出一张光盘送到驱动器进行读写。光盘库一般配置有 1~6 台 CD-ROM 驱动器,可容纳 100~600 片 CD-ROM 光盘。用户访问光盘库时,自动换盘机构首先将 CD-ROM 驱动器中光盘取出并放置到盘架上的指定位置,然后再从盘架中取出所需的 CD-ROM 光盘并送入 CD-ROM 驱动器中。

光盘库的特点是:安装简单、使用方便,并支持几乎所有的常见网络操作系统及各种常用通信协议。由于光盘库普遍使用的是标准 EIDE 光驱(或标准 5 片式换片机),所以维护更换与管理非常容易,同时还降低了成本和价格。又因光盘库普遍内置有高性能处理器、高速缓存器、快速闪存、动态存取内存、网络控制器等智能部件,使得其信息处理能力更强。

这种有巨大联机容量的设备非常适用于图书馆一类的信息检索中心,尤其是交互式光盘系统、数字化图书馆系统、实时资料档案中心系统、卡拉 OK 自动点播系统等。

(4) 磁带机。磁带机是我们最常用的数据备份设备,按它的换带方式可分为人工加载磁带机和自动加载磁带机两大类。人工加载磁带机在换磁带时需要人工干预,因只能备份一盘磁带,所以只适用于备份数据量较小的中小型企业选用(通常为 8GB、24GB 和 40GB);自动加载磁带机则可在一盘磁带备份满后,自动卸载原有磁带,并加载新的空磁带,适用于备份数据量较大的大、中型企业选用。自动加载磁带机可以备份 100GB~200GB 或者更多的数据。自动加载磁带机能够支持例行备份过程,自动为每日的备份工作装载新的磁带。

(5) 磁带库。磁带库是像自动加载磁带机一样的基于磁带的备份系统,它能够提供同样的基本自动备份和数据恢复功能,但同时具有更先进的技术特点。它的存储容量可达到数百拍字节(1PB=10^6GB),可以实现连续备份、自动搜索磁带,也可以在驱动管理软件控制下实现智能恢复、实时监控和统计,整个数据存储备份过程完全摆脱了人工干涉。

磁带库不仅数据存储量大得多,而且在备份效率和人工占用方面拥有无可比拟的优势。在网络系统中,磁带库通过 SAN(Storage Area Network,存储局域网络)系统可形成网络存储系统,为企业存储提供有力保障,很容易完成远程数据访问、数据存储备份,或通过磁带镜像技术实现多磁带库备份,无疑是数据仓库、ERP 等大型网络应用的良好存储设备。

如 HP StorageWorks ESL9000 系列磁带库,它提供了高容量关键任务无人值守备份和恢复的巅峰解决方案,是满足大型服务器池和集中式备份/恢复要求的完美选择。ESL9000 系列磁带库提供组件级冗余及高容量,可以实现多年的全自动操作。

(6) 光盘网络镜像服务器。光盘网络镜像服务器是继第一代的光盘库和第二代的光盘塔之后,最新开发的一种可在网络上实现光盘信息共享的网络存储设备。光盘镜像服务器有一台或几台 CD-ROM 驱动器。网络管理员既可通过光盘镜像服务器上的 CD-ROM 驱动器将光盘镜像到服务器硬盘中,也可利用网络服务器或客户机上的 CD-ROM 驱动器将光盘从远程镜像到光盘镜像服务器硬盘中。光盘网络镜像服务器不仅具有大型光盘库的超大存储容量,而且还具有与硬盘相同的访问速度,其单位存储成本(分摊到每张光盘上的设备成本)大大低于光盘库和光盘塔,因此光盘网络镜像服务器已开始取代光盘库和光盘塔,逐渐成为光盘网络共享设备中的主流产品。

光盘镜像服务器本身就是一台 WWW 服务器,客户机可通过 WWW 浏览器对光盘镜像服务器直接镜像远程访问和检索。光盘镜像服务器一般支持多种网络操作系统,如 Windows NT、UNIX 和 NETWARE 等,具有很强的可访问性。光盘镜像服务器还有很强的可拓展性,用户可根据实际需求通过给光盘镜像服务器增加硬盘来扩充服务器的容量。

光盘镜像服务器一般采用 BNC 和 RJ-45 标准网络接口,不需要任何网络文件服务器就可直接上网,不需要在网络服务器和客户端安装任何软件,用户仅须将网线接到网络 Hub 上,插上电源,输入 IP 地址信息后便可以使用。光盘镜像服务器的设置、升级和管理均可通过 Web 浏览器或网上邻居远程进行,无须网络管理员东奔西跑。光盘镜像服务器发生故障时,只影响到本身文件的访问,不会影响到整个网络的正常运行。

光盘镜像服务器将光盘的数据存储恢复和读取功能分离,凭借硬盘的高速存取能力来共享光盘信息资源,因此光盘镜像服务器的访问速度要比光盘库或光盘塔快几十倍。光盘镜像服务器在容量和速度等性能指标方面均超过光盘库或光盘塔,但其单位容量成本却大大低于光盘库或光盘塔。光盘镜像服务器给学校、图书馆、档案馆、设计院所、医院、公司或政府机关等客户提供了一种性价比很高的光盘网络共享解决方案,光盘镜像服务器目前已开始取代光盘库和光盘塔,成为光盘网络共享的主流产品。目前,又开发了具有不仅镜像光盘文件,还可镜像硬盘、软盘,网站内容,而且具备 RAID 和刻录功能的文件镜像服务器。

2. 数据恢复

数据恢复就是把遭到破坏、删除和修改的数据还原为可使用数据的过程。

1) 数据恢复概述

可以将数据恢复分为两种情况。

(1) 因为计算机病毒破坏、人为破坏和人为误操作造成当前的系统数据或用户数据丢失或损坏,但存储数据的物理介质没有遭到破坏,原始的备份数据也保存良好,这种情况下只要使用备份软件或应用程序的还原功能,就基本上可以恢复所损坏的数据。

(2)当前数据和原始的备份数据都遭到破坏,甚至存储数据的物理介质也出现逻辑或物理上的故障,这种情况将会引起灾难性后果,本节介绍的数据恢复内容主要针对这种情况,并重点针对硬盘的数据恢复。为了提高数据的修复率,在发现硬盘数据丢失或遭到破坏时,最重要的就是注意"保护好现场",要立即禁止对硬盘再进行新的写操作。

进行数据恢复之前,首要的一点就是认真、细致地制定恢复计划,对每一步操作都有一个明确的目的。

在进行每一步操作之前就考虑好做完该步之后能达到什么目的,可能造成什么后果,能不能回退至上一状态。特别是对于一些破坏性操作,一定要考虑周到。只要条件允许,就一定要在操作之前对要恢复的数据进行镜像备份,以防止数据恢复失败和误操作。要注意的是,应该先抢救那些最有把握恢复的数据,恢复一点,就备份一点。

2)硬盘数据恢复

对硬盘来说,如果整个系统瘫痪、系统无法启动,恢复数据可以先从硬盘的 5 个区域入手,首先恢复 MBR(主引导记录区),然后恢复 DBR(操作系统引导记录区)、FAT(文件分配表)、FDT(文件目录表),最后恢复数据文件。必要时,系统需要检测磁道,修复 0 磁道和其他坏磁道。

俄罗斯著名硬盘实验室(ACE Laboratory)开发的专业修复硬盘综合(软、硬)工具 PC-3000,能从硬盘的内部软件来管理硬盘,进行硬盘原始数据的改变和修复。它可以读取常见型号的硬盘专用 CPU 的指令集和硬盘的 Firmware(固件),从而控制硬盘的内部工作,实现硬盘内部参数模块读写和硬盘程序模块的调用,最终达到以软件修复硬盘缺陷、恢复硬盘数据的目的。

在 Windows 下非常优秀的数据恢复工具,主要有针对光盘的数据修复软件 CD Data Rescue;针对数码相机、PDA、U 盘等数码设备的数据修复软件 MediaRecover;针对硬盘的数据修复软件 EasyRecovery、FinalData、FileRecovery、OfficeRecovery、FileRescavenger、FileRescue、Recover4all 等。

13.1.2　Windows XP 系统下备份与恢复

许多计算机用户都会有这样的经历,在使用电脑过程中敲错了一个键,几个小时,甚至是几天的工作成果便会付之东流。就是不出现操作错误,也会因为病毒、木马等软件的攻击,使你的电脑出现无缘无故的死机、运行缓慢等症状。随着计算机和网络的不断普及,确保系统数据信息安全就显得尤为重要。在这种情况下,系统软件数据备份和恢复就成为我们日常操作中一个非常重要的措施,下面从系统软件备份和恢复、常用软件备份和恢复两个方面提供了完整的解决方案。

1. 系统备份与恢复

1)创建还原点

使用系统还原的第一步是创建系统还原点,它的作用就像用户没病时存钱,一旦生病才需要用钱那样——"防微杜渐"。

使用前提:为了确保系统还原功能的有效性,安装 Windows XP 系统分区不能关闭系统还原功能,但可以调整用于系统还原的磁盘空间。

　　方法:单击"控制面板"中的"系统"对话框的"系统还原"标签(见图 13-1),取消选中"在所有驱动器上关闭系统还原"复选框;再确定"可用的驱动器"列表框中的 Windows XP 分区状态是否为"监视";最后单击"设置"按钮打开设置对话框(见图 13-2),根据分区剩余磁盘空间情况拖动滑块确定要使用的磁盘空间大小。

　　小提示:非系统分区一般情况下是不需要启动系统还原功能的,为了节约磁盘空间,可以在图 13-2 中选中"关闭这个驱动器上的'系统还原'"复选框。

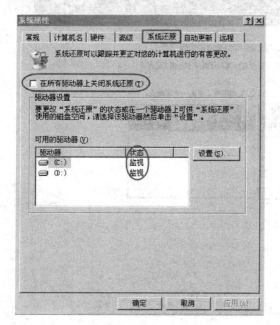

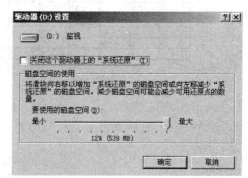

图 13-1　"系统属性"对话框　　　　　　图 13-2　系统驱动器设置对话框

　　创建还原点:第一次创建还原点最好在系统安装完驱动程序和常用软件之后,以后可以根据需要不定期地创建还原点。

　　方法:选择"开始"→"所有程序"→"附件"→"系统工具"→"系统还原"菜单项,在"系统还原向导"对话框中创建一个还原点,单击"下一步"按钮在"还原点描述"中输入说明信息,单击"创建"按钮完成还原点的创建。

　　小提示:

　　(1) 由于 Windows XP 安装驱动程序等软件的同时会自动创建还原点,所以安装软件之后是否创建还原点要视实际情况而定。特别是在安装不太稳定的共享软件之前,为了防止万一,还是先创建还原点比较稳妥。

　　(2) 在创建系统还原点时务必确保有足够的磁盘可用空间,否则会导致创建失败。

　　2) 使用还原点恢复

　　一旦 Windows XP 出现了故障,可以利用我们先前创建的还原点使用下面几种办法对系统进行恢复。

　　(1) 系统还原法。如果 Windows XP 出现了故障,但仍可以正常模式启动,可以使用系统还原法进行恢复。

方法：选择"开始"→"所有程序"→"附件"→"系统工具"→"系统还原"命令，打开系统还原向导，然后选择"恢复我的计算机到一个较早的时间"选项，单击"下一步"按钮，在日历上单击黑体字显示的日期选择系统还原点（见图 13-3），单击"下一步"按钮即可进行系统还原。还原结束后，系统会自动重新启动，所以执行还原操作时不要运行其他程序，以防文件丢失或还原失败。

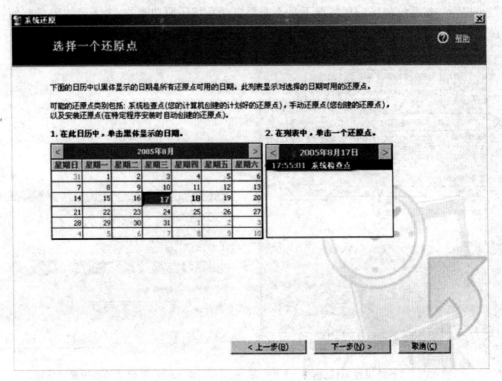

图 13-3 "系统还原"对话框

(2)"安全模式"还原法。如果计算机不能正常启动，可以使用"安全模式"或者其他启动选项来启动计算机。在计算机启动时按下 F8 键，在启动模式菜单中选择安全模式，进入安全模式以后就可以像上述系统还原法那样进行系统还原了。下面列出了 Windows XP 的高级启动选项的说明。

基本安全模式：仅使用最基本的系统模块和驱动程序启动 Windows XP，不加载网络支持，加载的驱动程序和模块用于鼠标、监视器、键盘、存储器、基本的视频和默认的系统服务，在安全模式下也可以启用启动日志。

带网络连接的安全模式：仅使用基本的系统模块和驱动程序启动 Windows XP，并且加载了网络支持，但不支持 PCMCIA 网络，带网络连接的安全模式也可以启用启动日志。

启用启动日志模式：生成正在加载的驱动程序和服务的启动日志文件，该日志文件命名为 Ntbtlog. txt，被保存在系统的根目录下。

启用 VGA 模式：使用基本的 VGA（视频）驱动程序启动 Windows XP，如果导致 Windows XP 不能正常启动的原因是安装了新的视频卡驱动程序，那么使用该模式非常有用，其他的安全模式也只使用基本的视频驱动程序。

最后一次正确的配置：使用 Windows XP 在最后一次关机时保存的设置（注册信息）来启动 Windows XP，仅在配置错误时使用，不能解决由于驱动程序或文件破坏或丢失而引起的问题，当选择"最后一次正确的配置"选项后，则在最后一次正确的配置之后所做的修改和系统配置将丢失。

目录服务恢复模式：恢复域控制器的活动目录信息，该选项只用于 Windows XP 域控制器，不能用于 Windows XP Professional 或者成员服务器。

调试模式：启动 Windows XP 时，通过串行电缆将调试信息发送到另一台计算机上，以便用户解决问题。

小提示：虽然系统还原支持在"安全模式"下使用，但是计算机运行在安全模式下，"系统还原"不创建任何还原点。所以当计算机运行在安全模式下时，无法撤销所执行的还原操作。

（3）还原驱动程序。由于 Windows XP 在安装驱动程序时会自动建立还原点，如果你在安装或者更新了驱动程序后，发现硬件不能正常工作了，可以使用驱动程序的还原功能还原。

方法：在"控制面板"中打开"设备管理器"窗口，选择你所需恢复的驱动程序硬件名称，单击鼠标右键打开属性对话框，选择"驱动程序"选项卡（见图 13-4），然后单击"返回驱动程序"按钮按提示操作即可。

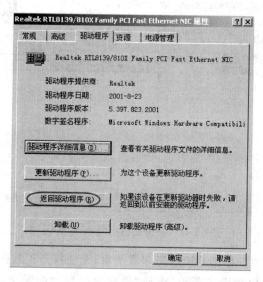

图 13-4　网卡属性对话框

（4）使用紧急恢复盘修复系统。如果"安全模式"和其他启动选项都不能成功启动 Windows XP 系统，可以考虑使用故障恢复控制台。要使用恢复控制台，必须使用操作系统安装 CD 重新启动计算机。当在文本模式设置过程中出现提示时，按 R 键启动恢复控制台，按 C 键选择"恢复控制台"选项，如果系统安装了多操作系统，选择要恢复的那个系统，然后根据提示，输入管理员密码，并在系统提示符后输入系统所支持的操作命令，从恢复控制台中，可以访问计算机上的驱动程序，然后可以进行以下更改，以便启动计算机：启用或禁用设备驱动程序或服务；从操作系统的安装 CD 中复制文件，或从其他可移动媒体中复制文件,如可以复制已经删除的重要文件;创建新的引导扇区和新的主引导记录(MBR),如果从现有扇区启动存在问题,则可能需要执行此操作。故障恢复控制台适用于所有Windows XP版本。

(5)自动系统故障恢复。常规情况下应该创建自动系统恢复(ASR)集(即通过创建紧急恢复盘来备份的系统文件),作为系统出现故障时整个系统恢复方案的一部分。ASR应该是系统恢复的最后手段,只有在你已经用尽其他选项(如安全模式启动和最后一次正确的配置)之后才使用,当在设置文本模式部分中出现提示时,可以通过按 F2 键访问还原部分。ASR 将读取其创建的文件中的磁盘配置,并将还原启动计算机所需的全部磁盘签名、卷和最少量的磁盘分区(ASR 将试图还原全部磁盘配置,但在某些情况下,ASR 不可能还原全部磁盘配置),然后 ASR 安装 Windows 简装版,并使用 ASR 向导创建的备份自动启动还原。

(6)还原常规数据。当 Windows XP 出现数据破坏时,选择"开始"→"所有程序"→"附件"→"系统工具"→"备份"菜单项,在"备份"工具的还原向导中还原整个系统或还原被破坏的数据。要还原常规数据,打开"备份"工具窗口的"欢迎"选项卡,然后单击"还原"按钮,打开"还原向导"对话框,单击"下一步"按钮,打开"还原项目"界面(见图 13-5),选择还原文件或还原设备之后,单击"下一步"按钮继续向导即可。

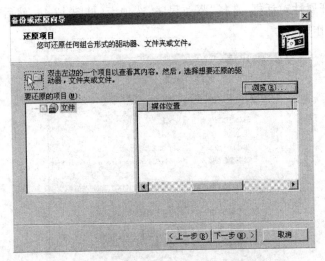

图 13-5 "备份或还原向导"对话框

(7)命令行模式还原。如果系统故障非常严重,无法打开正常模式或安全模式,可以按照上面介绍的方法打开启动模式菜单,选择"带命令行提示的安全模式",用管理员身份登录,打开"%systemroot%\windows\system32\restore"目录,直接运行其中的 rstrui.exe 文件按照提示进行还原。

如果用完了上述的方法后,系统还是不能正常恢复的话,那就只剩下一招——重装系统了。它可是最彻底、最坚决的解决方法。

2. 常用软件备份/恢复方案

1)常用的专业的备份软件

常用的专业的备份软件如下。

(1)Veritas 公司:高端 NetBackup,适用于大中型存储系统,提供提高数据可靠性的强大的数据保护解决方案,支持复杂的网络备份和 LAN-Free 备份;低端 Backup Exec,业界公认标准的备份解决方案,获得 MS 认证,适用于 Windows 系统环境,直观的用户界面,有限支持 UNIX 和 Linux。

(2) Legato 公司:NetWorker,适用于大型网络环境,广泛支持各种开放系统平台,提供 C/S 体系结构下网络数据存储的管理模式,实现了网络数据备份额度全自动集中式管理,提供良好的存储介质管理思想。

(3) CA 公司:BrightStor ARCServer Backup,在低端市场具有广泛的影响力。整合后的新一代备份产品,提供了全面的数据保护解决方案,支持广泛的平台,集中管理备份环境。

(4) BakBone 公司:致力于开发符合用户需求,适合业界标准以及适应未来扩充的产品架构,主要提供面向用户、以用户为核心的备份管理工具——NetVault。

2) 常用软件的自定义备份/恢复

常用软件安装后,我们都喜欢对这些软件界面、操作和内容等方面进行自定义设置,这样的软件使用起来才会更加得心应手。但是随着系统的重装或设备的更换,重装这些常用软件后,总要一个一个地重新设置,非常麻烦。如果能提前把这些自定义部分的内容备份下来,到时只需恢复一下即可,那样就非常轻松。下面罗列了常用的文档编辑软件 Office、压缩/解压缩软件 WinRAR、看图软件 ACDSee V7.0,详细介绍这些常用软件的自定义备份/恢复过程。

(1) Office 2000。Office 2000 中的个人自定义设置的备份和恢复操作相对简单,选择"开始"→"程序"→"Microsoft Office 工具"→"用户设置保存向导"菜单项(Office 2007/2010 在"文件"→"选项"→"保存"),系统会要求你选择保存或恢复用户设置(见图 13-6)。只要把生成的扩展名为.ops 的文件保存好,利用该向导就可以非常轻松地备份或恢复 Office 中纷乱冗杂的自定义设置。

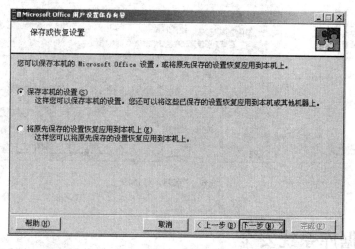

图 13-6 "用户设置保存向导"对话框

(2) WinRAR。在 WinRAR 中,通过"选项"→"设置"菜单项对其进行自定义设置,利用 WinRAR 的"导入/导出"功能,可以轻松地备份和恢复这些自定义的个人设置。选择"选项"→"导入/导出"→"导出设置到文件"菜单项(见图 13-7),将其自定义设置导出为一个

Settings. reg 文件,保存在 WinRAR 的安装文件夹中,把该文件备份到非系统分区即可。需要恢复时,双击该文件,把信息导入注册表;或者先把该文件复制到 WinRAR 的安装文件夹,再选择"选项"→"导入/导出"→|"从文件导入设置"菜单项即可恢复。

图 13-7　WinRAR 软件窗口

（3）ACDSee。通过 ACDSee 的"工具"→"选项"命令可以自定义窗口、浏览器、文件列表等很多内容(见图 13-8),使其更方便我们的使用。要想把这些自定义的内容备份下来并不难,打开注册表编辑器,找到如下分支:HKEY_CURRENT_USER\Software\ACD Systems\ACDSee\60,在该分支上右击,选择"导出"命令,把该分支导出成注册表文件即可。需要恢复时只需双击该注册表文件,将其导入注册表,即可快速恢复 ACDSee 的自定义设置。

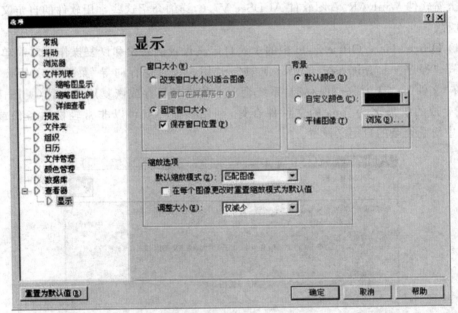

图 13-8　"选项"对话框

13.2　数据库系统安全

数据库的安全性是指保护数据库以防止非法用户访问数据库,造成数据泄露、更改或破坏。在数据库系统中大量数据集中存放,并为许多用户直接共享,数据库的安全性相对于其他系统尤其重要。实现数据库的安全性是数据库管理系统的重要指标之一。

数据库的安全性不是孤立的。在网络环境下,数据库的安全性与三个层次相关:网络系统层、操作系统层、数据库管理系统层。这三层共同构筑起数据库的安全体系,它们与数据库的安全性逐步紧密,重要性逐层加强,从外到内保证数据库的安全性。在规划和设计数据库的安全性时,要综合每一层的安全性,使三层之间相互支持和配合,提高整个系统的安全性。在此只讨论数据库管理系统对数据库进行安全管理的问题,网络系统层的安全性、操作系统层的安全性不做介绍。

影响数据库安全性的因素很多,不仅有软硬件因素,还有环境和人的因素;不仅涉及技术问题,还涉及管理问题、政策法律问题等。其内容包括计算机安全理论、策略、技术,计算机安全管理、评价、监督,计算机安全犯罪、侦察、法律等。概括起来,计算机系统的安全性问题可分为三大类,即技术安全类、管理安全类和政策法律类。此处只在技术层面介绍数据库的安全性。

13.2.1　数据库安全概述

1. 数据库基本概念

1) 数据库简介

数据库是依照某种数据模型组织起来并存放在二级存储器中的数据集合。这种数据集合具有如下特点:尽可能不重复,以最优方式为某个特定组织的多种应用服务,其数据结构独立于使用它的应用程序,对数据的增、删、改和检索由统一软件进行管理和控制。从发展的历史看,数据库是数据管理的高级阶段,它是由文件管理系统发展起来的。

2) 数据库中数据的性质

数据库中的数据具有如下性质。

(1) 数据整体性。数据库是一个单位或是一个应用领域的通用数据处理系统,它存储的是属于企业和事业部门、团体和个人的有关数据的集合。数据库中的数据是从全局观点出发建立的,它按一定的数据模型进行组织、描述和存储。其结构基于数据间的自然联系,从而可提供一切必要的存取路径,且数据不再针对某一应用,而是面向全组织,具有整体的结构化特征。

(2) 数据共享性。数据库中的数据是为众多用户所共享其信息而建立的,已经摆脱了具体程序的限制和制约。不同的用户可以按各自的用法使用数据库中的数据;多个用户可以同时共享数据库中的数据资源,即不同的用户可以同时存取数据库中的同一个数据。数据共享性不仅满足了各用户对信息内容的要求,同时也满足了各用户之间信息通信的要求。

3) 数据库的基本属性

数据库的基本属性如下。

(1) 基本结构。

数据库的基本结构分三个层次,反映了观察数据库的三种不同角度。

① 物理数据层。它是数据库的最内层,是物理存储设备上实际存储的数据的集合。这些数据是原始数据,是用户加工的对象,由内部模式描述的指令操作处理的位串、字符和字组成。

② 概念数据层。它是数据库的中间一层,是数据库的整体逻辑表示。它指出了每个数据的逻辑定义及数据间的逻辑联系,是存储记录的集合。它所涉及的是数据库所有对象的逻辑关系,而不是它们的物理情况,是数据库管理员概念下的数据库。

③ 逻辑数据层。它是用户所看到和使用的数据库，表示了一个或一些特定用户使用的数据集合，即逻辑记录的集合。

数据库不同层次之间的联系是通过映射进行转换的。

（2）主要特点。

数据库主要具有如下特点。

① 实现数据共享。数据共享包含所有用户可同时存取数据库中的数据，也包括用户可以用各种方式通过接口使用数据库，并提供数据共享。

② 减少数据的冗余度。同文件系统相比，由于数据库实现了数据共享，从而避免了用户各自建立应用文件，减少了大量重复数据，减少了数据冗余，维护了数据的一致性。

③ 数据的独立性。数据的独立性包括数据库中数据库的逻辑结构和应用程序相互独立，也包括数据物理结构的变化不影响数据的逻辑结构。

④ 数据实现集中控制。文件管理方式中，数据处于一种分散的状态，不同的用户或同一用户在不同处理中其文件之间毫无关系。利用数据库可对数据进行集中控制和管理，并通过数据模型表示各种数据的组织以及数据间的联系。

⑤ 数据一致性和可维护性，以确保数据的安全性和可靠性。主要包括：安全性控制——以防止数据丢失、错误更新和越权使用；完整性控制——保证数据的正确性、有效性和相容性；并发控制——使在同一时间周期内，允许对数据实现多路存取，又能防止用户之间的不正常交互作用；故障的发现和恢复——由数据库管理系统提供一套方法，可及时发现故障和修复故障，从而防止数据被破坏。

⑥ 故障恢复。由数据库管理系统提供一套方法，可及时发现故障和修复故障，从而防止数据被破坏。数据库系统能尽快恢复数据库系统运行时出现的故障，可能是物理上或是逻辑上的错误，比如对系统的误操作造成的数据错误等。

（3）数据库的种类。

数据库通常分为层次式数据库、网络式数据库和关系式数据库三种。而不同的数据库是按不同的数据结构来联系和组织的。

① 数据结构模型。

a. 数据结构。

所谓数据结构是指数据的组织形式或数据之间的联系。如果用 D 表示数据，用 R 表示数据对象之间存在的关系集合，则将 $DS=(D,R)$ 称为数据结构。例如，设有一个电话号码簿，它记录了 n 个人的名字和相应的电话号码。为了方便地查找某人的电话号码，将人名和号码按字典顺序排列，并在名字的后面跟随着对应的电话号码。这样，若要查找某人的电话号码（假定他的名字的第一个字母是 Y），那么只需查找以 Y 开头的那些名字就可以了。该例中，数据的集合 D 就是人名和电话号码，它们之间的联系 R 就是按字典顺序的排列，其相应的数据结构就是 $DS=(D,R)$，即一个数组。

b. 数据结构种类。

数据结构又分为数据的逻辑结构和数据的物理结构。数据的逻辑结构是从逻辑的角度（即数据间的联系和组织方式）来观察数据，分析数据，与数据的存储位置无关。数据的物理结构是指数据在计算机中存放的结构，即数据的逻辑结构在计算机中的实现形式，所以物理结构也被称为存储结构。这里只研究数据的逻辑结构，并将反映和实现数据联系的方法称为数据模型。

目前,比较流行的数据模型有三种,即按图论理论建立的层次结构模型和网状结构模型以及按关系理论建立的关系结构模型。

② 层次、网状和关系数据库系统。

a. 层次结构模型。

层次结构模型实质上是一种有根节点的定向有序树(在数学中"树"被定义为一个无回的连通图)。按照层次模型建立的数据库系统称为层次模型数据库系统。IMS(Information Management System)是其典型代表。

b. 网状结构模型。

按照网状数据结构建立的数据库系统称为网状数据库系统,其典型代表是 DBTG(Data Base Task Group)。用数学方法可将网状数据结构转化为层次数据结构。

c. 关系结构模型。

关系式数据结构把一些复杂的数据结构归结为简单的二元关系(即二维表格形式)。例如某单位的职工关系就是一个二元关系。

由关系数据结构组成的数据库系统称关系数据库系统。

在关系数据库中,对数据的操作几乎全部建立在一个或多个关系表格上,通过对这些关系表格的分类、合并、连接或选取等运算来实现数据的管理。dBASE Ⅱ 就是这类数据库管理系统的典型代表。对于一个实际的应用问题(如人事管理问题),有时需要多个关系才能实现。用 dBASE Ⅱ 建立起来的一个关系称为一个数据库(或称数据库文件),而把对应多个关系建立起来的多个数据库称为数据库系统。dBASE Ⅱ 的另一个重要功能是通过建立命令文件来实现对数据库的使用和管理,对于一个数据库系统,相应的命令序列文件,称为该数据库的应用系统。因此,可以概括地说,一个关系称为一个数据库,若干个数据库可以构成一个数据库系统。数据库系统可以派生出各种不同类型的辅助文件和建立它的应用系统。

4) 数据库的安全性

(1) 数据安全的重要性。

数据安全的重要性表现在以下几个方面。

① 保护系统敏感信息和数字资产不受非法访问。任何公司的主要电子数字资产都存储在现代的关系数据产品中。商业机构和政府组织都是利用这些数据库服务器得到人事信息,如员工的工资表、医疗记录等。因此他们有责任保护别人的隐私,并为他们保密。数据库服务器还存有以前的和将来的敏感的金融数据,包括贸易记录、商业合同及账务数据等。像技术的所有权、工程数据,甚至市场企划等决策性的机密信息,必须对竞争者保密,并阻止非法访问,数据库服务器还包括详细的顾客信息,如财务账目、信用卡号及商业伙伴的信用信息等。

② 数据库是个极为复杂的系统,因此很难进行正确的配置和安全维护。数据库服务器的应用相当复杂,掌握起来非常困难——当然竞争者使用的操作系统也是一样的复杂。诸如 Oracle、Sybase、Microsoft SQL 服务器都具有以下特征:用户账号及密码、校验系统、优先级模型和控制数据库目标的特别许可、内置式命令(存储的步骤或包)、唯一的脚本和编程语言(通常为 SQL 的特殊衍生语)、middleware、网络协议、补丁和服务包、强有力的数据库

管理实用程序和开发工具。许多 DBA 都忙于管理复杂的系统,所以很可能没有检查出严重的安全隐患和不当的配置,甚至根本没有进行检测。所以,正是由于传统的安全体系在很大程度上忽略了数据库安全这一主题,使数据库专业人员也通常没有把安全问题当做他们的首要任务。"自适应网络安全"的理念(将安全问题看作持续不断的"工作进程",而不是一次性的检查)并未被大多数数据库管理者所接受。

保障数据库服务器上的网络和操作系统数据安全是至关重要的,但这些措施对于保护数据库服务器的安全还很不够。

在许多资深安全专家中普遍存在着一个错误概念,他们认为:一旦访问并锁定了关键的网络服务和操作系统的漏洞,服务器上的所有应用程序就得到了安全保障。现代数据库系统具有多种特征和性能配置方式,在使用时可能会误用,或危及数据的保密性、有效性和完整性。首先,所有现代关系型数据库系统都是"可从端口寻址的",这意味着任何人只要有合适的查询工具,就都可与数据库直接相连,并能躲开操作系统的安全机制。例如:可以用 TCP/IP 从 1521 和 1526 端口访问 Oracle 7.3 和 8 数据库。多数数据库系统还有众所周知的默认账号和密码,可支持对数据库资源的各级访问。这两个简单的数据相结合,很多重要的数据库系统很可能受到威胁。不幸的是,高水平的入侵者还没有停止对数据库的攻击。

③ 拙劣的数据库安全保障设施不仅会危及数据库的安全,还会影响到服务器的操作系统和其他信用系统。

还有一个不很明显的原因说明了保证数据库安全的重要性——数据库系统自身可能会提供危及整个网络体系的机制。例如,某个公司可能会用数据库服务器保存所有的技术手册、文档和白皮书的库存清单。数据库里的这些信息并不是特别重要的,所以它的安全优先级别不高。即使运行在安全状况良好的操作系统中,入侵者也可通过"扩展入驻程序"等强有力的内置数据库特征,利用对数据库的访问,获取对本地操作系统的访问权限。这些程序可以发出管理员级的命令,访问基本的操作系统及其全部的资源。如果这个特定的数据库系统与其他服务器有信用关系,那么入侵者就会危及整个网络域的安全。

④ 数据库是新型电子交易、企业资源规划(ERP)和其他重要商业系统的基础。

在电子商务、电子贸易的着眼点集中于 Web 服务器、Java 和其他新技术的同时,应该记住这些以用户为导向和企业对企业的系统都是以 Web 服务器后的关系数据库为基础的。它们的安全直接关系到系统的有效性、数据和交易的完整性、保密性。系统拖延效率欠佳,不仅影响商业活动,还会影响公司的信誉。不可避免地,这些系统受到入侵的可能性更大,但是并未对商业伙伴和客户敏感信息的保密性加以更有效的防范。此外,ERP 和管理系统,如 ASPR/3 和 PeopleSoft 等,都是建立在相同标准的数据库系统中。无人管理的安全漏洞与时间拖延、系统完整性问题和客户信任等有直接的关系。

(2) 数据库安全需求。

与其他计算机系统(如操作系统)的安全需求类似,数据库系统的安全需求可以归纳为完整性、保密性和可用性三个方面。

① 数据库的完整性。数据库系统的完整性主要包括物理完整性和逻辑完整性。物理完整性是指保证数据库的数据不受物理故障(如硬件故障、掉电等)的影响,并有可能在灾难性毁坏时重建和恢复数据库。逻辑完整性是指对数据库逻辑结构的保护,包括数据的语义完整性与操作完整性。前者主要指数据存取在逻辑上满足完整性约束,后者主要指在并发

事务中保证数据的逻辑一致性。

　　② 数据库的保密性。数据库的保密性是指不允许未经授权的用户存取数据。一般要求对用户的身份进行标识与鉴别，并采取相应的存取控制策略以保证用户仅能访问授权数据，同一组数据的不同用户可以被赋予不同的存取权限。同时，还应能够对用户的访问操作进行跟踪和审计。此外，还应该控制用户通过推理的方式从经过授权的已知数据获取未经授权的数据，造成信息泄漏。

　　③ 数据库的可用性。数据库的可用性是指不应拒绝授权用户对数据库的正常操作，同时保证系统的运行效率并提供用户友好的人机交互。一般而言，数据库的保密性和可用性是一对矛盾。对这一矛盾的分析与解决构成了数据库系统的安全模型和一系列安全机制的主要目标。

13.2.2　数据库的安全评估和审计

1. 数据库的审计

　　数据库审计是指监视和记录用户对数据库所施加的各种操作的机制。按照美国国防部 TCSEC/TDI 标准中关于安全策略的要求，审计功能是数据库系统达到 C2 以上安全级别必不可少的一项指标。

　　审计功能把用户对数据库的所有操作自动记录下来，存入审计日志，事后可以利用审计信息，重现导致数据库现有状况的一系列事件，提供分析攻击者线索的依据。数据库管理系统的审计主要分为语句审计、特权审计、模式对象审计和资源审计。语句审计是指监视一个或者多个特定用户或者所有用户提交的 SQL 语句；特权审计是指监视一个或者多个特定用户或者所有用户使用的系统特权；模式对象审计是指监视一个模式里在一个或者多个对象上发生的行为；资源审计是指监视分配给每个用户的系统资源。审计机制应该至少记录以下类型的事件：用户标识和认证、客体访问、授权用户进行的会影响系统安全的操作以及其他安全相关事件。对于每个被记录下来的事件，审计记录中需要包括事件时间、用户、事件类型、事件数据和事件的成功/失败情况。对于标识和认证事件，其事件源的终端 ID、源地址等必须被记录下来。对于访问和删除对象的事件需要记录对象的名称。

　　审计的策略库一般由两个方面因素构成：一是数据库本身可选的审计规则，二是管理员设计触发策略机制。当这些审计规则或策略机制一旦被触发，将引起相关的表操作。这些表可能是数据库自己定义好的，也可能是管理员另外定义的，最终这些审计的操作都将被记录在特定的表中以备查证。一般地，将审计跟踪和数据库日志记录结合起来，会达到更好的安全审计效果。对于审计粒度与审计对象的选择，需要考虑系统运行效率与存储空间消耗的问题。为达到审计目的，一般必须审计到对数据库记录与字段一级的访问，但这种小粒度的审计需要消耗大量的存储空间，同时使系统的响应速度降低，给系统运行效率带来影响。

2. 数据库的安全评估

　　20 世纪 70 年代初，美国军方率先发起对多级安全数据库管理系统（Multilevel Secure Database Management System，MLS DBMS）的研究。此后，一系列数据库安全模型被提出。20 世纪 80 年代，美国国防部根据军用计算机系统的安全需要，制定了《可信计算机系统安全评估标准》（Trusted Computer System Evaluation Criteria，TCSEC）以及该标准的可信数据库系统的解释(Trusted Database Interpretation,TDI),形成了最早的信息安全及数据库安全评估体系。TCSEC/TDI 将系统安全性分为 4 组 7 个等级。

1) D 类安全等级

D 类安全等级只包括 D1 一个级别。D1 的安全等级最低。D1 系统只为文件和用户提供安全保护。D1 系统最普通的形式是本地操作系统,或者是一个完全没有保护的网络。

2) C 类安全等级

C 类安全等级能够提供审慎的保护,并为用户的行动和责任提供审计能力。C 类安全等级可划分为 C1 和 C2 两类。C1 系统的可信任运算基础体制(Trusted Computing Base,TCB)通过将用户和数据分开来达到安全的目的。在 C1 系统中,所有的用户以同样的灵敏度来处理数据,即用户认为 C1 系统中的所有文档都具有相同的机密性。C2 系统比 C1 系统加强了可调的审慎控制。在连接到网络上时,C2 系统的用户分别对各自的行为负责。C2 系统通过登录过程、安全事件和资源隔离来增强这种控制。C2 系统具有 C1 系统中所有的安全性特征。

3) B 类安全等级

B 类安全等级可分为 B1、B2 和 B3 三类。B 类系统具有强制性保护功能。强制性保护意味着如果用户没有与安全等级相连,系统就不会让用户存取对象。B1 系统满足下列要求:系统对网络控制下的每个对象都进行灵敏度标记;系统使用灵敏度标记作为所有强迫访问控制的基础;系统在把导入的、非标记的对象放入系统前标记它们;灵敏度标记必须准确地表示其所联系的对象的安全级别;当系统管理员创建系统或者增加新的通信通道或 I/O 设备时,管理员必须指定每个通信通道和 I/O 设备是单级还是多级,并且管理员只能手工改变指定;单级设备并不保持传输信息的灵敏度级别;所有直接面向用户位置的输出(无论是虚拟的还是物理的)都必须产生标记来指示关于输出对象的灵敏度;系统必须使用用户的口令或证明来决定用户的安全访问级别;系统必须通过审计来记录未授权访问的企图。

B2 系统必须满足 B1 系统的所有要求。另外,B2 系统的管理员必须使用一个明确的、文档化的安全策略模式作为系统的可信任运算基础体制。B2 系统必须满足下列要求:系统必须立即通知系统中的每一个用户所有与之相关的网络连接的改变;只有用户能够在可信任通信路径中进行初始化通信;可信任运算基础体制能够支持独立的操作者和管理员。

B3 系统必须符合 B2 系统的所有安全需求。B3 系统具有很强的监视委托管理访问能力和抗干扰能力。B3 系统必须设有安全管理员。B3 系统应满足以下要求:除了控制对个别对象的访问外,B3 必须产生一个可读的安全列表;每个被命名的对象提供对该对象没有访问权的用户列表说明;B3 系统在进行任何操作前,要求用户进行身份验证;B3 系统验证每个用户,同时还会发送一个取消访问的审计跟踪消息;设计者必须正确区分可信任的通信路径和其他路径;可信任的通信基础体制为每一个被命名的对象建立安全审计跟踪;可信任的运算基础体制支持独立的安全管理。

4) A 类安全等级

A 系统的安全级别最高。目前,A 类安全等级只包含 A1 一个安全类别。A1 类与 B3 类相似,对系统的结构和策略不作特别要求。A1 系统的显著特征是,系统的设计者必须按照一个正式的设计规范来分析系统。对系统分析后,设计者必须运用核对技术来确保系统符合设计规范。A1 系统必须满足下列要求：系统管理员必须从开发者那里接收到一个安全策略的正式模型；所有的安装操作都必须由系统管理员进行；系统管理员进行的每一步安装操作都必须有正式文档。

在信息安全保障阶段，欧洲四国(英、法、德、荷)提出了评价满足保密性、完整性、可用性要求的信息技术安全评价准则(ITSEC)后，美国又联合以上诸国和加拿大，并会同国际标准化组织(OSI)共同提出信息技术安全评价的通用准则(CC for ITSEC)，CC 已经被五个技术发达的国家承认为代替 TCSEC 的评价安全信息系统的标准。目前，CC 已经被采纳为国家标准 ISO 15408。这些标准指导了安全数据库系统的研究和开发安全数据库及其应用系统研究。

在安全数据库需求以及信息安全标准的推动下，国外各大主流数据库厂商相继推出了各自的安全数据库产品，如 Sybase 公司的 Secure SQL Server(最早通过 B1 级安全评估)，Oracle 公司的 Trusted Oracle 7,Informix 公司的 Informix-online/Secure 5.0 等。近几年，Oracle 公司的 Oracle 9i、Oracle 10g 从用户认证、访问控制、加密存储和审计策略等方面进一步加强了安全控制功能。

我国从 20 世纪 80 年代开始进行数据库技术的研究和开发，从 20 世纪 90 年代初开始进行安全数据库理论的研究和实际系统的研制。2001 年，中国军方提出了我国最早的数据库安全标准——《军用数据库安全评估准则》。2002 年，公安部发布了公安部行业标准——GA/T 389—2002：《计算机信息系统安全等级保护/数据库管理系统技术要求》。

13.2.3　数据库的安全威胁和策略

1. 数据库的安全威胁

数据库运行在操作系统之上，依赖于计算机硬件，所以数据库的安全依赖于操作系统的安全和计算机硬件的安全。同时数据库操作人员的非法操作和不法分子的蓄意攻击也对数据库的安全构成重大威胁。

综合以上两方面，可以看到数据库受到的安全威胁主要有：

(1) 硬件故障引起的信息破坏或丢失，如存储设备的损坏、系统掉电等造成信息的丢失或破坏。

(2) 软件保护失效造成的信息泄露，如操作系统漏洞、缺少存储控制机制或破坏了存储控制机制，造成信息泄露。

(3) 应用程序设计出现漏洞，如被黑客利用安装了木马。

(4) 病毒入侵系统，造成信息丢失、泄露或破坏。

(5) 计算机放置在不安全的地方被窃听。

(6) 授权者制定了不正确或不安全的防护策略。

(7) 数据错误输入或处理错误，如准备输入的数据在输入前被修改，机密数据在输入前泄密。

(8) 非授权用户的非法存取，或授权用户的越权存取。

数据库受到各方面的安全威胁，要保证数据库的安全，必须制定合适的安全策略，采取一定的安全技术措施，才能保证数据库信息的不泄露、不破坏、不被删除和修改。

2. 数据库的安全策略

数据库的安全策略是指导数据库操作人员合理地设置数据库的指导思想。它包括以下几个方面。

（1）最小特权策略。最小特权原则让用户可以合法地存取或修改数据库的前提下，分配最小的特权，使得这些信息恰好能够完成用户的工作，其余的权利一律不给。因为对用户的权限进行适当的控制，可以减少泄密的机会和破坏数据库完整性的可能。

（2）最大共享策略。最大共享策略就是在保证数据库完整性、保密性和可用性的前提下，最大程度地共享数据库中的信息。

（3）适当粒度策略。在数据库中，将数据库中的不同的项分成不同的颗粒，颗粒越小，安全级别越高。通常要根据实际决定粒度的大小。

（4）按内容存取控制策略。根据数据库的内容，不同的权限的用户访问数据库的不同的部分。

（5）开系统和闭系统策略。数据库在开放的系统中采取的策略为开系统策略。开系统策略即除了明确禁止的项目，数据库的其他的项均可被用户访问。数据库在封闭系统中采取的策略称为闭系统策略。闭系统策略即在封闭的系统中，除了明确授权的内容可以访问，其余的均不可以访问。

（6）按存取类型控制策略。根据授权用户的存取策略，设定存取方案称为按存取类型控制策略。

（7）按上下文存取控制策略。这种策略包括两方面：一方面限制用户在其一次请求中或特定的一组相邻的请求中不能对不同属性的数据进行存取；另一方面可以规定用户对某些不同的属性的数据必须一组存取。这种策略是根据上下文的内容严格控制用户的存取区域。

（8）根据历史的存取控制策略。有些数据本身不会泄密，但当和其他的数据或以前的数据联系在一起时可能会泄露保密的信息。为防止这种推理的攻击，必须记录主数据库用户过去的存取历史。根据其以往执行的操作，来控制其现在提出的请求。

数据库的安全本身很复杂，并不是简单的哪一种策略就可以涵盖的，所以制定数据库的安全策略时应根据实际情况，遵循一种或几种安全策略才可以更好地保护数据库的安全。

13.2.4 数据安全的基本技术

1. 数据库的完整性和可靠性

数据库完整性对于数据库应用系统非常关键，其作用主要体现在以下几个方面。

（1）数据库完整性约束能够防止合法用户使用数据库时向数据库中添加不合语义的数据。

（2）利用基于 DBMS 的完整性控制机制来实现业务规则，易于定义，容易理解，而且可以降低应用程序的复杂性，提高应用程序的运行效率。同时，基于 DBMS 的完整性控制机制是集中管理的，因此比应用程序更容易实现数据库的完整性。

（3）合理的数据库完整性设计，能够同时兼顾数据库的完整性和系统的效能。比如装载大量数据时，只要在装载之前临时使基于 DBMS 的数据库完整性约束失效，此后再使其生效，就能保证既不影响数据装载的效率又能保证数据库的完整性。

（4）在应用软件的功能测试中,完善的数据库完整性有助于尽早发现应用软件的错误。

1) 数据库的完整性

关系完整性是为保证数据库中数据的正确性和相容性,对关系模型提出的某种约束条件或规则。完整性通常包括实体完整性、参照完整性和用户定义完整性(又称域完整性),其中实体完整性和参照完整性,是关系模型必须满足的完整性约束条件。

（1）实体完整性。实体完整性是指关系的主关键字不能取"空值"。

一个关系对应现实世界中一个实体集。现实世界中的实体是可以相互区分、识别的,也即它们应具有某种唯一性标识。在关系模式中,以主关键字作为唯一性标识,而主关键字中的属性(称为主属性)不能取空值,否则,表明关系模式中存在着不可标识的实体(因空值是"确定"的),这与现实世界的实际情况相矛盾,这样的实体就不是一个完整实体。按实体完整性规则要求,主属性不得取空值,如主关键字是多个属性的组合,则所有主属性均不得取空值。

（2）参照完整性。参照完整性是定义建立关系之间联系的主关键字与外部关键字引用的约束条件。

关系数据库中通常都包含多个存在相互联系的关系,关系与关系之间的联系是通过公共属性来实现的。所谓公共属性,它是一个关系 R(称为被参照关系或目标关系)的主关键字,同时又是另一关系 K(称为参照关系)的外部关键字。如果参照关系 K 中外部关键字的取值,要么与被参照关系 R 中某元组主关键字的值相同,要么取空值,那么,在这两个关系间建立关联的主关键字和外部关键字引用,符合参照完整性规则要求。如果参照关系 K 的外部关键字也是其主关键字,根据实体完整性要求,主关键字不得取空值,因此,参照关系 K 外部关键字的取值实际上只能取相应被参照关系 R 中已经存在的主关键字值。

在学生管理数据库中,如果将选课表作为参照关系,学生表作为被参照关系,以"学号"作为两个关系进行关联的属性,则"学号"是学生关系的主关键字,是选课关系的外部关键字。选课关系通过外部关键字"学号"参照学生关系。

（3）用户定义完整性。实体完整性和参照完整性适用于任何关系型数据库系统,它主要是针对关系的主关键字和外部关键字取值必须有效而做出的约束。用户定义完整性则是根据应用环境的要求和实际的需要,对某一具体应用所涉及的数据提出约束性条件。这一约束机制一般不应由应用程序提供,而应由关系模型提供定义并检验,用户定义完整性主要包括字段有效性约束和记录有效性。

2) 数据库的完整性受到破坏的主要原因

数据库的完整性受到破坏的主要原因如下。

（1）应用程序不完善。有些应用程序设计考虑不周到,或处在调试、试用阶段的程序,可能造成非法数据进入数据库,破坏数据库的完整一致性。

（2）人为对数据库的操作。此类操作可能是有数据库管理员(DBA)不经过应用程序,而是通过一些数据库操作平台,直接对数据库进行删除、修改和插入等操作,使得一些不符合默认规则的数据进入数据库,破坏数据的完整性。

（3）多个事务并发执行。事务是数据库管理中最小的逻辑工作单元。单个事务单独执行可能是正确的,但多个事务同时并发交错地执行,造成相互干扰,使客户得不到正确的结果。尤其是在多用户环境中,数据库必须避免同时进行的查询和更新发生冲突造成的数据库完整性的破坏。

3）解决数据库完整性问题的几种实用方法

数据库完整性约束是用于维护数据库完整性的一种机制，这种约束是一系列预先定义好的数据完整性规划和业务规则，这些数据规则存放于数据库中，防止用户输入错误的数据，以保证数据库中所有的数据是合法的、完整的。

（1）数据库的完整性约束有以下几种：非空约束；默认值约束；唯一性约束；主键约束；外键约束；规则约束。这种约束是在数据库表上定义的，它与应用程序中维护数据库完整性不同，它不用额外地书写程序，代价小而且性能高。

（2）使用数据库存储过程。通常数据库的存储过程是 SQL 语句和流控制语句写的过程，它们是一组经编译和优化后存储在数据库服务器的 SQL 语句，使用时用户只要调用即可。这种已经编译好的过程可以极大地改善 SQL 性能，而且执行速度快，大大减少网络 I/O 流量，提高应用程序性能。尤其是在多网络用户 C/S(Client/Server)结构和 B/S(Browser/Server)结构体系下，需要对多表进行插入、删除、更新等操作时，使用存储过程可以有效防止多客户同时操作数据库时，带来的"死锁"和破坏数据完整一致性的问题。

（3）大业务量峰值时并发事务的处理。在 C/S(Client/Server)结构和 B/S(Browser/Server)结构体系下，对数据库集中数据的管理和共享，客户端是通过事务这种机制来操作数据库，事务将多个 SQL 数据当做一个工作单元来处理，这组 SQL 语句执行后，要么全部成功，要么全部失败。通过对事务的控制，数据库可以控制并发执行的查询和更新操作，也可以在系统出现故障后，数据库自动地从事务日志中进行恢复。

在多用户环境中，可能存在多个事务同时并发地存取相同的数据，若不进行处理和控制，特别在大业务量集中发生时就会造成从数据库中读出的数据与实际数据不一致的现象，甚至可能造成数据库的死锁。控制这种现象的最好方法是利用数据库的锁机制。

锁机制就是事务请求数据库管理系统对其操作的数据对象加锁(Lock)，其他事务必须等到此事务结束并释放锁(Unlock)后，才能对该数据库对象进行操作。通过这一机制，可以避免多个事务并发执行存取同一数据时出现的数据不一致问题。

2. 存取控制

访问控制的目的是确保用户对数据库只能进行经过授权的有关操作。在存取控制机制中，一般把被访问的资源称做客体，把以用户名义进行资源访问的进程、事务等实体称做主体。

传统的存取控制机制有两种：自主存取控制(Discretionary Access Control, DAC)和强制存取控制(Mandatory Access Control, MAC)。在 DAC 机制中，用户对不同的数据对象有不同的存取权限，而且用户还可以将其拥有的存取权限转授给其他用户。DAC 访问控制完全基于访问者和对象的身份。MAC 机制对于不同类型的信息采取不同层次的安全策略，对不同类型的数据进行不同的访问授权。在 MAC 机制中，存取权限不可以转授，所有用户必须遵守由数据库管理员建立的安全规则，其中最基本的规则为"向下读取，向上写入"。显然，与 DAC 相比，MAC 机制比较严格。近年来，基于角色的存取控制(Role-based Access Control, RBAC)得到了广泛的关注。RBAC 在主体和权限之间增加了一个中间桥梁——角色。权限被授予角色，而管理员通过指定用户为特定的角色来为用户授权。这大大简化了授权管理，具有强大的可操作性和可管理性。角色可以根据组织中不同的工作创建,然后根据用户的责任和资格分配角色。用户可以轻松地进行角色转换,而随着新应用和新系统的增加,角色可以分配更多的权限,也可以根据需要撤销相应的权限。RBAC 核心模型包含 5 个基本的静态集合:用户集(users)、角色集(roles)、对象集(objects)、操作集(operators)和特权集(perms),以及一个运行过程中动态维护的集合——会话集(sessions)。用户集包括系统中可以执行操作的用户,是主动的实体对象集,系统中被动的实体,包含系统需要保护的信息;操作集是定义在对象上的一组操作;对象上的一组操作构成了一个特权;角色则是 RBAC 模型的核心,通过用户分配(UA)和特权分配(PA)使用户与特权关联起来。RBAC 属于策略中立型的存取控制模型,既可以实现自主存取控制策略,又可以实现强制存取控制策略,可以有效缓解传统安全管理处理瓶颈问题,被认为是一种普遍适用的访问控制模型,尤其适用于大型组织的有效的访问控制机制。2002 年,Park J. 和 Sundhu R. 首次提出了使用控制(Usage Control,UCON)的概念。UCON 对传统的存取控制进行了扩展,定义了授权(Authorization)、职责(Obligation)和条件(Condition)三个决定性因素,同时提出了存取控制的连续性(Continuity)和易变性(Mutability)两个重要属性。UCON 集合了传统的访问控制、可信管理以及数字权力管理,用系统的方式提供了一个保护数字资源的统一标准的框架,为下一代存取控制机制提供了新思路。

3. 视图机制

视图是一个虚拟表,其内容由查询定义。同真实的表一样,视图包含一系列带有名称的列和行数据。但是,视图并不在数据库中以存储的数据值集形式存在。行和列数据来自由定义视图的查询所引用的表,并且在引用视图时动态生成。

通过视图用户只能查询和修改他们所能见到的数据。数据库中的其他数据则既看不见也取不到。数据库授权命令可以使每个用户对数据库的检索限制到特定的数据库对象上,但不能授权到数据库特定的行和特定的列上。通过视图,用户可以被限制在数据的不同子集上:

(1) 使用权限可被限制在基表的行的子集上。

(2) 使用权限可被限制在基表的列的子集上。

(3) 使用权限可被限制在基表的行和列的子集上。

(4) 使用权限可被限制在多个基表的连接所限定的行上。

(5) 使用权限可被限制在基表中的数据的统计汇总上。

(6) 使用权限可被限制在另一视图的一个子集上,或是一些视图和基表合并后的子集上。

视图是关系数据库系统提供给用户以多种角度观察数据库中数据的重要机制。视图是从一个或几个基本表(或视图)导出的表,它与基本表不同,是一个虚表。数据库中只存放视图的定义,而不存放视图对应的数据,这些数据依然存放在原来的基本表中。所以,基本表中的数据发生变化,从视图中查询出的数据也就随之改变了。从这个意义上讲,视图就像一个窗口,透过它可以看到数据库中自己感兴趣的数据及其变化。

通过定义视图,可以使用户只看到指定表中的某些行、某些列、也可以将多个表中的列组合起来,使得这些列看起来就像一个简单的数据库表,另外,也可以通过定义视图,只提供用户所需的数据,而不是所有的信息。

总之,有了视图机制,就可以在设计数据库应用系统时,对不同的用户定义不同的视图,使机密数据不出现在不应看到这些数据的用户视图上,这样视图机制就自动提供了对机密数据的安全保护功能。下面我们来看看视图机制在数据库应用系统中安全保护的具体实现。

4. 数据库加密

由于数据库在操作系统下都是以文件形式进行管理的,入侵者可以直接利用操作系统的漏洞窃取数据库文件,或者篡改数据库文件内容。另一方面,数据库管理员(DBA)可以任意访问所有数据,往往超出了其职责范围,同样造成安全隐患。因此,数据库的保密问题不仅包括在传输过程中采用加密保护和控制非法访问,还包括对存储的敏感数据进行加密保护,使得即使数据不幸泄露或者丢失,也难以造成泄密。同时,数据库加密可以由用户用自己的密钥加密自己的敏感信息,而不需要了解数据内容的数据库管理员无法进行正常解密,从而可以实现个性化的用户隐私保护。对数据库加密必然会带来数据存储与索引、密钥分配和管理等一系列问题。同时,加密也会显著地降低数据库的访问与运行效率。保密性与可用性之间不可避免地存在冲突,需要妥善解决两者之间的矛盾。数据库中存储密文数据后,如何进行高效查询成为一个重要的问题。查询语句一般不可以直接运用到密文数据库的查询过程中,一般的方法是首先对加密数据进行解密,然后对解密数据进行查询,但由于要对整个数据库或数据表进行解密操作,开销巨大。在实际操作中需要通过有效的查询策略来直接执行密文查询或进行较小粒度的快速解密。一般来说,一个好的数据库加密系统应该满足以下几方面的要求:

(1) 足够的加密强度,保证长时间、大量数据不被破译。

(2) 加密后的数据库存储量没有明显的增加。

(3) 加解密速度足够快,影响数据操作响应时间尽量短。

(4) 加解密对数据库的合法用户操作(如数据的增、删、改等)是透明的。

(5) 灵活的密钥管理机制,加解密密钥存储安全,使用方便、可靠。

1) 数据库加密的实现机制

数据库加密的实现机制主要研究执行加密部件在数据库系统中所处的层次和位置,通过对比各种体系结构的运行效率、可扩展性和安全性,以求得最佳的系统结构。按照加密部件与数据库系统的不同关系,数据库加密机制可以从大的方面分为库内加密和库外加密。

(1) 库内加密。库内加密在 DBMS 内核层实现加密,加/解密过程对用户与应用透明,数据在物理存取之前完成加/解密工作。库内加密方式的优点是加密功能强,并且加密功能集成为 DBMS 的功能,可以实现加密功能与 DBMS 之间的无缝耦合。对于数据库应用来说,库内加密方式是完全透明的。库内加密的主要缺点是:首先,对系统性能影响比较大。DBMS 除了完成正常的功能外,还要进行加/解密运算,加重了数据库服务器的负载。其次,密钥管理风险大。加密密钥与库数据一同保存在服务器中,其安全性依赖于 DBMS 的访问控制机制。最后,加密功能依赖于数据库厂商的支持。DBMS 一般只提供有限的加密算法与强度可供选择,自主性受限。

(2) 库外加密。在库外加密方式中,加/解密过程发生在 DBMS 之外,DBMS 所管理的是密文。加/解密过程大多在客户端实现,也有的由专门的加密服务器或硬件完成。与库内加密方式相比,库外加密有明显的优点:首先,由于加/解密过程在客户端或专门的加密服务器实现,减少了数据库服务器与 DBMS 的运行负担;其次,可以将加密密钥与所加密的数据分开保存,提高了安全性;最后,由客户端与服务器的配合,可以实现端到端的网上密文传输。库外加密的主要缺点是加密后的数据库功能受到一些限制，例如加密后的数据无法正常索引，数据加密后也会破坏原有的关系数据的完整性与一致性，这些都会给数据库应用带来影响。在目前新兴的外包数据库服务模式中，数据库服务器由非可信的第三方提供，仅用来运行标准的 DBMS，要求加密解密都在客户端完成。因此，库外加密方式受到越来越多研究者的关注。

2）数据库加密的粒度

一般来说，数据库加密的粒度可以有四种：表、属性、记录和数据元素。各种加密粒度的特点不同。总的来说，加密粒度越小则灵活性越好，且安全性越高，但实现技术也更为复杂，对系统的运行效率影响也越大。

（1）表加密。表级加密的对象是整个表。这种加密方法类似于操作系统中文件加密的方法，每个表与不同的表密钥运算，形成密文后存储。这种方式最为简单，但因为对表中任何记录或数据项的访问都需要将其所在表的所有数据快速解密，执行效率很低，浪费了大量的系统资源。在目前的实际应用中，表加密方法基本已被放弃。

（2）属性加密。属性加密又称域加密或字段加密，是以表中的列为单位进行加密。一般而言属性的个数少于记录的条数，需要的密钥数相对较少。如果只有少数属性需要加密，属性加密是可选的方法。

（3）记录加密。记录加密是把表中的一条记录作为加密的单位。当数据库中需要加密的记录数比较少时，采用记录加密是比较好的。

（4）数据元素加密。数据元素加密是以记录中每个字段的值为单位进行加密。数据元素是数据库中最小的加密粒度，采用这种加密粒度，系统的安全性与灵活性最高，同时实现技术也最为复杂。不同的数据项使用不同的密钥，相同的明文形成不同的密文，抗攻击能力得到提高。不利的方面是，该方法需要引入大量的密钥，一般要周密设计自动生成密钥的算法，密钥管理的复杂度大为增加，同时系统效率也受到影响。在目前条件下，为了得到较高的安全性和灵活性，采用最多的加密粒度是数据元素。为了使数据库中的数据能够充分而灵活地共享，加密后，还应当允许用户以不同的粒度进行访问。

3）加密算法

加密算法是数据加密的核心，一个好的加密算法产生的密文应该频率平衡，随机无重码规律，周期很长而又不可能产生重复现象。窃密者很难通过对密文频率、重码等特征的分析获得成功。同时，算法必须适应数据库系统的特性，加解密尤其是解密响应迅速。常用的加密算法包括对称密钥算法和非对称密钥算法。

对称密钥算法的特点是解密密钥和加密密钥相同，或可由加密密钥推出。对称密钥算法一般又可分为两类：序列算法和分组算法。序列算法一次只对明文中的单个位或字节运算，分组算法是对明文分组后以组为单位进行运算。常用的分组密钥算法有 DES 等。非对称密钥算法也称公开密钥算法，其特点是解密密钥不同于加密密钥，并且从解密密钥推出加密密钥在计算上是不可行的。其中加密密钥公开，解密密钥则是由用户秘密保管的私有密钥。常用的公开密钥算法有 RSA 等。目前还没有公认的专门针对数据库加密的加密算法，因此一般根据数据库特点选择现有的加密算法来进行数据库加密。一方面，对称密钥算法的运算速度比非对称密钥算法快很多，两者相差 2～3 个数量级；另一方面，在公开密钥算法中，每个用户有自己的密钥对。而作为数据库加密的密钥如果因人而异，将产生异常庞大的数据存储量。因此,在数据库加密中一般采取对称密钥的分组加密算法。

4) 密钥管理

对数据库进行加密,一般对不同的加密单元采用不同的密钥。以加密粒度为数据元素为例,如果不同数据元素采用同一个密钥,由于同一属性中数据项的取值在一定范围之内,且往往呈现一定的概率分布,攻击者可以不用求原文,而直接通过统计方法,就可以得到有关的原文信息,这就是所谓统计攻击。大量的密钥自然带来密钥管理的问题。根据加密粒度的不同,系统所产生的密钥数量也不同。越是细小的加密粒度,所产生的密钥数量越多,密钥管理也就越复杂。良好的密钥管理机制既可以保证数据库信息的安全性,又可以进行快速的密钥交换,以便进行数据解密。

对数据库密钥的管理一般有集中密钥管理和多级密钥管理两种体制。集中密钥管理方法是设立密钥管理中心。在建立数据库时,密钥管理中心负责产生密钥并对数据加密,形成一张密钥表。当用户访问数据库时,密钥管理机构核对用户识别符和用户密钥,通过审核后,由密钥管理机构找到或计算出相应的数据密钥。这种密钥管理方式,用户使用方便,管理也方便,但由于这些密钥一般都是由数据库管理人员控制的,权限过于集中。目前研究和应用比较多的是多级密钥管理体制。以加密粒度为数据元素的三级密钥管理体制为例,整个系统的密钥由一个主密钥、每个表上的表密钥以及各个数据元素密钥组成。表密钥被主密钥加密后以密文形式保存在数据字典中,数据元素密钥由主密钥及数据元素所在行、列通过某种函数自动生成,一般不需要保存。在多级密钥体制中,主密钥是加密子系统的关键,系统的安全性在很大程度上依赖于主密钥的安全性。

5) 数据库加密的局限性

数据库加密技术在保证安全性的同时,也给数据库系统的可用性带来一些影响。

(1) 系统运行效率受到影响。数据库加密技术带来的主要问题之一是影响效率。为了减小这种影响,一般对加密的范围做一些约束,如可以对索引字段、关系运算的比较字段等不进行加密。

(2) 难以实现对数据完整性约束的定义。数据库一般都定义了关系数据之间的完整性约束、如主外键约束,值域的定义等。数据一旦加密,DBMS将难以实现这些约束。

(3) 对数据的 SQL 语言及 SQL 函数操作受到制约。SQL 中的 Group by、Order by、Having 子句分别完成分组、排序等操作。这些子句的操作对象如果是加密数据,那么解密后的明文数据将失去原语句的分组、排序作用。另外,DBMS 扩展的 SQL 内部函数一般也不能直接作用于密文数据。

(4) 密文数据容易成为攻击目标。加密技术把有意义的明文转换成看上去没有实际意义的密文信息,但密文的随机性同时也暴露了消息的重要性,容易引起攻击者的注意和破坏,这造成了一种新的不安全性。加密技术往往需要和其他非加密安全机制相结合,以提高数据库系统的整体安全性。数据库加密作为一种对敏感数据进行安全保护的有效手段,将得到越来越多的重视。总体来说,目前数据库加密技术还面临许多挑战,其中,解决保密性与可用性之间的矛盾是关键。

13.2.5　数据库的备份与恢复

1.事务的基本概念

1）事务的概念

数据库事务（Database Transaction），是指作为单个逻辑工作单元执行的一系列操作。事务处理可以确保除非事务性单元内的所有操作都成功完成，否则不会永久更新面向数据的资源。通过将一组相关操作组合为一个要么全部成功要么全部失败的单元，可以简化错误恢复并使应用程序更加可靠。一个逻辑工作单元要成为事务，必须满足所谓的 ACID（原子性、一致性、隔离性和持久性）属性。

2）事务的性质

事务具有以下性质。

① 原子性（atomic）。事务必须是原子工作单元；对于其数据修改，要么全都执行，要么全都不执行。通常，与某个事务关联的操作具有共同的目标，并且是相互依赖的。如果系统只执行这些操作的一个子集，则可能会破坏事务的总体目标。原子性消除了系统处理操作子集的可能性。

② 一致性（consistent）。事务在完成时，必须使所有的数据都保持一致状态。在相关数据库中，所有规则都必须应用于事务的修改，以保持所有数据的完整性。事务结束时，所有的内部数据结构（如 B 树索引或双向链表）都必须是正确的。某些维护一致性的责任由应用程序开发人员承担，他们必须确保应用程序已强制所有已知的完整性约束。例如，当开发用于转账的应用程序时，应避免在转账过程中任意移动小数点。

③ 隔离性（insulation）。由并发事务所作的修改必须与任何其他并发事务所作的修改隔离。事务查看数据时数据所处的状态，要么是另一并发事务修改它之前的状态，要么是另一事务修改它之后的状态，事务不会查看中间状态的数据。这称为可串行性，因为它能够重新装载起始数据，并且重播一系列事务，以使数据结束时的状态与原始事务执行的状态相同。当事务可序列化时将获得最高的隔离级别，在此级别上，从一组可并行执行的事务获得的结果与通过连续运行每个事务所获得的结果相同。由于高度隔离会限制可并行执行的事务数，所以一些应用程序降低隔离级别以换取更大的吞吐量。

④ 持久性（duration）。事务完成之后，它对于系统的影响是永久性的。该修改即使出现致命的系统故障也将一直保持。

2.数据库的故障种类

数据库运行时可能发生各种故障，故障发生时可能造成数据损坏，而 DBMS 恢复管理子系统可采取一系列措施，努力保证事务的原子性与持久性，确保数据不被损坏。

数据库中可能造成数据损坏的故障有以下几种。

（1）事务故障。事务故障又可以区分为以下两种：非预期的事务故障与可预期的事务故障，即应用程序可以发现的事务故障。对于后一种可以让事务回滚（Rollback），以撤销错误的事务故障，恢复数据库到正确的状态。

（2）系统故障。由于软硬件平台出现问题可能引起内存中数据的丢失，但尚未造成磁盘上数据破坏，这种情况称为故障终止假设（fail-stop assumption）。此时运行的事务全部非正常终止，从而造成数据库系统处于非正常状态。恢复子系统必须在系统重新启动上述所有事务,把数据库恢复到正常状态。

(3) 介质故障。介质故障通常为磁盘故障,这种故障一般会造成磁盘上数据的破坏,恢复的方法只能使用备份。

DBMS 应当能够将数据库从被破坏、不正确的状态恢复到时间上最近的一个正确状态。

(4) 计算机病毒。计算机病毒是具有破坏性、可以自我复制的计算机程序。计算机病毒已成为计算机系统的主要威胁,自然也是数据库系统的主要威胁,因此数据库一旦被破坏仍要用恢复技术把数据库加以恢复。

总结各类故障,对数据库的影响有两种可能性:一是数据库本身被破坏;二是数据库没有被破坏,但数据可能不正确,这是因为事务的运行被非正常终止造成的。

3. 数据库的恢复策略

数据库恢复的基本原理十分简单,可以用一个词来概括:冗余。这就是说,数据库中任何一部分被破坏的或不正确的数据可以根据存储在系统别处的冗余数据来重建。尽管恢复的基本原理很简单但实现技术的细节却相当复杂,下面将略去许多细节,介绍数据库恢复的实现技术。

数据库系统的恢复策略根据故障的不同分为事务故障的恢复、系统故障的恢复和介质故障的恢复。

1) 事务故障的恢复

事务故障是指事务在运行至正常终止点前中止,这时恢复子系统应利用日志文件撤销(UNDO)此事务对数据库进行的修改。事务故障的恢复有系统自动完成的,对用户是透明的。系统恢复的步骤是:

(1) 反向扫描文件日志(即从最后向前扫描日志文件),查找该事务的更新操作。

(2) 对该事务的更新操作执行逆操作,即将日志记录中"更新前的值"写入数据库。这样,如果记录是插入操作,则相当于删除操作(因此时"更新前的值"为空);若记录中是删除操作,则做插入操作;若是修改操作,则相当于用修改前值代替修改后值。

(3) 继续反向扫描日志文件,查找该事务的其他更新操作,并做同样处理。

(4) 如此继续处理下去,直到读此事务的开始标记,事务故障恢复就完成了。

2) 系统故障的恢复

系统故障造成数据库不一致状态的原因有两个,一是未完成事务对数据库的更新可能已写入数据库,二是已提交事务对数据库的更新可能还留在缓冲区没来得及写入数据库。因此恢复操作就是要撤销故障发生时未完成的事务,重做已完成的事务。

系统故障的恢复是由系统在重新启动时自动完成的,不需要用户干预。系统的恢复步骤是:

(1) 正向扫描日志文件(即从头扫描日志文件),找出在故障发生前已提交的事务(这些事务既有 BEGIN TRANSACTION 记录,也有 COMMIT 记录),将其事务标识计入重做(REDO)队列,同时找出故障发生时尚未完成的事务(这些事务只有 BEGIN TRANSACTION 记录,无相应的 COMMIT 记录),将其事务标识记入撤销队列。

(2) 撤销队列中的各个事务进行撤销(UNDO)处理。进行 UNDO 处理的方法是,反向扫描日志文件,对每个 UNDO 事务的更新操作执行逆操作,即将日志记录中"更新前的值"写入数据库。

（3）重做队列中的各个事务，进行 REDO 处理。进行 REDO 处理的方法是：正向扫描日志文件，对每个 REDO 事务重新执行日志文件登记的操作，即将日志记录中"更新后的值"写入数据库。

3）介质故障的恢复

发生介质故障后，磁盘上的物理数据和日志文件被破坏，这是最严重的一种故障，恢复方法是重做数据库，然后重做已完成的事务。具体地说就是：

（1）装入最新的数据库后备副本（离故障发生时刻最近的转储副本），使数据库恢复到最近一次转储时的一致性状态。

对于动态转储的数据库副本，还须同时装入转储开始时刻的日志文件副本，利用恢复系统故障的方法（即 REDO＋UNDO），才能将数据库恢复到一致性状态。

（2）装入相应的日志文件副本（转储结束时刻的日志文件副本），重做已完成的事务。即首先扫描日志文件，找出故障发生时已提交的事务的标识，将其计入重做队列。然后正向扫描日志文件，对重做队列中的所有事务进行重做处理，即将日志记录中"更新后的值"写入数据库。这样就可以将数据库恢复到故障前某一时刻的一致状态了。

介质故障的恢复需要 DMA 的介入，但 DMA 只需要重装最近转储的数据库副本和有关的各日志文件副本，然后执行系统提供的恢复命令即可，具体的恢复操作仍由 DBMS 完成。

4. 数据库的恢复技术

数据恢复涉及两个关键问题：建立备份数据、利用这些备份数据实施数据库恢复。数据恢复最常用的技术是建立数据转储和利用日志文件。

1）数据转储

数据转储是数据库恢复中采用的基本技术。数据转储就是数据库管理员（DBA）定期地将整个数据库复制到其他存储介质（如磁带或非数据库所在的另外磁盘）上保存形成备用文件的过程。这些备用的数据文件称为后备副本或后援副本。当数据库遭到破坏后可以将后备副本重新装入，并重新执行自转储以后的所有更新事务。

数据转储是十分耗费时间和资源的，不能频繁进行。数据库管理员（DBA）应该根据数据库使用情况确定一个适当的转储周期和转储策略。数据转储有以下几类。

（1）静态转储和动态转储。根据转储时系统状态的不同，转储可分为静态转储和动态转储。

① 静态转储。静态转储是指在转储过程中，系统不运行其他事务，专门进行数据转储工作。在静态转储操作开始时，数据库处于一致状态，而在转储期间不允许其他事务对数据库进行任何存取、修改操作，数据库仍处于一致状态。

静态转储虽然简单，并且能够得到一个数据一致性的副本，但是转储必须等待正运行的事务结束才能进行，新的事务也必须等待转储结束才能执行，这就降低了数据库的可用性。

② 动态转储。动态转储是指在转储过程中，允许其他事务对数据库进行存取或修改操作的转储方式。也就是说，转储和用户事务并发执行。动态转储有效地克服了静态转储的缺点，它不用等待正在运行的事务结束，也不会影响新事务的开始。动态转储的主要缺点是后援副本中的数据并不能保证正确有效。

由于动态转储是动态地进行的，这样后备副本中存储的就可能是过时的数据。因此，有必要把转储期间各事务对数据库的修改活动登记下来，建立日志文件（Log File），使得后援副本加上日志文件能够把数据库恢复到某一时刻的正确状态。

（2）海量转储和增量转储。

① 海量转储。海量转储是指每次转储全部数据库。海量转储能够得到后备副本，利用后备副本能够比较方便地进行数据恢复工作。但对于数据量大和更新频率高的数据库，不适合频繁地进行海量转储。

② 增量转储。增量转储是指每次只转储上一次转储后更新过的数据。增量转储适用于数据库较大，但是事务处理又十分频繁的数据库系统。

由于数据转储可在动态和静态两种状态下进行，因此数据转储方法可以分为四类：动态海量转储、动态增量转储、静态海量转储和静态增量转储。

2）登记日志文件

（1）日志文件的格式和内容。

日志文件是用来记录对数据库的更新操作的文件。不同的数据库系统采用的日志文件格式不完全相同。日志文件主要有以记录为单位的日志文件和以数据块为单位的日志文件。

以记录为单位的日志文件中需要登记的内容包括：每个事务的开始（BEGIN TRANSACTION）标记、结束（COMMIT 或 ROLLBACK）标记和所有更新操作，这些内容均作为日志文件中的一个日志记录（Log Record）。对于更新操作的日志记录，其内容主要包括事务标识（表明是哪个事务）、操作的类型（插入、删除或修改）、操作对象（记录内部标识）、更新前数据的旧值（插入操作，该项为空）及更新后数据的新值（删除操作，该项为空）。

以数据块为单位的日志文件内容包括事务标识和更新的数据块。由于更新前后的各数据块都放入了日志文件，所以操作的类型和操作对象等信息就不必放入日志记录。

（2）日志文件的作用。

日志文件能够用来进行事务故障恢复、系统故障恢复，并能够协助后备副本进行介质故障恢复。当数据库文件毁坏后，可重新装入后援副本把数据库恢复到转储结束时刻的正确状态，再利用建立的日志文件，可以把已完成的事务进行重做处理，而对于故障发生时尚未完成的事务则进行撤销处理，这样不用运行应用程序就可把数据库恢复到故障前某一时刻的正确状态。

（3）登记日志文件。

为保证数据库的可恢复性，登记日志文件时必须遵循两条原则：一是登记的次序严格按事务执行的时间次序；二是必须先写日志文件，后写数据库。

把对数据的修改写到数据库中和把表示这个修改的日志记录写到日志文件中是两个不同的操作。这两个写操作只完成了一个时，可能会发生故障。如果先写了数据库修改，而在运行记录中没有登记这个修改，则以后无法恢复这个修改。如果先写日志，但没有修改数据库，按日志文件恢复时只是多执行一次不必要的 UNDO 操作，并不影响数据库的正确性。所以为了安全，一定要先写日志文件，后进行数据库的更新操作。

5．数据库的镜像

由上所述可以看到，介质故障是对系统影响最为严重的一种故障，系统出现介质故障后，用户的应用全部中断，恢复起来也比较费时。而且 DBA 必须周期性地转储数据库，这也加重了 DBA 的负担。如果不及时而正确地转储数据库，一旦发生介质故障，会造成较大的损失。

　　随着磁盘容量越来越大,价格越来越便宜,为避免磁盘介质出现故障影响数据库的可用性,许多数据库管理系统提供了数据库镜像(Mirror)功能用于数据库恢复。即根据 DBA 的要求,自动把整个数据库或其中的关键数据复制到另外一个磁盘上。每当主数据库更新时,DBMS 自动把更新后的数据复制过去,即 DBMS 自动利用镜像磁盘数据进行数据库的恢复,不需要关闭系统和重装数据库副本。在没有出现故障时,数据库镜像还可以用于并发操作,即当一个用户对数据加排他锁修改数据时,其他用户可以读取镜像数据库上的数据,而不必等该用户释放锁。

　　由于数据库镜像是通过复制数据实现的,频繁地复制数据自然会减低系统运行效率,因此在实际应用中用户往往只选择对关键数据和日志文件进行镜像,而不是对整个数据库进行镜像。

　　保证数据一致性是对数据库的最基本的要求。事务是数据库的逻辑工作单位,只要DBMS 能够保证系统中一切事务的原子性、一致性、隔离性和持久性,也就保证了数据库处于一致状态。为了保证事务的原子性、一致性与持久性,DBMS 必须对事务故障、系统故障和介质故障进行恢复。数据库转储和登记日志是数据库恢复恢复中最经常使用的技术。恢复的基本原理就是利用存储在后备副本、日志文件和数据库镜像中的冗余数据来重建数据库。

习题 13

　　1. 为什么在进行系统故障恢复时,既需要做 UNDO 操作,又需要做 REDO 操作? 在进行介质故障恢复时,也需要做 UNDO 和 REDO 操作吗? 为什么?

　　2. 检查点有什么作用? 建立检查点对系统性能有影响吗?

　　3. 试述数据模型的概念、数据模型的作用和数据模型的三个要素。

　　4. 试述事务的概念及事务的四个特性。

　　5. 数据库中为什么要有恢复子系统? 它的功能是什么?

　　6. 数据库运行中可能产生的故障有哪几类? 哪些故障影响事务的正常执行? 哪些故障破坏数据库数据?

　　7. 数据库恢复的基本技术有哪些?

　　8. 针对不同的故障,试给出恢复的策略和方法。(即如何进行事务故障的恢复? 系统故障的恢复? 介质故障恢复?)

　　9. 什么是数据库镜像? 它有什么用途?

　　10. 什么是数据库的安全性?

　　11. 数据库安全性和计算机系统的安全性有什么关系?

　　12. 试述实现数据库安全性控制的常用方法和技术。

　　13. 什么是数据库中的自主存取控制方法和强制存取控制方法?

　　14. SQL 中提供了哪些数据控制(自主存取控制)的语句? 试举几例说明它们的使用方法。

　　15. 为什么强制存取控制提供了更高级别的数据库安全性?

　　16. 什么是数据库的审计功能? 为什么要提供审计功能?